JN448981

알고싶은 콘크리트 Q&A

사단법인 한국콘크리트학회
Korea Concrete Institute

발 간 사

건설 구조물의 80% 이상을 차지하는 콘크리트구조물은 지난 수십 년 동안 관련 재료, 구조 및 시공기술의 발전으로 점차 다양해져 가는 구조물의 요구성능을 만족시켜 주고 있다. 그러나 동시에 새로운 재료와 기술의 개발과 함께 관련 설계기준 및 시방서 개정이 끊임없이 요구되고 있고, 이에 대한 많은 질문 또한 다양한 방법을 통해 제기되어 왔었다. 우리 학회에서는 그동안 서신, 전화, 전자메일 등을 통해 이에 대한 답변을 해왔고, 그 중 중복되거나 중요하다고 인식되는 것, 이슈가 되는 질문을 콘크리트학회지의 Q & A(또는 질의응답) 코너에 게재하였다.

이에 창간호부터 2007년까지 20여 년 간 학회지에 기술되었던 Q & A(질의응답)를 정리하여 시멘트, 골재, 혼화재료, 강도 특성, 건조수축 및 크리프, 균열 콘크리트의 시공 및 품질관리, 레디믹스트 콘크리트, 특수 콘크리트, 콘크리트 구조설계 및 내진설계, 내구성·내화성, 비파괴 시험, 보수 보강 안전진단 및 유지관리, 철근, 기타로 분류하고 묶어 "알고 싶은 콘크리트"를 발간하게 되었다.

이 도서는 그간 각 분야별로 학회지 집필에 참여한 전문가들의 경험과 축적된 연구 결과 및 시대별 우리나라의 콘크리트 실정에 맞는 질문에 대한 답변이 수록되어 있어 관련 분야에 종사하는 실무자들이나 학생들에게 매우 유익한 도서가 될 것으로 기대하고 있다.

끝으로 이 책이 출간되기까지 기획 및 원고 수집에 수고를 해주신 배수호 교수, 열과 성을 다하여 세심하게 검토해 주신 김종호·이차돈 도서출판위원장 및 위원, 발간물 심의위원 여러분께 감사드린다. 그리고 흔쾌히 출간을 허락해주고 바쁜 가운데 시간을 내어 편집을 도와준 기문당 강해작 사장님 및 관계자 여러분께 진심으로 감사의 말씀을 드린다.

2009년 12월

사단법인 한국콘크리트학회

제10기 회장 정영수

차 례

QUESTION & ANSWER

01 시멘트

질의

1. 아파트 등의 공동주택 건설현장에서 방통시멘트라는 것을 사용한다는데 방통시멘트는 어떤 시멘트이며 용도는 무엇입니까?

응답

방통시멘트는 주택의 난방 바닥 타설 모르타르에 사용하는 특수 혼합시멘트이다. 국내의 주거 형태가 아파트, 연립주택 등의 공동주택 형태로 거의 바뀌었으며, 이러한 공동주택 바닥의 모르타르 타설은 거의 기계에 의한 시공으로 이루어지고 있다.

현재 국내 공동주택의 바닥 모르타르 시공방법은, 슬래브 상부에 단열 및 차음을 위한 단열층을 시공하고, 난방용 파이프를 배관한 후 모르타르(축열층)를 시공한다. 이때 주택의 난방배관 상부에 축열층으로 타설하는 모르타르를 현장에서 일명 '방통모르타르'라고 한다.

방통모르타르 시공은 혼합과 펌프압송 등을 거의 기계로 하는 시공방법을 택하고 있으며, 펌프압송성과 타설면의 수평면 확보 그리고 충분한 작업성 확보를 위해 상당히 많은 혼합수량이 모르타르 배합에 필요하게 되어 타설 후 바닥용 모르타르의 건조수축에 의한 장기적인 균열과 빠른 시공에 따른 초기의 침하 및 소성수축에 의한 균열 등이 발생하고 있다.

방통모르타르의 균열은 바닥마감 미관상 좋지 않으며 균열이 심한 경우 균열 양쪽부위의 단차로 인한 들뜸현상 발생, 이에 따른 장판지 시공 불가능, 난방효과 감소 등의 문제점이 발생하여 별도의 보수시공이 필요하다.

모르타르에서 가장 큰 문제점인 건조수축 균열을 저감시키기 위해 폴리프로필렌(polypropylene), 폴리에스테르(polyester) 등의 섬유를 현장에서 첨가하거나 모르타르 타설 전 메탈라스(metal lath) 등을 시공하는 방법 등이 많이 사용되어 왔다. 그러나 균열저감 효과가 거의 없어 몇 년 전부터는 다양한 무기계 균열저감재(건조수축량 만큼만 모르타르를 팽창시키는 팽창제)를 현장에서 첨가하여 균열을 제어하는 방법을 사용하고 있으며, 현재로서는 균열 저감에 가장 효과적인 방법으로 알려져 있다.

그러나 현장에서 균열저감재를 첨가하는 경우 균일한 정량 첨가가 불가능하여 균열 제어가 효과적이지 못하고, 경우에 따라 부분적으로 균열저감재가 과도하게 첨가되는 경우 오히려 팽창균열을 일으킬 가능성이 있어 최근에는 이를 개선하는 방법으로 방통시멘트가 일부 시멘트 제조회사에서 개발되어 현장에서 사용이 되고 있다. 방통시멘트는 건조수축에 대한 수축량을 적절히 보상하는 균열저감재와 작업성 및 마감성 개선 등을 위하여 적절한 혼화재료 등을 혼합한 일종의 균열저감용 혼합 시멘트라고 할 수 있다.

질의

2. 콘크리트 배합 시 많이 사용하고 있는 감수제나 고성능감수제 중에는 사용 시멘트에 따라 잘 맞는 것과 그렇지 않은 것이 있다고 하는데 그 현상과 원인에 대해서 알고 싶습니다.

응답

감수제나 고성능감수제 (이하 혼화제)를 사용하는 경우 시멘트의 여러 가지 물성에 따라 유동성이 다르게 나타나는데 이를 혼화제와 시멘트의 적합성(compatibility)이라고 하며 수년 전부터 미국, 일본, 캐나다 등지에서 이에 대한 연구가 진행되어 왔다.

혼화제는 콘크리트의 유동성 증대와 감수 등을 목적으로 대부분의 공사현장에서 사용하고 있으며 혼화제의 중요성은 매우 크다고 할 수 있다. 현재 국내외에서 가장 많이 사용하고 있는 혼화제의 주성분은 리그닌설폰산염(감수제), 나프탈렌설폰산 포름알데히드 축합물(고성능감수제) 등이며 이러한 주성분은 시멘트와 혼합 시 시멘트의 입자 표면에 흡착하여 전기이중층을 형성하게 되고, 이때 형성된 전기이중층의 정전기적 반발력으로 각 시멘트 입자를 분산, 안정화시켜 유동성을 확보한다. 이러한 물리화학적으로 작용하는 혼화제는 C_3S, C_2S, C_3A 및 C_4AF 등의 다양한 화합물로 이루어진 시멘트의 여러 물성에 따라 그 성능이 달라진다. 혼화제와 시멘트간의 적합성에 미치는 인자는 크게 시멘트 물성에 기인하는 것과 혼화제 물성에 기인하는 것 등으로 크게 나눌 수 있으나 앞서 언급한 리그닌설폰산염, 나프탈렌설폰산 포름알데히드 축합물 등이 주성분인 혼화제의 경우 제조공정상 발생하는 황산알칼리염 등의 부산물 함유량에 기인하는 것에 국한되어 엄밀히 양자의 적합성에 기인하는 인자는 시멘트의 물성으로 시멘트의 입도분포, 시멘트 중의 C_3A량, 알칼리량 및 석고 종류 등이다. 결국, 시멘트와 혼화제의 적합성은 시멘트 자체의 성질에 의한 시멘트 페이스트의 유동성의 차이와 큰 관련성을 가지며 혼화제의 분산효과에 의해 그 차이가 더 크게 나타난다.

1. 시멘트의 입도 구성

시멘트의 입도 구성과 혼화제를 첨가한 시멘트 모르타르의 유동성과의 사이에는 일반적으로 큰 상관성을 가지며 블레인(blaine) 비표면적보다 입도분포가 더 큰 상관성을 가지는 것으로 알려져 있다. 시멘트 입자 중 11㎛ 이하의 미분이 증대하면 유동성이 저하하는 것에 비해 31㎛ 이상의 조분은 유동성을 좋게 하는 것으로 알려져 있다. 이는 혼화제를 첨가하지 않은 경우와 첨가한 경우 모두 적용되며, 일반적으로 시멘트 광물 중 분쇄성이 좋은 C_3A 및 C_4AF의 양이 미분에 상대적으로 많고 혼화제 흡착량 또한 C_3S, C_2S에 비해 상당히 크므로 혼화제가 유동성에 기여하는 정도가 적어지며 유동성 손실 또한 커지게 된다. 이는 유동성 손실을 저하시키고 첨가량을 줄이기 위해 혼화제를 후첨가하는 방법의 이유와 동일한 것이다.

2. 시멘트 중의 C_3A량

시멘트 중의 C_3A량은 상기의 시멘트 입도 구성에서 언급한 바와 같이 혼화제를 첨가한 시멘트 모르타르의 유동성과 상관이 있다. 그런데 얼마 전까지 이러한 상관관계가 큰 것으로 알려져 왔으나 최근에 기존에 알려져 있는 것과는 달리 직선적인 상관성이 아니라 C_3A량과 혼화제를 첨가한 모르타르의 유동성 사이에는 곡선적인 관계가 있으며, 모르타르의 유동성을 최대로 하는 C_3A량이 존재하는 것으로 알려졌다.

3. 시멘트 중의 석고형태

시멘트 중의 석고형태와 혼화제를 첨가한 모르타르 유동성 사이에는 큰 상관성이 있으며 시멘트에 첨가한 석고 중 반수/이수석고 비율이 높을수록 유동성이 양호하고, 또 이러한 경향은 혼화제 첨가 유무에 상관없이 동일한 경향을 나타내는 것으로 알려져 있다. 또 이수석고가 충분히 많고 물시멘트비가 매우 낮은 경우, 혼화제가 에트린자이트 생성속도 및 생성량을 증가시켜 위 응결을 일으킨다는 보고도 있다.

4. 시멘트 및 혼화제 중의 알칼리량

시멘트 및 혼화제 중의 전 알칼리량과 혼화제 첨가 모르타르 유동성의 상관성은 그리 크지 않으나 황산알칼리 등의 수용성 알칼리와의 사이에는 상관성이 있으며, 어느 일정 한도 내에서 황산알칼리가 증가하면 혼화제를 첨가한 모르타르의 유동성이 다소 양호한 것으로 알려져 있다. 그러나 과도하게 많은 경우 C_3S, C_2S 등의 수화를 촉진시켜 유동성 손실이 크게 되거나 응결이 촉진될 수도 있다.

이상에서 살펴 본 바와 같이 혼화제를 사용하는 경우, 유동성에 있어서 시멘트와 혼화제의 여러 물성 사이에는 다양한 상관성이 존재하며, 이들이 복합적으로 작용을 하여 인자별로 각각 분리하여 평가하는 것은 다소 어려운 것으로 판단된다. 실제 국내 각사 시멘트 및 혼화제는 앞서 언급한 물성들에 있어서 큰 차이는 없으나 약간의 차이에 의해 동일한 혼화제를 사용 또는 동일한 시멘트를 사용하는 경우 유동성 등의 물성에 다소 차이가 있을 것으로 생각된다.

— 동양메이저 건설재료연구팀 황재현

질의

3. 시멘트의 풍화가 시멘트 물성에는 어떠한 영향을 미치는지, 그리고 시멘트의 보관방법과 풍화된 시멘트를 사용하는 방법에 대해서 알고 싶습니다.

응답

1. 시멘트 풍화란

포틀랜드시멘트 및 포틀랜드시멘트계 혼합 시멘트는 공기중에 방치하거나, 지대 등의 통기성이 있는 용기에 장기간 저장하면 공기중의 수분 및 이산화탄소와 반응하여 품질이 저하된다. 이러한 현상을 소위 시멘트의 풍화라고 하며, 시멘트에 관한 가장 큰 결함중의 하나이기 때문에 시멘트의 풍화 및 방지대책에 관한 연구가 활발하게 행해졌다. 최근에는 레미콘의 보급, 시멘트 수송기간의 단축 및 저장관리 측면에서의 개선 등으로 시멘트의 풍화에 대한 문제는 감소되었다.

그러나 시멘트를 철저한 관리로 저장한다는 것은 제한적이기 때문에 현재에도 역시 시멘트의 풍화가 중요한 문제로 대두되지 않을 수 없다. 시멘트가 변화하는 속도 및 풍화에 의한 품질저하의 정도는 시멘트의 종류, 분말도, 화학성분 등 시멘트 자체의 성질 이외에 저장용기, 저장장소 및 온도, 습도 등의 자연조건에 의해 현저히 달라진다. 시멘트 풍화기구에 대해서는 많은 연구 보고가 있다. 이들 중 강열감량분석, 시차열분석, X선회절 등의 결과를 토대로 해서 시멘트 풍화기구를 그림 1-1과 같이 추론할 수 있다.

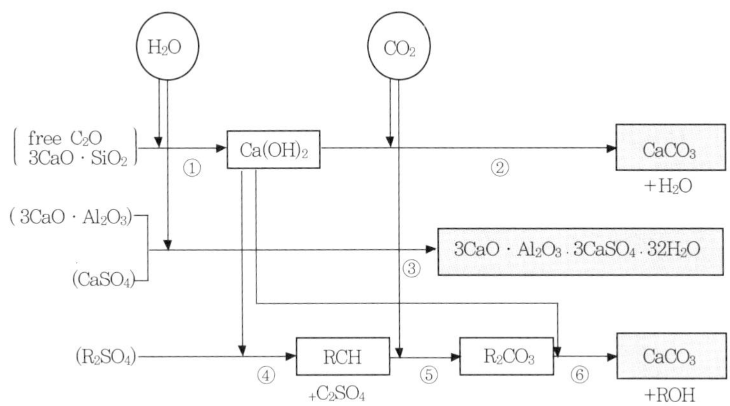

그림 1-1 시멘트 풍화기구

우선 시멘트 중의 유리석회 및 C_3S가 공기중의 수분과 반응을 일으켜 $Ca(OH)_2$를 생성시킨다. 생성된 $Ca(OH)_2$와 공기중의 CO_2가 반응하여 $CaCO_3$와 물을 생성시킨다. 또한 C_3A는 $CaSO_4$ 및 물과 반응에 의해 $3CaO \cdot Al_2O_3 \cdot 3CaCO_4 \cdot 32H_2O$를 생성시킨다. 알칼리 함량이 많은 시멘트에서는 이러한 반응 외에 ④, ⑤, ⑥과 같은 반응이 일어난다. 결국 시멘트의 반응은 완만한 수화반응과 탄산화 반응에 의해 일어나는 것이며, 이 과정에서 생기는 $CaCO_3$ 등에 의해 시멘트 입자 표면이 피복되어지기 때문에 시멘트 중의 수경성 화합물의 반응성이 저하되는 것이라 할 수 있다. 풍화된 시멘트에 물을 주입하면 다음과 같이 새로운 고체상이 급격하게 석출된다.

$R_2CO_3 + Ca(OH)_2 \rightarrow CaCO_3 + 2ROH$

위의 반응으로 칼슘이온 농도가 급격하게 감소되고, 황산칼슘에 의한 응결 지연 작용이 일시적으로 약해져, C_3A의 급속한 수화반응이 일어나 이상응결을 일으키기 때문이다.

2. 시멘트의 물성 변화

그러면, 풍화가 일어난 시멘트의 물성 변화에 대해 알아보도록 하겠다.

일반적으로 시멘트를 대기 중에 방치하면 풍화가 일어난다. 시멘트를 창고 내에 저장한 경우, 주위의 환경에 따라 다르지만 1~2개월 후에는 지대의 내면 10~20mm 정도가 손가락으로 간단하게 누를 수 없을 정도로 굳어지는 경우가 있다. 이와 같이 되면 시멘트의 정질은 대폭 저하된다. 시멘트의 풍화는 공기중의 습기와 이산화탄소와 결합하여 입상 또는 괴상의 형태로 변화하는 것이다. 풍화의 과정은 시멘트 입자가 공기 중의 수분과 반응을 일으켜 수산화칼슘($Ca(OH)_2$)이 되며, 이것이 공기 중의 이산화탄소와 반응(탄산화 반응)을 일으켜 물이 생성된다. 이 물이 내부에서 계속 반응해서 풍화가 진행하게 된다. 즉, 수화반응과 탄산화 반응이 진행하게 되는 것이다. 이 현상을 더욱 자세히 알아보기 위해 포틀랜드시멘트를 창고 내에 장기간 보관한 후 지대 내의 굳은 부분(외부 시멘트)과 굳지 않은 부분(내부 시멘트)의 품질을 구분하여 얻은 결과로 구분하여 설명하겠다.

2.1 강열감량

강열감량은 주로 시멘트 중에 포함되어 있는 수분과 이산화탄소(CO_2)의 총량으로서, 시멘트를 950±50℃ 내외로 강열하였을 때의 무게감소를 나타내는데, 시멘트의 신선도 또는 풍화의 정도를 파악할 수 있는 중요한 수치라고 하겠다. 따라서 강열감량의 증가는 시멘트와 공기중의 수분 및 이산화탄소의 양을 나타내는 것이며, 풍화의 정도를 알기 위한 간단한 척도가 된다고 할 수 있겠다. 일반적으로 온도 및 습기가 높아지면 강열감량의 증가도 촉진되지만 상대적으로는 습도 쪽이 더 큰 영향을 미친다.

2.2 비중

외부 시멘트 및 내부 시멘트 어느 것이나 비중이 저하하며, 이러한 경향은 강열감량이 큰 외부 시멘트 쪽이 현저함을 알 수 있다(표 1-1 참조).

표 1-1 저장기관과 비중의 변화

	0	1개월	2개월	3개월	4개월	5개월	6개월	7개월	9개월
내부 시멘트	3.14	3.14	3.11	3.09	3.08	3.11	3.10	3.12	3.11
외부 시멘트	-	-	-	2.92	3.02	2.99	2.97	2.94	2.94

2.3 분말도

시멘트의 분말도는 블레인(blaine) 공기 투과장치로 시멘트 1g이 가지는 비표면적(cm^2)을 측정하거나 표준 44㎛ 또는 880㎛체에 잔류하는 비율(%)을 측정하는 것이 일반적이다.

표 1-2는 저장기간에 따른 내부 시멘트의 분말도 변화를 88㎛체 잔분량으로 나타낸 것으로 입자들이 서로 응집되고 있음을 알 수 있다.

표 1-2 저장기간과 내부시멘트 분말도의 변화

저장기간	0	1개월	2개월	3개월	4개월	5개월	6개월	7개월	9개월
88㎛ 잔분(%)	2.8	3.8	3.0	3.0	4.0	3.8	3.10	7	4.2

2.4 응결

응결은 시멘트에 물을 첨가해 혼합한 후 일정시간 경과함에 따라 수화반응에 의해 점점 유동성을 잃어가고 굳어가는 것이고 경화는 시멘트가 응결한 후, 시간의 경과와 함께 강도가 증진하는 현상이라 할 수 있다.

그림 1-2는 응결시험 결과를 나타낸 것으로 풍화가 진행됨에 따라 주도 및 초결 그리고 종결 모두 증가하는 것을 알 수 있다.

2.5 압축강도

시멘트 페이스트의 강도 발현은 응결에 미치는 요인과 마찬가지로 시멘트의 조성, 입도, 물비, 수화온도 등의 요인이 커다란 영향을 미친다.

시멘트 경화체의 강도는 시멘트 중 클링커 광물의 수화와 밀접한 관계가 있다.

그림 1-3은 저장기간에 따른 모르타르의 압축강도를 나타낸 것으로 내부시멘트에서도 저장기간이 길어지면 강도가 저하되며, 이 경향은 재령에 따라 증가하는 것을 알 수 있다.

또한 시멘트의 화학조성과 풍화에 의한 강도저하와의 관계에 대해서는 C_3A와 알칼리의 함량이 많은 시멘트일수록 강도저하가 커지며, C_3S의 함량이 많은 시멘트는 강도저하가 적은 것으로 보고되고 있다. 풍화된 시멘트는 콘크리트의 성질에도 영향을 미치는데 콘크리트의 배합과의 관계를 고려한 경우, 슬럼프에 미치는 풍화의 영향은 시멘트량이 많은 배합일수록 크게 나타나며 강도에 미치는 풍화의 영향은 시멘트량이 적은 배합으로 되면 크게 나타나는 것으로 되어 있다.

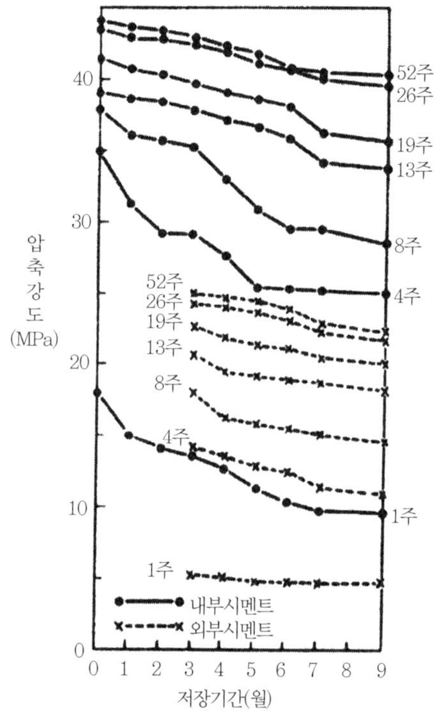

그림 1-2 저장기간과 모르타르 압축강도

3. 풍화를 방지하기 위한 보관방법

시멘트는 저장중 공기중에 노출되면 풍화되어 품질이 저하되기 때문에 가능한 한 신선한 것을 사용하는 것이 바람직하다. 일반 시멘트의 풍화를 방지하기 위해서는 시멘트와 공기를 차단하는 것이 좋다.

일본 토목학회의 콘크리트 표준시방서에는 시멘트의 저장에 대해서 다음과 같이 규정하고 있다.

시멘트는 습기를 방지하는 silo 또는 창고에 품종별로 구분하여 저장해야 한다. 시멘트를 저장하는 silo 또는 바닥에 dead zone이 생기지 않도록 해야 한다. 포장 시멘트의 경우는 지상 300mm 이상의 마루 위에 여러 겹 쌓아두고, 반출이나 검사에 편리하게 배치하여 저장해야 하며, 그 겹쳐놓는 정도는 13포 이하로 하는 것이 좋다. 따라서 장기간 저장된 시멘트는 사용하기 전에 품질을 확인하는 것이 좋다. 포장시멘트를 장기간 저장해야 할 경우에는 습기를 방지하는 포장지를 사용하는 것이 적합하며, 이것으로 풍화를 꽤 방지할 수 있다.

4. 풍화된 시멘트를 사용하는 방법

풍화된 시멘트는 위에서 언급했듯이 품질이 저하된 것이며, 일반적인 토목공사 및 건축공사에 사용하는 것은 바람직하지 않다. 그러나 약간 풍화된 시멘트라면 자원절약이라는 측면에서 강도를 필요로 하지 않는 공사 등에 사용할 수 있다. 이때에는 물론 시멘트의 품질을 확인하는 것이 필요하다.

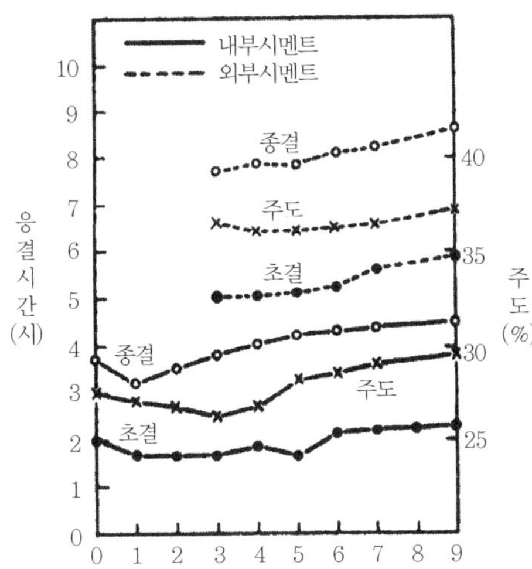

그림 1-3 저장기간과 응결 및 주도

풍화된 시멘트의 이용방법에 대해서는 복잡하게 보고되고 있는데 주로 신선한 시멘트와 혼합하여 사용하는 것을 제안하고 있으며, 풍화 시멘트와 신선한 시멘트로 이루어진 혼합 시멘트의 모르타르 강도는 두 시멘트 모르타르의 강도를 산술 평균한 값과 거의 일치한다고 한다.

결론적으로 레미콘의 보급, 시멘트 수송기간의 단축 및 저장관리 측면에서의 개선 등으로 시멘트 풍화의 문제는 감소되었지만 시멘트가 본질적으로 풍화되기 쉬운 성질을 가지고 있으므로 가능한 한 저장하지 않고 신선한 동안 사용하는 것이 바람직하다고 할 수 있겠다.

— 동양메이저 건설재료연구팀 이규훈

질의

4. 혼합시멘트는 여러 가지 내구성 면에서 좋다고는 하지만 중성화가 떨어진다고 하는데, 왜 중성화가 떨어지는지 그리고 이를 개선할 수 있는 방법은 없는지요?

응답

일반적으로, 콘크리트는 재령이 길어짐에 따라 알칼리성이 증가하여 pH가 12 이상의 강알칼리를 나타낸다. 그러나 대기 중에 노출된 콘크리트 표면은 이산화탄소 등의 가스의 작용을 받아 pH가 점점 저하하는 현상이 발생하는데, 이를 중성화(neutrialization) 또는 탄산화(carbonation)라고 한다. 중성화가 일어나는 기구(mechanism)를 시멘트 화학반응을 통하여 알아보면 다음과 같다. 보통시멘트 중에는 주로 $3CaO \cdot SiO_2$(이하 C_3S), $2CaO \cdot SiO_2$(이하 C_2S), $3CaO \cdot Al_2O_3$(이하 C_3A), $4CaO \cdot Al_2O_3 \cdot Fe_2O_3$(이하 C_4AF) 라는 4대 광물과 석고($CaSO_4 \cdot 2H_2O$) 등으로 이루어져 있다. 콘크리트를 물과 혼합하면 시멘트가 수화(hydration)하여 각종 수화물을 생성시켜 조직을 치밀하게 하고 응결 및 강도를 나타낸다. 주된 수화생성물의 생성 반응식을 알아보면,

$$C_3S + 6H_2O \rightarrow C\text{-}S\text{-}H + 3Ca(OH)_2$$

$$2C_2S + 4H_2O \rightarrow C\text{-}S\text{-}H + Ca(OH)_2$$

C-S-H(calcium silicate hydrate)는 화학양론적으로는 $3CaO \cdot 2SiO_2 \cdot 3H_2O$로 표현되나 미세한 겔(gel)상의 저결정성 수화물이며 $Ca(OH)_2$(수산화칼슘)는 수 ㎛의 커다란 육각주상 결정상이다. 거의 수화한 시멘트 경화체중에는 이 두 수화물이 차지하는 비중이 약 70~80% 정도이며, 이들 수화물(특히 $Ca(OH)_2$) 들이 콘크리트의 pH를 높게 유지시켜 주는 주된 수화물이다. 중성화는 이들 수화물들이 여러 가지 작용을 받아 새로운 생성물이 생성되면서 pH가 저하하는 과정이라고 보면 된다. 이러한 여러 가지 작용을 알아보면 다음과 같다.

(1) 탄산가스(CO_2)에 의한 작용 : 대기 중에 포함되어 있는 약산성의 탄산가스와 접촉하여 다음과 같은 반응으로 탄산칼슘과 물로 변화된다.

$$Ca(OH)_2 + CO_2 \rightarrow CaCO_3 + H_2O$$

$$C\text{-}S\text{-}H + 3CO_2 \rightarrow 3CaCO_3 + 2SiO_2 + 3H_2O$$

위의 반응 중 수산화칼슘의 탄산화 반응이 훨씬 더 지배적으로 일어난다.

(2) 아황산가스에 의한 작용 : 탄산가스 이외에 다른 가스로서는 아황산가스도 콘크리트의 중성화를 일으키는데, 그 반응식은 다음과 같다.

$$2Ca(OH)_2 + 2SO_2 + 2H_2O + O_2 \rightarrow 2(CaSO_4 \cdot 2H_2O)$$

(3) 열에 의한 작용 : 화재 등에 의해 고온이 되면, 콘크리트중의 수산화칼슘이 500℃부터 탈수되어 산화칼슘(CaO)으로 되면서 강알칼리성을 잃어버린다.

$$Ca(OH)_2 \xrightarrow{500\sim580℃} CaO + H_2O$$

위의 세 가지 작용 중 실제로 중성화에 가장 많이 관여하는 것은 대기중의 탄산가스에 의한 작용이라 할 수 있다.

중성화에 의해 콘크리트 표면이 탄산화하면 침투된 탄산가스의 양만큼 콘크리트의 중량이 무거워지면서 조직도 치밀해져서 오히려 강도가 약간 증가하는 것이 일반적이다. 물론 생성물의 변화로 조직의 구조가 변화하여 미세균열의 발생을 예상할 수 있으나 그 영향은 크지 않다. 그러나 철근콘크리트 중에서는 콘크리트의 중성화가 콘크리트구조물의 내구력을 저하시키는 주요한 현상으로 취급된다. 즉, 철근콘크리트 중의 철근은 pH가 11이상인 알칼리 분위기(콘크리트 경화물)에서 표면에 부동태를 형성하므로 산소가 존재하더라도 녹슬지 않지만, 콘크리트가 중성화하여 pH가 11보다 낮아지면 철근에 녹이 발생하게 되고 약 2.2배의 체적팽창으로 팽창압이 발생하므로 콘크리트구조물에 내력을 크게 저하시키게 된다. 그림 1-4는 중성화가 철근까지 진행된 경우의 철근콘크리트 내부 단면을 모식화하여 나타낸 것이다.

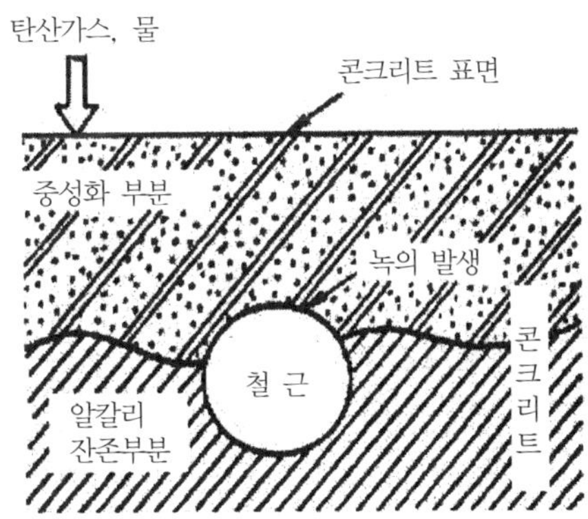

그림 1-4 수십 년 경과한 콘크리트의 단면 모식도

한편, 고로슬래그, 플라이애쉬, 실리카퓸 등의 혼합재를 첨가한 혼합시멘트의 경우는 일반시멘트에서의 수화반응과 약간 다른 반응을 하게 되는데, 그 주된 것은 일반시멘트로부터 생성된 수산화칼슘이 혼합재 중의 SiO_2나 Al_2O_3와 반응(pozzolanic reaction)하여 C-S-H나 C-A-H(calcium aluminate hydrate) 등의 2차 수화물을 생성시키게 된다. 이때 생성된 C-S-H는 일반시멘트에서 생성된 것보다 더 낮은 CaO/SiO_2 비를 나타내는 안정한 수화물이다. 결과적으로 혼합시멘트의 경우는 일반시멘트보다 수산화칼슘량이 상대적으로 적어 낮은 pH를 타나낸다.

따라서 혼합시멘트로 제조된 콘크리트 표면에 이산화탄소가 작용하게 되면 침투된 이산화탄소를 탄산칼슘으로 고정화시킬 수 있는 수산화 칼슘량이 부족하기 때문에 일반시멘트보다는 더 쉽게 콘크리트 내부로 침투하게 된다. 이것이 일반적으로 혼합시멘트가 일반시멘트보다 중성화 속도가 더 큰 이유라고 하겠다. 시멘트의 종류에 따른 중성화 정도는 많은 연구결과가 있으나 그 대표적인 예를 표 1-3에 나타내었다. 물/시멘트비를 일정하게 한 경우의 중성화 비율로 보통시멘트를 1.0으로 표시하고 다른 시멘트의 값을 그 상대량으로 표시한 것이다.

표 1-3 시멘트 종류에 따른 중성화비율(물/시멘트비 일정의 경우)

시멘트의 종류	중성화비율		비고
	범위	평균치	
조강		0.79	白山(일. 1976)
보통		1.0	
고로 A종		1.29	
고로 B종		1.41	
고로 C종		1.81	
플라이애쉬 B종		1.82	
실리카 B종		1.82	
조강	0.5~0.9	0.64	福士(일, 1985)
보통	1.0	-	
플라이애쉬	1.0~1.3	1.15	
실리카	1.0~1.6	1.31	
고로	1.1~2.2	1.41	

표 1-3에서와 같이 동일 물/시멘트비에서 비교하면, 혼합시멘트의 중성화 속도가 크지만 동일 압축강도에서 비교하면 중성화 속도는 거의 차이가 없음을 여러 연구자들에 의해 밝혀졌는데, 이는 콘크리트의 중성화가 강도에 크게 의존한다는 것을 알 수 있다.[1] 그림 1-5는 이러한 예 중의 하나이며 시멘트의 종류, 물/시멘트비 및 양생조건이 달라지더라도 중성화 속도를 압축강도의 함수로 예측할 수 있다는 것을 나타낸다.

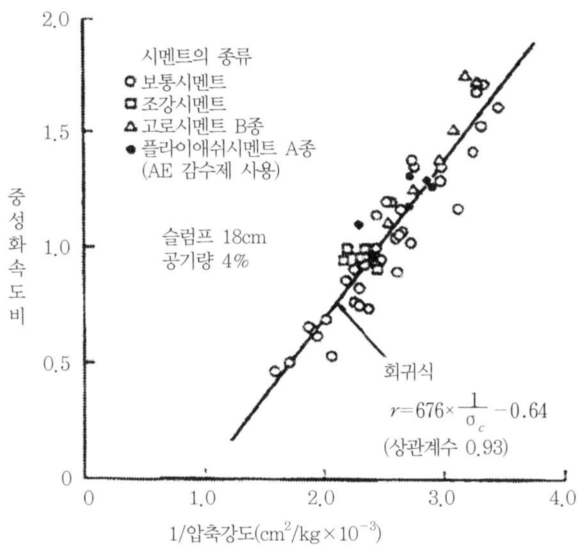

그림 1-5 압축강도와 중성화 속도비와의 관계

이러한 의미에서 혼합시멘트의 경우는 초기 재령에서의 충분한 양생으로 강도를 충분히 확보해 주면 중성화 속도를 감소시킬 수 있다. 이러한 양생효과의 일례를 표 1-4와 그림 1-6에 나타내었다. 각종 시멘트에 물/시멘트비 60%, 공기량 4%, 슬럼프 180mm의 배합조건으로 콘크리트를 제작하여 표 1-4와 같이 6종류의 양생을 행한 후 중성화 속도를 촉진시험(CO_2 농도 5%, 30℃, 60% RH)에 의해 측정한 결과는 그림 1-6과 같다.

그림에서도 알 수 있듯이 혼합시멘트(특히 고로시멘트) 의 경우도 초기양생을 철저히 행할 경우 일반시멘트에 근접한 중성화 속도를 보이고 있다. 또한 혼합시멘트에 있어서는 일반시멘트에 비하여 충전효과(filler effect)와 포졸란 반응 등에 의해 그 미세조직이 더 치밀하기 때문에 탄산가스나 물의 유입이 원활치 않아 중성화를 포함한 각종 내구성에 유리한 면도 있다.

표 1-4 콘크리트의 양생조건

기호	수중양생온도(℃)	양생조건
I	10	
II	10	
III	20	
IV	20	
V	30	
VI	30	
타설에서 양생 종료까지의 재령		

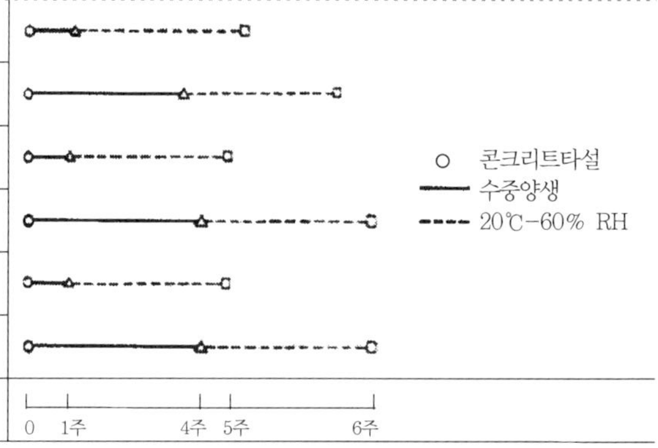

그리고 현재 주로 실시하고 있는 CO_2 촉진시험에 의한 중성화시험 결과에 있어 주의할 점이 있다. 중성화는 대기중의 CO_2 농도가 약 0.035% 정도이기 때문에, 수십 년 간의 장기간에 걸쳐 진행되는 과정이다. 따라서 콘크리트가 거의 경화가 완료된 이후에 촉진시험이 이루어지는 것이 바람직할 것이다. 현재의 중성화 촉진시험에 있어서는 초기수화가 이루어지지 않은 시점에서 고농도의 이산화탄소 가스 분위기(보통 5~10%)에 넣어지기 때문에 실제와는 많은 차이를 보일 수 있다.

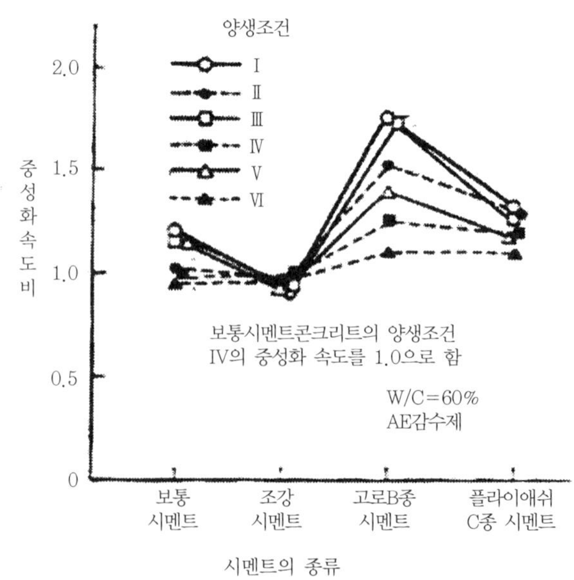

그림 1-6 중성화 속도에 미치는 시멘트의 종류 및 양생조건의 영향

이러한 문제점은 이미 일본에서 지적된 바 있어 촉진시험시 양생기간별에 따른 중성화 속도를 측정하여 양생기간이 길수록 일반시멘트와 비슷한 중성화 속도를 나타내고(표 1-4와 그림 1-6도 비슷한 결과) 실제 약 30년 경과된 고로시멘트콘크리트의 평균 중성화 깊이가 보통 시멘트의 그것과 큰 차이가 없다는 연구 보고도 있다.[2)]

따라서 혼합시멘트가 일반시멘트보다는 중성화가 더 진행될 수 있는 재료적인 요인을 안고 있으나 레미콘에서는 동일 물/시멘트비가 아니고 동일 강도기준으로 배합한다는 점, 조직이 더 치밀하다는 점 그리고 중성화 시험방법의 문제점 등을 고려하면 시멘트의 종류에 따른 차이보다는 오히려 배합 및 양생조건, 골재, 혼화제, 표면마감재의 종류 등에 의한 차이가 더 클 것으로 사료된다. 그러나 혼합시멘트를 이용한 콘크리트는 초기에 있어서의 상태가 장기간의 물성을 좌우하는 것이 일반적이므로 레미콘 공장에서의 품질관리, 시공 및 양생에 특히 주의를 기울여야 할 것으로 생각된다.

— 시카코리아(주) 이양수 이사

참고문헌

1) 일본, 화선(和泉), 1985.

2) 依田, 1992.

02 QUESTION & ANSWER

골 재

질의

1. 경량골재를 사용하여 콘크리트를 제조할 경우 보통콘크리트에 비하여 워커빌리티가 급격히 저하하는 현상을 볼 수 있습니다. 이것이 보통골재와 다른 경량골재의 흡수특성 때문이라고 생각되는데, 그렇다면 경량골재의 흡수율 관리 방법은 어떠한 것이 있는지 궁금합니다.

응답

경량골재는 특유의 다공상 내부구조로 되어 있기 때문에 보통골재보다 높고 빠른 흡수력을 가지고 있다. 이러한 경량골재 자체의 물리적 특성을 고려해 볼 때 경량골재콘크리트의 배합에서 가장 중요한 점이 흡수량의 관리라고 생각된다. 예컨대 24시간 침수시험에 의하면 인공경량골재는 기건상태 골재중량의 5~20% 정도를 흡수하는 반면 보통골재는 2% 이하를 흡수하는 것으로 알려져 있다. 그러나 야적상태시의 흡수량은 경량골재가 3~13%, 보통골재가 5~10% 혹은 그 이상을 흡수하게 된다. 이와 같이 경량골재와 보통골재의 흡수량시험 결과가 서로 반대로 나타나는 것은 경량골재의 수분은 골재 내부로 흡수되지만 보통골재는 유동수량의 대부분이 골재 표면상에 있기 때문이다.

경량골재콘크리트의 배합시 경량골재를 어떤 처리 없이 그냥 사용할 경우 흡수량은 크게 늘어나며, 이에 따라 워커빌리티가 급격히 감소하게 된다. 이 경우 시멘트가 골재 주위에 뭉쳐 공처럼 보이는 현상이 발생하며, 배합설계상의 불안정함이 있기 때문에 이를 방지하기 위해 배합수의 일부를 골재와 먼저 섞어서 어느 정도의 사전흡수(pre wetting)를 유도하여 골재의 성질을 안정시킨 후에 시멘트를 투입하는 방법이 제시되어 있다. 이 경우 단위시멘트량과 워커빌리티가 동일하다면 보통콘크리트의 강도에 비해 약 5~10% 정도만이 저하하며, 동시에 내구성과 내동해성 등이 개선되는 것으로 보고된 바 있다.

특히 외국에서는 경량콘크리트의 동결융해 저항성의 증대를 위한 목적으로 인공경량골재의 높은 흡수, 흡습성을 저하시키기 위하여 제조공정에서 골재 주위에 폴리머함침, 침투성 발수제 원액의 침식, 시멘트페이스트 등을 도포하여 흡수를 방지하는 피막을 형성한 경량골재의 개발 및 연구가 이루어져 왔으며, 침투성 발수·방수제, 분말슬래그 용액 등의 침적 또는 피복처리된 경량골재를 사용한 경우 높은 흡수율의 저하로 시공성능의 저하 없이 강도의 증진효과가 있으며, 표면피복제의 종류에 따라서 내구성의 증대효과가 있는 것으로 알려져 있다.

따라서 경량골재는 보통골재에 비하여 흡수율이 대단히 크고 흡수양상이 불균일하므로, 사전에 사용하는 경량골재의 흡수특성 등을 파악한 후에 제시된 흡수율 저하방안을 적절히 선정하여 흡수율을 관리한다면 우수한 품질의 경량골재콘크리트 제조가 가능하다고 생각된다.

질의

2. 콘크리트의 강도가 증가하게 됨에 따라 배합재료 선정시 요구되는 굵은 골재의 품질특성이 보통콘크리트의 경우와 비교할 때 어떻게 다르며 어느 정도를 요구하는지 궁금합니다.

응답

골재는 콘크리트의 전체 용적 중 70%를 차지하고 있기 때문에 콘크리트 품질특성, 특히 강도 특성에 중요한 영향을 미치고 있다. 따라서 콘크리트의 고강도화를 위해서는 골재의 적절한 선정작업이 매우 중요하다. 외국 연구결과에 따르면 동일 조건하에서 굵은골재의 선정결과에 따라 콘크리트 압축강도가 29%까지 변화된 것을 보고한 바 있다.

통상 콘크리트 강도 35MPa 정도까지는 골재입자를 결합하고 있는 경화된 시멘트페이스트의 품질이 압축강도를 좌우한다. 그러나 고강도로 갈수록 전체재료의 균질성 때문에 골재와 시멘트페이스트 사이의 부착파괴 양상과는 다르게 시멘트페이스트와 골재를 동시에 통과하는 직선파괴 양상으로 바뀌게 되므로 굵은골재 자체의 강도 등 품질특성이 매우 중요하게 된다. 고강도콘크리트를 위한 굵은골재의 선정 시 고려되어야 할 요소와 관련 품질추천 규격을 살펴보면 다음과 같다.

- 골재강도 : 파쇄강도 80MPa 이상
- 입형과 표면조직 편석량이 최소인 입방형 쇄석골재
- 광물학파 조성(mineralogy and formation) : 굵은골재의 종류, 화산분출암 등 (입자 알갱이가 작고 강하므로 장기강도 증진효과)
- 최대골재 크기 : 강도수준별 최적의 최대골재 크기
- 청정도 유해분진 제거
- 골재-페이스트 부착 : W/C 0.4 이하에서 13mm 쇄석 굵은골재 사용 시 유리

질의

3. 우리나라의 골재 중 특히 모래가 거의 고갈상태에 이르렀음을 실무자로서 느끼던 차 석산개발로 쇄석(깬자갈)을 생산한 후 발생되는 부순모래를 활용하고자, 물리적 시험과 콘크리트 시방 배합설계를 하여 압축강도를 시험해보았습니다. 시험한 결과 양호한 것으로 사료되었으나 석분의 사용을 금하고 있어 여기서 말하는 석분의 개념이 무엇인지 확실히 알고 싶어 문의합니다. 일반적으로 대부분의 실무자들이 석분과 부순모래를 착각하고 있어, 석분의 정의를 내려주시면 많은 도움이 되겠습니다.

응답

부순모래는 암석을 크러셔 등으로 분쇄하여 인공적으로 만든 잔골재이며 KS F 2528(콘크리트용 부순모래)로써 규정하고 있다. 이에 의하면 부순모래는 현무암, 안산암, 사암, 석회암 또는 이에 준하는 석질의 원석을 사용하도록 되어 있으며 연질의 사암, 연질의 응회암, 풍화한 암석 등에서 연약한 것, 부술 때 결정 사이에 균열이 남아있을 염려가 있는 것 및 콘크리트의 품질에 나쁜 영향을 미치는 것을 사용해서는 안 된다고 규정하고 있다.

또 이 규정에 의하면 부순모래의 씻는 시험에서 손실되는 양(No.200체 통과량(0.074mm))은 7% 이하로 한다고 규정되어 그 시험법은 KS F 2511(골재에 포함된 잔입자(No. 200 통과하는) 시험방법)에 의하도록 되어 있다.

따라서 KS F 2511에 의하여 0.074mm체를 통과하여 손실되는 미립부분에는 이분 및 골재자신이 미분쇄된 석분으로 분류할 수 있다.

이분(泥分)은 골재중의 유해물의 하나로서 실트질, 점토 등 골재 파쇄물 이외

의 미세한 입자를 가리킨다. 이 이분을 많이 포함한 골재를 사용한 콘크리트는 동일 컨시스턴시를 얻는데 필요한 단위수량이 증대하며, 건조수축의 증대, 경화 전의 플라스틱 균열의 발생 등의 영향이 생기며 이외에도 강도저하, 내마모성의 저하 등 콘크리트의 품질 전반에 걸쳐 나쁜 영향을 미친다. 이토(泥土)는 산모래에 다량 혼입되는 경우가 많으며, 특히 골재입자의 표면에 부착되어 있는 점토는 시멘트페이스트와 골재와의 부착을 약하게 하여 콘크리트 강도 저하를 나타낸다.

석분(石粉)은 깬자갈, 부순모래의 제조 시에 원석이 필요이상으로 미분쇄된 것으로 현 제조법으로 5~7% 정도 이하로 하는 것은 곤란하다고 한다. 석분량이 많이 포함된 골재를 사용한 경우는 골재와 시멘트페이스트와의 부착이 저해되어 강도저하를 초래하는 원인이 된다. 그 외 단위수량의 증가에 따른 건조수축의 증대경향이 약간 보이나 전체적으로 보면 이토혼합에 의한 영향보다 작다. 그러나 적당한 미립분은 콘크리트의 워커빌리티를 향상시키는 면도 있으며 부순모래의 경우는 3~5%의 석분을 함유하는 것이 바람직하다는 보고도 있다.

KS F 2527(콘크리트용 부순돌)에서는 No.200체 통과량을 1.0% 이하로, 또한 KS F 2528(콘크리트용 부순모래)에서는 7% 이하로 제한하고 있다. 따라서 부순모래 제조 시에는 미립분을 건식 또는 습식분급 방법으로 석분, 점토분을 제거하여 규정값 이하로 제한하여 제조할 필요가 있으며, 부순모래 사용 시에도 천연골재보다 엄격한 품질관리를 할 필요가 있다. 따라서 석분이란 0.074mm 이하의 파쇄된 암석의 미립자로서 석분이 곧 부순모래를 가리키는 것은 아니며, 부순모래라도 KS F 2528에 적합하다면 사용가능하다.

— 수원대학교 건축공학과 윤재환 교수

질의

4. 단가가 다소 높으나 품질이 좋은 골재를 사용할 경우, 오히려 레미콘의 생산원가를 낮출 수 있다고 하는데 구체적으로 설명해 주십시오.

응답

콘크리트 중에서 차지하는 골재의 절대용적은 70~80%로서 동일 물시멘트비에서는 특히 골재품질의 양부(良否)가 콘크리트의 강도에 미치는 영향은 매우 크다.

근간 하천골재의 고갈에 따라 골재공급원도 육사, 깬자갈, 부순모래 또는 슬래그 광재, 산사, 바다모래 등으로 다양화되고 있는 것이 현실이다. 반면 골재 생산자 측의 경영규모를 살펴보면 영세기업이 많고 시설투자가 부족한 경우가 많아 유통되는 골재가 반드시 좋은 품질이라고는 할 수 없는데다가 콘크리트의 수요 급증과 결부되어 골재품질에 대한 인식이 미약한 것이 사실이다. 또 구매자 측의 자재담당자도 마찬가지로 골재품질에 대한 의식이 부족한 경우도 많으며, 막연히 골재가격이 낮아야 생산원가를 낮출 수 있다'라는 인식을 가지고 있는 경우가 많다. 이러한 인식의 결과가 결국 레미콘에 대한 클레임으로 나타나는 경우도 많다고 할 수 있다. 그러나 단가가 약간 높으나 품질이 좋은 골재를 사용하는 것이 오히려 레미콘의 생산원가를 낮추는데 유효하다는 것은 잘 알지 못하는 것 같다. 예를 들면 골재품질과 원가의 일례를 들어 설명하면 골재의 입형, 입도 또는 흡수율이 높은 골재가 500원/톤 싸다고 하여도 앞에서 설명한 바대로 입형, 입도 등이 종래 사용하였던 골재보다 나쁘기 때문에 단위수량을 10kg/m^3 정도 증가시켜야 할 것이다. 그런데 동일한 강도를 갖는 콘크리트를 만들기 위해서는 물시멘트비를 동일하게 할 필요가 있어 단위수량 증가분만큼 시멘트량을 10~20kg 증가시키지 않으면 안 되는데, 시멘트 구입가격이 월등히 높으므로 결국 레미콘 생산원가의 상승을 초래하게 되는 것이다.

또 다른 예로서 모래의 품질에 의해 콘크리트의 강도변동이 큰 경우, 약간 고가인 모래로 바꾸어 표준편차가 0.5MPa 작아질 수 있다면, 시멘트량의 절감이 가능하여 오히려 레미콘 생산원가의 절감이 가능한 것이다.

결국 품질이 나쁜 골재를 사용하게 되면 동일한 레미콘의 품질을 유지하기 위해서 시멘트 투입량이 증가하게 되므로 경제적으로는 훨씬 불리하게 된다는 것이다. 따라서 레미콘공장의 자재담당자의 교육은 물론, 골재구입 시에는 책임기술자가 자재담당자와 협력하여 골재구매를 결정하는 것이 필요하다.

— 한국레미콘공업협회 서덕재 기획과장

질의

5. 콘크리트의 물성에 영향을 미치는 공극률, 실적률 그리고 입형판정 실적률의 관계에 대해 알고 싶습니다.

응답

골재의 입형은 콘크리트의 품질에 큰 영향을 미칠 뿐만 아니라 콘크리트의 경제성에도 직접 관계되며, 입형이 나쁜 골재는 시멘트를 많이 사용하게 되어 콘크리트의 원가가 높아지게 된다. 그 이유는 실적률이 작기 때문이다. 실적률이 작은 즉, 입형이 나쁜 골재는 구형에 가까운 골재보다 실제의 체적이 적고 공극이 많아진다. 따라서 공극에 채워야 할 모르타르나 시멘트페이스트의 양이 많아지게 된다. 그리고 입형이 나쁜 골재를 사용한 콘크리트를 펌프압송이나 타설 등의 시공 시 골재 자체의 각이 진 모서리가 서로 맞물려 작업성이 나쁜 콘크리트가 된다. 그러므로 작업성을 좋게 하기 위해서는 여분의 모르타르를 많게 해야 되고 그만큼 시멘트와 물을 많이 사용해야만 한다. 물을 많이 사용하는 것은 콘크리트의 품질 면에서 바람직하지 않고 시멘트를 많이 사용하는 것은 경제적으로 불리하게 되는 것이다.

그리고 단위수량이 적다는 것은 일정 양의 콘크리트를 만들기 위해 필요한 시멘트 및 물의 양이 적어도 된다는 의미이며, 경제적으로 유리한 콘크리트를 만들 수 있을 뿐만 아니라 품질 면에 있어서도 콘크리트의 밀도, 마모저항, 수밀성, 내구성을 증진시키고 건조수축을 줄일 수 있으며 콘크리트의 온도상승도 적게 할 수 있다.

콘크리트는 골재입자간의 공극을 시멘트페이스트로 채워서 만들어지므로, 공극률이 적은, 즉 실적률이 큰 골재를 사용하는 것이 단위수량을 적게 할 수 있다. 크고 작은 골재 입자가 섞여 적당한 입도를 가지면서 골재 입형이 둥글면 공극률은 적어지며, 입도가 불량하고 각이 진 것이나 편평한 입자를 많이 포함하고 있으면 공극률은 커진다.

콘크리트용 쇄석(깬자갈)의 품질을 규정하고 있는 KS F 2527에서는 슬래브, 보, 기둥 등에 많이 사용되는 깬자갈 67번 골재(입자 크기 20~5mm)에 있어서는 깬자갈골재의 입형판정에 실적률을 사용하며(입형판정 실적률) 그 값은 55% 이상이어야 한다고 규정하고 있다.

또한 KS F 2558의 쇄사(깬모래)의 품질규정에 있어서는 실적률 53% 이상으로 하고 있다. 그리고 이러한 입형판정 실적률은 입도에 따라 크게 달라질 수 있으므로 같은 입도에서 비교해야 한다. 그리고 공극률을 대신하여 실적률을 이용하여 입형의 양부를 판정하는 방법도 있다. 그리고 JIS A 5005에서는 기건상태의 20~10mm의 깬자갈 24kg(60%), 10~5mm를 16kg(40%)를 혼합하여 만든 골재를 시료로 하여 다음의 식으로 실적률을 구하여 그 값이 55% 이상일 것을 규정하고 있다.

입형판정실적률(%) $= (100 + q)w/\rho$

여기서, w는 단위용적중량,

ρ는 비중, q는 흡수율이다.

— 대구대학교 건축공학과 정재동 교수

질의

6. 강모래의 고갈로 수도권의 경우 옹진군 및 태안군에서 채취 허가된 바다 모래를 세척하여 사용하고 있는데, 여러 이유로 채취가 점차 힘들어져 잔골재 가격이 급등하고 있습니다. 기존 잔골재에 대체하여 사용할 수 있는 대체 잔골재는 어떤 종류가 있나요?

응답

현재 국내에서 콘크리트용 잔골재로 사용될 수 있도록 KS에 규정되어 있는 것은 크게 슬래그 골재와 재생골재로 분류된다. 콘크리트용 슬래그 골재의 종류로는 고로슬래그, 동슬래그 및 연슬래그가 있으며, 검토가 진행 중인 골재로는 전기로산화슬래그, 전로슬래그 및 페로니켈슬래그 등이 있다. 슬래그 골재는 건설용 골재의 총 수요량에 비하면 매우 적은 양이지만 제철 및 제강공장의 인근 지역에 있어서 골재부족의 완화, 혼합사용에 의한 천연골재의 품질개선에 효과적이므로 슬래그 골재는 이와 같은 지역성을 고려하는 것이 중요하다.

최근 국토해양부 건설자재 수급안정대책에서 현재 성토 및 매립용으로만 사용되는 재생골재를 레미콘용으로도 사용할 수 있도록 기술개발을 추진하고, 장기적으로 주요 구조물을 제외한 건설공사 시 재생골재 사용을 의무화하는 방안을 검토하고 있다. 여기에서는 한국산업규격에 규정된 콘크리트용 대체골재의 종류, 품질 및 주의사항에 대해 검토하였으며, 콘크리트용 골재로서 적합성 검토가 이뤄지고 있는 대체골재도 살펴보도록 하겠다.

1. 콘크리트용 재생골재(KS F 2573)

재생골재는 기존 콘크리트구조물의 철거로부터 얻어지는 폐콘크리트 또는 파괴된 콘크리트로부터 얻어진 것을 말한다. 현 규격에서는 재생골재의 적합성을 판단하는 품질로서 흡수율, 밀도 실적률 등을 규정하고 있으며, 특히, 흡수율을 재생골재 품질의 기준항목으로 설정하고 있다.

폐콘크리트를 파쇄할 때 생긴 미세균열이 재생 콘크리트의 강도를 저하시키고, 재생골재의 원료에 페아스팔트 콘크리트나 폐벽돌이 혼입된 상태로 재생콘크리트를 제조하면 품질에 심각한 영향을 미칠 수 있으므로, 철저한 분리작업을 통해 선별, 제거되어야 한다. 또한 기타 여러 사항에 의해 (표 2-1)과 같이 재생 잔골재로 만든 콘크리트는 2급 및 3급의 저강도 재생콘크리트로 한정되고 있다.

2. 콘크리트용 고로슬래그 골재(KS F 25f4)

고로슬래그 잔골재는 용광로에서 선철과 동시에 생성되는 용융슬래그를 물 공기 등에 의해 급랭한 후 입도 조정하여 제조한 것으로 국내에서 포항과 광양에서만 생산되고 있다.

고로슬래그 잔골재는 단독으로 콘크리트용 골재로 사용할 수도 있지만 실제 사용에서는 입도 조정이나 바다모래 사용 시 염분함유량 저감 등의 목적으로 천연 모래와 혼합하여 사용하는 경우가 많으며, 0.15mm 이하에서는 고로슬래그 미분말이 다량 함유되어 있기 때문에 5mm 이하, 2.5mm 이하, 1.2mm 이하 및 0.3~5mm의 4종류로 입도를 구분하고 있다. 또한 고로슬래그 잔골재는 알칼리실리카 반응에 대한 염려가 없다.[1)]

표 2-1 재생골재로 만든 콘크리트의 적용분야

재생 콘크리트 종류	설계기준강도 (MPa)	사용 재생골재의 종류		이용용도
		굵은골재	잔골재	
1급	18~21	1종	천연골재	교량 하부공, 옹벽, 터널 라이닝공
2급	15~18	2종	천연골재 또는 1종	콘크리트블록, 도로 구조물 기초, 측구, 집수받이 기초, 중력식 옹벽, 중력식 교대
3급	15 이하	3종	2종	막콘크리트, 강도가 요구되지 않는 채움재 콘크리트, 건축물의 비구조체 콘크리트

표 2-2 재생 잔골재의 시험 및 규정값

항목		방법	규정값	
			1종	2종
흡수율		KS F 2504	5% 이하	10% 이하
밀도		KS F 2503	2.2kg/ℓ 이상	
입자모양 판정 실적률		KS F 2527	53% 이상	
0.08mm체 통과량 시험에서 손실된 양	마모작용을 받는 경우	KS F 2511	5% 이하	
	그 밖의 경우		7% 이하	
입도		KS F 2502	KS F 2573 표 3 입도	

표 2-3 각종 슬래그 잔골재의 시험 및 규정값

항목		시험방법	고로슬래그 잔골재	동슬래그 잔골재	연슬래그 잔골재
화학성분	산화칼슘 (CaO)	KS F 2544 부속서 1의 7.1	45.0% 이하	12.0% 이하*	20.0% 이하
	황(S)	KS F 2544 부속서 1의 7.2	2.0% 이하	2.0% 이하*	2.0% 이하
	삼산화황 (SO_3)	KS F 2544 부속서 1의 7.3	0.5% 이하	0.5% 이하*	0.5% 이하
	철(FeO 등)	KS F 2544 부속서 1의 7.4	3.0% 이하	70.0% 이하*	60.0% 이하
염화물량		KS F 2515	–	0.03% 이하*	0.03% 이하
절대건조밀도		KS F 2504	$2.5t/m^3$ 이상	$3.2t/m^3$ 이상	$3.2t/m^3$ 이상
흡수율		KS F 2504	3.5% 이하	2.0% 이하	2.0% 이하
단위용적질량		KS F 2505	1.45kg/ℓ 이상	1.80kg/ℓ	1.70kg/ℓ 이상
저장 안정성 판정		KS F 2544 부속서 2	A	–	–
입도		KS F 2502	KS F 2544의 표 7(4종류)	KS F 2543의 표 5(4종류)	KS F 2583의 표 4(4종류)
조립률			구입계약시 정해진 조립률과 비교해 ±0.2 이내 변동		
알칼리실리카 반응		KS F 2545	–	A	–
		KS F 2546	–	0.1이하(6개월 팽창량)	–

* : JIS A 5011-3 규격값

표 2-4 연슬래그 골재의 유해물질 용출기준

성분	납(Pb)	동(Cu)	비소(As)	수은(Hg)	카드뮴(Cd)	크롬(Cr^{+6})
용출량(mg/ℓ)	3.0 이하	3.0 이하	1.5 이하	0.005 이하	0.3 이하	1.5 이하

고로슬래그 잔골재 특유의 성질로 일평균 20℃ 이상의 고온에서 저장할 때 골재 적치장에서 골재끼리 뭉치는 현상(잠재수경성)이 있으며, 특히 25℃를 넘는 기간(7월 초~9월 초)에 가장 뭉쳐지기 쉽다. 참고로 판정결과가 A인 것은 1개월 이상의 적치시험에 의해서도 뭉치지 않지만, B인 것은 제조 후 10일 이상의 저장에서는 뭉쳐질 위험이 있다. 따라서 시험성적표에 저장의 안전성을 고려하여 고

결되기 쉬운 것과 고결되지 않는 것을 구분하여 놓거나 천연골재와 혼합 저장해야 한다.[2)]

3. 콘크리트용 동슬래그 골재(KS F 2543)

동(銅)슬래그 골재는 연속 제련법, 반사로법 및 자용로법 등의 노(爐)에 의해 황화동광석에서 동을 제조할 때 생성되는 용융슬래그를 물에 의해 냉각 또는 서냉 후 필요한 입도로 조정하는 방식으로 제조된 것이다. 동슬래그 골재는 비중이 크기 때문에 천연모래와 혼합하여 사용하는 것이 일반적이고, 입도는 고로슬래그 잔골재와 같이 4종류로 구분한다. 또한 동슬래그 골재는 알칼리실리카 반응에 대해 전반적으로 안정하지만, 새로운 골재로서 화학적 안정성 확인을 위해 KS에 의한 실험에 따라 반응성 구분을 하도록 되어 있다.

4. 콘크리트용 연슬래그 골재(KS F 2583)

연(鉛)슬래그 골재는 연광석을 제련로에서 연속으로 용융, 환원할 때 생성되는 용융슬래그를 물로 급랭 또는 서냉하여 조정된 입도로 만들어진 것이다.

연슬래그의 콘크리트용 골재로서의 이용은 우리나라가 최초이며, 일본, 캐나다 등의 선진국에서는 제조공법의 차이에 의해 토목용 골재로의 이용이 거의 없는 형편이다.

실험에 의하면 레디믹스트콘크리트와 같은 구조물용으로서의 활용에서 약 30% 정도까지의 대체율에서는 사용이 가능한 것으로 검토되었다. 그러나 연슬래그 골재는 강제적으로 폐기물공정시험법에 따라 중금속 등의 용출량 시험을 실시하여, 만일 해당성분이 유해물질 용출기준 이상 용출될 경우 지정 폐기물로 분류되어 폐기물관리법에 따라 처리되어야 한다.

5. 구조용 경량골재(KS F 2534)

구조용 경량골재는 콘크리트의 경량정과 압축강도를 동시에 고려할 필요가 있는 구조용 경량콘크리트에 사용되는 골재는 말한다. 이 규격을 적용받는 경량골재로는 1)고로슬래그, 점토, 규조토암, 플라이애쉬, 점판암과 같은 것을 팽창, 소성, 소괴하여 생산되는 골재, 2)경석, 화산암, 응회암과 같은 천연재료를 가공한 골재이다. 또한 무기성 경량재료로서 둥근 입자로 이루어져야 한다.

구조용 경량골재는 생산비가 다소 많이 들어가기 때문에 레디믹스트콘크리트용 골재보다는 특수한 목적으로 사용되고 있다.

표 2-5 구조용 경량골재의 시험 및 규정값

항목		방법	규정값
건조단위용적 질량		KS F 2505	최대 1.12t/m^3(단, 변동폭은 10% 이하)
입도		KS F 2502	KS F 2534 표 1
거친 입자율		KS F 2534의 8.5	허용값의 ±7% 이내
유해물함량	유기불순물	KS F 2510	무해
	얼룩	KS F 2468	진한 얼룩은 비사용
	점토덩어리	KS F 2512	2% 이하
	강열감량	KS L 5120	5% 이하

그림 2-1 재생 잔골재

그림 2-2 동슬래그 잔골재

그림 2-3 개질처리한 제강슬래그 잔골재

그림 2-4 경량잔골재

6. 기타 골재

6.1 제강슬래그 골재

선철이나 고철 등의 철 원료를 정련해서 소정의 품질을 갖춘 강을 제조하는 것이 제강공정이다. 현재 제강법에는 제철소의 고로로부터 나온 선철을 정련하는 전로법과 고철을 전기로에서 정련하는 전기로법이 있으며, 이들 제강공정상에서 발생하는 제강슬래그를 전로슬래그와 전기로슬래그라고 한다.

슬래그의 냉각방법은 슬래그 포트에 의해 냉각 야드로 배출시켜 천천히 냉각시킨 용융슬래그, 용융슬래그를 강재의 판 위에 깊이 80mm 정도로 배출시킨 후 물에 의해서 냉각시킨 서냉슬래그, 용융슬래그를 고압의 냉각공기 등에 의해서 비산(飛散)시키면서 급랭에 의해 개질처리한 구형의 풍쇄슬래그(개질처리된 제강슬래그)가 있다. 특히, 개질처리된 구형의 풍쇄슬래그는 처리과정에서 체적안정성이 양호한 콘크리트용 골재를 얻을 수 있다는 것이 여러 연구자들을 통해 입증되고 있다.

전기로제강공정 중 환원기에 발생된 전기로 환원슬래그는 초염기성 산화물이기 때문에 골재로서는 부적당하다. 그러나 산화기에 발생되는 전기로산화슬래그는 제강방법의 진보에 의해서 유리석회의 함유량은 종래의 것보다 1/2~1/3 정도 저하하고 있고, 유리마그네슘은 0.004% 정도로 크게 저하하고 있어 콘크리트용 골재로서의 활용이 주목되고 있다. 이러한 면을 입증하듯 최근 일본에서는 콘크리트용 전기로산화슬래그 골재를 JIS 및 시공지침서 등으로 발표하였다.

전로슬래그는 기존의 냉각방법인 서냉 및 수냉 시 잔존되는 유리석회 및 유리마그네슘 등의 수화반응에 의한 체적안정성이 문제가 되기 때문에 장기간의 에이징 처리 등 안정화처리를 실시하더라도 토목 및 도로용 골재 정도로만 사용되고 있다.[3] 그러나 팽창 붕괴성을 현저하게 저감시키는 개질처리방법이 최근 atomizing 개질처리 기술로 상용화되어 제강슬래그를 콘크리트용 잔골재로 활용할 수 있을 것으로 예상된다.[4]

6.2 페로니켈슬래그 골재

페로니켈슬래그(Ferro Nickel Slag)는 스테인리스 스틸의 주원료인 Ferro-Nickel을 전기로 또는 로타리 킬론에서 제련할 때 생성되는 부산물이며, 용융슬래그를 물 또는 공기로 냉각시켜 응고시킨 것을 콘크리트용 잔골재로 제조하고 있다. 국내에서는 아직 규격이 제정되어 있지 않지만, 제강슬래그와 마찬가지로 일본에서는 이미 JIS 및 시공지침이 발표되었다.

페로니켈슬래그 잔골재는 실리카 및 산화마그네슘의 함유량이 비교적 많고 철분을 5~7% 함유하고 있기 때문에 비중이 큰 특징이 있다. 그러나 일부 페로니켈슬래그 잔골재 중에는 제조조건에 따라 알칼리골재반응을 일으키는 것도 있으므로 알칼리실리카 반응성이 없는지 확인해야 한다.[5)]

— 세명대학교 토목공학과 최연왕 교수
— (주)에코마이스터 기술연구소 유정훈 소장

참고문헌

1) 山本 等, "高爐スラグ骨材コンクリートアルカリ反應に對する安定性", コンクリト年次講演會論文集, Vol.8, 1986. pp.157~160
2) 한국콘크리트학회, "콘크리트표준시방서 해설", 기문당, 2000.
3) 유정훈, "촉진에이징 처리 제강슬래그 골재를 사용한 콘크리트의 특성 평가", 한양대학교 일반대학원 토목공학과 박사학위논문, 2002.
4) 정원섭·조성현·권기주·박성우·김진만 "제강슬래그를 이용한 콘크리트의 동결융해에 대한 실험적 연구", 한국콘크리트학회 2003년도 가을 학술발표회 논문집, 15권, 2호, 2003.
5) 서상교, 최정호, "슬래그 골재의 특성", 콘크리트학회지, 13권, 1호, 2001. pp.66~72

QUESTION & ANSWER

03 혼화재료

1. 고성능감수제에 대한 정확한 외래어 명칭은 무엇이며 보통 감수제와는 어떤 차이가 있는지요?

질의

응답

전 세계적으로 통일된 명칭은 없지만 크게 보아 지역에 따라 다음과 같이 불리고 있다. 유럽 : super-plasticizer(혹은 superplasticizing admixture), 미국 : high-range water reducing agent(혹은 high-range water reducing admixture), 하지만, 근래에 와서 우리나라 및 세계적으로 super-plasticizer라는 명칭이 주로 많이 쓰이는 추세에 있다.

고성능감수제는 종래의 감수제에 비해 현저한 감수성, 저기포성 및 저응결성 등의 성질이 있는 바, 보통 감수제로는 5%, AE감수제에서는 13% 정도의 감수가 가능하지만, 고성능감수제를 사용할 경우 20%~30% 정도의 감수효과를 나타내며, 첨가량이 많을수록 분산성의 차이가 몹시 커지는 경향이 있다.

고성능감수제는 워커빌리티나 응결에 별로 영향을 주지 않고 콘크리트의 단위수량을 대폭 감소시킴으로써 물시멘트비가 작아도 슬럼프가 큰 콘크리트를 만들 수 있어 고강도콘크리트에 현재 많이 이용되고 있다.

질의

2. 고성능감수제와 유동화제는 어떻게 다르며 그것을 쉽게 구별하는 방법은 없는지요?

응답

고성능감수제는 그 사용목적에 따라 고강도콘크리트용과 유동화콘크리트용으로 구분되고 있으나 기본적으로는 동일한 것으로 볼 수 있다. 즉, 고성능감수제의 높은 감수작용을 이용하여 통상의 콘크리트와 같은 정도의 워커빌리티를 유지시키고 물시멘트비를 대폭 절감하여 고강도콘크리트를 얻는 경우에는 일반적으로 고성능감수제라고 불리며, 미리 비빈 콘크리트에 유동화제를 후에 첨가함으로써 통상의 물시멘트비가 좋은 콘크리트를 얻는 경우에는 유동화제라고 불리고 있다.

일반적으로 이것을 쉽게 구별하기 위해 ACI 212 위원회에서 규정한 아래와 같은 분류법을 사용하고 있다.

고성능감수제 : consistency나 응결시간에 영향을 주지 않으면서 모르타르 또는 콘크리트의 단위수량을 대폭 감소하기 위해서 사용하는 혼화제.

유동화제 : 원 배합의 단위수량을 증가시키지 않고 슬럼프를 현저하게 증대시키기 위해 사용하는 혼화제.

질의

3. 콘크리트의 워커빌리티 향상, 강도증진 및 내구성 향상을 위해 고성능감수제 등 혼화제의 사용빈도가 점차 증가하고 있는 실정입니다. 이러한 혼화제를 사용할 때 후첨가 방법이라는 것이 있는데 이는 기존의 방법과는 어떻게 다르며 어떤 효과를 지니고 있습니까?

응답

혼화제를 사용할 경우 미리 혼화제를 용해시킨 혼합수에 시멘트를 첨가하는 것이 통상적인 기존의 방법이다. 그러나 후첨가방식이란 사전에 분산제를 함유하지 않은 물과 시멘트를 혼합한 후 혼화제를 첨가하는 방법이다. 이렇게 함으로써 큰 유동화 효과를 얻을 수 있다. 이러한 후첨가로 인한 유동화 효과의 증진 특성은 시멘트 광물에서 분산제의 흡착량 변화에 따른 것으로 사료된다.

즉, 종래의 첨가방법으로는 유동화제가 C_3A나 C_4AF에 많이 흡착되고 용액중에 잔류하는 유동화제량이 감소하게 된다. 한편, 후첨가 방식으로는 C_3A나 C_4AF 표면에 초기 수화물이 생성되지만 이들 초기 수화물로의 유동화제 흡착량이 적기 때문에 유동화제가 용액중에 많이 남고 잔류한 유동화제가 그 속에 많이 존재하는 C_3S나 C_2S에 작용해서 유동성을 증대시킨다. 이 개념을 개략적으로 표현하면 그림 3-2와 같다.

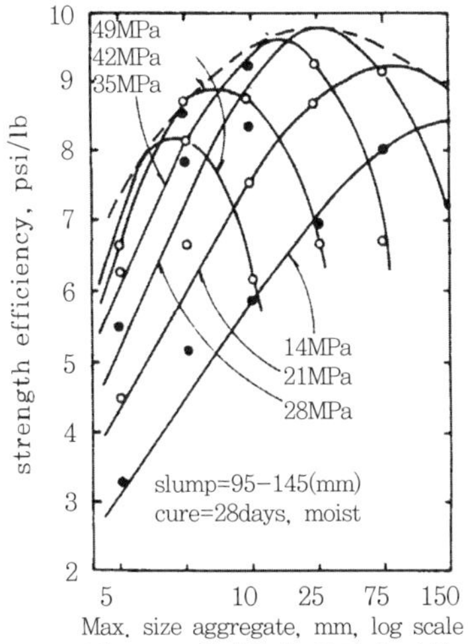

그림 3-1 최대골재 크기에 따른 시멘트의 강도효율 특성

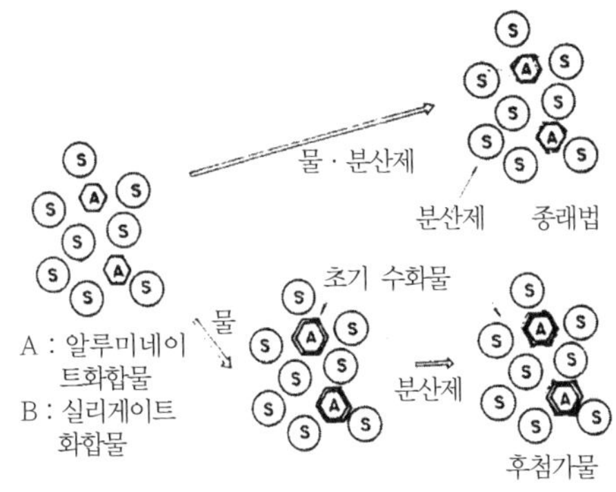

그림 3-2 종래법 및 후첨가법에 의한 분산제의 흡착모델

질의

4. 일반적으로 콘크리트 제조시에 강도증진과 내구성 향상을 위하여 혼입하는 혼화재료 중 실리카퓸의 특성은 무엇이며, 이를 경량콘크리트 제조시에 적용할 경우 어떠한 영향을 미치는지 궁금합니다.

응답

실리카퓸은 1976 노르웨이에서 최초로 개발된 강력한 포졸란 재료로서 제강용 탈산탈황제로 사용되는 합금철의 페로실리콘 또는 실리콘메탈을 전기로에서 제조시 발생하는 폐기가스 중에서 집진하여 얻어지는 산업부산물로써, 비중이 2.2 전후이고 SiO_2 함유율이 90% 이상으로 포졸란 반응이 극히 크며, 입자의 표면적이 매우 커져 강도증진과 장기상도 확보 및 내구성 증진에 좋은 재료로 알려져 있고, 실리카퓸을 사용한 콘크리트는 재료분리에 대한 저항성, 강도발현성, 수밀성, 내구성 등을 개선할 수 있음이 밝혀짐에 따라 콘크리트용 고급혼화재료로서의 사용빈도가 확대되고 있다.

실리카퓸은 합금철의 원료로 규석, 석영 및 철가루와 환원제로서 코크스를 전기로에서 약 200°C까지의 고온으로 상승시켜 제조하며, 이때 전기로의 특수한 부분에서 중간생성물로서 SiO_2가 가스화되어 일부 공중에서 비산되고, 나머지는 배기 중에 공기에 의해 산화되어 SiO_2가 되고 다시 응축해서 초미립자를 생성하는 것이다. 이렇게 생성된 초미립자를 집진기(bag filter)를 사용해서 회수함으로써 실리카퓸을 얻게 되며, 실리카퓸의 비중은 2.1~2.2 정도의 것이 많고 어떤 경우는 3.5 정도가 되는 것도 있다. 또한 단위 용적 중량은 250~300kg/m^3이며 보통포틀랜드 시멘트의 단위 용적 중량 1,500kg/m^3와 비교하면 약 25%이며 매우 적은 것이라 할 수 있다.

실리카퓸은 분말도 1μm 이하 구형의 초미립자로 평균직경이 0.1μm 정도로써 보통포틀랜드시멘트의 입경이 1~100μm 범위이고 평균입경이 20~30μm인데 비하면 약 200~300배 더 작은 초미립자이다. 또한 비표면적은 15~25만cm^2/g의 범위로 평균 약 20만cm^2/g이며 담배연기 비표면적 약 10만cm^2/g 보다는 2배가량 더 미세하고, 보통포틀랜드시멘트보다는 약 50~60배가량 더 작은 초미립자이다.

이러한 실리카퓸을 콘크리트의 고강도화를 목적으로 사용할 경우 공극량이 감소하고 입자간의 간극을 충전하게 만들어 치밀한 조직이 되기 때문에 고강도 발현이 가능하게 되며, 이러한 효과를 마이크로필러(micro filler)효과라고 한다.

특히 경량콘크리트 제조 시 실리카퓸을 사용할 경우 시멘트 수화반응 시 생기는 유리수산화칼슘($Ca(OH)_2$)과 반응하여 불용성의 규소산화물을 만들어 주며, 시멘트 입자 둘레에 나타는 공극을 초미립자인 실리카퓸으로써 충전하여 시멘트 입자 둘레에 충전된 물 속으로 구형인 실리카퓸의 초미립자가 시멘트 주위를 충만시켜 물을 추출시킴으로써 아주 밀실한 구조를 이루게 할 뿐만 아니라 시멘트 페이스트와 골재의 부착시 발생하는 경량골재 표면의 미세공극을 치밀하게 채워주어 경량골재 자체의 강도를 높여줄 뿐만 아니라 수밀성이 높고, 화학적 침식저항성이 증대되어 고강도 경량콘크리트를 얻기에 유리하다.

— 건국대학교 건축공학과 서치호 교수

질의

5. 동절기 콘크리트 공사 시 콘크리트의 동결을 예방할 수 있는 혼화제(admixtures)는 어떤 것이 있으며 이들은 타설된 콘크리트의 강도 및 내구성에 어떤 영향을 미치는지요?

cold weather admixture는 두 가지의 중요한 기능이 있다. 첫째로 콘크리트 내의 공극수가 빙결되지 않고 충분히 시멘트와 수화작용을 할 수 있도록 물의 동결온도를 낮추는 것이고, 둘째로 타설된 콘크리트가 동결되기 전에 조기에 경화될 수 있도록 C_3S 성분의 작용을 가속화시키는 것이다. 공극을 함유하고 있는 콘크리트모르타르는 조기에 경화되면 동결-융해의 반복작용을 흡수할 수 있으므로 콘크리트가 소기의 강도에 도달될 수 있도록 계속 양생하는 것이다. 실제로 한랭콘크리트에서 모든 cold weather admixture는 이들 양 기능의 혼합작용에 좌우된다.

전통적으로 북유럽의 국가들은 콘크리트 내의 공극수 동결온도를 -20℃까지 낮추기 위해 시멘트 중량의 약 15% 정도 많은 양의 무기질 염류(inorganic salts)를 사용하는 경우도 있다. 이들 염류들의 몇몇 성분을 열거하면 대개 sodium, calcium chloride, calcium nitrate 혹은 potassium carbonate 등이 있다. 미 공병단의 대한 Charles Korhonen's 보고서("Anti-Freeze Admixtures for Cold Regions Concreting", Special Report No. 90-32, Sept. 1990)에는 한랭콘크리트의 상기와 같은 성분들에 대한 검토 결과 이들 염류들은 C_3S 성분의 충분한 수화작용을 제공하는 우수한 경화촉진제들인 것으로 보고되었다. 그러나 미국에서는 유럽 국가들에서 사용되고 있는 동결방법은 사용하지 않고 있다. 또한 많은 양의 무기질 염류의 사용은 콘크리트를 노후화시키며 알칼리 골재반응을 심화시키고, 과도한 건조수축을 일으키고, 타설 동안에 콘크리트를 굳게 하는 경향이 있다.

또한 다량의 chloride salts의 사용은 콘크리트구조물의 철근 부식을 초래하므로 구조물에 매우 안좋은 영향을 준다. 최근에 ASTM Type C와 E를 만족시키는 cold weather admixture가 미국에서 개발된 바 있으며, 이런 혼화제도 동결점 이하의 온도에서 콘크리트 타설을 가능케 한다. 이들 혼화제는 콘크리트의 -7℃까지에도 동결되지 않고 초기에 경화가 이루어지도록 하며, 주로 C_3S의 수화작용이 한랭온도에서 매우 빠르게 일어날 수 있도록 콘크리트에 강력한 경화 촉진제를 제공한다. 일단 초기경화가 이루어지면 공극을 함유하고 있는 콘크리트는 초기의 동결 융해에 의한 반복작용에 저항할 수 있도록 충분한 강성을 갖는 콘크리트가 되는 것이다.

ACI 306은 초기 콘크리트의 동결 융해 반복작용에 저항할 수 있는 강도로서 약 3.5MPa을 제안하고 있다. 한편, 콘크리트 구조체의 경우 거푸집 및 동바리들의 안전한 해체작업을 위하여 콘크리트가 충분한 강도를 가질 수 있을 때까지 계속적으로 보호되어야 한다. 이러한 새로운 혼화제의 주 기능은 콘크리트 동결점의 온도만을 낮추는 것은 아니다. 즉, 이들은 동절기 매우 낮은 온도에서 콘크리트 타설을 가능하게 함은 물론, 사용법 따라 경화시간을 조절하는 다양한 기능이 있는 것으로 인정되고 있다.

— 중앙대학교 토목공학과 정영수 교수

질의

6. 콘크리트용 화학 혼화제의 한국산업규격(KS F 2560)이 최근 개정되었다고 하는데 그 주용 내용을 알고 싶습니다.

응답

최근 공개된 KS F 2560-1997의 개정내용을 보면 주로 콘크리트의 내구성 증진에 초점을 맞춘 것으로 생각된다. 우선 성능에 따른 분류에 고성능 AE감수제 표준형과 지연형이 추가되었고 혼화제중의 염화물 이온량에 따른 품종 구분이 신설되었으며 혼화제에 들어있는 알칼리(K_2O, Na_2O)량의 제한치를 규정하였다. 이것은 염해, 알칼리 골재반응에 기인하는 콘크리트구조물의 조기 열화대책의 일환으로 생각된다. 그리고 최근의 골재 사정을 감안하여 시험에 사용하는 골재중 굵은골재는 부순돌만을 사용하도록 명시되었다.

1. 고성능AE감수제의 신설

고성능AE감수제란 AE감수제보다 감수율이 8% 이상이고 슬럼프와 공기량의 경시 변화가 특히 작은 혼화제로 최근 상품화가 되고 있다. 이러한 고성능 AE감수제는 골재의 품질 악화에 의한 단위수량의 증가를 억제하는 기능뿐만 아니라 기존의 현장 유동화공법에서 사용하던 유동화제를 대체하여 공장 첨가형 유동화제로서도 사용할 수 있다고 한다. 따라서 성능 규정에 기존의 혼화제에는 없었던 슬럼프와 공기량의 경시변화량이 추가되었다. 또한 감수율이 18% 이상으로 상향조정됨에 따라 압축강도비도 3일에서 135% 이상, 7일에서 125% 이상, 28일에서 115% 이상으로 상향되었다. 표 3-1은 새로 개정된 화학혼화제의 성능을 나타낸 것이다.

여기서 참고할 사항은 동결융해 저항성 실험용 공시체는 AE제나 AE감수제에서는 슬럼프 80mm의 콘크리트로 제작하도록 되어 있었으나 고성능 AE감수제의 경우에는 슬럼프 180mm가 콘크리트로 제작하도록 규정되어 있는 것이다. 이것은 고성능 AE감수제가 주로 묽은 비빔이나 고유동콘크리트에 적용된다는 것을 의미하고 있다.

표 3-1 콘크리트용 화학혼화제 성능(KS F 2560-1997)

품질항목 \ 5종류		AE제	감수제			AE감수제			고성능AE감수제	
			표준형	지연형	촉진형	표준형	지연형	촉진형	표준형	지연형
감수율(%)		6 이상	4 이상	4 이상	4 이상	10 이상	10 이상	8 이상	18 이상	18 이상
블리딩 양의 비(%)		75 이상	100 이상	100 이상	100 이상	70 이상	70 이상	70 이상	60 이상	70 이상
응결 시간의 차(min)	초결	−60~+60	−60~+90	+60~+210	+30	−60~+90	+60~+210	+30	−30~+120	−90~+240
	종결	−60~+60	−60~+60	210 이상	0 이하	−60~+60	+210 이상	0 이하	−30~+120	+120 이상
압축 강도의 비(%)	재령 3일	95 이상	115 이상	105 이상	125 이상	115 이상	105 이상	125 이상	135 이상	135 이상
	재령 7일	95 이상	110 이상	110 이상	115 이상	110 이상	110 이상	110 이상	125 이상	125 이상
	재령 28일	90 이상	110 이상	110 이상	110 이상	110 이상	110 이상	110 이상	115 이상	115 이상
길이 변화비(%)		120 이상	120 이상	120 이상	120 이상	120 이상	120 이상	120 이상	110 이상	110 이상
동결융해에 대한 저항성(상대동, 탄성계수, %)		80 이상	−	−	−	80 이상	80 이상	80 이상	80 이상	80 이상
경시변화량(60분 후)	슬럼프(cm)	−	−	−	−				6 이하	6 이하
	공기량(%)	−	−	−	−				±1.5 이내	±1.5 이내

고성능AE감수제 성능 규정에 신설된 슬럼프와 공기량의 경시변화 항목에 규정된 60분에서 슬럼프의 경시변화량 60mm 이하 및 공기량 경시변화량 1.5%를 만족하면 실제 트럭 아지테이터로 60분간 운반하는 슬럼프 180mm의 레디믹스트 콘크리트에서는 경시변화가 매우 적다고 한다.

현재 일본에서는 이러한 성능을 가진 고성능 AE감수제가 약 50종 정도 시장에 나와 있어서 기존의 유동화제를 대체하고 있으며, 기존에 사용하던 유동화제(고성능감수제)는 근래에는 공장제조 2차 제품용으로 그 용도가 한정되고 있다고 한다. 고성능 AE감수제의 특성, 종류, 작용 메커니즘 등의 자세한 내용은 콘크리트학회지 1996년 4월호 특집기사를 참조하기 바란다.

2. 염화물 이온량에 의한 종류 구분

표 3-2와 같이 염화물 이온량에 따른 3종류의 구분이 신설되었다. 여기서 염화물 이온량이란 콘크리트에 혼화제를 제조자 혹은 사용자가 정한 양만큼 첨가하였을 때 혼화제에 의해 콘크리트 1m^3 중에 존재하는 염화물 이온(Cl^-)의 양을 말하는 것이다.

표 3-2 화학혼화제의 염화물 이온(Cl^-)량에 의한 구분

종 류	염화물 이온(Cl^-)량(kg/m^3)
I 종	0.02 이하
II 종	0.02 초과 0.20 이하
III 종	0.02 초과 0.60 이하

예를 들면 콘크리트중 단위시멘트량이 325kg/m^{3}이고 혼화제의 첨가량이 시멘트에 대하여 0.3%인 경우 사용하는 혼화제중의 염화물 이온농도가 0.4% 라면 콘크리트중 염화물 이온량은 다음과 같은 식으로 계산할 수 있다.

콘크리트 1m^3 중 혼화제량 = 325kg/m^3 × 0.3/100 = 0.975kg/m^3

콘크리트 1m^3 중 염화물 이온량 = 0.975kg/m^3 × 0.4/100 = 0.0039kg/m^3

따라서 이 혼화제의 염화물 이온량은 0.01kg/m^3 이하가 되며 I 종에 해당된다. 보통 AE제와 무염화물계 혼화제라 하는 감수제, AE감수제, 고성능 AE감수제들이 I 종에 속한다. II 종은 규정량을 사용하였을 때 콘크리트중의 염화물 이온량 규제치(0.30kg/m^3 이하) 안에 들어오는 혼화제를 말하며, 잔골재에 염화물 이온을 거의 함유하지 않은 경우에 사용할 수 있다고 한다. 따라서 세척이 충분치 않은 잔골재를 사용하는 경우에는 I 종을 사용해야 할 것으로 생각된다. III 종은 염화물을 특히 많이 함유하는 촉진제로서 무근콘크리트나 특별한 방제대책을 한 콘크리트 등에만 사용할 수 있는 혼화제이다.

3. 전 알칼리량의 규제

알칼리 골재반응 억제대책 중 하나로 콘크리트중의 알칼리 총량 규제값을

$3.0kg/m^3$ 이하로 하고 있는데 이 중 시멘트에 의한 것을 $2.5kg/m^3$ 이하로 규정하고 있다. 따라서 시멘트 이외의 재료에 의한 알칼리 허용값은 $0.50kg/m^3$ 이하이며 시멘트의 혼화제 이외의 다른 영향을 감안하여 혼화제중의 진일칼리(Na_2O, K_2O)의 양을 콘크리트로 환산, $0.3kg/m^3$ 이하로 제한한다. 계산방법은 위의 염화물 이온량과 동일하다.

— 동양메이저 김원기

질의

7. NATM공법에서 숏크리트라고 하는 뿜칠콘크리트를 사용할 때 현재 대부분의 현장에서는 액상 급결제를 이용하고 있지만, 분진 및 리바운드율이 많아 매우 열악한 작업환경 하에서 시공을 하고 있습니다. 이와 같은 문제점을 개선하기 위해 여러 가지 방법을 강구하던 중 리바운드율이 적고 또한 강도 발현이 우수한 시멘트계 급결제가 있다고 들었는데, 이러한 시멘트계 급결제에 대해 구체적으로 알고 싶습니다.

응답

시멘트계 급결재에 대해 논하기 전에 먼저 뿜칠콘크리트의 개략적인 역사를 살펴보면 표 3-3과 같다.

표 3-3 뿜칠콘크리트의 역사

연도	내 용(외국)
1907년	cement gun의 원리 고안(Carl E. Akeley, USA)
1910년	cement gun의 제작(Byron C.Collier, USA)
1920년대	터널복공에 뿜칠모르타르 사용 시작(독일), 뿜칠모르타르 도입(일본)
1950년대	Maggia(스위스), Tauern(독일)의 수력발전 터널의 복공에 뿜칠콘크리트의 본격적인 사용 시작
1960년대	뿜칠콘크리트의 복공이 NATM으로서 확립, 법면의 보호복공에 뿜칠콘크리트(습식)의 사용 시작(일본)
1970년대	터널 복공에 습식 뿜칠콘크리트의 사용 시작(일본)
1980년대	콘크리트 뿜칠의 기계화(로봇화)의 발달 및 보급 시멘트계 급결제의 개발 및 보급(일본)

이상의 개략적인 역사를 통해 뿜칠콘크리트를 궤도에 올라서게 한 것은 뿜칠

의 기계화와 시멘트계 급결제의 개발이다. 시멘트계 급결재는 1980년대 들어 개발, 보급되기 시작했다. 액상 급결제를 사용할 때 생기는 여러 가지 단점을 개선시켰기 때문이다. 현재 일본에서는 95% 이상 시멘트계 급결제를 사용하고 있다.

그러면 급결제의 종류와 작용 기구에 대해서 알아보도록 하겠다. 표 3-4에 일본토목학회 기준「뿜칠콘크리트용 급결제 품질 규격(안)」 (JSCE-B 101-1993) 규격에 적합하고 현재 제조, 판매되고 있는 뿜칠콘크리트용 급결제를 성분별로 분류했다. 각각의 작용 기구에 대해서는 지면 관계상 전부 설명할 수는 없고, 여기에서는 시멘트계 급결제의 작용기구에 대해서만 논하겠다. 시멘트 급결제 중 주성분 명칭인 칼슘알루미네이트라고 하는 것은 CA, C_3A, $C_{11}A_7$, CaF_2, Cl_2A_7 등 $mCaO-nAl_2O_3$로 표시되는 총칭이고, 일반적으로는 CaO/Al_2O_3 비가 높은 것일수록 수화 활성이 풍부해진다.

표 3-4 시판 뿜칠콘크리트용 급결제의 종류

형태	급결제의 분류	성분	비중		분말도 (cm²/g)	사용량 (C×%)
			겉보기비중	전비중		
A	무기염계(분말)	알루민산 알칼리염 탄산칼리염	0.7~0.9	2.4	1,000~2,400	3~5
A	무기염계(액상)	알루민산 알칼리염 탄산칼리염	액체	1.3	-	
B	급경성 광물제	가소알나이트	0.8~1.0	2.4	7,000	5~9
C	시멘트계	칼슘 알루미네이트계	0.8~1.0	2.6	4,200	5~9
C	시멘트계	칼슘셀포 알루미네이트계	1.0	2.9	5,400	9~12

칼슘알루미네이트를 성분으로 하는 급결제에서는, $C_{12}A_7$ 조성의 소성 광물을 주성분으로 하는 것이 대부분이다. 그 종류로서는 결정질 또는 비결정질의 것이 있다. 급결작용으로서는, 결정질 또는 비결정질의 칼슘알루미네이트는 시멘트중의 CaO, $Ca(OH)_2$와 반응해서 C_2AH_8, C_3AH_6, C_4AHX가 생성하고, 또한 $CaSO_4$와 반응해서 에트린자이트가 생성하여 급결성을 나타낸다.

다음에는 각종 급결제의 특성에 대해서 알아본다.

일본의 경우 NATM공법의 도입 초기단계에서는 A형태의 것이 보급되었다. 액상 급결제의 경우, 혼합성도 우수하고 분진발생이 적기 때문에 건식 공법에 맞는 재료라고 말할 수 있다. 그러나 건식공법에 습식으로 이행되고 있는 추세이고,

액상 급결제의 경우 약 50%의 수분이 포함되어 있기 때문에 뿜칠콘크리트의 물시멘트비를 증가시키면, 급결력 및 강도 발현성이 좋지 않고 높은 알칼리성 때문에 작업환경도 나빠져 습식공법에는 불합리한 재료라고 할 수 있다. 이에 반해 시멘트계 급결제는 급결력 및 강도 발현성도 좋고, 알칼리성도 낮아 인체에도 나쁜 영향을 주지 않는다. 표 3-5에 A형태의 무기염계를 3%첨가, C형태의 칼슘셀포알루미네이트를 주성분으로 하는 시멘트계 5% 첨가한 모르타르의 압축강도시험 결과를 실었다.

표 3-5 급결제를 첨가한 모르타르의 압축강도

급결제의 종류 / 재령	칼슘셀포알루미네이트계		무기염계		무첨가	
	압축강도 (MPa)	강도비	압축강도 (MPa)	강도비	압축강도 (MPa)	강도비
3시간	22.0	890	9.0	360	2.5	100
1일	140	150	132	142	93	100
3일	243	150	170	105	162	100
7일	308	122	193	76	252	100
28일	343	117	206	71	292	100
6개월	378	126	215	71	301	100
1년	390	128	220	72	305	100

또한 용수부에서의 뿜칠 작용도 용이하고 리바운드의 손실률도 저감시킬 수 있는 장점을 갖고 있다. 단지, 첨가량이 다른 형태의 것에 비해 다소 높은 편이어서 경제적인 평가에서 불리하지만, 리바운드율이 적기 때문에 전체적인 단가 면에서는 유리하다고 생각된다.

결론적으로 말하자면 뿜칠콘크리트에 이용되는 급결제는 그 성분의 특성에 의해 급결성이 서로 다르게 나타난다. 실용적인 측면에서는 뿜칠시스템을 고려해서 검토할 필요가 있다. 일반적으로 시멘트계 급결제를 사용함으로써 목적을 달성할 수 있을 것으로 판단되지만, 터널 굴삭에 따라 변화하는 산지, 지질에 대한 급결력의 필요성, 장거리 터널에 있어서 뿜칠콘크리트의 운반과 소규모 터널의 작업환경 제약에서 도입된 뿜칠기계 시스템에 의해 선택된 급결력 정도의 판정이 필요하다고 생각된다. 다시 말해서 뿜칠콘크리트에서 나타나는 문제점을 해결하기 위해서는 ① 급결력의 첨가량 효과, ② 급결력으로 생기는 응결시간, ③ 조기, 장기 강도의 발현성, ④ 취급의 용이함 등을 그 공사환경에 맞는 급결제를 선택함으로써 해결해야 한다고 판단된다.

질의

8. 최근 콘크리트의 혼화재로 고로슬래그 미분말이 사용되고 있는 실정인데 사용 시 어떤 점을 고려해야 하는지에 대하여 자세히 설명해 주십시오.

응답

고로슬래그 미분말은 플라이애쉬와 함께 콘크리트에 사용되는 대표적인 혼화재로 장기강도 증진, 수밀성 향상, 화학 저항성 증대, 내염 저항성 향상, 알칼리 골재반응 억제 등의 특성을 가진다. 그러나 초기강도 및 탄산화 저항성 저하, 온도 의존성 등으로 인한 수화열 상승 등의 문제점도 있기 때문에 반응 메커니즘, 콘크리트에 미치는 영향 등을 충분히 파악하여 사용여부를 결정할 필요가 있다.

1. 고로슬래그의 발생과정

독일에서 1882년 개발되어 1923년에 생산이 시작된 고로슬래그는 국내에서는 1974년 포항제철의 가동과 함께 최초로 생산되었고 1987년 광양제철의 준공으로 인하여 광양공업단지에 대규모 고로슬래그 시멘트 공장이 입주하여 현재에 이르고 있다.

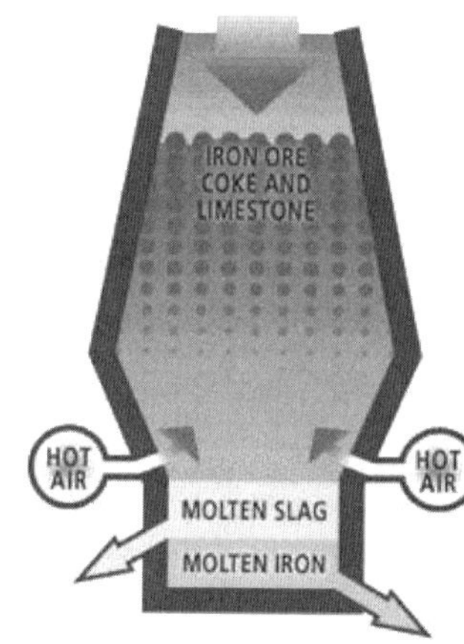

그림 3-3 고로슬래그의 발생과정

그림 3-3에서 보는 바와 같이, 철강 제조공정에서 원료인 철광석(iron ore), 코크스(coke) 및 석회석(limestone)을 고로(용광로)에서 용융하면 약 1,500℃의 쇳물(molten iron)과 함께 광물성분이 용해된 용융슬래그(molten slag)가 발생되며 비중이 가벼워 쇳물과 분리되게 된다.

고온의 용융슬래그를 냉각장에서 자연공랭과 살수에 의하여 서서히 냉각시킨 것을 괴재 슬래그라고 하며〈그림 3-4(a)〉, 부순돌과 비슷한 형상이며, 고압의 물을 분사하여 급랭에 의해 강사와 비슷한 형상으로 유리질화 된 것을 수재 슬래그라고 하여〈그림 3-4(b)〉, 전자는 파쇄하여 주로 도로용 노반재 등으로 사용하며 후자는 미세한 입자로 분쇄하여 고로슬래그 미분말을 제조하며 콘크리트 혼화재

그림 3-4(a) 괴재 슬래그

그림 3-4(b) 수재 슬래그

로 주로 사용되고 있다.

2. 고로슬래그 미분말의 잠재 수경성

고로슬래그 미분말은 플라이애쉬와 같이 물과 접할 때 자체적으로는 수화반응을 일으키지 않지만, 시멘트 구성광물인 Alite(C_3S) 및 Blite(C_2S)의 수화반응에 의해 생성된 수산화칼슘($Ca(OH)_2$) 등의 알칼리성 물질이나 석고 등의 황산염 자극에 의하여 수화 및 경화하는 잠재 수경성의 특성을 가지고 있다. 고로슬래그는 고석회 알루미나 실리게이트의 유리질로서 물과 반응 직후 Ca^{2+}가 용출되어 그 표면에 Ca^{2+}가 결핍된 투과성이 나쁜 부정형의 알루미나 실리게이트 수화물($A-S-H_6$)의 불투수성 산성피막이 형성되며 보호층으로 작용하여 외부에서의 물의 침투 및 고로슬래그 내부로부터의 이온의 용출을 억제하여 수화가 진행되지 않는다. 그러나 수산화칼슘과 수산화나트륨(NaOH)과 같은 알칼리성 자극제가 존재하면 고로슬래그에 수산기(OH^-)를 흡착시켜 산성피막을 파괴하고 CaO, SiO_2, Al_2O_3 등이 용출되어 포틀랜드시멘트와 같이 C-S-H 및 C-A-H 수화물을 생성하며 일단 수화반응이 시작되면, 수화반응을 하기 위하여 $Ca(OH)_2$를 계속 필요로 하는 플라이애쉬의 포졸란 반응과 달리, 고로슬래그의 약 50%를 차지하는 CaO나 MgO와 같은 알칼리성 물질이 계속 용출되어 수화가 계속된다.

3. 고로슬래그 미분말 사용 콘크리트의 특성

그림 3-5에서 보는 바와 같이, 고로슬래그 미분말은 미분쇄된 것으로 일반적으로 깬자갈의 형상과 비슷하며, 국내에서 주로 사용하는 고로슬래그 미분말의 분말도는 3,500~4,500cm^2/g 정도이며 비중은 2.85~2.95 정도의 범위를 가지고 있다.

3.1 굳지 않은 콘크리트의 특성

고로슬래그 미분말을 콘크리트의 혼화재로 사용하면 혼입하지 않은 콘크리트에 비하여 상온에서는 혼입률의 증가에 따라 응결시간이 지연되며 50% 혼입한 경우 응결시간이 1~2시간 정도 지연된다. 블리딩량은 일반적으로 약간 감소하나 10℃ 정도의 낮은 온도에서는 응결이 상당히 지연되며, 또한 블리딩량은 오히려 증가하기 때문에 낮은 온도에서는 주의를 요한다. 슬럼프는 비교적 비슷한 수준이며 소요 공기량 확보를 위하여 AE제의 사용량은 다소 증가하며 경시변화는 거의 동일 수준이다. 또한 일반적으로 고로슬래그 미분말을 사용하면 온도저감 효과가 있는 것으로 알려져 있으나, 그림 3-6에서 보는 바와 같이 50% 혼입까지는 최종 단열온도 상승량(Q_∞)은 거의 동일하거나 오히려 더 높고, 온도 상승속도에 대한 계수(r)는 조금 저하하는 수준이어서 수화열을 저감하는 데에는 크게 효과가 없으며 70% 이상이 되어야 효과가 있으나 초기강도가 저하하여 베이스시멘트를 보통 포틀랜드시멘트보다 초기강도가 높은 조강 포틀랜드시멘트 등을 사용해야 한다. 또한 고로슬래그 미분말의 온도 의존성, 즉 높은 온도에서는 급격한 수화반응을 일으켜 수화열이 급격히 상승하기 때문에 「콘크리트표준시방서」에 명시된 것처럼 매스콘크리트에 사용할 경우에는 콘크리트 온도계측을 통해 발열성상을 확인해야 한다.

그림 3-5 고로슬래그 미분말의 형상

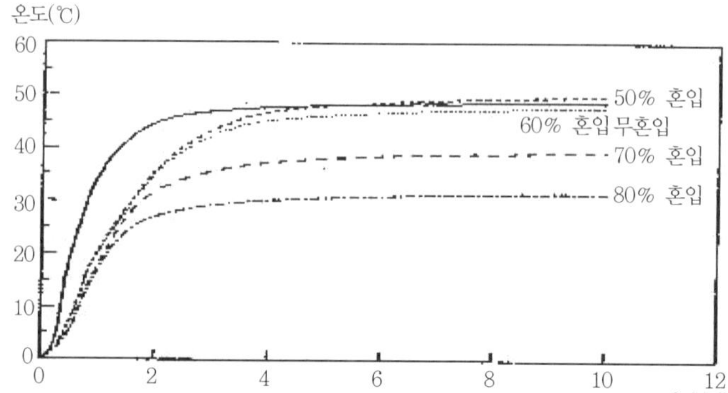

그림 3-6 고로슬래그 미분말 혼입에 따른 단열온도상승 특성 (20℃, B=300kg/m^3)

3.2 굳은 콘크리트의 특성

고로슬래그 미분말의 2차 반응으로 인하여 총 세공용적과 공극직경이 감소하여 수밀성이 증대되며 특히 내염특성이 우수하여 해양콘크리트에 적합하다. 또한 황산염 저항성도 크게 증대되는데, 이는 시멘트량이 적어짐에 따라 C_3A함량이 감소되고 $Ca(OH)_2$량이 소비됨으로 인하여 황산염과 반응하여 생성되는 에트린자이트가 적어지고 시멘트페이스트의 경화조직이 치밀해지기 때문이다. 재령 28일 이후의 장기강도 등의 역학특성은 무혼입의 경우보다 우수하다. 그러나 초기 재령에서의 습윤양생이 부족하면 이들의 특성은 기대하기 힘들고 또한 초기양생 부재시 초기강도가 저하하여 공시일정에 차질을 초래하기 때문에 특히 신경을 써야 한다.

고로슬래그 미분말의 혼입에 따라 동결융해 저항성은 연행공기가 확보될 경우 동등한 동결융해에 대한 저항성이 나타나며, 콘크리트의 건조수축은 「KS F 2424) 의 규정에 따라 7일 수중양생 후 측정할 경우에는 거의 비슷한 수준이나 실질적으로 건설현장에서 실시하는 2~4일 습윤양생을 한 경우의 건조수축량은 상당히 증대하는 것으로 나타나기 때문에 초기 습윤양생을 철저히 해야 한다.

수화반응으로 생성된 pH 12~13 정도의 강알칼리성인 수산화칼슘($Ca(OH)_2$)으로 인하여 철근 표면에 얇은 부동태 피막(두께 20~60Å)이 형성되어 콘크리트 내의 철근부식 발생을 방지한다. 고로슬래그 미분말을 혼입할 경우, $Ca(OH)_2$가 소비되어 결과적으로 탄산화에 대한 저항이 저하하며「일본 콘크리트표준시방서」 내구성 조사형(1999년)에서 제안한 탄산화 깊이(y)를 고려하여 물-결합재비를 산정할 경우 다음 식을 사용하도록 하고 있다.

$$y = 1.6 \cdot \left(-3.57 + \frac{9.0 \cdot W}{(C + k \cdot Ad)} \sqrt{t} \right)$$

여기서 $k = 0$ (플라이애쉬)

$k = 0.7$ (고로슬래그 미분말)

예를 들어 콘크리트구조물의 탄산화 깊이를 100년에 25mm 이하로 제한할 경우에, 단위수량이 175kg/m^{3}인 배합에서 위의 식을 사용하여 최소 단위시멘트량을 산출하면 포틀랜드시멘트를 사용할 경우는 307kg/m^3, 고로슬래그 미분말을 50% 혼입한 경우에는 361kg/m^{3}가 되어야 한다.

또한, 고로슬래그 미분말은 초기 수화과정에서 모세관수 소비에 의하여 발생하는 자기수축이 워낙 커서 초기균열을 유발하기 때문에 단위수량이 적은 고강도콘크리트에의 사용은 적합하지 않은 것으로 알려져 있다.

4. 고로슬래그 미분말 사용 시 고려할 점

고로슬래그 미분말은 현재 「KS F 4009(레디믹스트콘크리트)」 규정에 혼화재로의 사용여부를 논의하는 중에 있으며 품질은 거의 안정된 것으로 알려져 있다. CaO, $A1_2O_3$, SiO_2 및 MgO의 함유량은 고로슬래그 미분말의 반응성과 관계가 있기 때문에 관리가 바람직하며 또한, 분말도가 작으면 비표면적이 적어 잠재 수경성을 충분히 발휘하지 못하기 때문에 현재 사용되고 있는 3,500~4,500cm^2/g 정도가 적당하다.

초기 습윤양생이 충분해야 수밀성 증대, 강도 증진 등의 효과가 있기 때문에 초기 양생에 각별한 신경을 써야 하며 낮은 온도에서는 응결지연 등으로 인하여 거푸집 탈형을 위한 강도발현에 필요한 양생기간이 1~2일 정도 더 필요하다. 따라서 고로슬래그 미분말의 사용은 수밀성의 증대로 해양콘크리트에의 사용은 매우 유효하며, 일반콘크리트인 경우에는 거푸집 탈형시기, 건조수축, 탄산화 등을 고려하여 고로슬래그 미분말의 치환율은 25%를 넘지 않는 것이 좋다. 또한, 콘크리트의 품질관리를 요구하는 경우나 기존의 시공자료가 없는 콘크리트공사에 이를 적용할 시에는 고로슬래그 미분말에 의한 응결지연 정도에 의해서 한중 시공시 초기강도를 예측하고, 거푸집 제거시기를 결정하기 위하여 콘크리트의 온도계측을 적극적으로 고려할 필요가 있다.

— 쌍용양회공업(주) 기술연구소 콘크리트연구실 하재담 수석연구원
— 쌍용양회공업(주) 광양공장품질관리실 이창진 실장

질의

9. 레미콘의 혼합재로 주로 사용하는 플라이애쉬는 포졸란 반응을 하는 재료로 알려져 있는데 이 포졸란 반응이란 무엇이고 어떤 효과가 있는지요?

응답

현재, 시멘트라고 하면 암갈색의 포틀랜드시멘트를 생각할 수 있다. 그러나 이와 같은 고온소성의 시멘트가 사용된 것은 불과 150년 전부터이다. 그 이전에는 “로만시멘트(roman cement)” 라고 부르는 시멘트가 실제로 2000년이나 되는 장기간에 걸쳐 사용되었다.

시멘트의 원조는 불순물을 함유한 석고(gypsum)이고, 이것을 이집트의 피라미드에 사용하였다. 로만시멘트도 불순물을 함유한 석회(lime)라고 할 수 있다. 여기서 문제가 되는 것이 불순물인데, 이것이 "포졸란(pozzolan)" 이라고 불리는 물질이다.

포졸란으로써 예전부터 사용된 것은, 이태리의 산토린섬에 있는 응회암으로, "산토린토"라고 불리었고, 로마제국 시대에는 비슷한 것이 나폴리만 부근의 포졸리라는 곳에서 산출됐다 하여 "포졸라나(pozzolana)" 라는 명칭이 붙었다. 이것이 유래가 되어 현재의 포졸란(영어식 표현)으로 사용되고 있는 것이다.

로만시멘트의 특징은, 내구성이 우수할 뿐 아니라 내해수성이나 내황산염성이 우수하다는 것이다. 로마의 콜로시움이라든가, 남부 프랑스의 갈수도교 등이 현존하고 있는 것으로부터도 알 수 있다. 포졸란이란 "규산물질로, 그 자신은 굳지 않지만, 물의 존재 하에서 자극제와 반응하여 저용해도의 화합물을 생성하면서 굳는 것"을 말한다.

또한 이때의 반응을 포졸란반응(pozzolanic reaction)이라고 하며, 반응에 참여하는 자극제로써는 알칼리계 물질이 일반적인데, 석회나 석고 포틀랜드시멘트가 대표적인 예이다.

포졸란 물질로 알려져 있는 것은 산토린토와 같은 천연에서 산출되는 천연 포

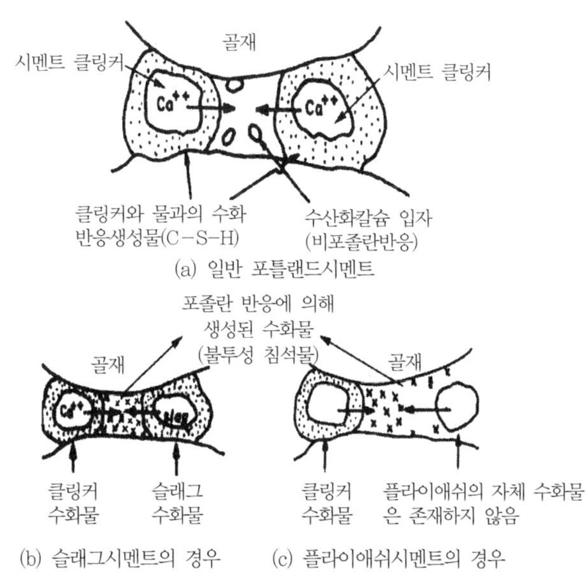

그림 3-7 일반시멘트 및 포졸란 물질 혼합시멘트의 수화기구

졸란과 플라이애쉬, 실리카퓸, 왕겨재 등의 인공 포졸란으로 나눌 수 있다.

건설재료 중 혼합재로서 많이 사용하고 있는 슬래그는 넓은 의미에서 인공 포졸란 물질이지만, 자극제가 있으면 일반시멘트의 경우와 마찬가지로 자체적인 수화물 층을 슬래그 입자 표면에 생성시킨다는 점에서 잠재수경성 물질로 불린다.

포틀랜드시멘트와 슬래그시멘트 그리고 플라이애쉬시멘트의 약간의 차이점을 그림 3-7에 비교하였다.

그림에서 알 수 있듯이 시멘트 클링커는 수화하여 클링커 주위에 수화반응 생성물(주로 C-S-H)과 수산화칼슘의 결정을 모세관 공극(capillary pore) 내에 생성하지만 포졸란 반응에 의해 생성된 수화생성물(그림 3-7의 (b)와 (C))은 C-S-H 나 C-A-H의 형태로 모세관 공극 중에 침전되어 공극량을 감소시킨다. 따라서 포졸란 물질을 혼합한 시멘트의 경우가 일반 시멘트보다 더 치밀한 조직을 구성하고 있고 이것이 혼합시멘트가 더 내구성 면에서 뛰어난 근본적인 이유라고 할 수 있다.

포졸란 반응의 주요 특징과 효과는 다음과 같다.

첫째, 포졸란 반응은 늦다. 따라서 수화발열 속도 및 강도발현 속도가 늦다.

둘째, 시멘트가 석회생산 반응이라면 포졸란 반응은 석회소비 반응이다. 따라서 많은 콘크리트의 내구성을 저하시키는 원인인 수산화칼슘량을 저하시켜 내구성 증진에 기여한다. 이것을 화학식으로 표시하면, 다음과 같다.

$$C_3S + \text{물} \rightarrow C\text{-}S\text{-}H + Ca(OH)_2$$

$$\text{pozzolan} + Ca(OH)_2 + \text{물} \rightarrow C\text{-}S\text{-}H$$

셋째, 포졸란 반응에 의해 생성된 수화물이 모세관 공극을 효과적으로 채워주므로 공극을 감소시킨다. 따라서 콘크리트의 투수성을 저하시키고 종국강도를 증가시킨다. 그림 3-8은 천연포졸란(산토린토)을 시멘트에 치환 첨가함에 따라 기공 크기분포를 재령별로 나타낸 것이다.

28일에 있어서는 전체적인 공극량이 많을 뿐만 아니라 큰 공극이 많이 분포하나 1년 후에는 포졸란 물질이 첨가됨에 따라 전체 공극량은 비슷하나 1,000Å 이상의 큰 공극량이 감소하고 있음을 알 수 있다.

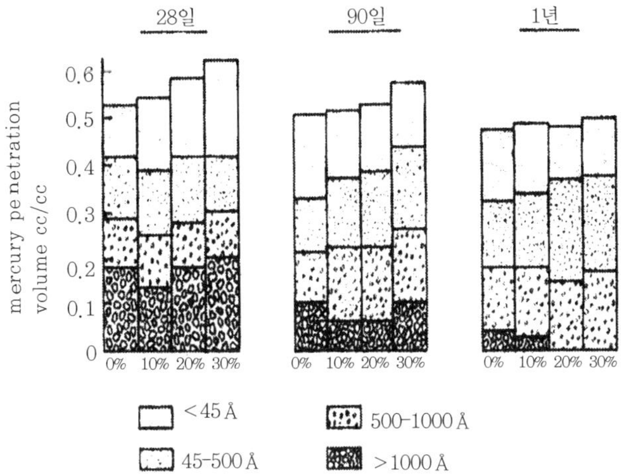

그림 3-8 포졸란 물질 첨가에 따른 각 재령별 공극 크기 분포

질의

10. 모르타르나 콘크리트의 수축 및 균열방지에 사용되는 팽창재의 종류와 역할에 대해 알고 싶습니다.

응답

일반적으로 콘크리트는 건조수축과 경화 시에 발생하는 수화열에 의해 내부응력이 발생하고, 그것이 인장강도를 상회하는 시점에서 균열이 발생하여 누수문제, 탄산화와 염분의 침투에 기인한 철근의 부식 등 콘크리트의 물성에 악영향을 유발시킨다. 이런 결점을 개선하기 위하여 사용된 것이 콘크리트용 팽창재이다. 그리고 팽창시멘트란 팽창재, 시멘트 및 물과 함께 혼합한 경우, 수화반응에 따라 에트린자이트(ettringite) 또는 수산화칼슘 등을 생성하여 모르타르 또는 콘크리트를 팽창시키는 작용이 있는 혼화재료를 말한다. 오늘날 상용되고 있는 에트린자이트계 팽창시멘트의 원형은 klein과 troxell에 의한 부수 calcium sulfo-aluminate계 클링커를 들 수 있다. 이것에 비해 수년 늦기는 했지만, 하야(河野) 등은 산화칼슘의 수화시에 팽창성을 이용하여 석회계의 팽창재를 개발하였다. 현재 팽창재는 콘크리트의 건조수축에 기인하는 철근콘크리트 및 바닥모르타르의 균열방지, 각종 콘크리트 제품 등의 균열억제, 강관의 라이닝, 충전모르타르 등에 폭넓게 사용되고 있다.

ACI의 기준에 의해 분류되고 있는 시멘트콘크리트용 팽창재의 종류로서는 $CaO-Al_2O_3-SO_3$계 팽창재인 K형, S형, M형과, 그 이외에 석회계 팽창재로서 O형

팽창재가 있으며 그 특성은 다음과 같다.

1. K형 팽창재

칼슘설페이트(calcium sulfoaluminate, $3CaO \cdot 3Al_2O_3 \cdot CaSO_4$)와 석고($CaSO_4$) 및 산화칼슘(CaO)으로 구성되며, 물과 반응하면 에트린자이트를 생성시켜 팽창한다.

2. S형 팽창제

알루민산삼칼슘(C_3A : $3CaO \cdot Al_2O_3$)과 석고의 혼합물로 K형과 마찬가지로 물과 혼합하면 에트린자이트를 생성하는 것이지만, C_3A는 시멘트구성 광물의 하나이기 때문에 일반적으로 C_3A의 함유량이 많은 클링커를 제조하여 이것에 석고를 다량 혼합하여 제조한다.

3. M형 팽창재

소련에서 개발된 것으로 알루미나 시멘트(주광물은 $CaO \cdot Al_2O_3$)와 석고의 혼합물로 이 역시 물과 혼합하면 에트린자이트를 생성한다.

4. O형 팽창재

산화칼슘의 수화에 따라 생성되며 이론 화학양론적으로는 얼마간 수축하지만, 공극을 남긴 채로 외관상의 용적팽창을 한다고 알려져 있으며 또 그 팽창은 2단계의 팽창에 의한다고 알려져 있다. 즉, 최초로 미세한 콜로이드상의 수산화칼슘을 생성할 때 처음 팽창을 하고, 이것이 완전히 종료한 후에도 계속하여 이방성의 육각판상결정으로 성장한다고 알려져 있다.

질의

11. 콘크리트용 화학혼화제 중 분산제(감수제, 고성능감수제)의 작용 메커니즘에 대하여 알려 주십시오.

응답

분산제의 작용 메커니즘은 그 화학구조에 따라 크게 다르고, 감수 메커니즘과 슬럼프 유지 성능에 대한 메커니즘을 정확하게 설명하기 위해서는 화학구조별로 논해야 하지만, 여기에서는 분산제의 작용 메커니즘에 대하여 그 흡착 거동 및 입자간 상호작용의 관점에서 설명한다.

1. 시멘트 입자의 분산과 유동성

시멘트페이스트나 콘크리트와 같이 액체 중에 현탁된 입자의 농도가 높은 고농도 서스팬션의 유동성은 일반적으로 현탁입자의 분산·응집에 의존한다. 즉, 입자 사이에 강한 인력(引力)이 발생하여 강하게 응집한 1차 응집체와 약한 인력에 의한 2차 응집체가 형성되면, 입자 사이에 구속된 물이 증가하고 유동성에 관여하는 자유수가 감소하여 유동성은 저하한다. 한편, 입자에 강한 분산력이 작용하면 입자는 분산하고 구속수가 감소하고 자유수가 증가하여 유동성을 향상하게 된다. 유동화제를 첨가하면 콘크리트가 묽어지면서 블리딩수가 콘크리트의 표면에 올라오는 것을 본 기억이 많을 것이다. 유동화제, 감수제, 고성능감수제 등분산제라고 불리는 화학혼화제는 이와 같이 시멘트 입자를 분산시켜서 콘크리트에 감수효과를 부여하는 것으로 말할 수 있다.

2. 감수 메커니즘

분산제의 감수 메커니즘은 앞에서 설명한 것처럼 시멘트 입자의 분산에서 출발하는 것이고, 주로 혼화제 분자가 시멘트 입자 표면에 흡착하는 것에 의하여 일어난다.

1) 전지 2중층에 의한 정전반발력(靜電反撥力), 2) 고분자 흡착층의 상호작용에 기초를 둔 입체장해 반발력에 의한다고 말하여지고 있다. 정전반발력에 의한 분산효과는 DLVO 이론에 따른 2개의 시멘트 입자 사이의 포텐셜 에너지 곡선으로 설명할 수 있다. 분산제 분자의 흡착은, 시멘트 입자 표면에 이온 분위기(전기 2중층)가 형성되어 서로 접하는 두 입자 사이에 정전반발력이 발생하여 입자의 응집을 방해하게 되는 것이다.

이때 입자간 포텐셜 곡선에 있는 에너지 장해는 분산제 흡착량이 증가하고 시멘트 입자의 표면전위(제타전위)가 증가하는 것과 함께 증가하여 분자가 분산한다.

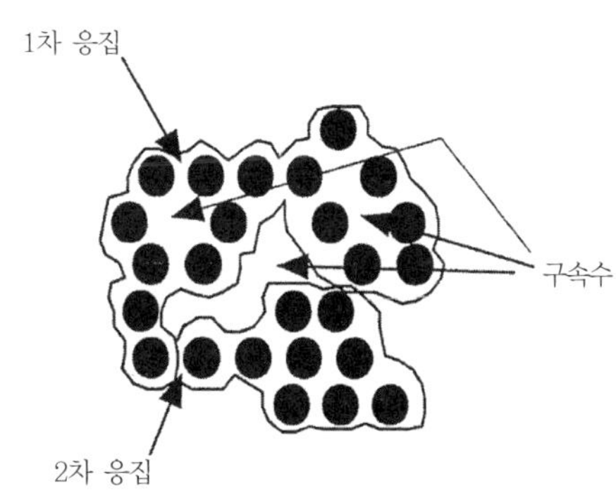

그림 3-9 서스펜션 중의 현탁입자의 응집상태

나프탈린계, 멜라민계, 아미노 설폰산계의 분산제는 주로 이 정전반발력에 의하여 콘크리트를 유동화한다고 생각되고 있다. 분자 중에 설폰산기를 가지고 있고, 설폰산기는 카복실기보다도 이온해리성이 강하기 때문에 콘크리트와 같이 액상중의 이온농도가 높은 분산계에 있어서도 시멘트 입자에 전하를 부가할 수가 있어 높은 분산성을 나타낸다. 이처럼 정전반발력에 의한 분산성능을 크게 하기 위해서는 시멘트 입자 표면으로의 극성기(極性基)의 흡착량을 증대시키는 것이 효과적이라 할 수 있다. 사실 나프탈린 설폰산 포르말린 고합 합물이나 고분자량의 리그닌은 흡착량이 지금까지의 저분자량 리그닌계 분산제에 비하여 많은 양이 시멘트 입자 표면에 흡착하는 것과 단위중량당의 부전하량 또는 친수기의 양이 많을수록 분산성능이 우수한 것으로 알려져 있다.

폴리카본산계, 폴리에테르계는 주로 입체장해반발력에 의하여 유동화시킨다고 생각되어지고 있고 이것들은 에틸렌 옥시드 쇄(EO쇄)를 그라프트화한 절형(櫛形) 폴리머이고 EO쇄는 물을 포위하려는 성질이 강하다. 이 때문에 시멘트 입자 표면에 카복실기를 가진 주쇄가 흡착하고 EO쇄가 용액에 퍼져서 높은 흡착층을 형성하고 이 두꺼운 흡착층이 높은 입체반발력을 일으킨다.

시멘트 분산계에서의 입체장해효과는 분산제의 흡착량의 2승(乘) 및 그라프트 쇄 길이에 비례하는 혼합효과와 흡착층 두께 및 흡착량에 비례하는 탄성효과의 총합으로서 나타낼 수 있다.

또 지금까지 감수제(AE감수제)로 사용되고 있는 리그닌 설폰산은 블록 공중합체로 된 폴리머이고 분자량도 큰 것으로 당연히 입체장해효과가 클 것으로 기대되지만 실제로는 분자가 뭉쳐져서 실타래 모양의 마이크로 겔을 형성하고, 흡착형태가 train형으로 되기 때문에 치밀하고 두꺼운 흡착층을 형성할 수 없어 유효한 입체장해효과를 얻을 수 없다. 따라서 고성능감수제로 사용되는 분산제는 지

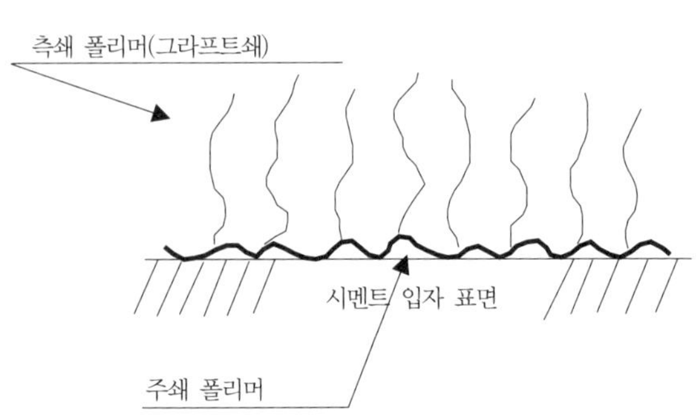

그림 3-10 그라프트 공중합체의 전형 흡착모델

금까지의 분산제와 같은 작용 메커니즘으로 시멘트를 분산시켜 콘크리트를 유동화 효과가 증대되도록 화학구조를 최적화한 것이다.

3. 슬럼프 유지 메커니즘

시멘트 입자의 표면은 이온의 응해나 수화물의 척출 등 시간의 경과에 따라 변화가 일어난다. 시멘트 입자 표면에 흡착한 분산제의 시멘트 입자 분산작용도 시멘트 입자 표면의 화학적 · 물리적 변화의 영향을 받고, 유도기의 급격한 수화반응에 따라 분산제가 시멘트 수화물에 묻혀버리고 정전반발력 등의 미는 힘이 저하하여 유동성이 저하하는 것으로 알려져 있다. 이것이 슬럼프 손실이다. 최근의 고성능감수제용 분산제의 특성은 높은 감수성과 함께 슬럼프 손실을 억제하여 유용성을 유지하는 것이다. 이러한 슬럼프 유지 메커니즘을 크게 2종류로 나눌 수 있다. 하나는 슬럼프 유지성분을 혼합하는 방법이고, 또 하나는 분산성분의 하나인 분자골격에 분산성능과 슬럼프 유지성능을 부여하는 방법이다. 전자는 유동화제의 반복첨가 발상의 연장선상에 있고, 슬럼프 유지 성분으로서 시멘트 용액중의 수산이온과 알칼리 이온에 의한 가수분해에 따라 서서히 분산제를 생성하는 반응성 고분자나 가교폴리머를 사용하는 것이다. 즉, 가교폴리머의 에테르 결합(- CO - O -)이 시멘트페이스트중의 알칼리 환경(PH=12.5) 하에서 가수분해하여 분산성을 가지는 폴리카본산 폴리머로 변화하는 것이다. 한편, 폴리카본산염이나 리그닌술폰산염은 시멘트 입자 표면으로부터 액상으로 향하여 그라프트쇄나 실타래 모양의 고분자가 입체적으로 흡착하는 형태를 가지기 때문에 수화물이 척출하여도 높은 분산성능을 유지할 수 있다.

C_3S는 접수직후부터 약 30분까지는 표면으로부터 약 1몰층(두께 약 0.5mm)이 수화하고, 약 3시간에 4몰층(두께 약 2nm)까지 수화한다. C_3S의 수화물인 CSH의 비중은 약 1.9로 C_3S(비중 3.17)의 60%정도이다. 따라서 생성된 CSH의 체적은 원래 C_3S체적의 약 1.7배로 되기 때문에 수화한 C_3S와 거의 같은 두께의 CSH겔이 외부로 척출하는 것으로 된다. 이 CSH 겔의 표층에 분산제가 흡착하지 않는다면 정전반발력의 효과는 현저하게 저감 또는 소실하는 것으로 생각할 수 있다.

한편, 입체장해반발력은 흡착한 폴리머가 거의 최외선으로부터 작용하기 때문에 수화생성물층의 형성은 전혀 큰 영향을 미치지 않는다.

4. 작용 메커니즘에 미치는 요인

작용 메커니즘에 영향을 미치는 요인으로서는 1) 분산제(고성능감수제)의 종류(화학구조), 2) 시멘트의 종류, 3) 골재, 4) 배합, 5) 혼합방법, 6) 콘크리트 온도 등을 말할 수 있다.

분산제의 화학구조에 의한 메커니즘의 차이는 앞에서 설명하였다. 또 최근 개발되어 온 폴리카본산계로 총칭되는 분산제는 화학구조의 영향이 현저하고, 그라프트쇄와 주쇄의 발란스, 그라프트쇄 길이 및 주쇄의 종류에 따라서 감수작용이 다르다. 즉, 그라프트쇄/주쇄의 길이비율이 작아지면 최대의 감수효과를 나타내는 그라프트쇄 길이가 긴 쪽이 더 효과가 크다는 보고가 있다.

콘크리트 내적인 요인인 시멘트의 종류, 골재 및 배합의 영향은 분산제의 흡착거동과 밀접하게 관련되어 있다. 특히 시멘트는 다른 구성화합물로 된 복합재료이고, 분산제의 흡착은 불균일하고 선택적으로 되기 때문에 유동성에 미치는 영향도 크다.

한편, 흡착속도도 시멘트의 구성화합물에 따라서 다르고, 먼저 접수 초기에 C_3A, C_4AF로 우선적으로 흡착한 후 흡착이 일단 멈추고, 접수 약 15분 후에 C_3S로 흡착을 개시한다. 이 때문에 시멘트의 반을 점하고 있는 C_3S나 C_2S로의 흡착량은 C_3A나 C_4AF 등의 간극상의 흡착량에 의존하는 것으로 된다. 정전반발력 및 입체장해반발력 모두 기본적으로는 흡착한 고분자의 밀도에 비례하기 때문에 간극상이 적을수록 분산제 분자가 시멘트 전체에 균일하게 흡착하고 유동성이 개선되는 것으로 예상된다.

또, 시멘트중의 황산알칼리나 석고 등의 미량 성분도 분산제의 작용 메커니즘에 큰 영향을 미친다. 황산이온의 영향은 입자 사이에 작용하는 반발력의 종류에 따라서 다른 양상을 보인다. 즉, 정전반발력을 주 분산 메커니즘으로 하는 경우는, 황산이온은 술폰산기와 경쟁적으로 흡착하고 액상중의 이온농도가 적절하면 C_3A나 C_4AF 등의 간극상으로의 분산제의 흡착량을 저감하여 C_3S 나 C_2S로의 흡착량을 증대시켜 유동성을 개선시킨다. 그러나 액상중의 황산이온 농도가 과도하면 시멘트 입자 주변에 형성된 전기2중층이 압축되어 제타전위의 절대치가 저하하여 유동성이 저하한다. 입체장해반발력은 액상중의 이온농도의 영향을 받는다고 보기 어렵고, 황산염의 영향은 황산이온과 분산제와의 경쟁흡착에 의한 흡착량의 저하, 또는 황산이온에 의한 고분자의 입체적인 분자형태의 변화에 의한 것으로 생각할 수 있다.

한편, 혼합방법이나 콘크리트 온도 등의 외적요인의 영향은 상기의 내적요인과 상호작용이 일어나기 때문에 그 메커니즘은 복잡하여 전체적인 이론은 확립되어 있지 않다고 말할 수 있다.

지금까지 각종 분산제의 작용 메커니즘에 대하여 설명하였다. 더욱 다양하고 효율적인 분산제가 개발되기 위해서는 보다 많은 연구가 이루어져야 한다.

— (주)에이치비티 김경환 대표이사

질의

12. 최근 콘크리트의 혼화재로 플라이애쉬의 사용이 보편화되고 있는 실정인데, 어느 정도까지 사용해도 되는지, 그리고 콘크리트의 물성에는 영향이 없는지, 사용 시의 어떤 점을 고려해야 하는지에 대하여 자세히 설명해 주십시오.

응답

콘크리트에 사용되는 대표적인 혼화재인 플라이애쉬는 수화열 저감, 작업성 향상, 내염 저항성 향상 등 콘크리트 특성을 개량하는 것이 주목적이나, 현재 레미콘공장에서는 단순히 원가절감을 위해 사용하는 경우가 대부분이고 또한 사용률이 높은 것이 국내 현실이다. 따라서 플라이애쉬는 콘크리트에 있어서 시멘트, 물, 골재, 화학 혼화제와 같이 주요 원재료로 간주하며 반응 메커니즘, 콘크리트에 미치는 영향 등을 충분히 파악한 후 사용해야 한다. 특히 겨울철 한중콘크리트의 시공 시에는 외기 온도가 낮기 때문에 콘크리트의 수화반응이 지연되어 강도발현이 늦어질 수 있으므로 시공에 유의해야 하는데, 특히 플라이애쉬를 사용하였을 경우에는 수화가 더욱 지연될 우려가 있으므로 온도 계측을 통하여 강도발현 추이를 추정하고 거푸집 제거시기를 신중하게 결정할 필요가 있다.

1. 플라이애쉬 발생과정

국내 석탄 화력발전소는 국산 무연탄(회분 함량 약 45%)을 사용하는 곳과 수입 유연탄(회분 함량 약 10~15%)을 사용하는 곳이 있다. 무연탄 화력발전소에서 발생된 플라이애쉬는 미연탄소 함량이 매우 많기 때문에, 유연탄 화력발전소에서 발생된 플라이애쉬만 콘크리트 혼화재로 사용된다. 석탄 화력발전소에서 미분탄을 보일러 연소실에서 연소시킬 때 회분입자는 용융상태로 고온의 연소가스 중에 부유되며, 보일러 출구에서 온도가 저하됨에 따라 유리질의 구형 입자로 되며, 전기집진기에서 포집된 것이 플라이애쉬이다. 보일러 저부에서 회수된 클링

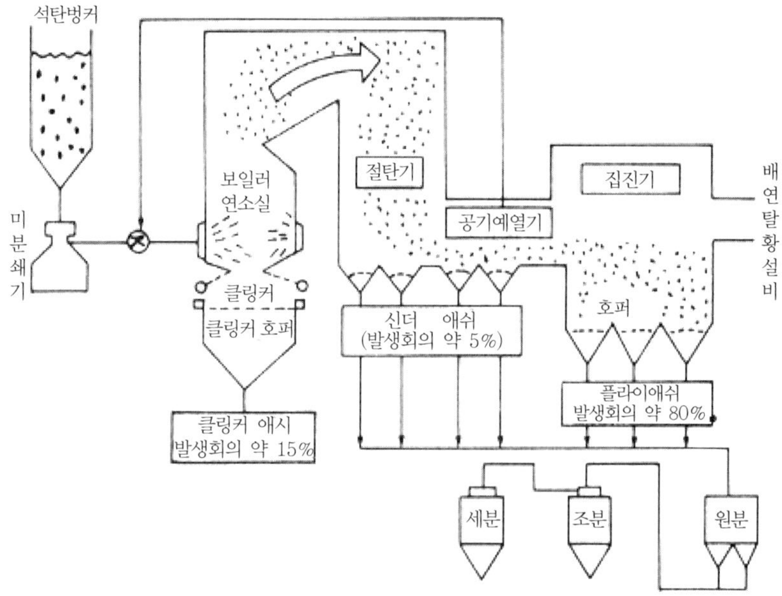

그림 3-11 미분탄 석탄 화력발전소 플라이애쉬 발생과정

커애쉬(c1inker ash), 절탄기와 공기예열기에서 회수된 신더애쉬(cinder ash) 및 집진기에서 포집된 플라이애쉬를 합한 모두를 석탄회라 칭하며, 이 중 플라이애쉬는 대략 80% 정도이다(그림 3-11).

화력발전소 유연탄 탄종의 변화, 연소실 운전상태의 변동 및 미분탄 분말도 변화에 의해 발생된 플라이애쉬는 미연탄소함량, glass화율 및 glass부분의 포졸란 반응성, 입도분포 등이 품질 특성이 변화된다. 최근 NO_x 배출 기준의 강화로 인해 연소온도를 하향 관리하고 있는 추세이므로 미연탄소 함량은 특히 증가되는 경향이다. 국내의 경우 대부분이 공기분급방법으로 플라이애쉬를 정제하므로 원료로서 플라이애쉬의 품질 변동이 클 때는 정제 플라이애쉬의 품질도 다소 변동된다.

2. 플라이애쉬의 포졸란 반응

플라이애쉬는 불활성인 결정상(quartz, mullite 등)과 포졸란 반응성이 있는 glass상으로 구성되어 있으며, 포졸란 반응성의 영향인자는 플라이애쉬의 분말도, glass질 함량, glass질 조성 CaO가 증가하면 반응성은 높아지고 Fe_2O_3가 증가하면 반응성은 저하됨)과 외부인자인 pH, 온도, 시멘트의 알칼리 및 SO_3 함량 등이 있

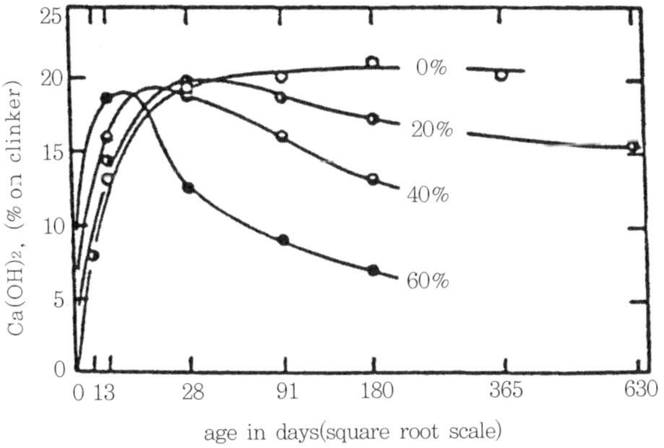

그림 3-12 플라이애쉬 치환율에 따른 $Ca(OH)_2$ 잔존량

으며 플라이애쉬를 시멘트에 혼화할 경우의 포졸란 반응은 대체로 다음과 같다.

시멘트 구성 광물인 알라이트(C_3S) 및 벨라이트(C_2S)는 수화반응에 의해 규산칼슘(calcium silicate) 수화물(C－S－H)과 수산화칼슘($Ca(OH)_2$)을 생성하며, 이와 더불어 혼합수 중에는 칼슘이온(Ca^{+2})과 수산화이온(OH^-)의 농도가 증가되어 pH가 12~13 정도의 강알칼리성이 된다. 이때 생성된 C-S-H(겔 상)는 장기 재령에서 Ca/Si 몰 비가 대략 1.5 정도이며, 이를 기준으로 하여 화학양론적으로 표현하면 다음 식 (1) 및 (2)와 같고, 보통 포틀랜드시멘트 경우 시멘트 100g당 20~25g 정도의 $Ca(OH)_2$가 생성된다.

$$2C_3S + H_2O \rightarrow C_3S_2H_3 + 3Ca(OH)_2 \quad (1)$$

$$2C_2S + H_2O \rightarrow C_3S_2H_3 + Ca(OH)_2 \quad (2)$$

플라이애쉬의 glass질은 OH^-이온에 의해 SiO_2 혹은 $SiO_2 \cdot Al_2O_3$ 조직이 침식을 받아 Si 혹은 망상 구조원자와 산소원자 간의 결합(Al-O, Si-O)이 파괴되고 $Si(OH)^{5-}$ 및 $Al(OH)^{4-}$이온으로 용출되고, 이것이 $Ca(OH)_2$에서 유래된 Ca^{+2}와 반응하여 강도발현에 기여하지 않는 $Ca(OH)_2$를 소비하면서 수경성 물질인 C-S-H와 C-A-H를 생성하여 강도가 증진된다(그림 3-12).

3. 플라이애쉬 사용 콘크리트의 특성

3.1 굳지 않은 콘크리트의 특성

일반적으로 콘크리트의 성형성과 점성을 증대시켜 블리딩을 감소하고 재료분리에 대한 저항성을 증가시키지만, 온도가 낮을 경우 및 분말도가 낮을 경우에는 반응이 늦어져 오히려 블리딩이 증가하고 앞에서 설명한 것과 같이 포졸란 반응으로 인하여 응결시간이 다소 지연되며, 이 또한 온도가 낮을 경우 시멘트의 수화반응이 지연됨과 동시에 포졸란 반응은 더욱 더 지연되어 응결시간에 상당한 영향을 미친다.

플라이애쉬를 사용한 콘크리트에서 리그닌 설폰산계 AE감수제를 사용할 경우 슬럼프 손실이 크게 될 수 있다. 이는 시멘트와 혼합수의 접촉 초기에 플라이애쉬 입자가 Ca^{+2} 이온을 흡착함에 따라 혼합수 중의 Ca^{+2} 이온농도가 저하하고 이로 인하여 시멘트광물 중 간극질(C_3A, C_4AF)의 수차 제어가 불량해져 에트린자이트($C_3A \cdot 3CaSO_4 \cdot 32H_2O$)의 생성량이 증가하기 때문이다.

콘크리트 수화열에 있어서 시멘트는 10kg에 1℃ 정도, 플라이애쉬는 20kg에 1℃ 정도를 좌우하며 고로슬래그 미분말은 잠재수경성으로 인하여 상승속도만 조금 늦고 시멘트와 동일하다고 생각하면 된다. 예를 들어 단위 시멘트량이 400kg/m^3인 배합에서 플라이애쉬를 25% 치환할 경우 중심부에서 5℃ 정도의 온도 저감효과가 있다.

3.2 굳은 콘크리트의 특성

포졸란 반응으로 인하여 수밀성이 증대되고 28일 이후의 장기강도는 우수하나 초기 재령에서의 살수양생이 부족하면 이들의 특성은 기대하기 힘들고, 또한 초기양생 부재 시 초기강도가 저하하여 공사 일정에 차질을 초래하기 때문에 플라이애쉬 사용 시 특히 초기양생에 신경을 써야 한다.

콘크리트의 건조수축은 다소 증가하며 포졸란 반응으로 인하여 콘크리트의 수밀성이 증대되어 내염해 특성 등에 우수하며 동결융해 저항성은 연행공기가 확보될 경우 동등한 동결융해에 대한 내구성 지수가 나타난다.

수화 반응으로 생성된 pH 12~13 정도의 강알칼리성인 $Ca(OH)_2$로 인하여 철근 표면에 얇은 부동태 피막(두께 20~60Å)이 형성되어 콘크리트 내의 철근부식 발생을 방지한다.

혼화재 사용 시 포졸란 반응을 위하여 수산화칼슘이 소비되어 결과적으로 탄산화(중성화)에 대한 저항성이 저하하며 「일본콘크리트표준시방서 내구성 조사형」(1999년)에서 제안한 탄산화(y)를 고려하여 물-결합재 비를 산정할 경우 다음 식을 사용하도록 하고 있다.

$$y = 1.6 \cdot \left(-3.57 + \frac{9.0 \cdot W}{C + k \cdot Ad}\right)\sqrt{t} \qquad (3)$$

여기서 $k=0$(플라이애쉬), $k=0.7$(고로슬래그 미분말)

예를 들어 콘크리트구조물의 탄산화 깊이를 100년에 25mm 이하로 제한할 경우에 단위수량이 175kg/m^{3}인 배합에서 위의 식을 사용할 경우 물-결합재 비를 산출하면 포틀랜드시멘트를 사용할 경우는 56.9%, 플라이애쉬가 20% 치환된 경우는 47.5% 이하가 되어야 한다.

플라이애쉬를 사용함에 따라 황산염 저항성도 크게 증대되며, 이는 시멘트량이 적어짐에 따라 C_3A 함량이 감소되고, 포졸란 반응에 의해 $Ca(OH)_2$량의 저감에 의해 황산염과 반응하여 생성되는 에트린자이트가 적어지고 또한 포졸란 반응으로 인하여 시멘트페이스트의 경화조직이 치밀해지기 때문이다. 플라이애쉬는 알칼리 골재반응에 의한 팽창을 억제하는 효과가 있다. 이의 메커니즘으로서는 포졸란 반응에 의해 콘크리트중의 $Ca(OH)_2$량의 감소에 따른 모세관수의 OH^- 이온농도 저감과 저칼슘형의 C-S-H가 형성되고, 이것이 알칼리이온을 흡착하며 경화시멘트페이스트 조직의 치밀화에 의한 물 이동속도 및 알칼리 이온 확산속도가 저하함 등에 따른다.

4. 플라이애쉬 사용 시 고려할 점

또한 플라이애쉬를 레미콘에서 사용하는 경우 플라이애쉬의 품질변동에 따라 콘크리트의 공기량 변화, 강도저하, 응결지연 등에 영향을 미칠 수 있기 때문에 레미콘 공장에 입하되는 플라이애쉬의 품질을 정확히 파악하여 그 품질 특성을 레미콘 제조단계에 반영함으로써 안정된 콘크리트를 제조할 수 있다. 레미콘의 품질 확보를 위하여 현장에서 필수적으로 수행해야 할 항목은 강열감량(5% 이하), 44 ㎛체 잔량(5% 이하), 단위수량비(102% 이하), 28일 압축강도비(60% 이상) 등이다.

또한 일반적으로 알려진 바에 의하면 시멘트 10kg당 플라이애쉬 12~15kg 정도의 비율로 할증 치환해야 초기 강도를 만족하고, 레미콘에서 플라이애쉬 사용량은 품질 변동, 일반 구조물 및 내구성을 고려하면 10% 이하, 매스 구조물에는 25%이하가 적합하며 포졸란 반응의 온도 의존성으로 인하여 계절별 치환율은 적절히 조정되어 사용해야 한다고 되어 있다.

따라서 콘크리트의 품질관리를 요구하는 경우나 기존의 시공자료가 없는 콘크리트 공사에 이를 적용할 때에는 앞서 말한 레미콘 입수 시에 요구되는 필수 검사는 물론이거니와, 플라이애쉬에 의한 응결지연 정도와 수화열 저감효과를 확인하기 위해서 그리고 한중 시공 시 초기강도를 예측하고 거푸집 제거시기를 결정하기 위해서 콘크리트의 온도 계측을 적극적으로 고려할 필요가 있다.

— 쌍용양회공업(주) 기술연구소 콘크리트연구실 하재담 수석연구원
— 쌍용양회공업(주) 기술연구소 시멘트연구실 박주헌 책임연구원

질의

13. 산업부산물인 고로슬래그 분말의 특성과 건설재료로서의 용도, 그리고 고로슬래그 분말을 사용한 콘크리트의 물성에 대하여 알고 싶습니다.

응답

1. 고로슬래그의 개요

슬래그는 광석중의 산화금속을 환원 정련할 때, 석회석 등을 첨가한 저융점의 물질로서 금속으로부터 분리 제거시에 잔존하게 되는데, 여기에는 절반이상을 점유하는 철강 슬래그와 비철 슬래그로 분리된다. 비철 슬래그는 다시 환원시키는 비철금속에 따라 니켈 슬래그, 동 슬래그 및 은 슬래그 등으로 나뉘며, 철강 슬래그는 다시 고로에서 선철을 생산할 때에 부생하는 고로슬래그와 선철 정련 공정의 전로에서 생성되는 전로 슬래그로 분류된다. 이와 같은 슬래그는 잠재 수경성을 가지고 있어 과거부터 여러 용도로 이용되고 있는데 그 중 가장 많이 쓰이고 중요한 것이 고로슬래그(granulated blast furnace slag)이다.

고로슬래그는 고로에서 선철을 만들 때 부산물로 나오는 것으로, 광화재로 첨가되는 석회석이 철광석중의 맥성분, 코크스의 연소재 그리고 각종 산화물질과 반응하여 생성되며 1,450~1,500℃의 고온용융상태에서 선철과의 비중차이에 의해 배출된다.

고로슬래그는 그 냉각방식에 따라 급랭 슬래그와 반급랭슬래그 및 서냉슬래그로 분류할 수 있는데, 이 중 서냉슬래그는 자연 방냉한 것이기 때문에 대부분이 결정화 되어 잠재 수경성이 낮아 일반적인 시멘트용 혼합재로서는 사용되지 않고 콘크리트용 골재, 철도노반재, 폐수처리용 필터 등에 사용되고 있다. 급랭 슬래그는 용융상태의 고온인 슬래그를 물, 공기 등에 의해서 입상화 급랭하여 유리화한 것이기 때문에 반응성이 높아 고로시멘트용 슬래그나 시멘트·콘크리트용 혼합재로 사용되고 있다. 따라서 이후 언급되는 고로슬래그는 급랭슬래그를 의

미한다.

2. 고로슬래그 분말의 성질

고로슬래그 분말에 대한 규격을 제정한 나라는 미국, 일본, 영국, 캐나다. 이탈리아, 오스트리아 등이며, 일반적으로 "고로슬래그란 급랭시킨 것을 사용하고 이의 염기도는 1.4 이상이어야 한다" 라고 규정하고 있다. 한편, 우리나라에서도 이에 대한 규격을 제정하기 위한 작업이 진행중에 있다. 일례로 고로슬래그 분말의 일본 토목학회 규격을 표 3-6에 나타내었다.

표 3-6 고로슬래그 분말의 품질규격

항목	규격치
염기도, b	1.4 이상
황화물 S(%)	2.0 이하
SO_3(%)	3.0 이하
MgO(%)	10.0 이하
습분(%)	1.0 이하
강열감량(%)	3.0 이하
비중	2.8 이하
블레인 비표면적(cm^2/g)	2,750 이상
비표면적의 균질성	견본 시료값의 250cm^2/g 이내
활성도 지수, SAI(%) 7일 28일 91일	 55 이상 75 이상 95 이상
모르타르의 플로우값 비(%)	95 이상

2.1 화학적 성질

고로슬래그 분말의 화학성분은 필요에 의해 첨가되는 석고를 함유한 화학성분으로 표시된다. 석고가 첨가된 고로슬래그 분말은 CaO 함유량 및 염기도가 높다. 고로슬래그 분말 중의 석고 첨가량 및 고로슬래그의 염기도는 고로슬래그의 분말의 화학 분석값(%)으로 추정할 수 있으며, 고로슬래그의 염기도는 다음 식에

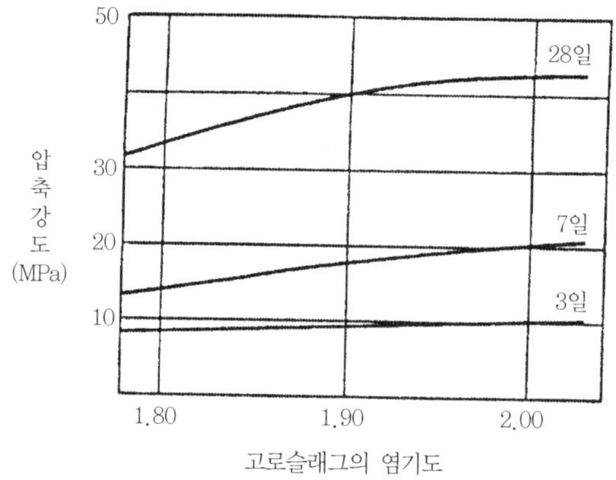

그림 3-13 고로슬래그의 염기도와 고로슬래그 시멘트의 압축강도와의 관계

따라 추정할 수 있다.

$$염기도(b) = \frac{CaO + MgO + Al_2O_3}{SiO_2}$$

이 염기도는 고로슬래그 분말의 반응성을 표시하는 지표로서 사용되는 것이 일반적이며, 1.4 이상의 고로슬래그 분말이 반응성이 좋으며 고로슬래그 시멘트에 사용되고 있는 고로슬래그 분말은 약 1.8 이상의 것이 대부분이다. 한편, 포틀랜드 고로슬래그 시멘트(KS L 5210)에 사용하는 고로슬래그의 염기도는 1.4 이상이어야 한다고 규정하고 있다. 그림 3-13은 염기도가 커짐에 따라 고로슬래그 분말을 포함한 고로슬래그 시멘트의 모르타르 압축강도가 커지는 것을 보여주고 있는데, 염기도가 커짐에 따라 고로슬래그의 수화반응성이 커진다는 것을 알 수 있다.

고로슬래그의 반응성을 평가하는 척도로서는 염기도 외에도 유리화율이 자주 사용되고 있다. 유리화율은 현미경 또는 X선 회절분석으로 결정화도를 측정한 후

『유리화율(%) = (1-결정화율) × 100』

의 계산으로 구할 수 있으며, 이밖에도 용해열법, 시차열분석댑, 자외선형광법 등이 사용되기도 한다.

고로슬래그의 잠재 수경정은 슬래그의 대부분이 유리질로 되어 있기 때문이며, 시멘트 · 콘크리트용 혼합재로서 사용되는 고로슬래그의 유리화율은 70% 이상이 되도록 요구되나, 고로슬래그의 반응성은 염기도와 유리화율 두 가지만으로는 완전히 설명할 수 없다.

2.2 물리적 성질

고로슬래그의 비중은 1.89~2.77로 범위가 넓지만, 74㎛ 이하로 분쇄한 고로슬래그 분말의 비중은 2.85~2.94의 범위를 가지며 평균 2.90 정도이다. 이 값은 보통 포틀랜드시멘트의 비중(3.14~3.15)보다 낮으며 다른 혼합재(플라이애쉬, 실리카퓸)에 비하면 보통 포틀랜드시멘트와의 비중차가 작아 혼합재로서 혼련시 혼합 특성이나 콘크리트에 대한 결합재의 분산특성이 상대적으로 우수하다.

분체입자의 형상은 매끈한 구곡상의 파면을 갖는 입방상으로 물과 접해도 표면의 변화는 곧바로 보이지 않고 보통 포틀랜드시멘트의 입자와 같이 겔화하여 콘크리트의 주도에 큰 영향을 미치지 않는다. 입경 10㎛ 이하의 고로슬래그 입자는 재령 28일까지의 강도발현에 기여하며 10~40㎛ 의 입자는 재령 28일 이후의 강도발현에 기여한다고 할 수 있다.

2.3 잠재 수경성 및 잠재 수경성의 평가

고로슬래그가 물과 접하면 고로슬래그 입자표면에 치밀한 불투수성의 산성 피막이 생기기 때문에 반응을 계속 진행시키려면 강알칼리나 황산염(자극제)에 의해 그 피막을 파괴시킬 필요가 있다. 따라서 자극제에 의해 그 피막이 파괴되면 수경성을 갖게 되므로 고로슬래그를 잠재수경성 물질이라고 하며, 보통 포틀랜드시멘트 클링커 광물과 같이 자기 촉발적인 수화반응을 하지는 않는다. 고로슬래그 분말의 품질은 전술한 염기도나 유리화율만으로는 평가할 수 없다. 고로슬래그 분말의 수경성 평가에 관한 요인으로는 ⓐ 유리화율 및 수쇄화 온도, ⓑ 화학성분 및 염기도, ⓒ 광물구성 성분, ⓓ 분말도, ⓔ 자극제의 종류, 품질 및 양, ⓕ 결합재중의 혼합량 등이다.

한편, 고로슬래그 분말의 잠재 수경성은 전술한 요인들의 영향을 받지만, 아래에 나타낸 활성도 지수(Slag Activation Index, SAI)에 의해 잠재 수경성을 평가하고 있으며 이 지수는 강도 발현 성상을 정량적으로 나타내는 지표로 사용되고 있다.

$$\mathrm{SAI} = \frac{\sigma_{50/50}}{\sigma_{100}} \times 100$$

여기서

σ_{100} : 보통 포틀랜드시멘트를 100% 사용한 모르타르의 각 재령별 압축 강도

$\sigma_{50/50}$: 보통 포틀랜드시멘트의 50%를 고로슬래그 분말로 치환 사용한 모

르타르의 각 재령별 압축강도

배합비⇒시멘트 : 모래 : 물=1 : 2.5 : 0.5

3. 고로슬래그 분말의 용도

고로슬래그는 냉각방식에 따라 급랭슬래그, 반급랭슬래그 및 서냉슬래그로 분류할 수 있으며, 이들의 건설재료로서의 용도는 표 3-7과 같다.

표 3-7 건설재료로서의 고로슬래그의 용도

종류	용 도
서냉슬래그	일반도로용(표층, 노반), 아스팔트용 골재, 콘크리트용 골재, 항만공사용,시멘트 · 클링커의 원료, 지반개량재, 규산석회비료, 토양개량재 등
반급랭슬래그	경량콘크리트용 골재, 경량 매립재, 보온 · 보냉재, 흡음재, 방화재 등
급랭슬래그	고로슬래그시멘트(시멘트 혼합재), 시멘트 · 클링커의 원료. 콘크리트용 혼합재, 경량 기포콘크리트 원료(ALC), 지반개량재, 콘리트용 잔골재, 아스팔트용 잔골재, 노반안정 처리재, 규산석회비료. 항만공사용 등

또한, 최근의 분쇄기술 설비 등의 발달로 인하여 고분말도의 고로슬래그 분말의 생산이 가능해졌다. 따라서 표 3-7에 나타낸 용도 이외에도 고분말도의 고로슬래그 분말을 이용하여 매스콘크리트용 저열시멘트, 수중 불분리성 콘크리트, 고강도콘크리트, 고유동화콘크리트, 그라우트재 등 특수한 제품의 제조에 이용하는 사례가 늘어나고 있는 실정이다.

4. 고로슬래그 분말이 콘크리트 물성에 미치는 영향

고로슬래그 분말을 사용하여 제조한 콘크리트의 물성을 고로슬래그 분말을 사용하지 않은 콘크리트의 물성과 비교하면 일반적으로 다음과 같다.

(1) 콘크리트의 단위수량을 감소시킨다(그림 3-14 참조).

(2) 단위 조골재 용적을 증가시켜 세골재율을 작게 할 수 있다.

(3) 안정적인 슬럼프를 얻을 수 있고 분말도가 큰 것은 블리딩이 적다(그림 3-15 참조).

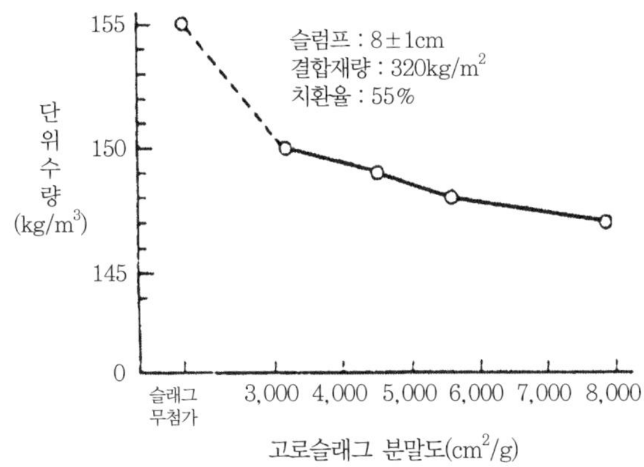

그림 3-14 고로슬래그 분말도와 단위수량 관계

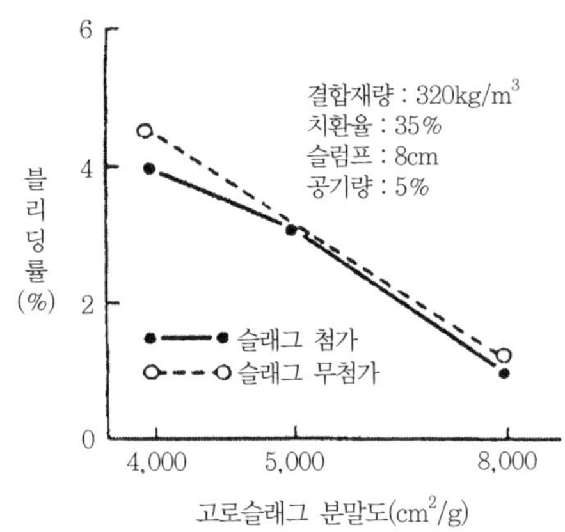

그림 3-15 고로슬래그 분말도가 블리딩률에 미치는 영향

(4) 강도발현은 고로슬래그의 분말도 및 함량에 따라 크게 좌우되나 일반적으로 초기재령에서는 강도값이 고로슬래그 분말을 사용하지 않은 콘크리트보다 작게 되고 장기재령에서는 비슷하거나 크게 된다(그림 3-16 참조).

(5) 수화열은 고로슬래그의 분말도가 작을수록 낮아지고 치환율이 큰 것 일수록 적어져 매스콘크리트 타설시 유리하다(그림 3-17 참조).

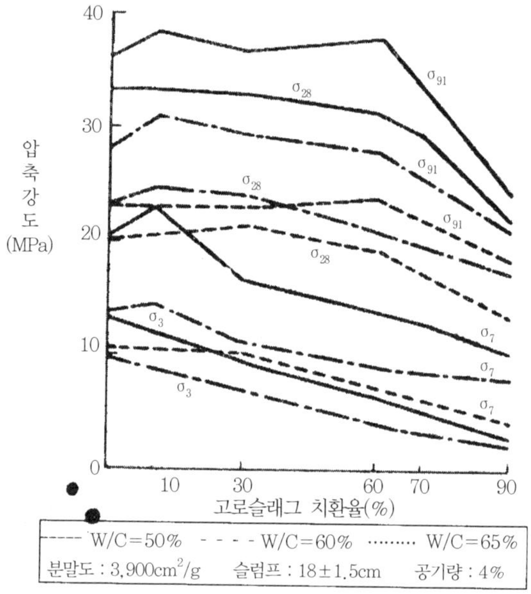

그림 3-16 고로슬래그 치환율과 압축강도

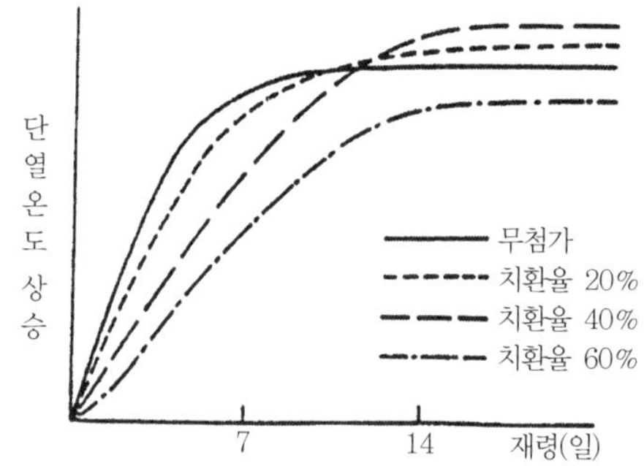

그림 3-17 고로슬래그 사용 콘크리트의 단열 온도 상승 개념도

(6) 양생을 충분히 하면 치밀한 수화물이 얻어져 수밀성, 내구성이 향상된다.

- 동결융해 및 화학저항성이 좋고 내해수성이 우수하다(그림 3-18 참조).
- 염해로부터 철근보호 성질이 우수하다.
- 알칼리 골재반응의 억제에 효과가 있다.

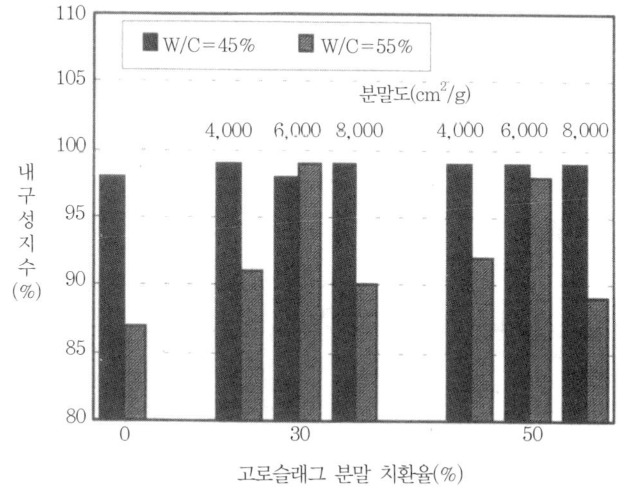

그림 3-18 고로슬래그 분말 치환율에 따른 동결융해시험 결과

(7) 겨울 등 온도가 낮은 경우에는 초기반응성 저하로 인하여 거푸집 제거 등에 시간이 소요되어 공기단축은 어렵다.

(8) 고로슬래그 분말을 사용한 콘크리트는 거푸집 제거시 청색을 나타낼 수 있는데, 이것은 슬래그에 남아있는 미량의 황화물에 의한 작용이며 강도 기타 물성에는 별 영향을 미치지 않으며, 거푸집 제거 후 수주일 후에는 콘크리트 본래의 색으로 변하는 특성이 있다. 이상 고로슬래그 분말을 사용하여 제조한 콘크리트의 물성을 고로슬래그 분말을 사용하지 않은 콘크리트의 물성과 비교하여 기술하였으며, 더불어 고로슬래그 분말의 분말도와 치환율에 따른 콘크리트의 물성 변화를 정리하여 표 3-8에 나타내었다.

표 3-8 고로슬래그 분말이 콘크리트의 물성에 미치는 영향

고로슬래그 분말도(cm^2/g)	2,750~5,500			5,500~7,500			7,500 이상		
치환율(%)	30	50	70	30	50	70	30	50	70
콘크리트물성 :									
유동성	○	○	○	◎	◎	◎	◎	◎	◎
블리딩	○	○	△	◎	◎	◎	◎	◎	◎
응결지연*	◎	◎	◎	◎	◎	◎	◎	◎	◎
초기강도	○	△	△	○	△	△	○	○	△
28일 강도	○	△	△	◎	○	△	◎	◎	◎
장기강도	○	◎	◎	◎	◎	◎	◎	◎	○
고강도	○	△	△	◎	○	○	◎	◎	○
단열온도상승	–	–	◎	–	–	◎	–	–	◎
발열속도저감	○	◎	◎	○	○	◎	○	○	◎
건조수축	○	○	○	○	○	○	○	○	○
촉진양생효과	○	○	○	○	○	○	○	○	○
내동해성	○	○	○	○	○	○	○	○	○
중성화	–	–	△	–	–	△	–	–	–
염분차폐성	○	◎	◎	◎	◎	◎	◎	◎	◎
내해수성	○	◎	◎	○	○	◎	◎	◎	◎
내약품성	○	○	◎	○	○	◎	○	○	◎
내열성	○	○	○	○	○	○	○	○	○

주) △ : 보통 포틀랜드시멘트에 비하여 주의가 요구됨.
○ : 보통 포틀랜드시멘트와 동등하거나 다소 양호한 성능
◎ : 보통 포틀랜드시멘트보다 양호한 성능
* : 보통 포틀랜드시멘트 대비 응결지연 정도

— 동양메이저 건설재료연구팀 정용

질의

14. 고로슬래그 미분말을 사용한 콘크리트에서 중성화 거동은 어떤지 궁금합니다.

응답

고로슬래그는 제철소 고로에서 철광석을 제련할 때 나오는 부산물로 대량의 물로 급랭시킨 고로수쇄슬래그를 분쇄하여 제조한 고로슬래그 미분말은 잠재수경성이란 특성이 있어서 콘크리트용 혼화재(KS F 2563)로 사용하고 있다. 고로슬래그 미분말을 시멘트의 일부를 치환하여 콘크리트에 사용하면 시멘트 제조 시 발생하는 이산화탄소의 절감, 석회석 자원의 절약 등 자원재활용 및 지구 온난화 방지, 환경보호 측면에서 큰 기여를 할 뿐만 아니라 콘크리트의 품질향상 차원에

서 다음과 같은 장점을 갖고 있다.

① 워커빌리티의 향상
② 시멘트의 수화열과 콘크리트의 온도상승을 억제하여 수화열에 의한 균열 방지
③ 내해수성의 향상
④ 내황산염 등 화학작용에 대한 내구성의 향상
⑤ 염화물 이온의 침투를 억제하여 철근부식을 방지
⑥ 알칼리 골재반응을 억제

물론 이러한 특성은 고로슬래그 미분말의 비표면적, 활성도 등의 품질, 사용하는 OPC의 품질, 치환율, 단위결합재량, 타설시 온도, 양생조건 등에 영향을 받는다.[1)]

고로슬래그 미분말을 사용한 콘크리트의 단위수량은 고로슬래그 미분말의 유리질 표면의 윤활작용에 의해 감소하는 경향이 있으며 감수제나 고성능 AE감수제와 같은 혼화제의 효과도 커진다. 블리딩은 고로슬래그 미분말의 분말도와 치환율이 클수록 적어지며, 분말도가 낮은 경우 블리딩이 크게 증가하는 경향이 있다. 응결시간은 치환율이 커질수록 지연되는 경향을 나타낸다. 강도 발현은 치환율과 분말도에 따라 좌우되는데 초기 재령에서의 강도 발현은 작은 경향이 있으며, 분말도가 낮고 치환율이 높을수록 이러한 경향은 더 크다. 장기 재령에서는 반대로 분말도가 낮고 치환율이 높을수록 강도 증가율이 더 커서 시멘트만 사용하는 경우보다 더 높은 강도를 나타내는 것이 일반적이다.

콘크리트의 수밀성, 동결융해저항성, 염분침투저항성, 알칼리골재반응 억제성능 등의 내구성능은 잠재수경성 물질인 고로슬래그의 특성상 시멘트 수화 시 발생하는 수산화칼슘과 반응하여 치밀한 수화물을 형성함으로써 일반시멘트만을 사용하는 경우보다 월등히 우수한 특성을 나타낸다고 알려져 있다.

고로슬래그 미분말이 이러한 특성을 발휘하는 것은 시멘트가 수화하면서 발생하는 수산화칼슘과 고로슬래그가 수화물을 생성하여 콘크리트 경화체를 치밀하게 해주기 때문이다. 그런데 바로 이 특성 때문에 고로슬래그 미분말을 사용한 콘크리트가 중성화 경향이 커서 내구성 측면에서 문제가 있을 수 있다는 연구결과가 제시되면서 사용상 논란이 일어나고 있다.[2)] 이것은 주로 철근의 피복두께가 얇은 건축분야에서 주로 제기되고 있다.[3)]

콘크리트는 수산화칼슘에 의해 알칼리성을 나타내고(pH = 13.0) 이에 따라 콘

크리트 중의 철근 표면에 부동태가 형성되어 철근이 녹스는 것이 억제가 된다고 알려져 있다. 대기 중의 이산화탄소는 콘크리트 내부로 확산을 하는데 콘크리트 내부에 있는 수산화칼슘과 반응하여 탄산칼슘을 생성, PH를 중성 쪽으로(pH= 10.0) 떨어뜨린다. 이것을 콘크리트의 중성화 반응이라 하며 콘크리트에서는 일반적인 현상이다. 콘크리트 중성화 반응은 다음과 같은 식으로 나타낼 수 있으며 그림 3-19는 콘크리트의 중성화에 미치는 여러 가지 요인들의 모식도이다.[4)]

$$Ca(OH)_2 + CO_2 + H_2O = CaCO_3 + 2H_2O \quad (1)$$

중성화가 시간의 경과에 따라 내부로 진행되는 속도를 중성화속도라 한다. 중성화속도를 통하여 중성화가 철근에 도달하는 시간을 계산하여 어느 정도 건축물의 수명을 예측할 수 있는데 일반적으로 중성화 깊이는 경과연수(t)의 제곱근에 비례하며 다음과 같은 식으로 나타낸다.

$$X_c = b\sqrt{t} \quad (2)$$

여기서 X_c : 중성화깊이(mm)

b : 중성화계수

고로슬래그 미분말이나 플라이애쉬 같은 혼화재를 사용하는 경우 중성화가 촉진된다고 하는 것은 중성화계수 b가 시멘트만 사용하는 경우보다 크다는 것인데 원인은 다음과 같이 설명하고 있다.

첫째, 혼화재는 콘크리트 중의 수산화칼슘과 반응하여 수화물을 생성하기 때문에 콘크리트의 알칼리성을 떨어뜨리게 된다. 두 번째로 이 반응의 결과 이산화탄소가 콘크리트 내부로 침투할 때 이산화탄소를 탄산칼슘으로 고정화시켜서 내부로의 침투를 억제하는데 필요한 수산화칼슘의 절대량이 부족하게 되어 이산화탄소의 침투가 가속화된다. 세 번째는 혼화재를 사용하는 경우 초기 재령에서 강도 발현이 지체되므로 표면이 엉성하여 이산화탄소의 침투가 용이하다. 이러한 이론은 고로슬래그 미분말이나 플라이애쉬를 사용한 콘크리트에서 반응물과 수화물의 양적 균형, 촉진중성화시험 결과를 보면 타당한 것처럼 보이기도 한다.

그러나 고로슬래그와 수산화칼슘의 반응에 의하여 생성된 수화물은 시멘트만의 수화에 의해 생성되는 수화물보다 화학적으로 안정하며 치밀하므로, 결과적으로는 경화체 조직이 보다 더 치밀해져서 이산화탄소의 확산을 억제하는 역할을 할 수 있다는 점과 물시멘트비, 양생조건, 촉진중성화 시험조건과 콘크리트구

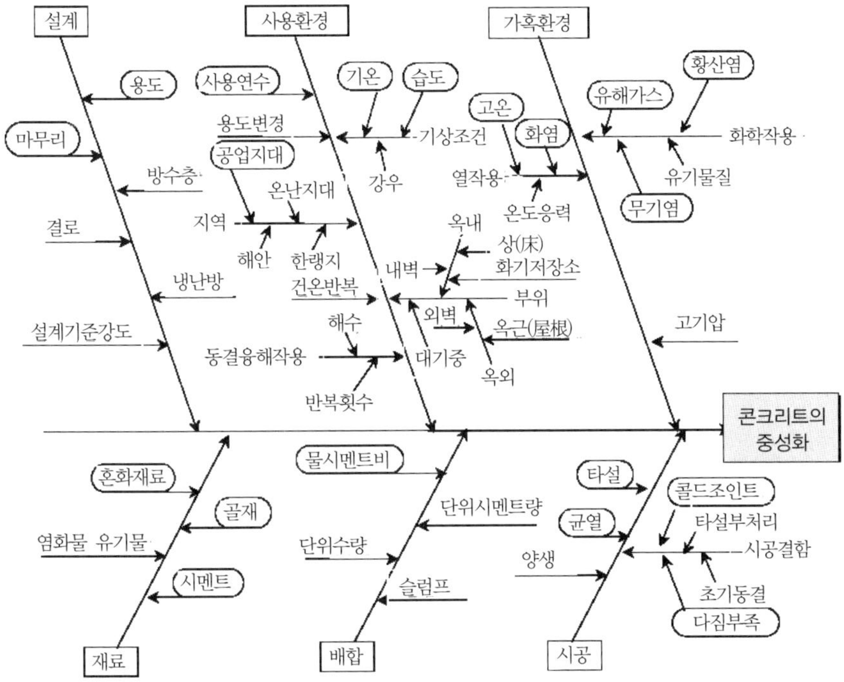

그림 3-19 콘크리트의 중성화 속도에 미치는 특성 요인도

조물의 실제 조건 등의 차이를 무시한 것이라는 지적이 있다.[5,6)]

고로슬래그 미분말을 사용한 콘크리트에서 중성화에 미치는 각 요인의 영향을 살펴보면 다음과 같다.

1. 배합요인의 영향

콘크리트 배합요인의 영향은 크게 물시멘트비를 동일하게 하였을 때와 압축강도를 동일하게 하였을 때로 나눌 수 있다.

동일한 물시멘트비의 경우 고로슬래그 미분말을 사용한 콘크리트의 중성화 속도는 보통 포틀랜드시멘트를 사용한 콘크리트에 비해서 다소 빠르다. 특히 초기에서의 습윤 양생이 불충분한 경우 중성화 속도가 빨라진다. 반면 압축강도를 동일하게 한 경우에는 중성화 속도의 차이가 크지 않다고 한다. 표 3-9는 고로슬래그 시멘트를 사용한 콘크리트 공시체를 자연폭로하였을 때, 재령 30년까지의 중성화 침투깊이의 측정결과를 나타낸 것이다.[7)] 물시멘트비가 동일한 경우 고로슬래그가 들어가지 않은 콘크리트에 비해서 옥내 · 옥외 모두 중성화 침투 깊이는 증가하였지만 압축강도를 대략 동일하게 한 경우, 즉, 물시멘트비를 5% 적게 한 경우의 중성화 침투깊이는 고로시멘트 B종(고로슬래그 미분말 함량 30~50%)을 사용한 콘크리트에서 30년이 경과하였을 때 13~22mm, 평균 17.7mm로 일반 시멘트콘크리트의 평균 17.2mm와 비교해서 큰 차이가 없는 것으로 나타났다. 전체적으로 재령 28일 강도가 동일 수준인 경우는 고로슬래그 미분말의 혼입률이 높더라도 중성화 속도는 동일한 정도이거나 약간 큰 정도이다.

표 3-9 자연폭로에 의한 고로시멘트 사용 콘크리트의 중성화 실험결과

시멘트 종류		물시멘트비(%)	양생조건*	중성화 깊이(mm)						철근의 부식현황(30년)	
				방치기간(년)							
기호	고로슬래그 혼입률(%)			1	3	10	20	25	30	질량(%)	면적(%)
N	0	60	옥내	1.9	3.7	8.9	11.9	13.7	14.9	1.2	4.9
			옥외	1.8	3.0	6.0	8.5	10.1	13.2	1.5	9.2
		70	옥내	2.8	4.8	10.3	16.7	19.4	21.7	1.5	13.4
			옥외	2.7	4.3	10.2	14.5	18.2	18.9	2.0	15.5
BA	27	60	옥내	2.8	4.3	9.9	14.8	16.1	18.1	1.3	5.1
			옥외	2.0	4.1	7.5	10.7	14.7	15.6	1.9	9.7
		70	옥내	3.7	6.5	12.0	20.8	21.3	24.0	2.2	14.9
			옥외	2.8	5.3	10.5	16.9	20.8	21.9	2.3	17.1
BB	57	55	옥내	2.3	4.4	7.6	11.7	14.2	15.1	1.1	4.9
			옥외	1.9	3.4	6.5	8.7	10.7	13.1	2.1	9.2
		65	옥내	2.8	5.1	11.3	17.2	20.3	22.4	1.5	14.6
			옥외	2.2	4.5	9.7	14.8	18.4	20.2	2.6	15.5
BC	67	55	옥내	2.9	5.3	9.5	15.4	17.5	18.0	1.3	5.3
			옥외	1.9	4.3	7.6	9.9	14.6	15.0	2.3	9.6
		65	옥내	3.9	7.1	14.4	20.5	22.7	23.9	2.0	14.9
			옥외	2.8	5.7	10.5	17.2	20.4	21.8	2.8	16.2

* 옥내 : 기온 10~30℃, 상대습도 40~70%, CO_2 농도 약 1,000ppm
옥외 : 기온 −10~37.5℃, 상대습도 19~100%, CO_2 농도 약 300ppm
연간 강우량 1,303mm

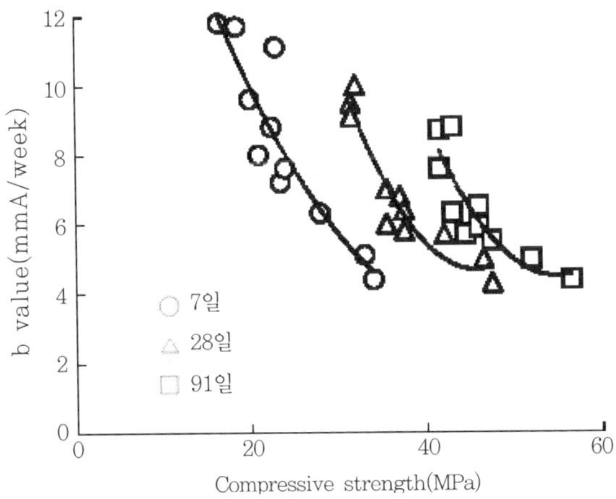

그림 3-20 콘크리트의 압축강도와 중성화계수의 관계

장룡(長瀧) 등[8]의 촉진중성화시험에서도 단위결합재량이 낮을수록 고로슬래그 미분말의 치환율이 높을수록 중성화 깊이는 증가하지만 압축강도가 유사하면 중성화 경향도 유사하게 나타났다(그림 3-20). 한편, 鄭[9] 등은 콘크리트의 중성화 속도는 콘크리트 중에 포함되어 있는 세공량에 크게 좌우된다고 하였는데, 특히 세공 반경 75~7,500mm 사이의 총세공량과 중성화는 매우 큰 상관성이 있으며 세공량이 증가함에 따라 콘크리트의 중성화 속도도 증가한다고 하였다. 이것은 압축강도와 중성화 속도의 관계와도 일치하는 것으로 고로슬래그 미분말을 사용하는 경우에는 장기적으로 조직이 치밀해지므로 이산화탄소의 침투에 대한 저항성이 증가하여 중성화에 대한 저항성도 향상되는 것으로 생각된다.

2. 양생 및 환경조건의 영향

고로슬래그 미분말(고로슬래그시멘트)을 사용한 콘크리트에서 중성화 거동은 고로슬래그 미분말의 비표면적, 치환율, 단위결합재량 등의 배합조건의 영향을 받지만 압축강도가 동일한 경우 중성화계수는 유사하다. 그런데 압축강도는 배합요인뿐만 아니라 초기 양생조건이나 거푸집 존치기간 등에 의해서도 좌우되므로 중성화 거동에도 양생조건 등의 영향은 중요하다.

앞에서 논한 장룡 등의 연구에서 중성화 깊이의 변화에 미치는 초기 수중 양생 재령의 영향을 검토한 결과 7, 28, 91일간 수중양생한 공시체를 사용하여 측정한 중성화계수는 고로슬래그를 사용하지 않은 배합에서는 변화가 없지만 고로슬래그를 첨가한 배합에서는 수중양생 재령이 길수록 감소하는 경향을 나타내었는데 이것은 고로슬래그 미분말 첨가에 의한 재령에 따른 콘크리트의 강도증진 효과 때문으로 생각된다.

각종 시멘트를 사용하여 배합조건을 동일하게 하고(물시멘트비 60%, 공기량 4%, 슬럼프 180mm) 6가지 종류의 양생을 거친 후 촉진중성화시험(이산화탄소 농도 5%, 30℃, 60% RH)을 한 결과,[10] 양생조건 변화에 따른 중성화 속도는 시멘트의 종류에 따라 현저한 차이를 보였다. 특히 고로시멘트 B종의 경우에는 양생조건에 의한 차이가 가장 큰 것으로 나타나서 고로슬래그 미분말을 30% 이상 사용하는 경우에는 충분한 양생이 필요한 것으로 나타났다.

이상에서 고로슬래그 미분말을 사용한 콘크리트에서 물시멘트비가 동일할 경우에는 고로슬래그의 치환율이 높을수록, 단위결합재량이 낮을수록, 초기양생기간이 짧을수록 중성화 속도나 깊이가 증가하지만 동일 강도인 경우에는 시멘트만 사용한 경우와 유사한 것으로 나타나고 있다. 즉, 콘크리트의 중성화는 사용재료도 중요하지만 콘크리트 미세구조의 치밀한 정도나 압축강도에 좌우된다고 볼 수 있는데 설계기준강도로 배합하는 레디믹스트콘크리트 분야에서 고로슬래그 미분말을 사용하는 경우 설계기준 압축강도를 만족한다면 이후 재령에서도 강도는 지속적으로 증가하므로 반드시 중성화에 불리하여 철근 부식이 촉진된다고 볼 수는 없다. 단, 고로슬래그를 사용한 콘크리트는 양생조건에 민감한 면이 있으므로 초기양생이나 보양에 특히 주의를 기울여야 한다.

끝으로 우리나라는 아직 구체적인 데이터가 부족한 실정이지만 일본의 경우에는 10~30년 이상 경과된 실제 건축물에서 중성화 깊이를 측정한 데이터가 많이 있다.[7, 11-19] 여기서 고로슬래그 미분말을 사용한(고로슬래그시멘트) 실제 콘크리트의 구조물에서 중성화계수는 보통시멘트만을 사용한 콘크리트와 큰 차이가 없는 것으로 나타나고 있는데 이것은 고로슬래그 미분말을 사용한 경우 설계기준강도를 만족한 이후에도 지속적으로 압축강도가 발현되기 때문이다.

— 기초소재(주) 김원기 기술연구소장

질의

15. 콘크리트에 혼합되어 여러 가지 기능을 발휘하는 화학 혼화제가 많이 있는 것으로 아는데 이런 화학 혼화제의 종류와 기능에 대하여 알려주십시오.

콘크리트는 경제적이고 안정된 성질을 나타내는 포틀랜드시멘트 및 골재와 물을 기본재료로 하고, 거기에 혼화재료를 사용하여 그 성능을 향상시키거나 다른 기능을 부여시키기도 한다. 이러한 혼화재료 중에서 비교적 사용량이 적어 배합 시 하나의 재료로서 고려할 필요가 없는 것을 혼화제 또는 화학 혼화제라고 부르고 있다.

이 혼화제는 사용량은 적으나 콘크리트 물성에 미치는 굳지 않은 콘크리트와 굳은 콘크리트의 품질특성에 막대한 문제를 유발할 수 있으므로 잘 알고 사용해야 한다.

화학 혼화제는 KS F 2560, JIS A 6204, ASTM C 494 등에서 그 품질이 규정되고 AE제, 감수제, AE감수제, 고성능감수제, 고성능 AE감수제 등이 있으며 주로 그 계면 활성 작용에 의하여 콘크리트의 제 성질을 개선하기 위하여 사용하는 혼화제로 정의되어 있다. AE는 동결융해를 막기 위한 공기포를 만들기 위하여 사용하는데, 이는 레미콘 혼합 시 비누거품과 같은 공기포를 만들어 굳은 콘크리트 내에 일정한 양의 공기포가 남아 있도록 하여 콘크리트에 스며든 수분이 얼었다 녹았다 하여 부피 변화가 생기더라도 이를 잡아 줄 수 있는 쿠션 역할을 한다. 따라서 우리나라에서는 외기에 노출되어 동결융해를 받는 모든 콘크리트는 AE콘크리트로 시공하도록 되어 있다. 그리고 감수제의 경우는 굳지 않은 콘크리트의 작업성을 향상시켜 콘크리트 내의 물/시멘트의 비를 줄일 수 있기 때문에 상당히 유용한 혼화제이다. 그리고 감수율의 정도 및 AE 효과 정도에 따라 감수제, AE감수제, 고성능감수제, 고성능 AE감수제 등으로 구별되며, 일본이나 우리나라의 경우 화학 혼화제를 사용하지 않는 콘크리트는 거의 없다고 하여도 과언이 아니다. 이렇게 약품에만 의존하는 것이 반드시 좋은 것은 아니지만 적절한 사용방법을 통해 적용하면 콘크리트의 성능을 상당히 향상시킬 수 있다.

콘크리트구조물의 다양화와 특수한 시공법 개발에 따라 콘크리트에 요구되는 기능이 많아지면, 이러한 요구를 단순한 포틀랜드시멘트만으로 만족시키는 것은 불가능하고, 상기 혼화제 이외에도 특수한 기능을 부여시키기 위한 혼화제가 필요하게 된다. 특수 혼화제 중 이러한 기능들에 맞게 개발되어 있는 것은 KS에 규정되어 있지는 않으나, 유동화제, (초)지연제, 촉진제, 급결제, 분진 저감제, 수중 불분리성 혼화제, 분리 저감제, 펌프 압송 보조제, 방동(내한)제, 기포(발포)제, 방청제, 알칼리 골재반응 억제제, 중성화 방지제, 수축 저감제, 수화열 억제제 등 많은 기능성 혼화제들이 일본, 유럽, 미국 등 각국에서 개발되어 여러 가지 특수 용도의 콘크리트에 사용되고 있다.

우리나라의 경우 1990년 후반에 고성능 AE감수제가 KS F 2560에 추가되어 작업성과 공기량의 1시간 이상 유지가 가능한 혼화제가 속속 개발되고 있으며, 이러한 혼화제를 이용한 초유동콘크리트가 상당량 타설되고 있으며, 콘크리트 제반 물성의 변화 없이 슬럼프 유지시간이 3시간 이상 되는 콘크리트도 타설된 실적이 있다. 이에 따라 화학 혼화제 제조사들은 더욱 경제적으로 이러한 고기능성 혼화제를 개발하기 위하여 노력하고 있고, 이러한 흐름에 맞추어 학계와 현장의 콘크리트 관련 기술자들도 특수하고 좀더 경제적인 콘크리트의 개발에 같이 노력한다면 우리나라에서도 혼화제를 사용한 특수 콘크리트 기술의 장래는 밝을 것으로 생각된다.

참고문헌

1) 笠井芳夫 外, "セメント・コンクリト用和材料", 技術書院, pp.43~64.

2) 이창수 외, "플라이애쉬와 고로슬래그 미분말을 복합사용한 콘크리트의 내구성능 향상효과", 한국콘크리트학회, 가을 학술발표회논문집, 2002. 11, pp.23~26.

3) 이한승, "콘크리트 혼화재로서 고로슬래그미분말의 사용 방안", 대한건축학회국제세미나논문집, 2003. 1, pp.55~80.

4) 和泉意登志, 喜多達夫 前田照信, "コンクリト構造物 の耐水性シリズ- 中性化", 技報堂出版, 1986. 4, pp.21~40.

5) 日本コンクリト工學協會, "超流動コンクリト 研究委員報告書(Ⅰ)", 1993. 5, pp.180~182.

6) 日本コンクリト工學協會, "超流動コンクリト 研究委員報告書(Ⅱ)", 1994. 5, pp.188~192.

7) 衣田彰彦, "30年間自然暴露した高慮セメント・コンクリト中性化と仕上げ材效果", セメント・コンクリト論文集, No.46, 1992, pp.552~557.

8) 長瀧重義, 大賀宗行, 荒非俊晴, "高爐スラグ微粉末を混和したコンクリトの中性化", 高爐スラグ微粉末のコンクリトの適用に關するシンポヅウム, 土木學會, 1987. 3, pp.143~150.

9) 鄭載東, 平井和喜, 三橋博三, "中性化速度におよぼすコンクリト調合及び細孔構造の影鄕に關する實驗的研研", コンクリト工學論文集, 第1卷第1號, 1990. 1, pp.61~73.

10) 和泉意登志ほか, "コンクリト, 中性化におよぼすセメントの種類, 調合及び養生條

件の 影響について", 第7回コンクリト工學年次講演會, 1985.

11) 依田彰彦, 横室 陵 井川順司, "高爐セメントB種を用い25年經過したRC構造物の耐久性調査", セメント・コンクリト論支集, No.54, 2000, pp.711~716.

12) 依田彰彦, 横室 陵　神崎陵男, "高爐セメントB種を用い44年經過したSRC造體育館の耐久性 調査", セメント・コンクリト論支集, No.54, 2000, pp.705~710.

13) 依田彰彦, 横室 陵 枝廣英俊, "高爐セメントB種を用い22年經過したRC構造物の耐久性 調査", セメント・コンクリト論支集, No.45, 1991. pp.508~513.

14) 依田彰彦, 横室 陵 平田 成秀, "高爐セメントB種を用い32年及び25年經過したRC構造物の耐久性調査", セメント・コンクリト論支集, No.47, 1993, pp.510~515.

15) 依田彰彦, 横室 陵 楊 楊, "高爐セメントB種を用い34~31年經過したRC構造物の耐久性調査", セメント・コンクリト論支集, No.46, 1992, pp.558~563.

16) 藤木良明, 岸谷孝一, 奥澤建一, "分譲集合住宅のコンクリト中性化に關する報告 Eハイツの場合", セメント・コンクリト論文集, No.48, 1994, pp.856~859.

17) 依田彰彦, "高爐セメント・コンクリト中性化(20年間自然暴露した結果から)", セメント・コンクリト, No.429, 1982. 11, pp.26~32.

18) 依田彰彦, "高爐セメントを用いた鐵筋コンクリト構造物の耐久性", セメント・コンクリト, No.562, 1983. 11, pp.35~45.

19) 日本土木學會, "高爐スラグ微粉末を使用いたコンクリトの施工指針", 1977, pp.143~146.

04

Q U E S T I O N & A N S W E R

콘크리트 강도특성

질의

1. 현장에서 실제 구조물의 강도측정은 구조물 각 부위에서 채취한 코어시편을 이용하게 되는데, 코어시편의 평균강도가 설계강도의 85% 이상일 때 구조물의 강도가 제대로 발현되었다고 볼 수 있습니까?

응답

구조물 각 부위에서 채취한 코어의 강도측정 결과, 평균강도가 설계강도의 85% 이상이면 만족스러운 것으로 볼 수 있다.

2. 작업현장의 콘크리트에서 채취한 압축강도 실험시편을 현장조건과 유사한 대기자연 양생을 한 경우, 실험시편의 강도수준을 어떻게 평가할 수 있습니까?

일반적으로 구조물의 양생조건이 적절한지 판단하기 위해 현장조건과 유사한 대기자연양생을 하는바, 실험실 표준양생 시편과 강도비교를 하기 위하여 실험실 양생시편과 같은 양생시간으로 양생을 하며 시편채취도 같은 배합에서 한다. 대기 자연양생 시편의 평균압축강도가 실험실양생 시편 강도의 85% 이상이면 현장양생이 양호하다고 볼 수 있으며, 대기 자연양생 시편의 강도가 설계강도보다 3.5MPa 이상을 가지면 실험실양생 시편의 강도와 비교하지 않아도 양생조건이 좋다고 판단할 수 있다.

질의

3. 구조물에서 채취하는 코어시편은 일반적으로 채취부위에 따라 철근이 코어의 수평 혹은 수직방향으로 포함될 수 있는 바, 철근을 포함함으로 인해 코어의 강도에 어떠한 영향을 미치며, 또한 이러한 영향을 코어시편의 강도평가시 고려해야 합니까?

응답

코어시편의 수평방향으로 철근이 포함되어 있으면, 코어의 압축강도를 5~10% 감소시키는 영향을 가져오는 것으로 알려져 있으나 철근의 포함정도에 따라 다르므로 코어시편의 강도평가 시 이를 고려해야 하며, 코어시편의 수직방향으로 철근이 포함되어 있으면 압축력을 철근이 부담하게 되어 코어의 압축강도를 정확히 측정할 수 없으므로, 이러한 경우의 코어시편은 버리고 수직방향으로 철근이 포함되지 않도록 주의를 기울이며 시편을 다시 채취해야 한다.

질의

4. 콘크리트의 압축강도는 재령 28일을 기준으로 측청하게 되는데 구조물에서 코어시편을 채취할 때에는 일반적으로 재령 28일을 경과하는 경우가 많다. 이러한 경우에 코어시편의 강도 측정시 재령에 대한 영향을 고려해야 합니까?

응답

Peterson에 의하면 코어시편에 대한 재령의 영향을 고려해야 하며, 재령 3개월인 경우는 28일 강도에 비해 10%의 강도증가가, 재령 6개월인 경우는 28일 강도에 비해 15%의 강도증가가 발생한다고 하다. 그러나 콘크리트학회지 Concrete Society에서는 현장에서의 재령 28일이 경과된 후 구조물에서의 강도증가가 그다지 크지 않으므로 재령에 대한 영향을 고려할 필요가 없다고 조언하고 있다. 또한 특별히 양생조건이 양호하지 않는 이상 현장에서의 재령 28일 경과후의 강도증가를 기대하기 어려운 것이 일반적인 견해이다. 따라서 Peterson에 의한 코어강도의 재령에 대한 보정은 객관적인 신뢰도가 높지 않다고 볼 수 있으며, 일반적인 양생조건에서의 코어시편에 대한 재령의 영향을 고려하지 않는 것이 바람직하다고 볼 수 있다.

질의

5. 콘크리트 강도란 무엇을 말하고, 어떤 요인에 의해 결정되는가?

응답

콘크리트의 강도란 일반적으로 압축강도를 말하며, 인장강도나 전단강도, 부착강도는 별개의 것으로 보이는 것이 통례이다. 이는 콘크리트의 압축강도에 비해 인장, 전단, 부착강도가 상당히 낮기 때문이며 특히 인장강도의 경우에는 압축강도의 1/10 정도에도 못 미치며 설계 시에는 거의 무관하기도 하다. 그러나 전단강도나 부착강도는 역시 압축강도에 비교하면 아주 작은 값을 나타내지만 철근콘크리트 구조설계 시에는 직접 응용하게 되는 중요한 성질임에 틀림없다. 이들 부차적인 강도는 어떤 경우에도 대개 압축강도에 비례하여 나타나고 있기 때문에 일반적으로 콘크리트 강도하면 압축강도이다. 콘크리트 설계강도는 통상 물시멘트비로 다음과 같이 결정한다.

$$W/C = \frac{61}{F_c/K + 0.34}$$

여기서 F_c : 콘크리트 설계강도,

K : 시멘트 강도라고 한다.

여기서 F_c가 커지면 물시멘트비(W/C)는 작아지고, 시멘트 강도(K)가 커지면 물시멘트비는 크게 된다. 환원하면, W/C가 적어져야 콘크리트 강도는 커지고, 물시멘트비가 일정할 때, 시멘트 강도가 커지면 콘크리트 강도가 크게 되는 것이다. 즉, W/C가 작고 K값이 커져야만 콘크리트 강도는 커지게 된다. 대개 W/C는 75% 정도에서부터 20% 전후까지 거의 직선으로 비례하여 강도가 결정된다.

또 K값은 30에서 40MPa 정도로 조강시멘트가 보통시멘트보다 크고 최근에는 아주 높은 강도 시멘트의 개발이 연구 중이거나 실용화되고 있다. W/C가 20%에 가까운 낮은 물시멘트비의 경우에는 시공연도가 떨어지므로 유동화제나 감수제인 혼화제가 첨가되어야 하겠고 결국은 고강도콘크리트가 만들어지게 된다. 다음으로 영향을 미치는 요인들로는 시멘트의 양으로 보통콘크리트 배합의 2배 정도까지는 거의 시멘트 양에 비례하여 강도가 커지게 된다. 다음으로는 골재의 강도, 양생조건, 다짐상태, 골재 입도분포, 골재중의 모래 비율, 골재의 크기 등이 크고 적게 콘크리트 강도에 영향을 준다.

— 중앙대학교 건축학과 정헌수 교수

질의

6. 최근 콘크리트에서 가장 크게 대두되는 문제는 무엇이며, 그에 대한 대책은 어떤 것들이 있습니까?

응답

콘크리트의 성질 중에서 개선해야 할 문제점은 너무도 많고 체제적으로 설명하기는 어렵다.

(1) 골재 : 최근 들어 가장 큰 문제로 대두되고 있는 것이 골재의 기근이다. 모래는 바다모래를 사용하므로 염해의 우려성이 있고, 자갈은 깬자갈로 대체됨에 따라 알칼리 골재반응의 피해가 예상된다. 아직까지 이렇다 할 개선책 없이 바다모래와 깬자갈을 사용하는 데에 문제가 있다.

선진 각국에서는 많은 연구보고서가 나와 있고 제도적으로 장치가 설치되어 관련업계에 많은 홍보와 이해로 자리를 굳혀 가는 실정이나 우리나라의 경우는 1985년 9월 KS F4009에 염분 함유량 허용한도를 0.04%로 제한하여 사실상 바다모래사용을 허용하게 되었지만, 제대로 지켜지지 않는 것 같다.

(2) 시공연도(workability) : 2000년대의 콘크리트는 다짐 없는 콘크리트가 될 것으로 선진국들은 내다보고 이에 관련한 연구가 한창이다. 그러나 우리들의 경우는, 최근 레디믹스트콘크리트가 일반화되면서 공장에서의 굳지 않은 콘크리트 묽기는 거의 문제시되지 않지만, 교통혼잡 등 시간이 경과한 후 타설시 슬럼프 값은 상당히 낮아지면서 시공연도가 나빠지게 된다. 특히 최근에 들어와서는 펌프 압송방식에 의해 타설하는 경우가 많게 되므로 더욱 심각하다. 또한 설계기준강도가 커지면 물시멘트비가 낮아지므로 이런 현상은 증가하게 된다.

그 대책으로는 KS F 4009규준이 선진국들에 비하면 늦은 감은 있으나 85년 9월 제정되면 공기량은 4~5% 유지토록 하여 모든 콘크리트에 혼화제를 첨가하도록 되어 있다. 물론 국내 혼화제 사정은 초기단계이지만 시공연도를 높이는 유동화 콘크리트가 정착되기 위해서는 관련업계의 부단한 노력과 관리감독에 소홀함이 없어야 하겠다.

다행히 올림픽대교, 팔당대교, 경춘국도 교량 등에 설계강도 40MPa 정도의 고강도가 이와 같은 감수제의 이용으로 시공할 수 있었던 것은 앞으로의 유동화, 고강도콘크리트의 실용화에 한걸음 다가온 느낌이다.

(3) 특수콘크리트 : 일반 시멘트콘크리트가 갖는 문제점들을 열거하면 대개 다음과 같이 요약된다.

(1) 인장강도가 낮다. (2) 경화시간이 길다. (3) 건조수축 크리프(creep) 특성을

갖는다. (4) 흡수성(방수성)

이상의 결점들은 오랫동안 어쩔 수 없는 콘크리트의 단점들로서 최근에 와서는 하나씩 해결방안이 연구되어지고, 또한 실용화되어 지고 있다. 인장강도 개선은 섬유보강콘크리트로 강섬유(steel fiber), 유리섬유(glass fiber) 등 복합재료를 사용한다. 다음 경화시간이 길어 공기를 크게 하는 것은 최근 초조강 포틀랜드시멘트나 알루미나시멘트 등 초속경 시멘트 개발로 해결되고 있다. 건조수축은 팽창시멘트나 팽창재의 개발, 흡수성, 방수성은 합성고분자계의 결합재를 사용한다. 즉, 폴리머시멘트콘크리트나 레진콘크리트 등이 이에 해당된다. 이외에 중량이 무거워 부재단면이 커지는 취약점은 경량콘크리트나 고강도콘크리트의 적극적인 사용으로 상당히 극복할 수 있을 것이다. 대형화되는 구조물의 설계가 증가하고 레디믹스트콘크리트나 펌프압송 타설과 인건비 상승 등 다양한 조건과 성능의 콘크리트가 요구될 것이고, 이에 따르는 문제점 등은 날이 갈수록 분출될 전망이다. 품질 개선의 노력과 신재료를 탄력적으로 이용해야만 앞으로의 콘크리트 문제해결이 가능할 것으로 사료된다.

— 중앙대학교 건축학과 정헌수 교수

질의

7. 콘크리트구조물의 강도를 측정하기 위하여 코어를 채취할 경우에 코어의 채취 속도에 따라서 강도가 달라진다고 생각되는데, 코어채취 속도를 얼마로 하는 것이 적합합니까?

응답

기존 콘크리트구조물로의 강도는 구조물로부터 직접 코어를 채취하여 강도시험을 하는 것이 가장 신뢰성이 높다고 할 수 있다. 이러한 코어채취방법 및 강도시험방법에 대해서는 KS F 2422에 규정되어 있지만, 코어를 채취할 때의 작업방법을 어떻게 해야 하는지에 대한 규정은 기재되어 있지 않으므로 실무자가 곤란해 하는 점이라고 생각된다.

코어채취 작업이 잘못되면 ① 절단면의 울퉁불퉁함, ② 골재와 페이스트의 부착력 저하, ③ 굵은골재 자체의 강도저하 등과 같은 손상을 초래하여 코어의 직경이 작아지거나 심한 경우에는 코어가 파손되는 경우도 있으므로 강도에 큰 영향을 미치게 된다. 코어 강도는 코어직경 및 길이, 채취방향, 콘크리트의 재령, 코어내의 철근의 포함 여부, 가압면의 요철, 캡핑방법 이외에도 채취 작업방법의 영향을 받게 된다.

여기에서 채취 작업방법이란 비트(코어드릴의 톱날) 회전속도와 비트에 가해지는 힘의 크기를 얼마로 하느냐 등을 가리킨다. 결국 이것은 코어 자체에 미치는 저항력(저항모멘트)의 크기를 좌우하는데, 이것은 소위 코어 채취에 걸리는 부하를 말하며, coring torque〈삭공토크(kg · m)〉라고 한다.

삭공토크가 클수록 코어의 손상은 심해져서 코어강도의 감소에 직접적인 영향을 미치게 되는데, 삭공토크는 비트의 회전속도가 작을수록 또한 코어채취 속도가 클수록 커지게 된다. 따라서 적정한 코어채취 속도를 한마디로 규정할 수는 없고 비트의 회전도를 고려하여 코어채취기의 출력토크로 기준을 설정할 수 있다.

예를 들어 비트의 회전속도 600m/min, 채취속도 7.5m/min, 삭공토크 1.8kg · m 이하의 조건으로 코어를 채취하면 절단면의 요철은 0.3~0.6mm이고 강도저하는 +2~−4% 정도이지만, 회전속도 300m/min 이하에서 채취하면 비트가 떨리고 삭공토크도 1.8kg · m 이상이 되어 절단면의 요철은 0.5~1.0mm로 되고 강도저하는 10% 정도까지 감소될 수가 있다. 따라서 보통콘크리트의 코어 채취작업에는 강도저하가 평균 2% 이하로 무시될 수 있도록 삭공토크를 1.8kg · m 이하로 하고, 절단면의 요철도 1.5mm 이하로 관리할 필요가 있다.

질의

8. 콘크리트구조물의 설계기준강도와 표준공시체의 강도 및 구조물에서 채취한 코어의 강도에 대한 관계를 설명하여 주십시오.

응답

콘크리트의 설계기준강도란 구조물을 설계 시에 기준으로 하는 강도로서, 허용응력설계법에서는 일반적으로 콘크리트의 압축력에 대한 허용응력도에 안전율 3을 곱하여 설정한다. 표준공시체 강도란 KS F 2405의 표준시험방법에 의하여 20℃의 수중에서 28일간 양생한 공시체의 강도를 말하는데, 일반구조물에서의 설계기준강도는 표준공시체 28일 강도를 기준으로 한다. 그러나 실제 구조물과 표준시험방법의 양생조건은 다르기 때문에 강도발현성이 크게 다름에도 불구하고 콘크리트구조물의 설계기준강도를 20℃의 수중에서 양생한 공시체의 28일 압축강도(표준공시체강도)로 규정하고 있는 까닭은 다음과 같다.

즉, 현장양생 28일 강도는 표준양생 28일 강도보다 훨씬 작지만 그 후에도 강도증가가 계속되어 약 3개월 정도 후에는 28일 수중양생 강도에 도달하게 된다.

따라서 구조물에 설계하중이 재하되는 재령은 일반적으로 3개월 이상이고 1년 이상이 되는 경우도 있으므로 설계기준강도로서 28일 표준공시체 강도를 기준으로 하는 것은 문제가 되지 않는다. 단, 부재의 단면이 작은 경우, 양생조건이 불리할 경우, 조기재령에 설계하중이 재하될 경우 등에는 설계기준강도로서 재령 28일 이전의 표준공시체 강도를 이용해야 한다.

— 대한주택공사 건설기술연구실 이도현 선임연구위원

질의

9. 콘크리트의 압축강도는 양생조건에 따라 큰 차이가 나는 것으로 알고 있는데, 표준수중양생한 공시체로서 현장강도를 관리하는 이유를 알고 싶고 또 공시체의 강도와 실제 구조물의 강도는 어떠한 사용상의 차이가 있는지요?

응답

1. 콘크리트구조물의 강도

콘크리트구조물의 설계에 있어서 콘크리트 설계기준강도 f'_{ck}는 일반적으로 표준양생(20±3℃, 수중양생)한 원주공시체의 재령 28일의 압축강도 값이 적용되고 있다. 이것은 구조물의 콘크리트가 표준양생한 원주공시체의 양생조건보다 좋지 않아 강도발현이 느리지만 구조물을 사용할 때(설계하중 재하 시, 타설 후 3~6개월)에 있어서는 표준양생한 원주공시체의 압축강도에 도달한다는 것이 경험적으로 인식되어 있기 때문이다. 또한, 댐 등의 매스콘크리트구조물에는 적절한 양생이 장기간에 있어서 기대되는 것과 구조물 사용시기가 장기간 경과된 후이므로 재령 91일의 표준양생한 공시체를 설계기준강도로 하고 있다.

구조물의 콘크리트 강도에 있어서 안전성의 확보는 구조설계 및 재료 제조공급의 양면으로부터, 그림 4-1과 같이 행해지고 있다. 즉, 구조설계 면에서는 시공상의 변동과 결함, 공시체와 구조물의 차이를 고려하고, 설계강도 f'_{cd}는 f'_{ck}를 재료계수 σ_c로 나눈 값($f'_{cd} = f'_{ck}/\sigma_c$ 통상 $\sigma_c = 1.3$)을 설정하고, 재료 제조 공급 면에서는 품질변동을 고려하여 f_{ck}를 할증한 배합강도 f'_{cr}($f'_{cr} = \alpha f'_{ck}$, $\alpha =$할증계수)를 설정하여 안전성을 확보하고 있다.

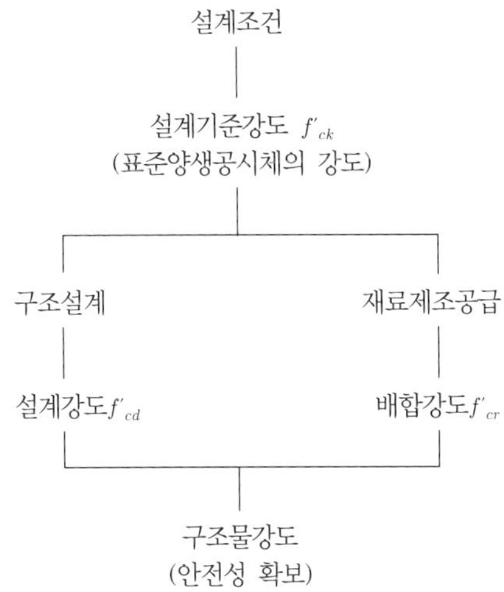

그림 4-1 구조물강도의 안전성 확보

2. 콘크리트구조물의 품질검사방법

완성된 콘크리트구조물이 강도, 내구성 등의 소정의 품질성능을 갖고 있는가를 직접시험에 따라 검사하는 방법은, 인발시험 등 일부의 시험이 행해지고 있는데, 일반적으로는 구조물에 타설된 콘크리트를 동시에 채취하여 공시체의 시험결과에 따라 간접적으로 검사하는 방법이 적용되고 있다.

토목구조물에 있어서는 토목학회 『콘크리트 표준시방서』(1989)에 있어서도 통상 현장의 실시 콘크리트의 타설 시에 채취한 공시체를 표준양생(20±3℃, 수중양생)하고, 소정 재령에서 강도시험을 행하고 그 결과가 규정치 이상이면 합격으로 판단하고 있다. 건축구조물에 있어서는 건축공사 표준시방서(1986)에 따라 타설하여 입하된 지점에서 채취한 공시체를 현장수중양생 또는 밀봉양생하여 소령 재령에서 강도시험을 행하고, 그 결과로부터 합격여부를 판단하고 있다. 일반적으로 토목건축 공히 원주공시체로 재령은 28일로 하고 있다. 또한 레미콘을 사용하여 공사하는 경우는 KS F 4009에 따라 입하 시에 행하는 수입검사로서 표준양생한 원주공시체의 강도시험이 실시되고 있다.

3. 공시체와 구조물의 강도관계

위에서 서술했듯이, 구조물에 타설된 콘크리트의 품질을 동시에 채취한 공시체의 강도시험 결과로부터 추정할 수는 있지만, 부재형상, 치수, 시공조건(타설높이, 다짐정도), 환경조건(온도, 습도, 거푸집 존치기간)이 공시체와 구조물 사이에는 상당한 차이가 날 수도 있다. 구조물의 코어 강도와 현장수중양생한 공시체 강도에 대하여 각 부재위치의 강도비의 일례를 그림 4-2에 나타냈다. 이것들을 종합하여 보면 하절기에 시공한 경우의 구조물 콘크리트 강도는 기둥과 벽의 중앙부에는 공시체 강도와 다소 비슷하지만, 보와 슬래브에서는 공시체 강도보다 작아지는 것을 볼 수 있다. 이것은 현장 수중양생의 온도이력이 구조물 주위의 온도이력과 같지만 부재의 치수, 건조 정도 등이 다르기 때문이다. 그림 4-3의 구조물과 공시체의 강도발현 개념도와 같이 동절기에 시공한 콘크리트는 하절기에 시공한 것에 비하여 장기강도의 증진이 크다. 여기에서 강도를 온도이력의 계수로 나타낸 가열숙성도(maturity) 평가를 활용하여 단기에 구조물 강도를 추정하는 것도 가능하다. 그러나 구조물의 콘크리트 강도를 직접 시험하는 것이 불가능한 동일조건하에서 채취한 공시체의 강도로 간접적으로 구조물 강도를 측정하려는 현행의 방법은 차선책으로 타당한 것으로 생각되지만, 시험재령, 양생방법에 있어서는 검토의 여지가 있다고 생각된다.

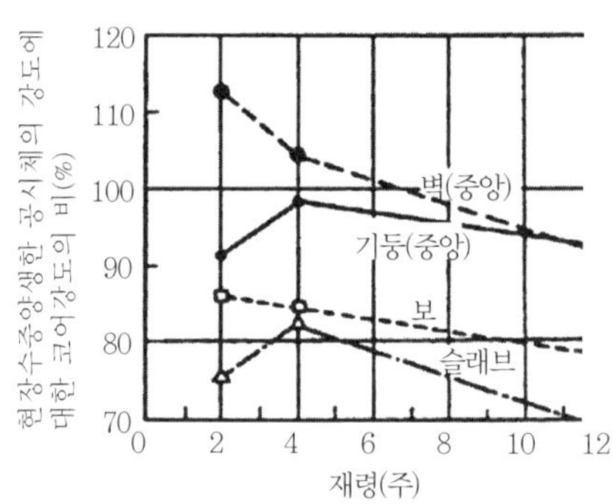

그림 4-2 현장수중양생한 공시체의 강도에 대한 코어강도의 비

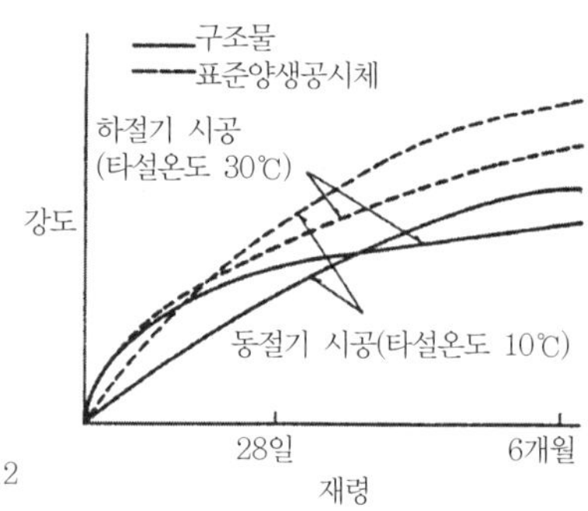

그림 4-3 강도발현성상의 개념도

4. 공시체 강도의 영향인자

원주공시체에 있어서 압축강도 시험방법은 KS F 2405(콘크리트의 압축강도시험 방법)에 규정되어 있지만, 시험방법이 강도에 미치는 영향인자를 정리하면 다음과 같다.

① 공시체 치수가 적을수록 강도는 커진다. 그러나 $\phi 100 \times 200$mm와 $\phi 150 \times 300$mm 원주공시체의 강도차는 실용상 무시해도 좋다.

② 원주공시체의 높이와 직경의 비가 적을수록 강도는 증가한다. 표준공시체에서 그 비는 2이다.
③ 재하면의 평면도가 불량할 경우, 강도가 감소하는데 핑 및 몰드의 높은 정밀도가 요구된다.
④ 재하속도가 클수록 강도가 증가한다.
⑤ 시험시에 건조된 공시체를 적시면 강도가 작아진다.
⑥ 수중양생한 공시체를 건조시키면 강도가 증가한다.
⑦ 시험시의 공시체 온도가 높을수록 강도가 작아진다.

한편, 재령 28일 강도에 의하는 현행의 관리방식을 개선하고, 촉진양생에 의한 강도시험방법과 비파괴시험법이 많이 제안되고 있으나, 현재까지 본격적인 실용화 시험방법의 확립에 미치지 못하고 있다.

— 대구대학교 건축공학과 정재동 교수

질의

10. 콘크리트구조물의 압축강도를 추정하는 방법 중에서 공시체의 압축강도와 코어 공시체의 압축강도의 관계 및 슈미트해머에 의한 강도 추정법에 관하여 알고 싶습니다.

응답

콘크리트의 강도는 콘크리트의 품질과 특성을 보여주는 얼굴 역할을 하기 때문에, 이는 콘크리트공학에 있어서 전통적으로 가장 영향력 있는 요인으로 취급되고 있다. 지금까지 많은 콘크리트 학자들은 실존 콘크리트구조물로부터 그 강도를 구하려는 노력을 경주하여 왔으며, 이는 콘크리트공학의 발전과 더불어 계측기술과 통계학 및 표준화의 도움으로 구조물의 강도와 거의 동일한 값을 추정하기에 이르렀다. 콘크리트구조물의 강도를 추정하는 여러 방법 가운데 표준공시체의 압축강도 측정, 코어강도의 측정 및 슈미트해머 시험법을 이용한 추정법에 대하여 설명하도록 하겠다.

1. 표준공시체의 강도

콘크리트구조물의 설계에서의 콘크리트 설계기준강도는 일반적으로 표준양생(20℃, 수중양생)한 원주공시체의 재령 28일 강도를 적용한다. 이것은 구조물의 콘크리트가 표준공시체보다 양호하지 못한 양생조건에서 강도증진이 이루어지지만, 구조물을 사용하는 시기(설계하중 재하 시, 타설 후 3~6개월)에 이르면 표준공시체 강도에 도달하는 것이 경험적으로 확인되었기 때문이다. 완성된 구조물의 콘크리트가 강도 및 내구성의 품질을 만족시키는지에 대해서는, 일반적으로 구조물 타설 시에 채취한 콘크리트로 제조한 공시체를 시험 · 평가하는 간접적인 조사방법을 사용하고 있다.

구조물에 타설한 콘크리트의 품질을 동시에 채취한 공시체의 강도시험 결과에서 추정하는 것은, 부재형태 및 치수, 시공조건(타설높이), 환경조건(온도, 습도, 거푸집 존치기간)이 공시체와 구조물이 서로 상당한 차이를 가지고 있다.

구조물의 코어 강도와 현장수중양생한 공시체 강도의 각 부재위치에서의 강도비를 그림 4-4에 나타내었다. 하절기에 시공한 경우의 구조물 콘크리트 강도는 기둥과 벽의 중앙부에서는 공시체의 강도와 거의 같지만, 보나 슬래브에서는 공시체 강도보다 낮은 것으로 나타나고 있다. 이것은, 현장수중양생의 온도이력이 구조물의 온도이력과 같은 데도 불구하고 부재의 치수, 건조조건 등이 다르기 때문이다.

구조물과 공시체의 강도발현 성상은 그림 4-5를 통하여 알 수 있다. 동절기에 시공된 콘크리트는 하절기에 시공된 것에 비하여 장기강도가 높게 나타나는 것을 알 수 있다. 그리고 강도를 온도이력의 함수로 표현한 성숙도(maturity)의 개념을 이용하여 구조물의 단기강도를 추정하는 것도 가능하다.

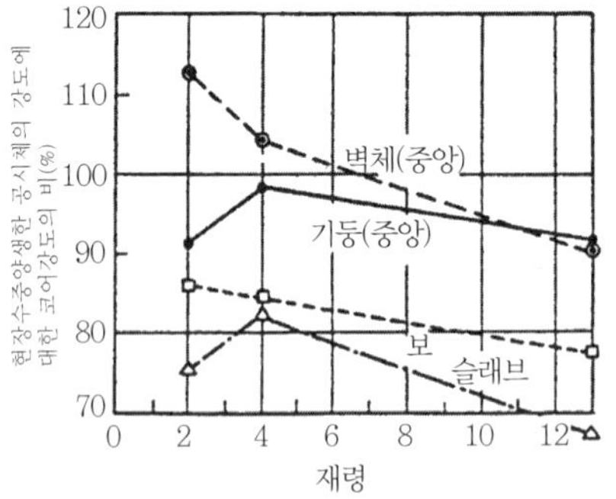

그림 4-4 현장수중양생한 공시체의 강도에 대한 코어강도의 비

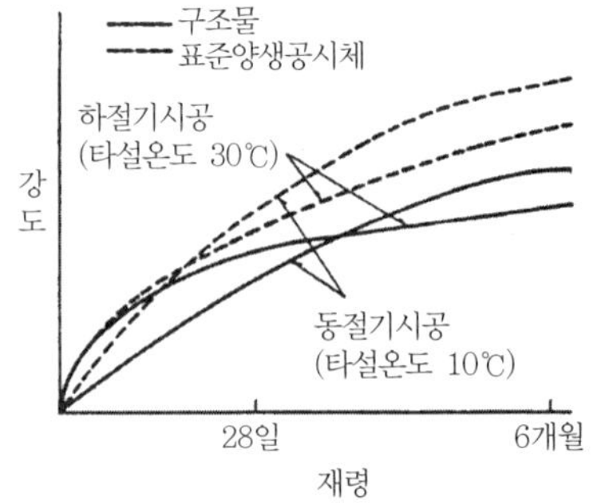

그림 4-5 강도발현 성상의 개념도

사용중인 구조물의 콘크리트 강도를 직접 시험하는 것은 현실적으로 곤란하기 때문에 동일한 조건에서 채취한 공시체의 강도를 이용하여 구조물의 강도를 추

정하는 현재의 방법은 간접적이나마 그 차선책으로 상당한 의미를 가지고 있으나, 시험재령 및 양생방법에 대해서는 추가적인 검토가 필요할 것으로 생각된다.

2. 코어의 압축강도

강도 측정 시험체를 준비하는데 쓰이는 경화콘크리트의 샘플링은 모르타르와 골재 사이의 부착이 방해 받지 않으면서 샘플을 채취할 수 있을 정도로 경화된 콘크리트이어야 한다. 일반적으로 시험체 채취는 재령 14일 이상이어야 하며, 경화된 콘크리트에서 시험체를 준비할 때 특이한 결함이 있거나 채취과정중에 크게 손상을 받은 것은 시험체로 사용해서는 안 된다. 철근이 묻은 시험체는 할렬인장 강도를 구할 때는 사용할 수 없으며, 휨강도를 구하는 시험체의 경우에도 철근이 묻혀 있으면 압축강도의 분포가 달리 나타날 수 있는데, 이때 가능하면 시험체의 길이/직경(L/D)의 비가 1.0 이상이면 철근을 제거하는 편이 좋다.

시험체의 평균 직경으로 전체 표면적을 계산하여 각 시험체의 압축강도를 계산한다. 시험체의 L/D비가 2보다 현저히 적으면 표 4-1과 같은 보정계수를 압축강도에 곱하여 사용한다. 이 보정계수는 1,600~1,920 kg/m^3 되는 경량콘크리트와 보통콘크리트에 적용한다. 재하 시 습윤이나 건조한 콘크리트 모두에 적용할 수 있으며 표에 주어지지 않은 값에 대하여는 보간법으로 구한다. 보정계수는 150~400kg/cm^2의 압축강도를 갖는 보통콘크리트에 적용할 수 있고 강도나 탄성계수 등 여러 가지 조건에 따라 다르다. 표에는 평균값이 주어져 있다.

표 4-1 코어 시험체의 길이/직경 보정계수

L/D	보정계수		
	KS F 2422	ASTM C42-77	BS 1881 : 1970
2.00	1.00	1.00	1.00
1.75	0.98	0.98	0.98
1.50	0.96	0.96	0.96
1.25	0.93	0.93	0.94
1.00	0.89	0.87	0.92

3. 슈미트해머 시험법

슈미트해머에 의한 콘크리트의 강도는 표면경도(surface hardness)에 근거하는 것으로서, 타격방향(각도), 타격횟수, 타격위치(부재), 콘크리트의 재령, 콘크리트의 흡수 정도, 단위시멘트량, 골의 종류, 표면의 상태, 탄산화의 정도, 콘크리트의 양생, 콘크리트의 충전 정도, 콘크리트의 체적, 부재의 세장성과 지지조건, 시험 콘크리트의 응력상태, 사용기기와 콘크리트의 온도 및 해머의 검정(calibration) 등에 따라 각각 다르게 나타난다.

슈미트해머에 의한 강도는 타격횟수와 타격위치(기둥, 보, 벽체 등)에 따라 그 신뢰성이 좌우된다. 일반적으로 타격횟수는 20회로 하되 최소 9회 이상으로 하며 타격점의 간격은 30mm를 표준으로 한다. 슈미트해머에 의한 보통콘크리트의 여러 강도 제안식 가운데에서 많이 인용되어 왔던 강도식은 직선식으로서 다음과 같다.

$$F = (-184 + 13R)\alpha_n \quad \text{일본재료학회} \qquad (1)$$

$$F = (-110 + 10R)\alpha_n \quad \text{동경 재료시험소} \qquad (2)$$

$$F = (100 + 7.3R)\alpha_n \quad \text{일본건축학회} \qquad (3)$$

여기서 F는 콘크리트의 압축강도, R은 타격각도가 보정된 반발강도, α_n은 재령계수이다.

한편, 대한건축학회에서 수행한 신도시 아파트 평가 강도 제안식을 소개하면 다음과 같다.

$$F = (-300 + 19R)\alpha_n \ (\alpha_n : \text{재령계수}) \qquad (4)$$

— 동양메이저 건설재료연구팀 손명수

질의

11. 현장에서 제작한 압축강도용 표준양생 공시체의 압축강도 시험 결과 호칭강도보다 훨씬 크게 나오고 있는데, 보통 7일 강도가 호칭강도를 상회하는 수치가 발휘되고 있고, 28일 강도는 호칭강도의 2배가 넘는 경우도 있습니다. 레미콘의 합부판정에 있어 28일 재령에서 1회 시험결과는 호칭강도의 85% 이상, 3회 시험결과의 평균은 호칭 강도값 이상이라는 하한 규정이 있으나 상한 규정은 없는 것으로 알고 있습니다. 레미콘 압축강도의 상한 규정이 없어도 되는 것인지 알고 싶고, 그렇다면 압축강도가 호칭강도보다 터무니없이 크게 나와도 관계없는 것인지 알고 싶습니다. 또한, 이렇게 압축강도가 크게 발휘되었을 경우 콘크리트의 품질뿐만 아니라 다른 영향은 없는 것인지 궁금합니다.

1. 레미콘의 압축강도에 대한 기준

1.1 KS F 4009의 압축강도 기준

레미콘의 배합강도 결정 및 품질로서 강도의 합격여부 판별은 다음과 같이 KS F 4009에 따르도록 되어 있고 상한규격은 규정되어 있지 않다.

① 1회의 시험결과는 구입자가 지정한 호칭강도 값의 85% 이상이어야 한다.

② 3회의 시험결과 평균치는 구입자가 지정한 호칭강도의 값 이상이어야 한다.

상기의 조건을 통계학상의 정규분포 개념에 의거하여 검토하면 위의 조건을 만족시키기 위한 배합강도식의 경우 그림 4-6 및 식 (1)~(2)와 같이 표현될 수 있다.

①의 경우 $F \geq 0.85\mathrm{F}_0 + 3\sigma$ (1)

②의 경우 $F \geq \mathrm{F}_0 + 3\dfrac{\sigma}{\sqrt{3}} = \mathrm{F}_0 + \sqrt{3\sigma} = \mathrm{F}_0 + 1.73\sigma$ (2)

여기서 F : 배합강도(MPa)

F_0 : 호칭(지정)강도(MPa) : 설계기준강도(f_{ck}) + 기온보정(T)

σ : 표준편차(MPa)

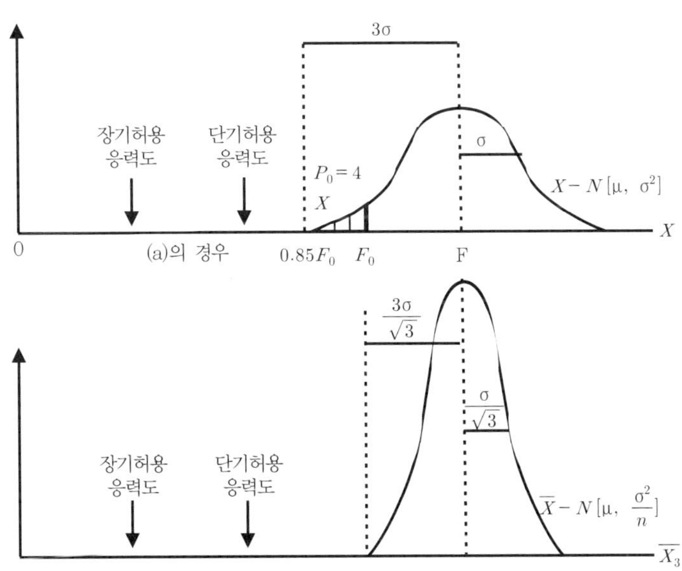

그림 4-6 콘크리트 강도의 정규분포곡선 (KS F 4009의 규정)

1.2 레미콘의 압축강도 상한 규정

레미콘의 압축강도 최고치 규정의 필요성과 연관하여 일반적으로 1 : 1에서 설명한 바와 같이 KS F 4009의 콘크리트 압축강도 관리방법은 하한 규격(최소한 하한치를 상회해야 함)을 만족하는 관리방법을 채택하고 있다. 다만, 상한치에 대한 규정은 KS F 4009의 해설서의 「5. 품질」에 "1회의 시험결과라도 호칭강도의 값보다 매우 낮은 결과가 되거나, 또 과도하게 높은 배합강도가 얻어지는 결과가 되지 않도록 종합적인 관점에서 최소 보증강도를 호칭강도 값의 85%로 정한다" 라는 문구 이외에는 현행 규격에 별도의 규정은 언급되어 있지 않다. 즉, 이는 대부분의 레미콘사의 경우 경제성과 결부지어 규정이 허용하는 범위에서는 가능한 저렴한 레미콘을 제조하고자 시도하고 있기 때문에 하한치를 제시하여 그 값을 상회하도록 규제할 수밖에 없기 때문이다. 그러나 하한치를 크게 상회한다고 하여 문제가 될 것은 없다. 즉, 콘크리트의 품질 면이나 구조내력상 상향된 압축강도는 성능발휘 측면에서 훨씬 유리하기 때문이다.

따라서 레미콘 배합강도의 합부에 관한 규정은 특정한 하한 규격값(호칭강도) 이상을 상회하면 합격이라고 간주하는 것이 타당하다.

2. 호칭강도보다 과도하게 큰 압축강도

압축강도의 시험값이 호칭강도의 2배 이상이더라도 현행 KS F 4009에 의거 하한 규격을 상회하므로 합격으로 간주하게 되는데, 전술한 바와 같이 상한치의 규정은 없으며, 필요성도 크지 않다고 사료된다. 참고로, 압축강도가 호칭강도를 지나치게 상회하는 경우는 실무 조건에서는 다음과 같은 이유가 원인이 될 수 있다.

① 불합격에 대한 우려로 인한 배합강도의 과도한 상향설정의 원인이 있을 수 있으나 그에 따르는 레미콘 제조가격 상승으로 경제성을 확보할 수 없기 때문에 레미콘사의 큰 손실을 가져올 우려가 있으므로 이러한 가능성은 매우 희박하다. 단, 특수한 배합이거나 고강도 배합으로 시공사 등의 요구로 타 기관 예를 들면 혼화제 회사 등에서 배합설계를 실시한 경우 혼화제의 다량사용을 목적으로 과도한 W/C 저감 등이 원인이 되는 경우도 있다.

② 상기에 언급한 배합강도와 호칭강도의 관계에 관한 KS F4009 규격은 정규

분포의 개념에 따르는 것으로, 이미 통계적으로 그림 4-7에서처럼 압축강도 측정시 대부분의 데이터들은 배합강도 부근에 위치하게 되는 것이 일반적이다. 정상적으로 관리가 이루어지는 레미콘사의 경우 배합강도를 지나치게 상회하는 데이터의 발생빈도는 강도 값이 크게 상승할수록 급격히 적어진다. 만일 믿을 수 없을 정도로 높은 강도 값을 발휘한다면, 이는 레미콘사의 배합강도 시험용 공시체 제작 시 측정용 공시체만을 특별히 제작하여(시멘트 추가 첨가 등) 측정한 것일 수도 있을 것이다. 이는 물론 신뢰할 수 없는 데이터가 된다.

③ 기타의 원인으로 상기와 같은 문제가 없다고 할 경우 시험기의 편차나 시험방법 등에서도 이와 같은 문제가 발생할 수도 있는데, 이는 시험기의 검·교정 및 시험방법의 준수 등으로 해결할 수 있는 것으로 거의 매일 시험을 실시하는 실험실이라면 이 또한 매우 희박한 원인이 될 것이다.

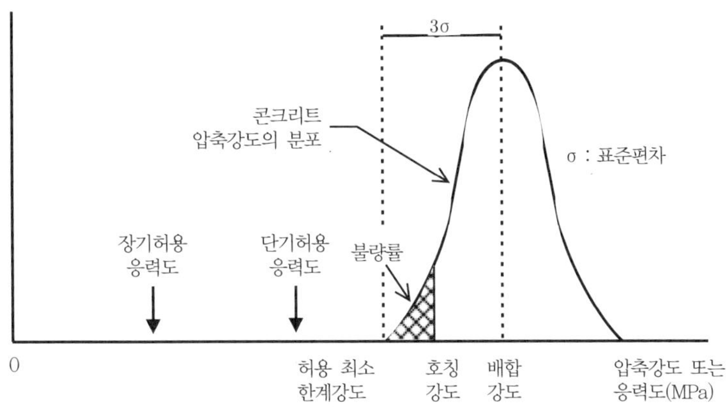

그림 4-7 배합강도의 정규분포

3. 호칭강도보다 과도하게 큰 압축강도의 문제점

주문한 콘크리트의 배합강도가 호칭강도보다 훨씬 큰 압축강도가 발휘된다고 해서 콘크리트구조물의 구조내력상 혹은 내구성 및 기타 가능한 품질에 악영향을 미친다고는 볼 수 없다. 콘크리트구조물의 구조설계 당시 설계기준강도로 설계되기 때문에 그 이상 강도가 발휘되면 오히려 구조체의 내력 확보, 내구성 향상 등 품질개선에 더욱 도움이 될 것이기 때문이다. 반면, 레미콘사 측에서는 지나친 배합강도의 설정에 따른 비경제성으로 손실을 볼 수 있지만, 현실적으로 지나치게 상향시킨 배합강도를 설정하여 관리할 레미콘사는 거의 없는 것으로 보는 것이 타당할 것으로 사료된다.

— 아주산업(주) 기술연구소 윤기원 소장

05 QUESTION & ANSWER

콘크리트의 건조수축, 크리프 및 균열

질의

1. 콘크리트에 균열이 생기는 원인은 무엇입니까?

응답

콘크리트의 균열은 사용 콘크리트의 열화 정도를 나타내는 파라미터로서, 균열이 표면에 가시적으로 나타날 때면 이미 내부조직에서는 미세균열로 인해서 조직이 상당히 손상된 것으로 본다.

이러한 균열에 대해 보수공사를 하고자 할 때는 우선 균열의 원인을 밝히기 위한 균열조사가 선행되어야 하고, 그 결과에 따라 적절한 보수방법을 강구하여야 한다. 본문에서는 균열의 양상에 대해 간략히 설명한다.

1. 균열의 발생과 요인

콘크리트 균열은 경화(hardening)를 전후로 하여 각기 달리 나타나게 되는데, 이는 초기동해나 소성 성질 및 시공상의 변형에 따라 미경화 상태에서 생기는 경화 이전의 균열과 경화 후의 물리적 요인, 화학적 요인, 온도요인 및 내력적 요인에 의해서 생기는 균열로 나누어 볼 수 있다.

2. 균열의 형상과 요인

콘크리트구조물의 여러 가지 균열은 메커니즘에 의해 복합적으로 작용하여 나타난다. 지금까지 연구된 균열의 형상은 대략 30~40여 가지로 밝혀지고 있는데, 이는 콘크리트의 성분조건, 시공조건, 내구조건, 재하조건, 지반조건 및 기타조건으로 분류되어 균열조사의 변수로 채택된다. 이러한 균열원인에 입각한 콘크리트구조물의 균열형상은 다음과 같다.

2.1 콘크리트의 성분요소에 의한 균열

- 시멘트의 이상 응결(abnormal setting)에 의한 균열
- 콘크리트의 블리딩 현상에 의한 균열
- 시멘트의 수화열에 의한 균열
- 시멘트의 이상 팽창에 의한 균열
- 골재에 포함된 이분(유황) 등에 의한 균열
- 반응성 골재와 풍화암의 사용에 의한 균열
- 콘크리트의 건조수축에 의한 균열
- 철근의 전기화학적 부식에 의한 균열

2.2 시공성에 의한 균열

- 혼화재 불균일한 분산에 의한 균열
- 장시간의 연반죽 때문에 생긴 균열
- 펌프압송시의 시멘트 양 및 수량의 증가 때문에 생긴 균열
- 타설순서의 잘못에 의한 균열
- 급속한 타설속도 때문에 생긴 균열
- 불충분한 다짐 때문에 생긴 균열
- 배근의 피복두께 감소로 인한 균열
- 타설처리 방법의 부적격에 의한 균열
- 거푸집의 변형 때문에 생긴 균열
- 거푸집의 누수 때문에 생긴 균열
- 경화 이전의 진동과 재하에 의한 균열
- 초기 양생중 급격 건조에 의한 균열
- 초기 동해로 인한 균열

2.3 내구환경에 따른 균열

- 환경에 따른 온도, 습도의 변화에 의한 균열
- 부재 양면의 온도, 습도 차에 의한 균열
- 동결-융해의 반복에 의한 균열
- 내부 철근의 산화(녹)에 의한 균열
- 화재로 인해 표면 가열에 의한 균열
- 산이나 염류의 화학작용에 의한 균열

2.4 재하조건에 의한 균열

- 하중(설계하중 이내의 것)에 의한 균열
- 하중(설계하중 초과에 의한)에 의한 균열
- 하중(주로 지진에 의한 것)에 의한 균열
- 철근량의 부족에 의한 균열

2.5 지반조건(부동침하)에 의한 균열

- 연약지반층의 침하에 의한 균열
- 경사지반에 의한 균열
- 이질지반에 의한 균열
- 증축에 따른 균열
- 지하수위 변동에 의한 균열
- 이질 지정에 의한 균열
- 일부 지정에 의한 균열

질의

2. 콘크리트 건조수축현상에 의해 균열이 일어났는데 이를 방지할 수 있는 방법에는 어떤 것이 있습니까?

응답

콘크리트의 건조수축은 수화열 시멘트에 붙어있던 물이 증발하면서 콘크리트에 발생하는 체적변형으로 구조시스템 상에서 일어나는 구속(변형이 자유롭게 일어나지 못하게 하는) 효과에 의해서 균열이 발생할 수가 있다. 이러한 균열을 줄이거나 방지하는 방법에는 다음과 같은 사항이 시공 전부터 고려되어야 하겠다. 즉, 콘크리트 배합설계 시에 자갈의 양을 가능하면 많게 하고 물시멘트비는 적게 한다. 철근공사 시 적당한 간격으로 배근하고 온도보강 철근 이상으로 배근한다. 또한 신축조인트를 설치하며 필요하다면 팽창시멘트를 사용할 수가 있겠다.

질의

3. 콘크리트의 크리프(creep) 현상에 대해 알고 싶습니다.

응답

콘크리트에는 일정한 응력이 지속적으로 작용하고 있을 때 초기의 탄성변형 이외의 변형이 계속 진행되는 현상이 있는데 이를 크리프라고 한다. 크리프는 하중이 작용하는 즉시 발생하는 탄성변형과 구분되는 소성변형으로 수십 년간 변형이 계속 발생하는 것으로 알려져 있다. 콘크리트의 크리프는 경화된 시멘트 결합재에서 일어나는 것으로 콘크리트 속의 시멘트 겔(gel)로부터의 점차적인 수분 손실, 수화생성물(C-S-H) 격자 사이의 면을 따라 발생하는 미끄러짐 등에 의해 유발된다.

크리프에 영향을 미치는 요소들은 매우 많은데 콘크리트의 강도 및 물-시멘트비, 하중재하 응력수준 및 재하시간, 주변 습도 등은 크리프에 영향을 미치는 중요한 인자로 강도가 작을수록, 응력이 클수록, 습도가 낮을수록 크리프가 증가하는 경향을 가지고 있다. 이외에도 크리프는 골재, 주변온도, 시멘트 종류, 철근배근 등에 의해서 영향을 받는 것으로 알려져 있다.

콘크리트구조물의 시간종속적 변형은 크리프와 건조수축(shrinkage)을 들 수 있는데, 두 가지가 함께 발생하지만 건조수축은 콘크리트가 경화되면서 지속적으로 발생하는 것이고 크리프는 하중이 지속적으로 재하되는 동안에 발생하는 것으로 구분할 수 있으며, 이들은 발생 초기에 최종변형의 상당부분이 진행되고 시간이 경과하면서 크기가 감소하는 경향을 갖고 있다.

따라서 지속하중이 큰 콘크리트구조물에서는 크리프에 의한 과대한 변형이 문제가 될 수 있는데, 콘크리트 강도를 높이고 압축철근을 배치함으로써 크리프를 감소시킬 수 있다. 철근콘크리트구조물의 설계에서는 장기처짐을 구할 경우 또는 기둥이나 보의 압축철근의 응력을 검토할 때 콘크리트의 크리프 영향을 고려하게 되며, 프리스트레스트 콘크리트구조물의 경우에는 프리스트레스에 의해 발생하는 크리프 현상으로 프리스트레스 손실이 발생하므로 설계에서 이에 대한 영향도 고려한다.

질의

4. 콘크리트에서 주요 균열발생 원인의 하나인 건조수축은 왜 발생하는지? 수분손실에만 영향을 받는 것인지, 아니면 기타 다른 요인이 있는지에 대하여 자세히 알려주시기 바랍니다.

응답

콘크리트의 건조수축이라면 일반적으로 수분의 손실에 의한 체적감소 현상을 의미한다. 그러나 콘크리트의 체적감소를 발생시키는 원인은 소성수축, 수화수축, 탄화수축, 건조수축 등 4가지로 나누어진다.

1. 소성수축(plastic shrinkage)

소성수축은 콘크리트 타설 후 초기 수 시간 이내에 발생하는 수분 손실에 의한 체적감소와 이에 따른 균열현상을 말한다. 이런 수축과 균열 발생원인에 대한 이론은 다음의 두 가지가 있다. 첫째는 수분손실에 따른 체적감소에 의한 균열로서 설명하는 것이다. 타설 초기에는 블리딩 현상 등을 통하여 콘크리트 본체로부터 표면으로의 수분이동이 신속하게 발생하므로 콘크리트 표면으로부터의 수분증발은 일반 수면으로부터의 수분증발과 같은 속도로 발생한다.

따라서 이때의 수분손실이 일으키는 수축력은 그리 크지 않지만, 손실량이 크기 때문에 상당한 체적감소를 동반하게 된다. 이 체적감소가 콘크리트의 표면에 인장응력을 발생시켜 균열을 발생시킨다는 가설이다. 또 다른 설명은 콘크리트 타설 후 무게가 무거운 자갈이 내려앉으면서 모르타르와 수분이 위로 올라오는 위치변동, 또는 자체다짐이 불균질하게 발생하는 데에 따른 현상으로 위치변동에 따라 재료 간에 전단응력이 발생하여 균열이 발생한다는 가설이다. 그러나 소성수축 균열의 발생원인이 어디에 있든지 균열이 내부로 깊게 전파되는 것은 아니므로 소성수축균열 자체는 일반적으로 문제가 되지 않는 것으로 알려져 있다.

콘크리트에서의 소성수축균열을 수분 손실에 따른 균열로 설명하는 전문가들은 콘크리트 내부로부터의 수분공급보다 대기로의 수분증발이 더 빠르게 일어날 때 균열이 발생하는 것으로 주장하고 있다. 따라서 그들은 이러한 소성수축균열을 막기 위해서는 타설 후에 콘크리트의 표면으로부터의 수분손실을 억제하는 것이 가장 바람직한 방법인 것으로 주장하고 있다. 그러나 균열발생 원인이 불균질 다짐에 있다고 주장하는 전문가들은 콘크리트 타설 후 표면에 충분한 수분을 공급해줘도 균열이 관측되는 실험결과와 현장보고가 있기 때문에 수분의 손실만으로는 균열발생에 대한 설명이 불가능하다고 보고 있다. 따라서 이들은 콘크리트의 타설시 적절한 다짐과 타설 후의 추가다짐 등의 타설작업이 균열을 억제하는 최선의 해결책이라고 제시하고 있다.

2. 수화수축(autogeneous shrinkage)

시멘트의 수화반응은 부분적으로는 팽창반응도 있으나 전체적으로 수축반응으로서 시멘트의 수화반응 자체가 체적 감소를 동반하고 있다. 시멘트의 수화반응에 따른 모르타르의 수축량은 사용 시멘트의 화학성분과 화학조성비, 사용배합수량, 양생온도, 시간 등에 영향을 받는 것이다. 시멘트의 성분은 수화반응 속도와 수화물의 종류에 영향을 주고, 물은 초기 수화반응 속도나 모르타르의 공극률을 결정하며, 온도는 수화반응 속도에 영향을 주고 시간은 반응범위 정도에 영향을 줌으로써 시멘트의 수축량을 결정한다.

시멘트의 부피는 수화물보다 작으나 시멘트와 물의 혼합체의 부피는 수화물의 부피보다 크기 때문에 수화반응은 체적감소를 동반한다. 이 수화반응은 약 1% 정도의 체적감소를 동반하는 것으로 알려져 있다. 반응 초기에는 고체의 표면에 수분과의 반응에 의하여 새로운 고체가 형성되므로 고체의 부피는 일시적으로 증가한다. 그러나 수화가 계속 진행되면 시멘트 젤의 표면에 존재하는 수분이 점차 수화되지 않은 시멘트의 반응에 사용되어 시멘트 젤의 수축을 유발하게 되는 것이다. 즉, 수축의 원인은 수화반응 자체의 체적감소와 수화반응에 사용된 수분의 감소에 따른 체적감소 등 두 가지로 구분된다.

콘크리트가 지속적으로 수중에서 양생되면 수분이 계속 공급되기 때문에 두 번째 원인에 의한 수축이 발생되지 않으나, 초기의 배합수 이외에 추가적인 수분의 공급이 없다면 장기적인 수화반응의 지속은 장기적인 체적감소를 동반하게 되는 것이다.

3. 탄산화수축(carbonation shrinkage)

일반적으로 중성화반응으로 더욱 잘 알려진 탄산화반응은 시멘트의 수화반응이 어느 정도 진행된 뒤 장기간에 걸쳐 시멘트 수화물과 공기중의 이산화탄소가 반응하여 발생되는 체적감소 현상을 의미한다. 탄산화반응에 의한 건조수축은 다음의 두 가지 반응에 의하여 발생하고 있다.

(1) $Ca(OH)_2 + CO_2$ ‥‥ $CaCO_3 + H_2$

(2) $3CaO \cdot 2SiO_2 + 3H_2O + 3CO_2$ ‥‥

$3CaCO_3 + 2SiO_2 + 3H_2O$

수산화칼슘과 반응하는 첫 번째 반응은 체적변화가 그리 크지 않으나 C-S-H 젤과 반응하는 두 번째 반응은 상당히 큰 체적변화를 동반한다. 수산화칼슘과의 반응은 체적변화도 크지 않고 콘크리트의 강도에 미치는 영향도 적으나, 콘크리트의 알칼리성을 낮추어 중성화되는 데는 많은 기여를 한다. 그러나 두 번째 반응은 체적감소를 동반하는 동시에 C-S-H젤을 소모함으로써 콘크리트의 강도 감소에도 미치는 영향이 크다. 탄산화반응은 공기중의 이산화탄소와 수분이 필요하기 때문에 완전히 젖어있는 경우나 완전히 건조된 경우에는 반응이 거의 일어나지 않는다. 따라서 탄산화반응은 콘크리트중의 습도가 55% 근처일 때에 최대치에 도달한다. 이 정도의 습도는 보통의 건물 내부에서도 유지되는 경우가 많으나, 중성화가 가장 많이 진행되는 부분은 건습이 반복되는 외부에 노출된 콘크리트에서 더욱 심하게 발생한다.

만약 시편의 크기가 적당히 작다면 수분 손실에 의한 건조수축의 크기와 탄화반응에 의한 수축의 크기는 거의 비슷한 정도인 것으로 알려져 있다. 그러나 보통 구조물의 경우에는 탄산화 깊이가 표면에서 수cm 정도에 그치고 있으므로 구조물 전체의 수축량에 미치는 영향은 적다고 할 수 있다.

따라서 탄산화반응은 체적감소나 강도저하의 피해보다는 중성화에 따른 내부 철근의 부식에 좀더 심각한 영향을 준다고 할 수 있다.

4. 건조수축(drying shrinkage)

건조수축은 일반에도 잘 알려져 있다시피 시멘트모르타르나 콘크리트가 공기중에 노출될 때 발생되는 것이다. 건조수축은 수분의 손실에 의한 현상이기 때문에 필수적으로 무게감소를 동반한다. 건조수축의 경우는 내부 공극구조가 다양함에 따라 같은 양의 수분손실이 발생하더라도 수분손실이 발생한 공극의 크기와 위치에 따라 발생되는 수축량이 다르다. 이는 수축을 일으키는 메커니즘이 각각 다르기 때문인데, 수분손실에 따른 건조수축은 다음과 같은 3가지의 메커니즘이 있다.

(1) C-S-H젤 입자의 표면장력의 변화에 의한 수축

(2) C-S-H젤 입자 사이의 응축응력의 변화에 의한 수축

(3) 모세관내 수분의 곡률반경 변화에 의한 수축

표면장력의 변화에 의한 수축은 고체도 액체와 마찬가지로 표면장력을 갖고 있으며, 그 크기는 액체보다 훨씬 크다는 사실에서 발생되는 현상이다. C-S-H젤 입자의 표면을 둘러싸고 있던 수분이 증발하게 되면 액체보다 훨씬 더 강한 고체의 표면장력이 작용하게 되므로 입자의 체적을 감소시키는 것이 수축의 원인이다.

응축응력에 의한 수축은 시멘트 수화물의 입자가 서로의 결합력에 의하여 일정한 간격을 유지하고자 하는데 이들 사이에 수분이 존재하게 되면 입자들의 사이가 벌어져 체적이 증가하는데서 기인된 현상이다. 즉, 젖었던 입자들 사이의 수분이 증발하게 되면 벌어졌던 입자들은 제자리로 돌아가려고 하는 힘, 응축응력을 받게 되는데 이 힘에 의하여 수축이 발생하는 것이다.

모세관의 곡률변화에 의한 수축은 물의 표면곡률이 감소하면 응력이 증가하는 현상 때문에 발생되는 수축이다. 즉, 모세관 내에 수분이 증발하게 되면 물의 표면곡률이 작아진다. 이 곡률이 작아지면 모세응력이라 부르는 수축응력이 증가하게 되는데 이에 따라 주변 고체입자를 서로 끌어당기게 되어 수축이 발생하는 것이다.

이들 건조수축 메커니즘 중 표면장력의 변화에 의한 수축은 상대습도가 40% 이하의 매우 건조한 상태에서만 발생하기 때문에 특별한 경우가 아니면 우리나라에서는 이 수축이 발생할 가능성이 매우 적다. 모세관 응력의 변화에 의한 수축도 건조 초기에 습도가 매우 높은 상태에서 발생하며, 모세관의 수분이 줄어들게 되면 수축응력을 발생시키는 콘크리트 내의 모세관 망이 깨져 부분적인 수축상태로 전환되기 때문에 더 이상의 수축을 유발시키지 못한다. 따라서 C-S-H젤 입자 사이의 응축응력의 변화에 의한 수축이 전체수축의 70~80%를 차지하고 있는 가장 주된 건조수축의 메커니즘이다.

일반적으로 건조수축은 콘크리트가 공기중에 노출되어 수분손실이 있을 때만 발생하는 것으로 생각하고 있으나 이는 사실이 아니며 앞에서 언급한 여러 가지 체적감소 현상이 복합적으로 작용하고 있는 것이다. 따라서 균열방지 등을 위한 설계나 시공을 고려한 수축량을 평가하고자 할 경우에는 실험에 의한 총괄적인 수축량을 측정하는 것이 가장 합리적인 방법이라 할 수 있다. 물론 이 방법을 적

용할 때에도 실험실에서는 대개의 경우 콘크리트가 어느 정도 양생이 된 뒤에 건조수축의 측정이 시작되기 때문에 소성수축과 수화수축은 어느 정도 마무리가 된 상태의 측정값이다. 현장에서는 양생방법과 측정시점의 선정에 따라 측정값에 포함되는 건조수축의 메커니즘이 각각 다르기 때문에 서로 다른 조건에서의 건조수축 측정값의 비교는 이런 차이점들을 고려하여 평가해야 한다는 점을 간과해서는 안 된다.

— 아주대학교 토목공학과 한만엽 교수

질의

5. 가설한 지 오래되지 않은 벽체나 박스구조물 측벽에 연직방향의 균열이 비교적 일정한 간격으로 발생하였습니다(그림 5-1). 지하구조물인 경우에는 이를 통하여 누수되므로 외관상 매우 흉하게 됩니다. 원인은 무엇이며 적절한 대책은 없는지요?

응답

바닥판과 따로 타설되는 벽체나 박스구조에서 나중에 타설된 콘크리트는 수축하려 하고 이미 타설된 바닥콘크리트는 변형을 억제하려 하므로 인장응력이 발생한다. 나중에 타설된 콘크리트가 수축하게 되는 주요원인은 건조와 수화열 하강에 의한 수축인데 콘크리트 배합과 외기와 접하는 표면적/체적비에 따라서 그 영향을 미치는 정도가 다르다. 일반적으로 신·구 콘크리트의 건조수축의 차이는 서서히 증가하므로 타설 후 1달~1년 사이에 균열이 발생하는 경우가 많고 수화열에 의한 균열은 1주~1달 사이에 많이 발생한다. 근래에는 단위시멘트량이 커져서 비교적 얇은 벽체에서도 수화열에 의한 균열이 발생한다. 교통해양부 제정 콘크리트 표준시방서의 시공편 제29장 매스콘크리트 부분에서는 이러한 균열을 제어하기 위한 설계방법이 다루어져 있다.[1] 동 시방서에서는 하단이 구속된 벽의 경우 두께 500mm 이상 수화열을 고려해야 하는 매스콘크리트로 보고 있으나, 현장에서는 두께가 이보다 작은 경우에도 단위시멘트 양이 많고, 지간 /높이 비가 큰 경우에 균열이 발생한 사례가 보고되고 있다. 매스콘크리트의 수화열에 의한 균열을 억제하기 위해 저발열 시멘트의 사용, 플라이애쉬 등의 혼화재 첨가, 콘크리트 배합 시 골재를 냉각시키거나 얼음을 투입하는 프리쿨링 또는 파이프쿨링 방법이 있으나 규모가 작은 벽체나 박스구조에서는 비경제적이다. 누수의 위험이 없는 경우에는 균열폭을 제한하여 가는 균열을 넓게 분포시키는 것이 가능하며 누수의 위험이 있는 경우에는 이음간격을 짧게 하여 균열발생을 억제하거나 균열유발 줄눈을 배치하고 지수판을 내부에 배치하여 누수를 방지하는 것이 가능하다. 균열 제어 철근의 양은 동 시방서에서 정의한 균열지수에 따라서 정할 수 있는데, 보다 자세한 계산이 필요한 경우에는 ACI Committee 207의 보고서[2]나 일본콘크리트공학협회의 보고서[3]를 참조하는 것이 좋다.

우리 시방서에 있어서 유의할 점은 시방서 단열온도 상승계수가 우리나라의 시멘트로 시험한 결과가 아니므로 국산 시멘트에 대한 시험결과[4]를 이용하거나 단열온도 측정시험을 행하는 것이 좋다.

건조수축의 차이에 의한 인장응력 크기는 콘크리트시방서의 설계 편에 따라 신·구 부재의 수축변형을 계산하여 그 차이를 구하고, 이를 온도변형 대신에 사용하면 전술한 시공편의 매스콘크리트 부분을 준용할 수 있다.

또는 ACI 207에서 제안한 방법과 같이 건조수축을 등가온도 상승으로 계산할 수도 있다.

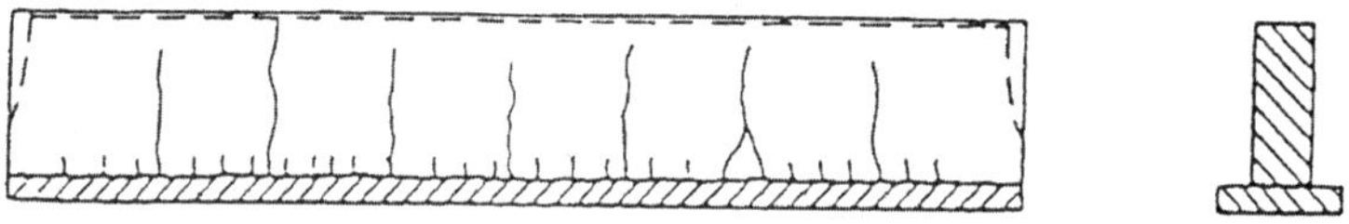

그림 5-1 연직방향의 균열

질의

6. 주형교량의 바닥판 슬래브에 주형에 수직한 방향으로 간격이 비교적 균일한 균열이 발생하였다(그림 5-2). 이러한 균열발생 원인은 무엇입니까?

응답

강재주형 또는 프리스트레스콘크리트 주형 교량의 현장타설 슬래브에 이러한 횡단균열 발생이 자주 보고되고 있다.[5] 이 균열은 바닥판 두께를 관통하는 균열로 초기재령에 발생한다. 주원인은 콘크리트의 수화열에 의한 온도응력으로 콘크리트 내부온도가 하강할 때 현장타설 슬래브는 수축하려 하나 합성상태로 설계된 주형은 이를 구속하려 한다. 즉, 전 항의 벽체에서와 같은 현상이 발생한다.[6] 바닥판과 같이 두껍지 않은 부재의 경우에도 수화열은 5~10℃ 정도 상승하는 것은 흔히 있는 일이며 두께가 얇으므로 타설한 지 하루 이내에 하강이 시작될 수 있다. 이때의 콘크리트 인장강도는 매우 낮으므로 인장변형이 크지 않아도 균열이 발생한다. 전 항의 응답에서와 같이 수화열을 저감시키거나 구속 정도를 줄이기 위한 조치가 필요하다. 이러한 초기균열이 교량 바닥판의 피로에 의한 펀칭 전단파괴의 주원인이라는 지적이 있으므로[7] 설계와 시공에서 있어서 유의해야 한다.

그림 5-2 바닥판 슬래브의 수직균열

— 동아대학교 토목공학과 강원호 교수

질의

7. 지하주차장 지붕층 일방향 슬래브의 균열발생 원인 및 대책에 대하여 알고 싶습니다.

응답

질문의 내용만으로 균열 누수의 원인 및 대책을 간단히 답변하기는 어렵다. 왜냐하면 RC구조물의 균열발생 원인을 정확히 규명하기 위해서는 재료적인 측면, 구조적인 측면, 그리고 설계, 시공 및 사용상태 등 여러 가지 측면에서 종합적인 검토가 이루어져야 하며, 이에 따른 대책이 수립되어야 하기 때문이다.

여기서는 시공 및 설계 측면을 중심으로 검토키로 하며 재료적인 측면은 본 학회에서 발간한 "최신 콘크리트공학"을 활용한다.

1. 균열, 누수원인

① 방수공사의 문제점 : 국내 지하주차장 지붕층 슬래브의 방수는 대부분 시트방수공법을 이용하고 있다. 시트방수는 우수한 방수공법이긴 하지만 이음

부 처리과정의 문제, 누름 모르타르 공정의 생략, 또는 시트방수 실시 후 후속공정이 상당기간 지연될 경우 발생되는 시트층의 손상 등으로 인해 하자가 발생되는 경우가 있다.

② 시공중의 과하중 부분 : 시설공간의 부족으로 최근 들어 지하주차장 지붕층 슬래브는 자재야적 또는 차량이동 공간 등으로 활용하는 경우가 늘어나고 있다. 현장에서는 시공상의 과하중을 일시적인 하중으로 소홀히 취급하여 별도의 보나 슬래브에 대한 지주(support)의 설치 없이 지붕층 슬래브를 이용하거나 지주를 설치 할 경우에도 바닥판의 형태나 보의 스팬, 층고 등을 고려한 일련의 구조검토 과정을 거치지 않은 경우가 많다. 만약 이런 상태하에 슬래브가 방치될 경우에는 지붕층 바닥 슬래브의 상부 면에 과도한 인장변형이 발생하거나, 설계자가 예측한 방향과는 달리 역방향의 인장변형이 발생하여 균열이 발생할 수 있으며, 이때 시트 방수층은 누름콘크리트만에 의해 약하게 보호된 상태가 대부분이기 때문에 슬래브 균열 시에 방수층 자체의 파손 가능성도 배제하기 어려우며, 상기 ①의 방수공사 문제점과 더불어 균열, 누수현상을 초래하는 원인이 될 수 있다.

③ 슬래브 해석조건과 시공중 실재하상태의 차이에서 발생되는 문제점 : 국내 지하주차장은 시공상의 편의를 위해 구조설계 시에 일방향 슬래브로 골조도를 작성하는 경우가 많다. 국내 "극한강도 설계법에 의한 철근콘크리트 구조설계규준"(1988, 대한건축학회)에서는 일방향 슬래브의 휨모멘트 산정 시에는 일정한 조건이 만족되면 모멘트 계수에 의한 약산 식을 적용할 수 있다고 규정하고 있다. 약산식을 사용할 수 있는 조건은 두 스팬 이상이고 서로 인접한 2개 스팬 길이의 차가 20% 이내이어야 하며, 등분포하중이고 적재하중이 고정하중의 3배 이하이고 변단면 부재가 아닌 경우를 전제하고 있다. 이런 조건으로 설계된 슬래브 위에 시공중 중차량이 진입하게 될 경우 슬래브는 집중하중을 받게 되며, 앞서 언급한 슬래브 해석상의 조건과 실제 재하상태가 다르게 되어 작용위치에 따른 휨모멘트의 변화가 발생할 수 있다. 동시에 이러한 반복적인 이동차량 하중은 바닥판의 과도한 진동 및 처짐으로 이어져 균열을 유발시키는 원인이 될 수 있다.

④ 슬래브의 단변방향의 주근이 부족한 경우 : 일방향 슬래브는 슬래브 장변이 단변의 2배 이상인 장방향 슬래브로서 이러한 슬래브에 등분포하중이 재하되면 이론상 일방향으로 대부분의 하중이 전달된다. 일방향 슬래브 주근은

단변에 평행하게 슬래브 상· 하부 인장변형이 생기는 위치에 배치하며 장변방향에 대해서는 온도철근을 배근한다. 만약 이 과정에서 주어진 설계하중 이상의 과하중이 작용하거나 단변방향의 주근이 부족한 상태가 되면 슬래브 중앙부 하부 면에서 장변방향의 균열이 발생하거나 지지보 근처의 슬래브 상부 면에 장변방향의 균열이 발생하게 된다. 보에 인접한 슬래브 상부면의 균열은 반복되는 과하중에 의해 균열이 슬래브 하부면 쪽으로 진행하게 되고 앞서 거론한 ①, ② 등의 원인이 중첩되어 누수현상이 진행되게 된다.

⑤ 해석상의 가정변형과 실제 변형상태의 차이에서 균열이 발생되는 경우 일방향 슬래브는 폭 1.0m, 두께 t인 보가 장변방향 보 위에 연속적으로 얹혀 있다고 보고 해석을 하여 그 결과에 따라 철근을 배근하게 된다. 이러한 설계는 기본적으로 그림 5-3과 같은 일방향 슬래브는 슬래브 전 구간에서 슬래브 B와 같은 M자 변형을 한다는 전제하에 수행된 것이다. 그러나 슬래브 단부에서는 그림처럼 two-way action을 하게 되며, 이때 슬래브 G는 당초 해석시 가정한 슬래브 B의 변형방향과 다르게, 이에 직각방향으로 M자 거동을 하게 되며, 이때 ED보 근처의 슬래브는 상부 면에 인장변형이 발생하게 된다.

이러한 인장변형은 온도철근에 의해서 어느 정도 지지가 되나, 시공중에 과하중이 적재될 경우에는 현저한 인장응력이 발생하게 되고, 이로 인해 온도철근만으로는 이러한 인장변형을 감당하지 못하게 됨으로써 ED보에 나란한 단변방향의 관통균열이 발생하게 된다. 구조적으로 이러한 균열은 슬래브의 하중지지 능력에는 거의 영향을 주지 않는다. 그러나 균열의 시작점이 과도한 변형으로 인해 슬래브 상부면 쪽에서 시작하게 되므로 이 과정에서 얇은 무근콘크리트 (THK=100mm 정도)에 의해서만 보호되어 있는 시트 방수층이 부분적으로 파손되거나 방수공사 이음부 시공의 부실 등 초기문제 등과 결부되어 누수현상이 발생되게 된다.

⑥ T형 보 거동에서 발생되는 문제 : 일방향 슬래브는 주로 슬래브에 걸린 대부분의 하중이 장변 보에 전달되며, 이러한 장변 보는 큰보나 기둥에 연속적으로 배치된 상태에서 슬래브로부터 전달된 하중으로 인해 그림 5-4(a)와 같은 M자 변형을 하고 슬래브의 일부도 보처럼 자연스럽게 거동하게 된다. 이때 보의 단부가 설계하중 지지능력이 부족하거나 과하중이 걸린 경우에

는 보 상부면에 보이지 않는 인장균열이 발생하게 되며 동시에 장변 보 단부에 걸쳐있는 슬래브 일부도 보와 같이 인장변형을 하게 된다. 이때 슬래브 측에 이를 대비한 적절한 인장철근이 배근되어 있지 않을 경우에는 슬래브에도 상부면에 인장균열의 발생이 우려되며, 그 변형의 정도가 심하게 되면 이러한 인장균열은 하부면 쪽으로 이동하고 그림 5-4(a)의 B-B와 같이 슬래브와 보의 균열이 육안으로 관측되는 상태에 이르게 된다. 이러한 슬래브 균열은 상부면에서 출발하여 하부면까지 연결되는 관통균열의 성격을 갖게 되는데, 이러한 균열은 방수층의 하자와 연관되어 누수로 이어지게 된다. 이를 방지하기 위해서는 슬래브에도 그림 5-4(c)와 같이 추가적인 인장보강근의 배치를 신중히 고려해야 한다.

⑦ 기타 : 콘크리트 타설 및 초기양생 지침을 간과했거나 거푸집 존치기간의 미준수, 또는 초기 경화상태에서의 충격 등은 균열발생의 원인으로 작용할 수 있다.

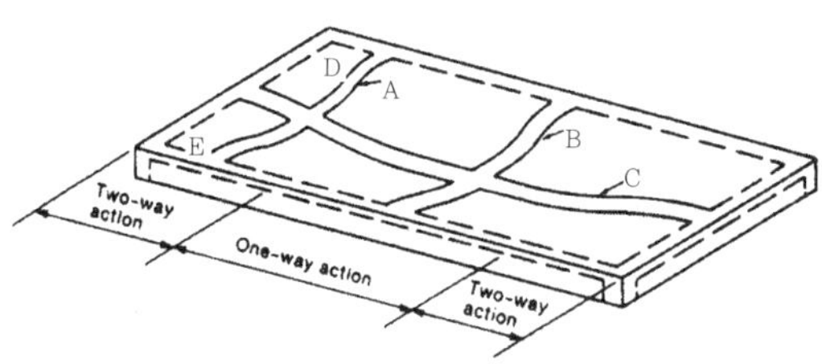

그림 5-3 일방향 슬래브의 거동

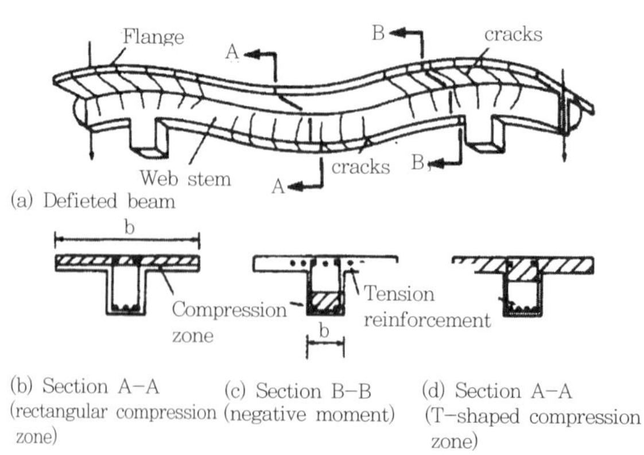

그림 5-4 T형 보의 휨거동

2. 대책

지금까지 지하주차장 지붕층의 일방향 슬래브의 균열 및 누수원인을 몇 가지 측면에서 검토해 보았다. 한마디로 균열원인을 간단히 설명하기는 어려우나 앞서 거론한 대표적인 유형별 원인을 사전에 차단하는 것이 최상의 대책으로 판단된다. 그 중에서도 시공중의 과하중이 균열의 주원인이 된다는 점을 특히 유념하여 레미콘 등 중량의 차량을 불가피하게 지하주차장 위로 통과시킬 경우에는 하중분산 조치나 보와 슬래브에 지주를 설치하는 것 등이 균열을 사전에 차단하는 지름길이며, 이때는 반드시 구조전문가의 자문을 받는 것이 바람직하다. 또한 설계 시에는 해석 시의 조건을 면밀히 검토하고 지금까지 대부분 수행되어 온 일방향 슬래브 설계 관행에서 보다 진일보한 세심한 검토가 있어야 될 것이다.

지하주차장 지붕층 방수공사는 시공 초기에 확실히 해두어야 향후 구조물의 내구성 확보는 물론이고 민원문제를 사전에 차단할 수 있다. 일단 발생된 누수현상은 단순하게 에폭시 그라우팅으로 해결되는 경우도 있지만, 대부분 재발되는 경우가 많으므로 원인에 따른 근본적인 방수대책 수립이 필요하다.

— 금호건설기술연구소 음성우 전임연구원

질의

8. 콘크리트 부재에 있어서 균열발생 원인과 방지대책에 대하여 알고 싶습니다.

응답

콘크리트는 인장강도가 압축강도의 1/10 정도로 상당히 작은 재료적 성질로 인하여 균열이 발생하게 된다. 콘크리트구조물에 있어서 균열이 발생하면 사용성 및 내구성 저하, 방수성, 미관 등에 악영향을 끼친다. 이러한 콘크리트구조물에 있어서 균열은 피할 수 없는 것으로 완전히 없앨 수는 없지만 균열폭을 제한하는 방향으로 많은 연구가 수행 중에 있다. 여기서는 균열발생 원인과 대책에 대하여 언급하고자 한다.

1. 균열의 요인별 분류

1.1 조건별 분류

① 설계조건 및 외력의 영향

② 시공조건의 영향

③ 재료조건의 영향

④ 사용환경의 영향

1.2 시기별 분류

① 경화 전 균열

② 경화 후 균열

2. 경화 전 균열

응결경화 과정 중에 비교적 초기에 생기는 균열을 총칭하여 플라스틱 균열(plastic crack)이라 한다. 이러한 종류의 균열은 발달하지 않는 것이 보통이며, 미세한 경우 구조물에 유해하지는 않지만 외관상 좋지 않을 뿐만 아니라 경화 후의 콘크리트에 나쁜 영향을 미칠 위험이 있다. 경화 전 균열을 분류하면 다음과 같다.

2.1 침하균열

타설 후 1~3시간에 폭 3mm 정도, 길이 2~3m 정도, 깊이 50mm 이하로 발생한다. 시공 중 거푸집의 이동이나 지반침하(부등침하)와 같은 구조적 이동에 의한 균열과 철근 등의 장애로 인한 균열이 있다.

2.2 소성수축(plastic shrinkage)균열

초기 수축균열로서 가늘고 얇은 균열이 발생한다.

① 콘크리트 표면의 수분이 급격히 증발함으로써 생기는 균열로 거푸집을 조기에 제거하거나 건조한 거푸집을 사용할 때 발생한다. 또한 물의 증발속도가 블리딩 속도보다 빠를 때 발생한다.

② 소성수축에 의한 화학반응균열 수화 초기에 소성상태에서는 변형성 및 수축량이 매우 크기 때문에 발생하는 균열이다.

3. 경화 후 균열

3.1 수축균열(shrinkage crack)

① 원인

콘크리트 부재에서 수분손실로 인한 건조수축이 발생한다. 이로 인해 부재의 수축량이 부재 단면의 표면과 내부에서의 차이는 있지만, 철근 등에 의하여 구속되거나 구조물의 기타 부분에 의하여 구속을 받는지에 따라 콘크리트에 인장응력이 발생한다. 이 인장응력을 증가하여 어느 시점에서 콘크리트의 인장강도를 초과하면 균열이 발생한다.

② 대책

단위수량이 적은 밀실한 배합, 충분한 양생 외에도 팽창 시멘트 또는 무수축성 시멘트를 이용하거나 수축균열의 발생이 불가피한 경우에는 적당한 간격으로 줄눈을 설치하거나 철근을 조밀하게 배치하여 균열을 분산시키는 방법이 있다.

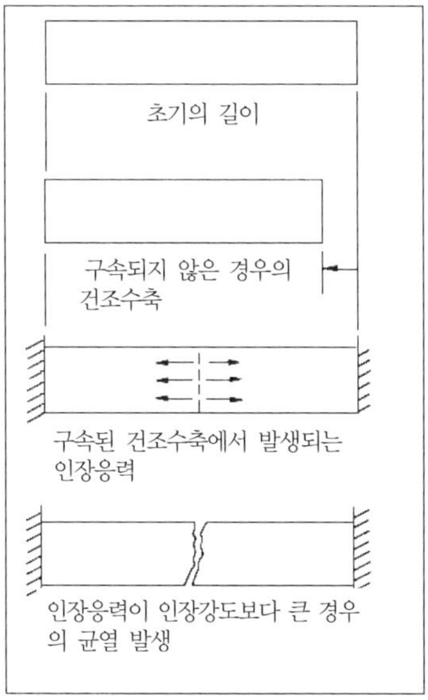

그림 5-5 수축균열

3.2 온도균열

① 원인

온도균열을 일으킨 콘크리트에서는 상당히 큰 온도상승이 일어난다. 온도균열은 재령이 적은 시기에 발생하고, 그 시기에 온도상승이 최대에 도달하여 온도강하로 옮겨간 직후와 거의 일치한다. 온도상승이 최대로 도달하고 간 다음 온도강하로 바뀌면 콘크리트는 수축한다. 이 수축이 방해를 받으면 인장응력이 발생하고 이것이 직접 균열발생의 원인이 된다.

② 대책

온도상승을 억제하는 것이 가장 중요하다. 단위시멘트량을 적게 사용, 수화열이 낮은 시멘트를 사용하거나 재료를 사용하기 전에 미리 온도를 낮추어 사용한다(pre-cooling). 양생방법에 주의하며 1회 콘크리트 타설높이를 줄인다. 또는 수축 이음부를 설치하고, 파이프를 이용하여 콘크리트 내부온도를 낮추어(pipe-cooling) 사용하는 등 종합적인 대책이 요망된다.

3.3 화학적 균열

① 원인

콘크리트의 배합 시 알칼리 골재반응에 의하여 반응성 골재의 팽창이 발생한다. 그리고 중성화, 염분침투, 균열면의 탄산가스 침투 등에 의해 철근부식으로 인한 팽창이 일어난다. 이와 같은 원인으로 콘크리트 부재에 균열이 발생한다.

② 대책

알칼리 골재반응을 방지하기 위하여 알칼리 성분이 적은 시멘트를 사용하거나 비반응성 골재를 사용한다. 콘크리트 타설시 공극이 생기지 않도록 치밀하게 타설하고 철근부식을 방지하기 위해 피복두께를 충분히 확보한다.

3.4 하중에 의한 균열(구조적 균열)

건물의 침하, 과대한 하중 및 반복 피로하중, 진동 · 지진, 낙석 등 충격하중으로 인한 과도한 인장응력이 원인이 되어 나타나는 균열이다. 설계 시 하중 산정이나 침하, 그 외의 외력변수를 고려한 올바른 구조설계가 요구된다.

3.5 동결융해에 의한 균열

수분이 포함된 구조물에 동결(freezing)과 융해(thawing)가 반복해서 일어날 때 발생한다. 물이 얼면 부피가 약 1/11 정도 팽창하고, 팽창이 완전히 구속되면 약 250MPa의 큰 압축응력이 발생한다. 이러한 동결융해로 인한 균열을 방지하기 위하여 수분을 차단하는 것이 가장 중요하다. 배수시설을 설치하고, AE콘크리트를 사용하여 팽창압을 흡수함으로써 응력을 감소시켜야 한다.

질의

9. 프리스트레스트 콘크리트 부재에 있어서 건조수축과 크리프의 영향에 대하여 알고 싶습니다.

응답

프리스트레스트 콘크리트 부재에 대해서 크리프와 건조수축은 분리해서 측정할 수 없다. 기존에 많이 발표된 프리스트레스트 콘크리트의 크리프양은 전체 수축량에서 무응력 상태의 공시체 건조수축량을 차인해서 구하고 있다. 프리스레스트 콘크리트 설계계산에 있어서 중요한 것은 이 전체 수축량(크리프와 건조수축의 합)이고, 개개의 것에 대해서는 정확하지 않아도 이 전체 수축량이 정확히 추정될 수 있어야 한다. 만일 이들을 분리할 수 있게 하기 위해서는 단위응력에 대한 콘크리트의 크리프가 정확히 알려져 있는 경우이다. 그러나 일반적인 설계 계산에서 계산을 편리하게 하기 위해 나누어 취급하고 있다. 여기서는 콘크리트의 크리프와 건조수축에 관계되는 사항을 나누어 알아보도록 한다.

1. 콘크리트 건조수축

콘크리트의 건조수축은 시멘트의 응결을 위해 필요한 수량 이상으로 가해진 물이 증발됨으로써 일어나는 것이다. 즉, 경화한 겔이 수축을 일으키는 결과에 의한다. 건조수축도 ε_{sh}는 콘크리트의 건조상태에 따라 다르기 때문에 콘크리트 구조물이 설치되는 바깥 공기의 습도, 온도, 콘크리트 부재의 주위 통풍상황 등에 관계되는 것으로 대단히 복잡하다. 콘크리트는 물 속에서는 팽창하고 건조한 공기 속에서는 수축된다.

이 수축량은 온·습도가 낮을수록 크고 고온다습한 경우에는 적다. 보통의 구조물이 옥외에서 받는 습도로서는 습도가 높은 경우에 60~85%, 온도가 낮은 경우에 30~40% 정도이다.

단위시멘트 양이 클수록, 부배합일수록 건조수축량은 크게 된다. 이것은 단위시멘트량이 클수록 겔의 건조수축량이 커지기 때문이다.

1.1 골재

골재 품질이 콘크리트 건조수축도에 대한 영향은 콘크리트의 크리프에 대한 영향과 비슷하다. 일반적으로 골재품질과 건조수축도의 관계는 비례하는 것이 아니다. 그러나 흡수량의 차이에 의해 건조수축도에 상당한 차이가 생긴다. 콘크리트 골재로서 건조수축도가 작은 것의 순서는 다음과 같다.

석회암 < 석영 < 화강석 < 현무암 < 사암 또한 굵은골재의 최대치수가 클수록 콘크리트의 단위시멘트량, 단위수량이 감소하여 건조수축이 작아진다. 이와 같이 소요의 워커빌리티를 얻기 위한 단위수량에 조골재의 최대 치수, 입도가 건조수축도와 관계가 있다.

1.2 시멘트

시멘트의 품질 및 종류와 콘크리트의 건조수축도의 관계는 아직까지 명확히 밝혀진 바가 없다. 그러나 알루미나시멘트, 조강 포틀랜드시멘트가 보통 포틀랜드시멘트보다 건조수축도가 큰 것으로 나타난다. 현재로서는 보통 포틀랜드시멘트 및 알루미나시멘트에 대해서 조강 포틀랜드시멘트의 건조수축도의 2/3로 하는 것이 좋다.

1.3 콘크리트의 다짐방법

다짐방법은 콘크리트의 단위수량에 크게 영향을 끼치는 점에서 건조수축도와 관계가 있다. 따라서 진동다짐을 하면 W/C를 적게 할 수 있으므로 건조수축도를 감소시킬 수 있다.

1.4 양생상태

보통 때의 콘크리트는 콘크리트 치기 후 수일간 습윤상태로 유지되도록 양생한다. 따라서 이 사이의 콘크리트 부재의 길이는 거의 일정하고 오히려 다소 팽창한다. 콘크리트 부재를 장기간 물 속에 넣어둔다 하더라도 이 팽창량은 공기 속에 방치하였을 때 일어나는 마지막 건조수축의 1/6 이상은 되지 않는다. 단기간 습윤양생은 최종 건조수축도에는 영향을 끼치지 못한다. 그러나 장기간 습윤양생을 하였을 때는 건조수축도에 큰 영향이 있다.

장기간 습윤양생을 하였을 경우 50% 이상 건조수축량이 감소하는 것으로 나타난다. 콘크리트의 조기 강도 또는 워커빌리티 개선을 위하여 혼화제를 사용한 경우 건조수축에 대한 영향을 조사해보면 $CaCl_2$를 2.7% 가함으로써 재령 1년으로 보통 포틀랜드시멘트의 경우 80%, 조강 포틀랜드시멘트의 경우 30%로 각각 건조수축량이 증가한다. 혼화재 사용 시 건조수축으로 인한 부재수축을 고려해야 한다.

1.5 철근의 영향

철근과 콘크리트가 부착상태일 때, PC강선 또는 강봉은 콘크리트의 건조수축을 자유롭게 일으키지 못한다. 즉, 콘크리트의 수축에 따라서 PC강선 또는 강봉에는 압축력이, 콘크리트에는 인장력이 각각 작용하여 콘크리트의 건조수축도는 감소한다.

프리스트레스트콘크리트에 대한 PC강선 또는 강봉 인장력의 감소량 계산에 고려해야 할 콘크리트의 건조수축도는 프리스트레스를 주는 시기가 가장 크게 영향을 미치게 된다. 프리텐셔닝의 경우 콘크리트의 전체 건조수축량을, 포스트텐셔닝의 경우에는 프리스트레스를 준 다음에 일어나는 콘크리트의 건조수축량을 각각 고려해야 한다. 철근콘크리트의 경우에는 철근의 존재가 콘크리트의 건조수축에 저항하는 것이 크기 때문에 건조수축량을 비교적 작게 생각해야 한다.

프리스트레스트콘크리트에서는 PC강선 또는 강봉에 의해 콘크리트 건조수축에 저항되는 비율은 철근콘크리트에 비해 작다. 따라서 철근콘크리트에서는 프리스트레스트의 경우보다 큰 건조수축량을 고려해야 한다.

프리스트레스트콘크리트 구조물에 사용되는 콘크리트에 대해서 실시한 다수의 시험결과에 의하면 W/C＝0.4~0.45, 단위시멘트량 350～400kg/m^{3}의 콘크리트에 대해서 다음과 같은 결과를 얻었다.

① 옥외 방치 시(습도 60~80%) : 0.3~0.4%

② 건조 시(습도 30~40%) : 0.4~0.5%

2. 콘크리트의 크리프

콘크리트의 크리프란 일정 응력 하에서 변형이 증가되는 현상을 말한다. 그리고 일정 변형 하에서 응력이 감소하는 현상을 릴렉세이션이라고 한다. 크리프에 의한 변형은 시간과 함께 무한으로 증가하는 것이 아니라 수년 후에 종료된다. 또, 최초의 28일 정도에서 거의 전체 크리프의 1/2이 종료되고 초기 3~4개월에 최종 값의 3/4 이상이 종료된다. 콘크리트에 크리프가 일어나는 원인은 겔의 수분이 소실됨으로써 일어난다. 응력이 '0'일 경우에도 수분은 소실되어 건조수축을 일으킨다. 응력이 증가함에 따라 수분 증발도 가속되어 응력이 클수록 수분의 소실도 커진다. 파괴하중과 비교해서 작은 하중 하에서는 이 수분 감소량은 작용하는 외력에 비례한다. 이러한 콘크리트의 크리프에 영향을 끼치는 요인은 다양하다. 여기서는 콘크리트의 크리프에 영향을 끼치는 요인에 대해서 알아보고자 한다.

2.1 골재

골재의 품질이 콘크리트의 크리프에 끼치는 영향은 건조수축에 끼치는 것과 같다. 크리프를 크게 발생시키는 골재를 순서대로 열거하면 다음과 같다.

사암 > 석영 > 석회암

사암을 사용한 경우 석회암을 사용한 것보다 2배의 크리프 변형을 일으킨다.

골재 치수, 입경에 관해서는 콘크리트 W/C에 영향을 받을 뿐 크리프에 대한 영향은 없다.

2.2 시멘트

콘크리트 크리프와 시멘트 종류와의 관계도 건조수축의 경우와 같다. 조강 포틀랜드시멘트, 알루미나시멘트가 보통 포틀랜드시멘트를 사용한 경우보다 크리프가 작다.

2.3 단위시멘트량, 단위수량(W/C)

일반적으로 W/C의 증가는 단위시멘트량을 감소시키므로 크리프를 증가시키게 된다. 기존의 문헌에 의한 시멘트 종류와 W/C의 상관관계는 다음의 표와 같다.

표 5-1 콘크리트의 크리프 변형도

문헌	W/C	단위시멘트량(kg/m^3)	재하시 재령	3년의 단위 연종도
B. R. S.	0.40	보통 포틀랜드	28	0.50
	0.70	보통 포틀랜드 350	28	1.14
	0.80	보통 포틀랜드 350	28	1.21
	0.90	보통 포틀랜드 350	28	1.59
	0.70	보통 포틀랜드	28	0.47
E. M. P. A	0.35	보통 포틀랜드 360	28	0.35
I. T. B. T. P	0.35	보통 포틀랜드 420	28	0.71

2.4 콘크리트 재령

콘크리트 재령이 길수록 크리프가 감소하는 경향이 있다. 프리스트레스트콘크리트에서는 프리스트레싱을 할 때의 재령이 여러 가지 변화할 때가 있으므로 이것에 의해 크리프가 감소한다. 감소계수 k_1에 대한 기존의 다수 시험결과는 다음 그림과 같은 경향을 띤다.

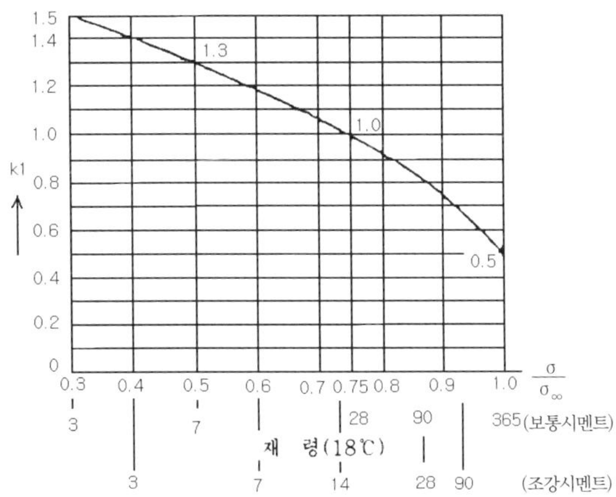

그림 5-6 콘크리트 재령과 크리프

2.5 습도 및 온도

콘크리트구조물이 있는 곳의 외기온도, 습도는 콘크리트 크리프 변형에 대해서 큰 영향을 끼친다. 일반적으로 외기의 기온이 높을수록 또 습기가 낮을수록 크리프 변형이 증가하는 경향이 있다.

— 성균관대학교 토목환경공학과 박선규 교수

질의

10. 터널을 자동차로 주행하다 보면 천장에 균열을 표시한 듯한 흰 선이 어지럽게 그려져 있거나 어떤 경우에는 큰 주사기가 매달려 있는 경우도 있어서 매우 위험하게 느껴집니다. 곳에 따라서는 물이 새는 경우도 있고, 겨울에는 고드름이 생겨서 차량의 안전한 운행에 지장을 주기도 합니다. 관리기관에 문의하니 터널 자체의 안전과는 무관한 외장 콘크리트의 균열이므로 외관상 불량하기는 하지만 안전에 대해서는 걱정하지 않아도 된다고 합니다. 이러한 균열이 왜 발생하는지 정말로 안전에는 지장이 없는지 발생하지 않게 하는 방법은 없는지 궁금합니다(한 시민단체에서 질문한 내용).

응답

터널시공의 방법 중에서 프리캐스트(pre-cast) 부재로 마무리하는 경우를 제외하고는(실트 공법이 여기에 해당됨) 대부분의 터널은 굴착 후 터널 내부를 현장타설 콘크리트로 마감처리한다. 요즈음 많이 쓰이는 NATM 공법에 의한 터널의 경우도 최소 300mm 두께의 콘크리트를 8~12m 간격을 한 블록으로 타설한다. 이러한 콘크리트 부재를 라이닝콘크리트 부재라고 한다. 시공 진행을 원활하게 하기 위하여 이렇게 타설한 콘크리트는 약 12시간 이후 탈형하게 되므로, 조기에 필요한 강도가 발휘될 수 있게 재료나 시공 면에서 비교적 세심한 품질관리를 하는 편이다. 따라서 요즘 시공되는 라이닝 콘크리트를 일반적인 의미에서 부실시공을 하는 경우는 거의 없다. 그럼에도 불구하고 균열이 발생하는 경우가 있는 것은 그만큼 라이닝콘크리트의 설계에서 시공까지의 관리가 어렵기 때문이다.

터널 라이닝콘크리트에 균열이 발생하는 형태는 대략 그림 5-7의 4가지 유형으로 나눌 수 있다. 즉, 터널 길이방향에 수직하게 벽체에 발생하는 균열(유형 I : radial crack), 터널 길이방향으로 터널 천장부에 발생하는 균열(유형 II : crown crack), 비교적 불규칙한 만상의 균열(유형 III : net crack)과 터널 길이방향의 측면 균열(유형 IV : side crack)이 그것들이다. 유형 I 의 균열은 터널 하부 기초콘크리트가 먼저 타설되고 벽체의 라이닝콘크리트는 나중에 타설되므로 두 콘크리트 사이에 수화열과 건조수축에 의한 구속응력 때문에 인장응력이 발생하는 것이 주원인이다. 이러한 균열은 암거, 벽체와 같이 콘크리트가 따로 타설되는 경우에 매우 흔하고 누수를 동반하는 경우에는 문제가 되어 가끔 언론에도 보도되는 유형이다. 직접적인 안전성의 저하는 없으나, 내구성에 문제가 있으므로 균열폭이 크거나 누수가 있는 경우에는 균열 보수, 방수 등의 조치를 취한다. 그

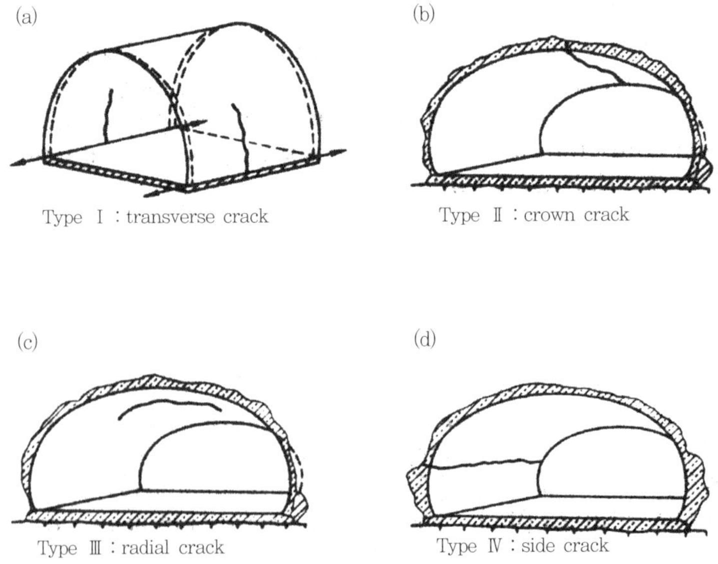

그림 5-7 터널에 발생하는 균열의 유형

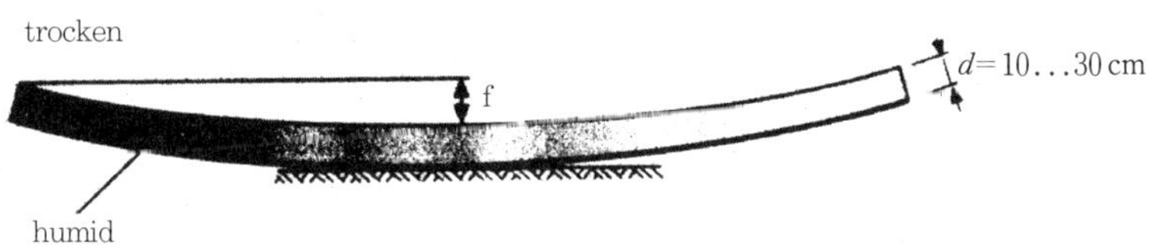

그림 5-8 상 · 하부의 수축 차이에 의한 변형

원인과 대책에 관해서는 콘크리트학회지 제9권 3호의 특집기사로 잘 다루어져 있다.

문의하신 균열은 II 유형의 천장균열인 것 같다. 이 균열은 터널 마무리면과 터널 내면(사용 공간 쪽) 사이의 변형 차이에 의해서 발생한다. 그림 5-8에서 보는 바와 같이 터널 내면은 수축하고 마무리면은 변형하지 않아 라이닝콘크리트는 그림과 같이 휘려 하나 변형이 구속되어 구속 휨이 작용하는 경우이다. 여기에 전체 두께에 대한 변형의 증가가 구속되어 휨뿐만 아니라 축방향 변형구속에 의한 구속응력이 발생한다. 균열은 거푸집 제거 시 최초로 발견되는 경우가 많고, 몇 달 또는 몇 년에 걸쳐서 증가하는 경향을 보인다. 계절에 따라서 균열폭이 변하는데 겨울의 균열폭이 경우에 따라서는 여름의 2배에 이르는 경우도 있다.

균열의 발생위치가 터널 천장 정상부 약 1m 이내이므로 crown crack이라 부르며, 보통 그 길이가 1m 정도이나, 4~5m 정도 이어져 있거나 끊어지면서 계속 발생하는 경우도 많다. 균열이 발생하는 원인은 유형 I의 균열과 같이 초기의 수화열과 건조수축에 의한 변형 차이(터널 마무리면과 라이닝콘크리트의 변형 차이)와 사용 시 발생하는 터널 내부공기와 건조, 냉각 또는 불균등한 하중분포를 꼽을 수 있다. 대책으로는 재료에 있어서는 단위시멘트량을 줄이고 수화열이 높지 않은 시멘트를 사용하거나 시멘트의 일부를 플라이애쉬로 대체하는 방법이 있다.

일반적으로 거푸집을 빨리 제거하여 공사시기를 단축하려 하고 거푸집 제거 전에 충분한 강도를 얻고자 하기 때문에 단위시멘트량이 높고 조기강도가 발현되는 콘크리트를 선호하게 되는데, 이는 수화열과 건조수축의 증가를 가져오므로 주의해야 한다. 시공면에서는 숏크리트 면의 요철을 줄이고 양생조건을 개선하며 거푸집 제거시간을 늦추거나 터널 마무리면과 라이닝콘크리트 사이에 변형이 가능한 방수층을 두는 방법들이 있다.

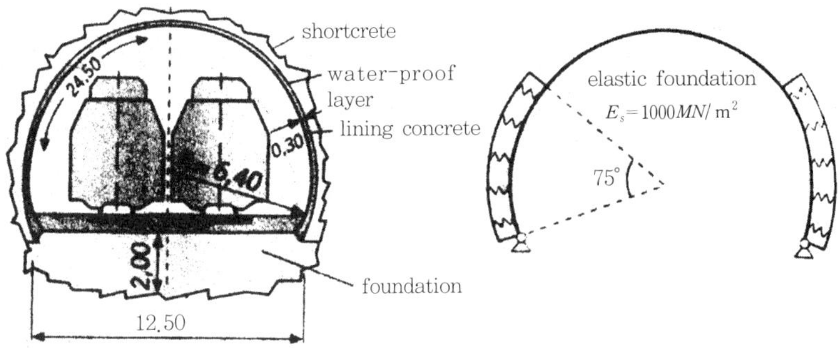

그림 5-9 터널 라이닝콘크리트의 구조계 모델

설계에 있어서는 균열이 발생할 수 있는 여러 하중의 경우에 대하여 모두 고려해야 한다. 설계 시의 구조계는 그림 5-9와 같이 기초콘크리트에 의해 강성 지지되며 터널 측벽에 의해서 탄성 지지되는 아치로 모델링한다. 주요 하중의 경우는 ⓐ 자중 ⓑ 두께에 걸쳐 일정한 온도 차이 △T, ⓒ 두께에 따라 변하는 온도 차이 △△T, ⓓ 건조수축(두께에 따라 일정한 건조수축 $\triangle\varepsilon s$ + 두께에 따라 변하는 건조수축 $\triangle\triangle\varepsilon s$)를 들 수 있다. 이 중 두께에 따라 변하는 온도 차이와 건조수축은 급작스러운 냉각 또는 건조에 의해 발생하며 다른 하중은 장기적인 하중이다. 하중의 종류에 따른 라이닝 내면의 응력분포를 보인 것이 그림 5-10이다. 그림에서 보는 바와 같이 하중의 경우 ⓒ와 ⓓ에 의해 천장부에는 큰 인장응력이 발생한다. 천장부 균열에 대해서는 이 두 하중의 경우를 정확하게 고려하는 것이 필요함을 알 수 있다.

유형 Ⅲ과 Ⅳ의 균열은 Ⅰ, Ⅱ의 균열에 비하여 발생의 경우가 적다. 유형 Ⅱ의 균열과 비슷한 원인으로 발생하는 것으로 추정할 수 있으며, 마무리면의 요철에 따라 측면 지지조건이 달라진 것 때문에 다른 위치에 균열이 발생한 것으로 볼 수 있다.

이러한 균열의 발생을 억제하는 것은 매우 어렵다. 콘크리트 재료의 성질 중 건조수축의 관리는 특히 어렵기 때문이다. 강도와 내구성을 높이기 위해 단위시멘트 량이 높은 콘크리트를 사용하는 것이 일반적인 경향인데, 이것이 수화열을 높이고 건조수축을 크게 하는 부작용을 유발하는 것으로 볼 수 있다. 따라서 비교적 품질 관리가 우수한 현장에서도 이러한 균열이 발견되는 경우가 간혹 있다.

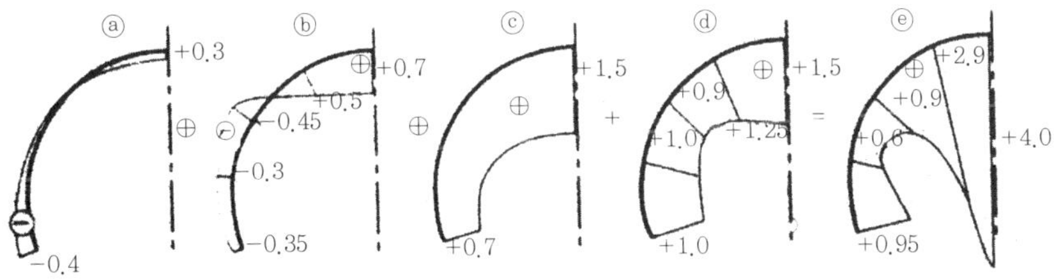

ⓐ : 자중 ⓑ : 두께에 걸쳐 일정한 온도하중 ΔT ⓒ : 두께에 걸쳐 변하는 온도하중 $\Delta\Delta T$
ⓓ : 건조수축 $\Delta\varepsilon_S + \Delta\Delta\varepsilon_S$ ⓔ : 모든 하중 경우의 합

그림 5-10 라이닝콘크리트 내면의 하중에 따른 연단응력

안전에 대하여 말한다면 먼저 터널 자체의 안전과는 무관한 균열이라는 것을 확인할 수 있다. 라이닝콘크리트 자체의 낙반과 같은 문제를 걱정하나, 통상 충분한 철근이 격자 배근되므로 그럴 가능성은 없는 것으로 본다. 또 균열폭이 0.5mm 이하인 경우에는 일반적인 환경 하에서 부식의 위험은 매우 낮다. 따라서 누수가 발생하지 않는다면 내구성에도 큰 문제가 없으며, 현재 대부분의 관리기관에서는 0.3mm 이상의 균열을 보수 조치하므로(질문자가 본 바와 같이 주사기로 에폭시 주입 보수하는 경우가 많음) 안심할 수 있다. 다만 누수가 발견되는 곳에서는 내구성이 급격하게 감소할 수 있으므로 방수 등의 조치가 시급하게 필요하다 할 수 있다.

— 동아대학교 토목공학과 강원호 교수

질의

11. 저희 현장에서는 2007년 4월 26일 오전 9시 30분 정도부터 오후 5시 정도까지 서울시 근교에서 아파트 2개동에 걸쳐 지하주차장의 상부 누름콘크리트를 그림 5-11과 같이 3구획으로 나누어 타설하였습니다. 타설된 콘크리트의 규격은 25-18-150으로써 약 300m^3 정도가 타설되었으며, 타설 초기 납품된 콘크리트는 현장 도착 슬럼프가 150mm 정도였고. 추후 콘크리트 기능공들의 요청으로 오차범위 내에서 슬럼프를 크게 출하 요청하였습니다.
구획별로 오전 10시, 오후 1시, 오후 4시경부터 타설하였습니다. 타설이 완료된 뒤 콘크리트 타설면에서는 구획별로 균열이 다르게 발생하였는데, 1구획에서 가장 심한 균열이 발생하였고, 2구획은 보다 작은 균열이 발생하였으며, 3구획에서는 전혀 균열이 발생하지 않았습니다. 레미콘의 배합보고서, 원재료 시험 정적서 및 슈퍼프린터 등을 중심으로 레미콘의 문제점을 검토하였으나 별다른 문제점은 없었습니다.
동일한 규격으로 동일한 레미콘에서 납품받아 동일한 일자에 타설한 콘크리트에 이와 같이 서로 다른 균열상황이 나타나는 이유는 무엇인가요? 또한, 이러한 균열은 어떻게 보강해야 하는지 궁금합니다.

응답

먼저, 시공 당일의 기후조건을 검색한 결과 최고온도 21.1℃, 상대습도 46.3%, 풍속 2.5m/s인 것으로 나타나 콘크리트의 소성수축균열이 우려되는 조건이었고, 사진에서 나타난 균열도 전형적인 소성수축균열로 판단된다.

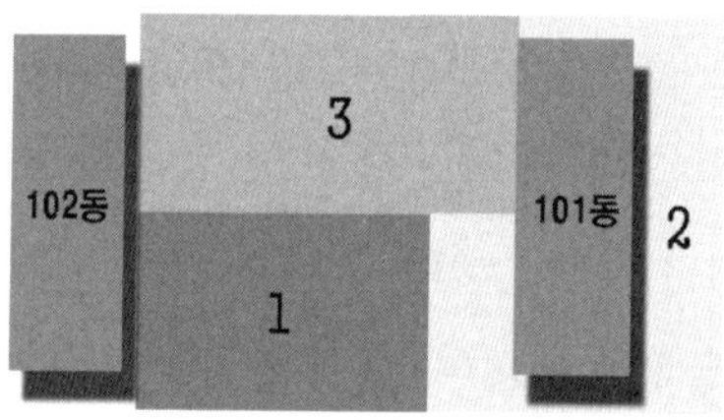

(a) 콘크리트 타설계획

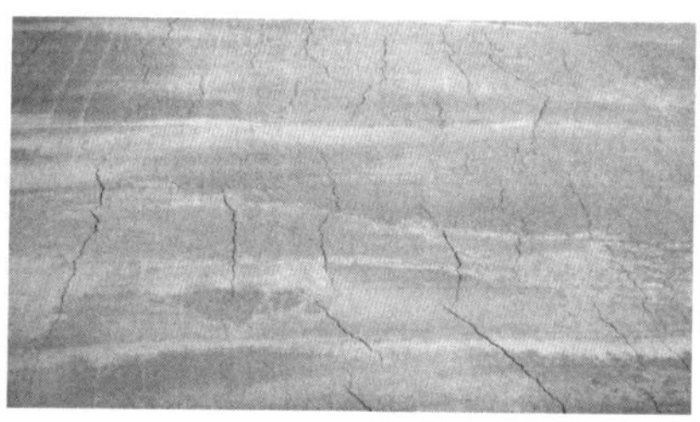

(b) 1구획 콘크리트

(c) 3구획 콘크리트

그림 5-11 콘크리트 타설

소성수축균열이란 우리나라 봄철과 같이 건조한 조건이 혹독할 경우(빠른 바람, 낮은 상대습도, 강한 햇볕의 일사에 의한 고온 등)에는 블리딩수와 증발수가 균형을 이루지 못하고, 특히 증발수량이 크므로 외부가 급속히 마르기 시작하여 표면으로부터 수축작용이 발생하기 시작한다. 그런데 이와 같은 시점은 콘크리트를 부어넣고 1시간~6시간 사이로 시멘트는 이제 유동상태로부터 소성 및 응결이 진행되는 상태이기 때문에(아직 경화가 진행되지 않음) 거의 강도가 발휘되지 않았음으로써 수축작용에 견디지 못하고 표면에서부터 균열이 발생하는데 이와 같은 균열을 소성수축균열이라 한다.

귀 현장에서 1구획이 균열이 많이 발생하고, 2 및 3구획의 순으로 균열이 나타났는데, 1구획에서 가장 심한 균열이 발생한 원인으로는 오전 중에 타설한 부위인 제1차 타설부위의 경우 콘크리트가 액성상태에서 소성상태로 변화하는 시점인 초결시점이 일일 최고기온을 기록하는 오후 2시 내외로 되면서 증발량이 1.0kg/m^2/hr 이상(미국 PCA의 자료 참조)으로 판단되어 소성수축균열 발생을 신중히 고려할 필요가 있었던 것으로 판단된다. 즉, 소성상태로 되어가면서 급속한 수분증발에 의한 수축변형으로 균열이 심하게 발생한 것으로 판단된다.

더욱이 납품 초기의 콘크리트는 후속 콘크리트에 비하여 목표 슬럼프를 정확히 유지하여 비교적 후속 콘크리트에 비하여 된비빔콘크리트였던 것도 한 원인으로 작용하였던 것으로 분석된다.

또한 제 2~3구획 후속 콘크리트의 경우 증발조건도 완화된 오후에 타설하였으며, 블리딩도 최초의 콘크리트보다 다소 많은 것으로 추정되어 블리딩수와 증발수의 균형을 이룰 수 있었으며 외기조건도 점차 증발량이 저하하는 기후로 됨에 따라 소성수축균열이 급격히 저하하였을 것으로 사료된다.

귀 현장의 경우 지하주차장 상부의 누름콘크리트로써 특별히 구조적인 문제를 일으킬 우려는 없는 것으로 사료되고, 누름콘크리트 상부에 아스팔트콘크리트로 포장이 계획되어 있어 소견 대상 구조체는 아스팔트콘크리트 포장의 린콘크리트 혹은 기층 역할만을 수행하게 되므로 특별히 구조적으로 요구되는 사항은 없을 것으로 판단된다.

따라서 특별한 보강은 필요치 않고 일반적으로 시행하는 시멘트 풀칠만으로도 충분한 기능을 수행할 것으로 보인다. 최근 대부분의 현장에서 콘크리트에 균열만 발생하면 에폭시주입공법과 같은 방법으로 보수하는 경우가 많은데, 모체의 강도보다 훨씬 큰 강도를 발휘하고 접착력이 우수한 에폭시로 보강한다고 하나, 실제로 연구결과에 의하면 콘크리트와 에폭시의 선팽창계수는 10배 이상 차이가 나므로 실제 조건에서는 선팽창계수의 차이로 내구연한이 매우 부족하고 수년 내에 부착면이 파괴되는 등 그 신뢰성이 문제시 되고 있다. 또한, 콘크리트의 균열은 크게 구조적인 균열과 비구조적인 균열로써 소성수축균열의 경우 대부분 비구조적인 균열에 해당하므로, 균열을 통한 외기의 침입으로 인한 중성화 등 내구성 저하요인만을 방지해 주면 좋을 것이다.

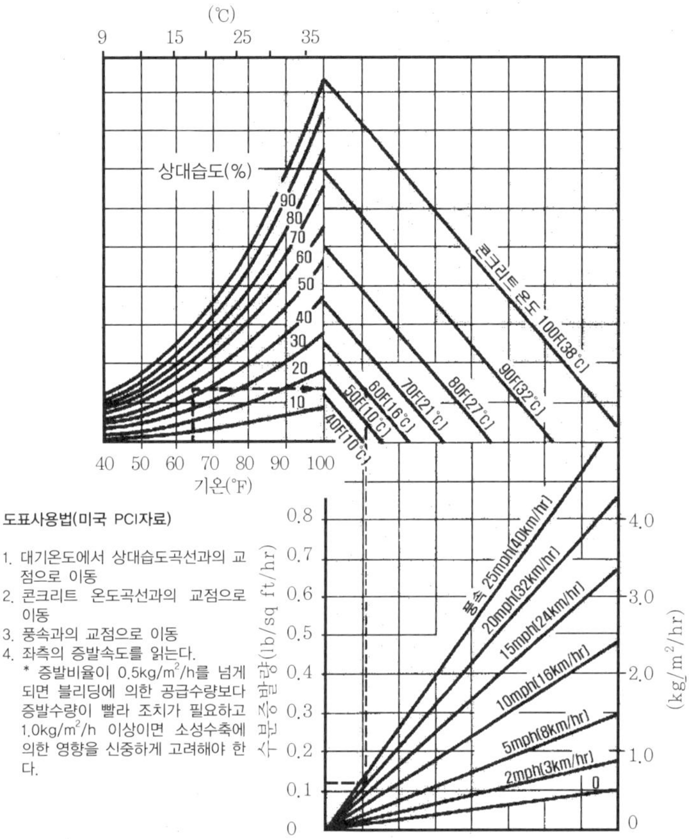

그림 5-12 〈참고자료〉 콘크리트의 수분증발량 계산도표(미국 PCI자료)

종합적으로 귀하의 현장에 나타난 균열은 일기온의 변화에 따라 발생한 소성수축균열로써 구조적으로 문제가 되지 않을 것으로 사료되며, 간단한 보수만으로 성능을 유지할 것으로 판단된다.

추후에도 이와 같이 소성수축균열이 예상되는 경우에는 기후에 따른 타설시간 조절 등 충분한 시공계획과 피막양생 등에 의한 수분증발을 적극적으로 방지하는 양생계획으로 소성수축균열을 방지하는 것이 바람직할 것이다.

— 아주산업(주) 기술연구소 윤기원 소장

참고문헌

1) 대한토목학회, 국토해양부 제정 콘크리트표준시방서, 1996.
2) ACI Committee 207, "Effect of Restraint, Volume Change and Reinforcement on Cracking", ACI Manual of Concrete Practice, 207.2R.
3) 日本コンクリト工學協會, "マスコンクリトの溫度應力硏究委員會 報告書", 1992.
4) 정헐천, "매스콘크리트의 온도분포에 영향을 주는 주요변수에 관한 연구", 콘크리트학회지, 6권, 5호, 1994, pp.203~212.
5) D. B. McDonald, P. D. Krauss and E. A. Rogalla, "Early-Age Transverse Deck Cracking", Concrete International, 1995, pp.49~51.
6) 남명우, "균열이 발생한 교량 바닥판의 펀칭 전단강도에 대한 연구", 동아대학교 토목공학과 석사학위논문, 1995.
7) 川口昌, "교량 RC 상판의 피로강도", 대한토목학회지, 35권 2호, 1987, pp.52~58.

06

QUESTION & ANSWER

콘크리트의 시공 및 품질관리

질의

1. 양생중인 콘크리트가 바람, 즉 풍속에 의해 어떠한 영향을 받을 수 있는지요?

응답

바람은 콘크리트의 배합 시 또는 블리드(bleed)되는 물의 증발을 가속화시킴으로써 양생중인 콘크리트에 많은 영향을 미친다. 바람으로 인한 양생중의 콘크리트 표면수의 증발은 소성수축(plastic shrinkage) 균열 또한 건조수축균열을 일으키며 또한 콘크리트 표면의 수화작용을 지연시킨다. 소성수축 균열은 콘크리트 표면의 수분증발 속도가 콘크리트의 블리드 속도보다 빠를 때는 언제나 발생한다. 바람에 의한 블리딩수의 증발속도는 낮은 대기온도 또는 낮은 상대습도 하에서 타설된 콘크리트가 크다. 일반적으로 양생 시 소성수축 균열을 방지하기 위하여 수분의 증발속도가 0.2 $lb/ft^2/hr$ 아래로 유지되도록 유의해야 한다. 대기온도, 콘크리트의 온도, 습도, 그리고 풍속 등에 관한 상관관계는 ACI Commitee 305R-89의 “Hot Weather Concreting”에 자세히 기술되어 있으며 일반적으로 풍속이 ACI 305R-89에서 추천된 값을 초과할 시는 콘크리트 타설은 중지하는 것이 관례이며, 바람이 부는 조건하에서 타설되는 콘크리트는 적절한 양생방법으로써 양생수의 감소를 방진하기 위한 방안이 언제나 고려되어져야 한다.

질의

2. 최근 골재 부족으로 염분을 충분히 세정하지 않은 바다모래를 사용한 콘크리트의 사용이 많아지고 있는 것 같습니다. 염분의 허용량은 얼마이며 이미 경화한 콘크리트구조물 내의 염분량을 소사하는 방법과 염분량이 허용치 이상 포함되었을 때 철근부식에 대한 대책을 알고 싶습니다.

응답

최근 신도시 건설 등 건설 붐에 따라 콘크리트용 재료로서 사용되는 골재 중 잔골재의 부족현상이 심화되고 있다. 특히 잔골재의 부족을 충당하기 위하여 취득이 용이한 바다모래의 사용이 매년 증가되고 있는 가운데 바다모래중의 염분에 대한 세정이 제대로 이루어지고 있지 않아 철근부식으로 인한 철근콘크리트 구조물의 내구성 저하가 크게 염려되고 있는 실정이다.

콘크리트 내의 철근은 그 주위에 산화피막 γ-$Fe_2O_3 \cdot nH_2O$의 부동태피막이 형성되어 부식으로부터 보호되고 있으나 바다모래에 의한 염분, 중성화 등으로 인하여 부식이 발생한다. 부식이 발생하면 철근체적의 팽창으로 인하여 피복콘크리트의 균열, 박리, 탈락, 철근단면적의 감소 등 내구성이 현저하게 감소되는 것이 일반적이다.

콘크리트중의 염화물 함량에 대한 우리나라 기준으로서는 KS F4009(레디믹스트콘크리트)에 규정되어 있는 바와 같이 콘크리트 중량에 대하여 염소이온 중량으로 0.3kg/m^3 이하이며, 구입자의 승인을 얻은 경우에는 0.6kg/m^3 이하로 규정하고 있다. 그러나 구입자의 승인을 얻은 경우라는 것은 동일한 규정을 채택하고 있는 일본의 경우를 보면 다음과 같은 조건을 만족하도록 규정하고 있으므로 주의를 요한다.

① 물시멘트비가 55% 이하일 것
② AE감수제를 사용하고 슬럼프가 180mm 이하일 것
③ 적절한 방청제를 사용할 것
④ 슬래브 하부 철근의 피복두께가 30mm 이상일 것

따라서 콘크리트 타설 전의 굳지않은 콘크리트 상태에서의 염분 함유량을 검사하여 허용치 이상의 염분량을 포함하고 있는 레미콘은 사용하지 않는 것이 가장 바람직하지만, 일단 경화한 콘크리트 내의 염분량이 의심스러운 경우에는 다음과 같이 조사하면 된다. 염분량 분석을 위한 시료는 ① 콘크리트 코어를 채취

하여 두께별로 절단한 것을 미분쇄한 시료를 사용하는 것이 원칙이나 간이분석 방법에서는 ② 해머 또는 정에 의한 경화콘크리트 시험편을 미분쇄한 것 ③ 콘크리트 드릴에 의한 분말시료도 사용할 수 있다. 시료는 No.100체(0.149mm)를 전부 통과할 수 있도록 분쇄한 시료 100~200g 정도가 적당하다.

콘크리트 내의 염분은 경화콘크리중에 포함된 염분의 전량인 전염분과 가용성 염분으로 구별할 수 있다. 가용성 염분은 물 또는 온수에 의해 간단히 추출되는 것으로 철근부식에 직접 관여한다.

전염분은 시료 40g에 질산용액(2N) 200ml를 가하여 용액의 pH를 3 이하로 하고 가열하여 끓여서 전염분을 용해시킨 후 불용분을 여과세정한다.

가용성 염분은 시료 40g에 50℃의 물 200ml를 가해 30분간 진탕하여 추출한 후 용액을 흡인 여과한다. 여과액에 대하여 염화물이온 선택성 전극을 사용한 전위차적정법, 크롬산은-흡광광도법, 질산은적정법, 이온크로마토그래피(ion-chromatogrsphy)법으로 분석한다. 특히 이온크로마토그래피법에 의한 염화물 분석은 시멘트중에 존재하는 아황산이온, 티오황산이온, 황화물이온 등 염화물 분석시 방해가 되는 이온을 배제할 수 있는 정밀한 방법이다.

염분이 포함된 구조물이 장기간에 걸쳐 부식이 발생하여 콘크리트의 균열, 박리 등의 피해가 발생한 경우의 보수방법 등에 대한 예는 많이 보고되고 있으나 건설 후 얼마 되지 않은 구조물이 허용량 이상의 염분을 함유하고 있는 경우의 대책에 대하여는 많이 보고되어 있지 않다. 현재까지 알려진 방법은 다음과 같다.

1. 표면 피복재의 도포

표면피복재는 콘크리트 표면을 유기계 또는 무기계의 피복재료로 피복함으로써 외부로부터의 부식인자의 침투 방지, 즉 산소, 수분, 염분의 새로운 침투를 방지하는 방법이다.

2. 침투성 부식 방지제(migrating corrosion inhibitor)의 사용

아질산염과 같은 부식억제제를 콘크리트 표면에 도포하면 이것이 콘크리트 내부로 침투하여 철근 주위에 부동태피막을 형성시켜 부식을 억제한다. 간편한 방법이나 부식억제 효과에 대한 연구가 필요하다.

3. 폴리머 함침(polymer impregnation)

폴리머 함침 콘크리트는 수지모노머를 콘크리트중에 함침시킨 후 중합시키는 것으로써, 수지모노머의 중합에 의해 콘크리트중에 불침투성 막을 형성시킴으로써 부식성 물질이 콘크리트중으로 침투하는 것을 억제하는 방법이다.

4. 전기화학적 탈염법(removal of chloride)

콘크리트중의 염화물을 전기화학적인 방법에 의해 제거하는 것으로, 즉 적당한 전해질, 이온교환수지, 양극을 사용하여 철근을 −로 대전한 음극으로 한다. 이 −로 대전된 염화물이온은 +로 대전된 양극으로 유인되어 이온교환수지에 의하여 포착되게 된다. 그러나 실용화에는 많은 연구가 필요하다.

5. 전기방식법(cathodic protection)

전기화학적인 방법으로 부식전류를 제어함으로써 부식을 억제하는 방법이다. 이 법에는 유전양극방식(galvanic anode)과 외부전원방식이 있다. 해양환경 하에서의 철근콘크리트 교량에 이 방법에 의한 방식이 실용화되고 있다.

콘크리트 내에 허용치 이상의 염분이 함유되었다 하더라도 철근의 부식은 구조물이 놓이는 주위환경(온도, 습도), 염분 함유량의 다소(多少), 콘크리트의 자체품질, 설계조건(피복두께, 마감 유무) 등 다양한 인자에 영향을 받는다. 구조물의 수명은 ① 기능적 수명, ② 물리적 수명, ③ 경제적 수명 등에 의해 결정되며 철근부식과 같은 물리적인 인자에 의한 물리적인 수명보다 기능적인 수명이 더 짧은 경우도 있다. 또한 철근의 부식으로부터 콘크리트구조물의 수명을 예측한다는 것은 현재로서는 어렵기 때문에 어떠한 대책을 강구할 것인가 하는 것은 고도의 공학적 판단을 요하는 것이라 하겠다.

— 수원대학교 건축공학과 윤재환 교수

질의

3. 콘크리트 타설시 골재와 모르타르가 분리되는 현상을 방지하려면 어떤 조치가 필요합니까?

응답

골재분리가 발생하는 원인은 많은 물량, 지나친 진동다짐으로 야기될 수 있다.

그러므로 배합강도 및 시공성을 고려하여 콘크리트의 배합설계가 이루어진다. 콘크리트 강도에 가장 큰 영향을 미치는 인자는 물시멘트비이며, 설계된 물량보다 많은 양의 물이 첨가된 경우 세립한 입자들이 표면으로 떠오르게 되어 골재분리가 발생함으로써 강도가 저하된다.

특히 시공현상에서는 이런 사실을 인지함에도 불구하고 시공연도를 증진시키기 위하여 많은 물을 첨가하고 있는 실정이다. 진동다짐을 하는 경우에 있어서 진동기는 1일 부어넣기량 $20m^3$에 1대 꼴로 진동기를 사용한다. 콘크리트 1회 부어넣는 높이는 300~600mm 이내로 하며 수직으로 꽂아 600mm 간격으로 보통 30~40초 동안 진동다짐을 한 다음 서서히 진동기를 뽑아야 한다. 오랜 시간 동안 진동다짐을 하게 되면 비중차에 의하여 골재가 침하하고, 미립자와 유기불순물이 표면에 떠오르는 현상이 생기게 된다. 그러므로 과도한 진동다짐을 피함으로써 골재분리를 방지할 수 있다. 또한 골재분리를 방지하기 위하여 물의 첨가를 삼가하고, 대신 유동성 증가를 위하여 표면장력을 활성화시키는 혼화제의 사용을 고려할 수 있다. 혼화제의 사용도 콘크리트의 강도에 따라 비율이 달라지며, 제품에 따라 다르긴 하지만 보통 시멘트량의 2%가 되는 중량비를 최대로 보고 있다.

질의

4. 콘크리트 양생 후 과다한 부피변화가 생기는 원인과 이에 대한 검토방법은 어떤 종류가 있습니까?

응답

콘크리트의 팽창반응은 수화작용으로 인한 부피의 팽창과 C_3A 또는 페라이트(ferrite)로부터 에트린자이트가 생길 때 발생하는 팽창작용이 있다. 과다한 부피변화로 인하여 압축강도가 저하되고 비중이 작아지며, 또한 균열의 원인이 되고 있는데, 이러한 현상은 콘크리트 내에 다공질이 생겼음을 의미하며 기본적 원인으로는 C_3A와 석고가 반응하고, MgO의 수화반응이 늦어지기 때문이다.

부피변화에 대한 체크방법으로는 르 샤틀리에 시험(Le chatelien test), 오토 클레이브 팽창(auto-clave expansion) 등의 시험법이 있으며, 콘크리트의 성분과 수화비, 비중을 통하여 부피의 변화를 체크할 수 있다.

— 홍익대학교 건축학과 홍기섭 교수

질의

5. 건축공사에 있어서 콘크리트 타설 후 거푸집을 제거하는 시기는 시방서 상에는 시멘트의 종류 및 부위에 따라 2일에서부터 8일까지 폭넓게 규정되어 있습니다만, 현장에서는 현행규정이 비현실적인 값으로 책정되어 있는 것으로 생각해 실질적으로 이보다 훨씬 빠른 시기에 거푸집을 탈형하는 사례가 빈번히 있습니다. 거푸집 탈형시기 결정에 대한 보다 명확한 자료가 있다면 공사의 안전관리는 물론 품질관리에도 큰 도움이 될 것입니다. 거푸집의 합리적인 탈형시기 결정에 관하여 설명해 주십시오.

응답

거푸집의 존치기간은 일반적으로 사용하는 시멘트의 종류나 콘크리트의 강도·양생방법 그리고 단면의 크기차 순간격, 거푸집의 종류, 대기의 온도와 콘크리트의 표면온도 등 다양한 요인에 의해서 결정된다. 이 중에서 가장 큰 영향을 끼치는 요인은 타설부위 시멘트의 종류에 따른 것으로서, 현행 시방서상에는 표 6-1과 같이 연직부위에 대해서는 압축강도가 50kg/cm^2 이상일 때 거푸집의 탈형이 가능하고, 슬래브나 보 밑부분은 설계기준강도의 50%의 강도가 발현되었을 때에 거푸집의 탈형이 가능하도록 규정하고 있다.[1)]

표 6-1 건축공사 표준시방서에 규정되어 있는 거푸집 존치기간

부위		기초·보 옆·기둥 및 벽		바닥슬래브·지붕슬래브 및 보 밑	
시멘트의 종류		조강 포틀랜드시멘트	보통 포틀랜드시멘트	조강 포틀랜드시멘트	보통 포틀랜드시멘트
압축강도		50kg/cm^2		설계기준강도의 50%	
재령 (일)	20℃ 이상	2	4	4	7
	10℃ 이상 20℃ 미만	3	6	5	8

여기서 소요압축강도의 최소치를 50kg/cm^{2}로 정한 것은 콘크리트가 양생 초기에 동해를 입지 않고 또한 인접한 공사의 충격 등에 의해서 손상이 크게 일어나지 않는 압축강도의 범위가 대략 50kg/cm^2 이상은 되어야 하기 때문이다. 또한 슬래브나 보 하부에 설치하는 거푸집을 설계기준강도의 50%에 도달하였을 때에 탈형할 수 있도록 한 것은 거푸집공사 시 슬래브에는 적재하중은 작용하지 말고 고정하중만 작용하고 있는데, 적재하중과 고정하중을 거의 같다고 생각할 때 작용하중은 약반으로 줄어들기 때문으로, 콘크리트의 강도가 설계기준강도 50%에

도달하는 기간을 거푸집의 존치기간으로 정하고 있는 것이다.

그러나 보통 포틀랜드시멘트를 사용할 경우에도 23℃로 양생하면 타설한 지 3일 만에 설계기준강도의 50%에 도달하는 경우도 있으며, Samuelsson의 실험결과에 의하면 콘크리트의 압축강도가 20kg/cm²에 도달하면 콘크리트 표면의 손상에 대한 위험성은 거의 없는 것으로 보고되고 있다.[2)]

외국의 시방서 규정을 살펴보면 영국의 BS Code에서는 표 6-2와 같이 콘크리트의 표면온도가 16℃ 이상일 경우에는 기둥과 벽 및 보 옆면 등의 연직부에 대한 거푸집은 12시간이 지나면 탈형할 수 있도록 하고 있으며, 미국의 ACI 347 Committee에서도 BS Code에서 규정하고 있는 기간과 동일한 존치기간을 규정하고 있다.

표 6-2 BS Code상에 규정되어 있는 거푸집 존치기간

구분 부위	콘크리트의 표면온도(℃)		
	16 이상	7~15	임의의 온도(0~25)
기둥과 벽 및 보 옆면	12시간	18시간	300/(t+10), 시간
슬래브 하부	4일	6일	100/(t+10), 일
보의 하부	10일	15일	250/(t+10), 일

한편, 국내의 시방서상에는 부재의 크기에 대한 영향은 고려하고 있지 않은데 반해 ACI 347 Committee에서는 부재 크기의 영향도 고려한 존치기간의 기준을 사용하고 있다. 이 규정은 보부재의 경우 부재의 처짐량이 거푸집의 최대허용 처짐량(스팬길이의 1/400) 이내가 되도록 한 규정에 준하여 만들어진 것으로서, 설계활하중과 자중의 크기 여하에 따라 최고 21일까지의 거푸집 존치기간을 규정하고 있다.[3)]

이상과 같이 거푸집 존치기간은 상당한 차이를 보이고 있기 때문에 단순히 경험적인 판단에 따라 거푸집 존치기간을 단축시키는 것은 매우 위험한 발상으로 생각되며, 현행의 시방규정도 부분적으로는 구조물의 안전만을 지나치게 강조한 면이 없지 않지만, 앞으로 이 부분에 대한 보다 면밀한 연구가 필요하다.

질의

6. 터널공사에 있어서 터널의 외벽을 구성하는 2차라이닝 콘크리트 타설시, 거푸집의 탈형시기 결정은 전체 공사기간에 커다란 영향을 미치고 있는데, 국내의 터널 시방규정을 보면 "거푸집은 타설한 콘크리트가 필요한 강도에 달할 때까지 떼어내서는 안 된다" 라고만 단순히 규정하고 있습니다. 그러면 이때의 필요강도란 구체적으로 어떠한 값을 의미하고 있는지 알려주시기 바랍니다.

응답

터널공사에서의 거푸집 탈형 강도는 터널의 형태가 원형 또는 마제형으로 되어있기 때문에 아치작용(arching)현상에 의해 어느 정도의 강성을 가지며, 또한 2차 라이닝은 콘크리트의 자중에만 견딜 수 있도록 설계되므로 통상 건축공사에서 거푸집 탈형에 요구되는 강도보다는 훨씬 낮은 강도에서 탈형이 가능하다.

터널에 대한 수치해석 결과에 의하면 거푸집 탈형 시의 소요강도는 터널의 크기나 콘크리트층의 두께에 따라 상이하여 터널의 직경이 클수록 높은 탈형강도가 요구되고, 또한 동일한 직경의 경우에는 콘크리트층의 두께가 두꺼울수록 탈형강도는 낮아도 되는 것으로 알려져 있다. 현재 국내터널공사(NATM공법 Shield 공법)의 현황을 살펴보면, 보통 하루에 거푸집 1조의 길이에 해당하는 약 9m씩 전진해 나가고 있으며. 이때 거푸집의 탈형은 터널의 직경이나 두께에 관계없이 대부분 경험적인 판단에 근거하여 10~12시간 경과 후 실시하고 있다. 그러나 이틀에 한 cycle씩 진행해 나가는 경우도 있고, 일본에서는 하루에 두 cycle씩 진행했다는 보고도 있으므로 탈형 시의 필요강도에 대한 명확한 근거가 있다면 터널공사에서의 안전성 확보 차원이나 공기단축면에서도 매우 바람직할 것으로 생각된다.

터널구조해석에 관련된 연구는 대부분이 외부하중에 저항하는 1차 라이닝 구조체에 관한 것으로, 터널의 외벽에 해당하는 2차 라이닝에 대해서는 연구가 상당히 미비한 상태이다. 따라서 질문사항에 대한 유사한 자료로 대신하고자 한다. 이 자료는 교각시공 시에 많이 사용하는 슬라이딩폼(sliding form)공법에 관한 자료로서, 이 공법은 거푸집을 연직으로 상승시키면서 콘크리트를 타설하므로 거푸집을 수평으로 이동시키면서 타설하는 터널라이닝 공사와는 거푸집 탈형문제에 있어서 충분히 참고자료가 될 수 있을 것으로 생각된다. 일본에서의 실험보고에 의하면 이 공법 적용 시 거푸집 탈형 시의 최소강도는 교각의 크기에 따라 약간의 차이는 있지만 약 0.1MPa인 것으로 알려져 있다.[4] 물론 탈형 시에 작용하는 하중에 있어서는 경우가 약간 다르다고는 할 수 있지만, 터널라이닝 공사 시에도 마찬가지로 거푸집의 탈형강도는 대략 0.1MPa인 것으로 판단된다.

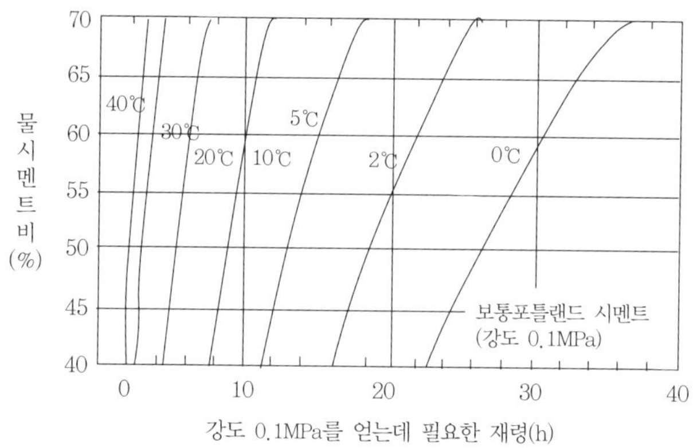

그림 6-1 소요의 강도를 얻는데 필요한 재령[5)]

그러면 약 0.1MPa의 강도가 발현되는 재령을 알아보면, 그림 6-1에 나타난 바와 같이 약 10시간 정도인 것을 알 수 있다.

또한 콘크리트는 타설 후 초기에는 건조수축이 문제가 되고 있는데, 거푸집을 초기에 탈형할수록 탈형 후의 수축량이 큰 것으로 알려져 있다. 즉, 초기에 건조수축에 의한 콘크리트의 변형 등을 억제시키기 위해서는 어느 정도의 거푸집 존치기간이 필요하다. 자료에 의하면 재령 9시간까지는 초기수축이 종료하고 이로부터 3일 후까지는 수축량이 거의 없는 것으로 알려져 있다.

이상과 같은 자료를 종합해 볼 때, 터널공사 시의 거푸집 탈형을 위한 필요강도는 0.1MPa 정도이고, 이 강도가 발현되기 위해서는 10시간 정도가 필요한 것으로 생각된다. 따라서 경험적으로 사용하고 있는 10~12시간이라는 값은 이론적으로도 합당한 값이라 할 수 있다.

질의

7. 콘크리트구조물의 표면에서 흔히 볼 수 있는 백화현상의 발생원인 및 이미 발생한 경우의 제거방법에 대하여 알려주시기 바랍니다.

응답

백화현상(efflorescence)이란 콘크리트 타설 후 경화되어 가는 과정에서 콘크리트의 표면이 하얗게 얼룩지는 현상을 말하는 것으로서, 발생시기에 따라 1차 백화와 2차 백화로 구분할 수 있다.

1차 백화는 콘크리트의 경화 시에 일어나는데, 시멘트의 수화과정에 발생한 수산화칼슘($Ca(OH)_2$)이 모세관 현상에 의해 표면으로 이동하여 대기중의 탄산가스(CO_2)와 반응하여 탄산칼슘($CaCO_3$)이 생성되고(식 (1) 참조), 이것이 또한 수분 및 탄산가스와 재반응하여 생성된 적출물이 표면에 침전되어 만들어지는 것이다 (식 (2) 참조).

$$Ca(OH)_2 + CO_2 \rightarrow CaCO_3 + H_2O \tag{1}$$

$$CaCO_3 + CO_2 + H_2O \rightarrow Ca^{2+} + 2HCO_3 \tag{2}$$

이때 직출물의 양은 알칼리 성분이 많은 시멘트를 사용하는 경우일수록 많게 되며, 또한 NaCl을 다량으로 포함하고 있는 바다모래를 사용하는 경우도 많이 발생하므로, 바다모래의 사용을 중지 또는 줄이는 방법도 백화의 발생을 방지하는 방법이라 할 수 있다. 백화현상은 경화중의 온도, 습도 및 바람의 영향을 받아 바람이 작고 습도가 높을 때 많이 발생하며, 옥외양생의 경우 백화발생 상황을 살펴보면 서리가 많은 가을에 가장 많이 발생하는 것으로 알려져 있다. 1차 백화의 발생은 경화중인 콘크리트의 건조과정에 관계가 있어 콘크리트를 조기에 건조시키게 되면 표면의 수분이 증발되어 이것이 수산화칼슘의 표면이동을 억제하여 이 반응이 콘크리트 내부에서 일어나기 때문에 백화의 발생을 방지할 수가 있다.

한편, 2차 백화는 콘크리트가 경화된 뒤에 옥외노출 시에 발생하는 것으로서, 이것은 외부로부터 물의 침투가 주원인이 되므로 다짐이 충분치 못한 콘크리트의 경우는 외부로부터 물의 침투 및 수산화칼슘의 용출이동이 용이하기 때문에 백화가 발생하기 쉽다.

통상 백화현상은 표면에만 주로 발생을 하지만 콘크리트 내의 공극이 클 경우에는 내부에도 발생할 염려가 있으므로 공극을 적게 하여 수분의 경로를 차단할 필요가 있다. 공극을 적게 하기 위해서는 물시멘트비(W/C)를 낮추거나 시멘트 골재비(C/G)를 높이는 등 콘크리트의 배합으로 해결하는 방법이 있고, 콘크리트 타설 시 다짐을 철저히 하는 방법이 있다. 또한 외부로부터의 물의 침투를 차단하는 것도 매우 중요하므로, 콘크리트 타설 후 표면을 아크릴 등으로 코팅하는 방법도 큰 효과가 있는 것으로 알려져 있다. 그러나 양생기간, 시멘트의 성분 및 혼화제의 투입 여부와는 큰 관계가 없는 것으로 알려져 있다.[6] 따라서 백화현상의 발생을 방지하기기 위해서는 다짐작업을 충실히 하여 밀실한 콘크리트를 만들고, 양생중인 콘크리트에는 과도한 건조를 방지해야 한다.

그러나 한번 생긴 백화는 산(acid)으로 닦으면 제거할 수가 있다. 일반적으로 백화는 공기중에 장기간 노출시켜 놓으면 표면에 발생한 탄산칼슘이 대기중의 탄산가스와 화학반응하여 물에 용해가 가능하므로 큰 문제는 되지 않으나, 미관상 단기간 내에 제거할 필요가 있을 경우에는 산성용액으로 닦으면 제거할 수 있다. 이때 산이 콘크리트 속으로 침투되는 것을 방지하기 위해서는 미리 물을 침투시켜 이것에 3%의 염산 또는 유기산 등의 엷은 산을 이용하면 된다.

질의

8. 콘크리트의 슬럼프값이 너무 높으면 슬럼프값의 정확한 측정이 어렵게 되는데 슬럼프시험을 대신할 다른 방법은 없는지요? 콘크리트의 워커빌리티 시험방법의 종류와 유동화콘크리트의 유동성 측정방법에 대하여 설명하여 주십시오.

응답

콘크리트의 성질을 나타내는 용어 중에 워커빌리티와 컨시스턴시라는 것이 있다. 이들을 간단하게 표현하면 전자는 작업하기 쉬운 정도(작업성)이고, 후자는 변형하기 쉬운 정도(유동성)를 말한다. 통상 유동성이 좋으면 워커빌리티가 좋다고 말하는 경우가 있는데 이는 잘못된 표현으로서, 워커빌리티는 재료분리에 대한 저항성도 포함하는 의미이므로 유동성이 좋다고 해서 반드시 워커빌리티가 좋다고 할 수는 없다.

표 6-3 워커빌리티 측정방법

유동성시험	슬럼프시험, 콘크리트 플로시험, 리몰딩시험, Vee Bee시험, 낙하시험, 진동식 워커빌리티시험, 진동식 컨시스턴시시험, Drop Table시험, 넓이증대시험, 믹서 내의 유동성시험 등
관입시험	케리볼시험, Iribarren시험, 독일 관입시험, 관입계 시험 등
충전성시험	다짐계수시험, 진동다짐시험, 진동 Mobility시험, Box시험, 댐콘크리트용 VC시험, 충전성시험 등
재료분리시험	체분석시험, 유상시험, 낙하분리시험, 진동다짐시 분리시험 등
항복치와 소성점도시험	회전점도계, 낙구형 점도계, 평행판 Plastmeter, 삼축압축시험, 투포인트 워커빌리티시험, 동탄성계수 · 동적점성률시험 등
펌프압송시험	가압 블리딩시험, 관내 마찰력시험, 수평압송시험 등

* 참고문헌 : 「콘크리트의 시험방법」, 笠井芳夫 · 池田尙治 · 技術書院, 1993. 4.

일반적으로 워커빌리티 측정방법에는 유동성 측정방법을 비롯하여 다음과 같은 수많은 종류의 방법이 있다.

유동성시험 중에서 슬럼프시험은 시공현장에서 손쉽게 측정할 수 있고 아직 굳지 않은 콘크리트 시공성을 비교적 잘 표현할 수 있으므로 콘크리트의 유동성 측정을 위한 대표적인 시험방법이고, 따라서 현재 공사현장에서 가장 많이 활용되고 있다. 콘크리트의 품질은 28일 강도로 판정하는 것이 기준이 되지만, 콘크리트를 타설하고 28일 후에 소요강도가 나오지 않는다면 이를 철거하고 재시공해야 하므로 타설 전에 콘크리트의 품질을 확인할 필요가 있다. 슬럼프시험은 이와 같이 타설 전에 콘크리트의 품질을 확인할 목적으로 활용되는 것으로서, 예를 들어 슬럼프값에 50mm의 차이가 있다면 단위수량은 6%, 공기량은 2%, 강도는 4MPa 정도의 차이가 발생될 수 있음을 나타내게 된다. 슬럼프시험에서는 슬럼프값을 측정하여 콘크리트의 유동성을 측정하고, 슬럼프값을 측정한 후에 다짐봉으로 두드렸을 때의 굵은골재의 분리상태 및 무너지는 형태 등을 관찰하여 콘크리트 구성재료의 많고 적음이나 재료분리의 저항성 등을 판단함으로써 콘크리트 워커빌리티를 판단하게 된다.

그러나 슬럼프값이 50~210mm의 범위를 벗어날 경우에 슬럼프시험만으로는 콘크리트 유동성을 적절하게 평가할 수 없게 되므로 다른 방법을 고려할 필요가 있다. 이러한 경우는 최근 매우 다양한 혼화재료 및 콘크리트 기술이 개발됨에 따라서 더욱 늘어나고 있는데, 예를 들어 도로포장용 전압 콘크리트(RCCP)와 같이 슬럼프 값이 25mm 이하 정도로 작은, 소위 노슬럼프(no slump) 콘크리트에 대해서는 진동식 컨시스턴시시험 등으로 유동성을 측정 · 평가한다.

한편, 유동화콘크리트란 슬럼프값이 작은 베이스콘크리트에 유동화제를 첨가하여 슬럼프를 증대시킨 것이므로 슬럼프값이 통상 150~210mm 정도의 콘크리트가 된다. 이 정도의 유동화콘크리트에 대해서는 슬럼프시험이 유동성을 평가하는 방법으로서 가장 신뢰성 있는 평가방법 이라고 할 수 있다. 단지, 그것보다 유동성이 클수록 슬럼프시험에 의해서 정확한 평가를 내리기 어려우므로 초유동 콘크리트와 같은 경우에는 슬럼프 플로시험 또는 콘크리트 플로시험 등을 이용하기도 하며 그밖에도 유동성을 평가할 수 있는 다음과 같은 각종 시험방법이 연구 · 제안되어 있지만 자세한 시험방법은 참고문헌을 참고하기 바란다.

표 6-4 초유동콘크리트의 컨시스턴시 측정방법

유동성시험	슬럼프형, 박스형, L자형, 로트형
분리저항성시험	L자형, 박스형
간극투과성시험	로트형, 슬럼프형, L자형, 박스형,
부착성시험	모르타르/강판의 부착력 측정, 생콘크리트/강판의 부착력 측정
충전성시험	박스형, L자형
항복치와 소성점도시험	회전점도계, 낙구형 점도계, 평행판 Plastmeter, 삼축압축시험, 투포인트 워커빌리티시험, 동탄성계수 · 동적점성률시험

* 참고문헌 : 「초유동콘크리트 연구위원회 보고서(Ⅰ)」 일본콘크리트공학협회, 1993. 5.

질의

9. KS F 4009의 '운반' 항에서는 '콘크리트는 혼합을 시작하고 나서 1.5시간 이내에 공사지점에 배출할 수 있도록 운반해야 합니다. 다만 주문자의 지시가 있을 때, 운반시간의 한도를 단축 또는 연장할 수 있다'라고 규정하고 있는데, 그 이유는 무엇입니까? 또한 운반시간이 콘크리트의 품질에 어떠한 영향을 미치는지 설명하여 주십시오.

응답

KS F 4009에서는 레미콘을 운반차로 운반할 경우 운반시간의 한도는 혼합을 개시하고부터 1.5시간 이내로 규정하고 있는데, 이것은 운반중에 슬럼프 · 공기량 등에 변화를 일으키는 수가 있기 때문이다.

일반적으로 레미콘은 혼합과 동시에 시멘트와 물의 수화반응이 시작되며, 점차 응결 · 경화되어 간다. 레미콘은 처음에는 상당한 유동성을 갖고 있으나 시간의 경과에 따라 차츰 유동성이 손실되어 현장에 도착하게 되면 작업성이 현저하게 저하되는 현상이 나타나기도 한다.

각 계절에서의 레미콘 운반시의 경과시간과 슬럼프와의 관계는 그림 6-2와 같다. 레미콘의 슬럼프는 운반시간과 함께 저하하지만(slump loss) 그 정도는 온도 · 습도와 같은 외적 조건이나 배합 등에 의해 영향을 받는다. 동절기에는 2시간 이상 운송할 수 있는 경우도 있으나 고온의 여름에는 60분이 거의 한도가 된다.

공기량도 운반시간이 길어짐에 따라 점차로 감소한다. 이러한 경향은 그림 6-3과 같으며, 운반개시 후 30분 정도에서 상당히 감소하고, 그 후의 변화는 비교적

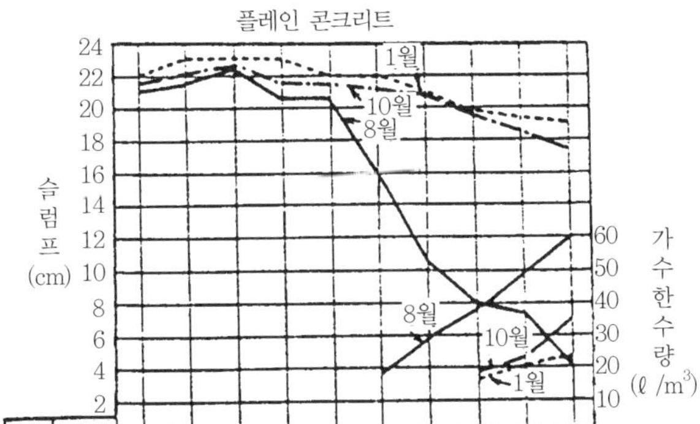

기온 (℃)	경과시간 (분)	0	20	40	60	80	100	120	140	160	180
34.0	8월	32.2	33.0	33.0	33.2	33.3	33.5	33.5	34.3	34.5	34.5
21.6	10월	23.5	23.0	23.2	23.0	23.0	23.2	24.0	24.0	24.0	24.5
6.5	1월	12.2	11.5	12.0	11.2	12.2	11.8	12.1	12.1	12.1	11.7

그림 6-2 경과시간과 슬럼프의 관계

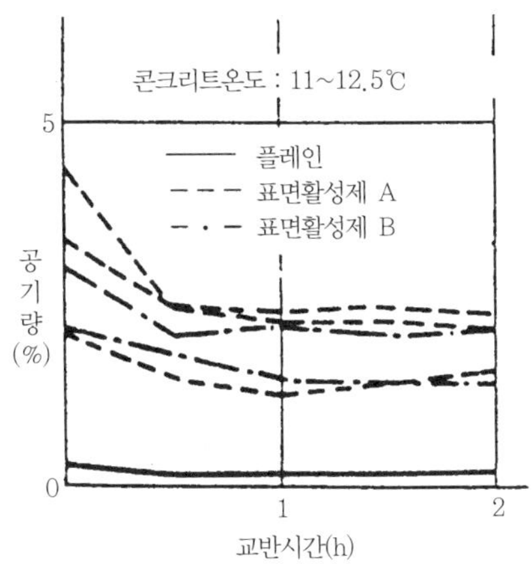

그림 6-3 경과시간과 공기량의 변화

적게 나타나고 있다.

이상에서 KS F 4009에서 규정하고 있는 1.5시간 이내라는 레미콘 운반시간 규정은 주로 레미콘의 슬럼프 로스에 따른 시공성의 저하를 방지하기 위하여 정해져 있다고 할 수 있다.

한편, 장시간 운반이 콘크리트의 품질에 미치는 영향을 살펴보면, 우선 강도는 장시간 운반할 경우 슬럼프 로스를 보정하지 않고 그대로 공시체를 성형·시험하게 되면 압축강도에는 거의 영향이 없고 오히려 약간 증대하는 경향을 볼 수 있다. 그러나 장시간 운반하게 되면 슬럼프 로스가 과다하여 작업성이 현저하게 저하되므로 작업성을 회복시키기 위하여 레미콘에 대한 가수(加水)가 불가피하게 되는데, 이러한 경우 압축강도가 크게 저하하므로 주의를 요한다. 또 가수에 의해 건조수축의 증대, 균열, 재료분리 등의 결함을 초래하게 된다.

질의

10. 균열의 요인을 대별하면 어떤 것이 있는습니까? 또한, 가장 큰 원인은 무엇입니까?

응답

균열이 발생하는 요인은 ① 콘크리트에 작용하는 인장력을 증대시키는 요인, ② 콘크리트의 인장강도를 저하시키는 요인, ③ 콘크리트에 인장방향의 변위를

표 6-5 콘크리트 균열의 원인

구분	요인	원인
인장응력의 증대	내부요인	내부구속
		건조수축
		수화반응열
		이상응결
		이상팽창(팽창콘크리트의 경우)
		알칼리 골재반응
		철근의 녹
		블리딩
	외부요인	외부구속
		지진
		하중(오버로드 등)
		외부온도변화
		동결융해
		부동침하
		동상
		화재
인장응력의 저하	재료	진흙이 많은 골재
		회수수(回收水)
		풍화된 시멘트
	시공	펌프압송시 물의 증량
		불충분한 굳힘(곰보벌집, 월드조인트)
		배근의 혼란
		덮개두께의 부족
		필요강도 이하에서의 형틀 해체
		습윤양생 부족
		단면부족

부여하는 요인, ④ 콘크리트의 신장능력을 저하시키는 요인 등 4개의 그룹으로 대별된다.

그러나 그룹간의 관련이 강하기 때문에 하나의 요인이 보는 방법에 따라 여러 가지 그룹으로 포함될 수가 있으며, 명확히 그룹으로 분리하기란 매우 어려운 일이다.

실제적인 균열발생의 원인을 추구한다면 반드시 단일한 것은 아니며, 일반적으로는 2가지 이상의 요인이 겹쳐 있을 때가 많지만, 가장 많이 균열의 원인으로 꼽히는 것은 콘크리트의 건조수축이다. 건축물일 경우, 이 건조수축균열을 제어할 수 있다면, 현재의 균열에 관한 클레임의 90% 이상을 해결할 수 있다고 생각된다.

균열발생 요인을 위의 그룹 중 크게 ①과 ②의 그룹으로 분리하면 콘크리트 균열의 원인은 표 6-5와 같다.

— 국립방재연구소 이원호 소장

질의

11. 합판거푸집의 용출성분에 의하여 콘크리트 표면에 깊이 0.2~0.5mm의 경화불량현상이 발생하였을 경우의 마감처리방법에 대한 견해를 말씀해 주시기 바랍니다.

응답

거푸집과 관련된 콘크리트 표면의 불량원인은 거푸집 자체에서 용출되는 성분 또는 박리제의 종류 등이 있다.

탄닌산, 푸민산, 리그닌 등의 성분은 시멘트페이스트의 응결을 저해하여 콘크리트의 경화불량을 초래하는 원인이 된다. 이러한 성분은 잔골재나 품질이 나쁜 혼합수에 포함될 가능성이 가장 많지만, 이번 사례와 같이 거푸집이 원인이 되는 경우도 있다.

이러한 경우에는 페이스트가 굳지 않게 되어 그 부분의 콘크리트가 이탈되는 현상을 초래하게 된다. 그러나 이러한 불순물의 농도가 높지 않을 경우에는 초기에 응결지연현상이 나타나지만, 장기간 경과하게 되면 시멘트페이스트의 수화반응이 진행되어 점차 콘크리트의 강도가 발현되게 된다.

만일, 거푸집 제거 시에 이러한 원인으로 인해서 콘크리트에 문세가 발생되었다면 구조적으로 문제가 되지 않는 한 보수를 함으로써 문제를 해결해야 된다. 피해현황을 정확히 파악해야만 하겠지만, 이번의 경우에는 콘크리트가 떨어져나간

깊이가 2~5mm에 불과하므로 구조적으로 문제가 있다고는 보이지 않는다.

따라서 경화불량부위를 일부 긁어내고 표면을 물로 세척하면서 쇠솔 등으로 청소한 다음에, 또다시 콘크리트의 내부로부터 그러한 성분이 용출되지 않는가를 확인할 필요가 있고, 탈락된 부분의 깊이가 내부의 철근에 영향을 미칠 정도로 깊다면 에폭시 등으로 메우는 것이 좋다. 이러한 사전처리를 실시하였다면 모르타르 마감 등의 일반적인 방법으로 마감처리하면 될 것으로 생각된다.

〈관련 연구자료〉

"경화불량 콘크리트의 사례연구(II)", 레미콘(통권 14호), pp.70~80, '94.10.

— 대한주택공사 건설기술연구실 이도헌 선임연구위원

질의

12. 콘크리트구조물을 시공할 때 시공이음, 수축이음, 신축이음 등의 콘크리트 이음이 필요한 경우가 있는데 이러한 이음에 대해 알고 싶습니다.

응답

콘크리트는 구조물 전체를 연속해서 치는 것이 이상적이나, 노동시간, 거푸집의 재사용, 콘크리트의 발열량 등을 고려하여 적당한 위치에서 콘크리트 치기를 중지하게 되는데, 이 사이에 콘크리트가 경화하므로 새로운 콘크리트를 치면 여기에 이음이 생긴다. 이 이음을 시공이음(construction joint)이라 말하며, 시공줄눈 또는 시공접합이라고도 한다. 시공이음은 주의하여 시공하지 않으면 구조물의 약점이 되거나 구조물의 외관을 해치기 때문에 설계 또는 시공계획에 나타나 있는 경우 이외에는 이것을 만들지 않는 것을 원칙으로 하나, 시공상의 사정으로 시공이음을 설치하는 경우에는 감독관의 지시를 따르도록 토목공사시방서에 규정하고 있다.

수축이음은 콘크리트 벽체 표면의 건조수축으로 인한 균열을 제어하기 위해 V형의 홈을 두는 것을 말하는 것으로 철근은 끊지 않도록 주의해야 한다.

한편, 신축이음은 구조물이 접하는 부분을 완전히 절연시켜 온도변화나 부등침하 등에 대비하는 것으로 옹벽의 경우를 보면 연장이 30m 이상인 경우에는 반드시 신축이음을 두어야 한다. 신축이음에서는 철근과 콘크리트를 절연한 상태이므로 이음의 간극에 흙이 들어갈 염려가 있는데 이러한 경우 이음 채움재를 사용해야 하며, 또 수밀을 요구하는 구조물의 경우에는 적당한 신축성을 가지는 물막이판(지수판)을 사용해야 한다.

설계 또는 시공계획에서 정해진 이음의 위치 및 구조는 시공의 안전, 구조물의 외관, 소요의 안전도 등을 고려하여 특히 설계자가 정하기 때문에 공사현장의 사정으로 함부로 이를 변경하는 경우 콘크리트에 예상치 않은 균열이 발생하거나 누수가 되는 등의 문제를 초래할 수 있다.

질의

13. 기초의 잡석 위에 높이조절 또는 기초 콘크리트의 품질유지를 위해 사용하는 버림콘크리트의 포설두께는 통상 50~100mm 정도인데 KS의 콘크리트 최소강도 기준이 18MPa로 변경됨에 따라 이전에 사용하던 13.5~15MPa의 강도에 비해 차이가 납니다. 이러한 경우 포설두께는 어느 정도가 적절한지 궁금합니다. 또한 기존의 아스콘 포장 위에 기층제를 포설한 후 콘크리트 포장을 하였을 경우 콘크리트 포장의 품질에 문제가 없는지요?

응답

기초시공 시의 되메움재료로 이용되는 버림콘크리트(고르기 콘리트)는 잡석 위의 고르기를 위해서 뿐만 아니라 기초암반을 제거하고 직접기초를 시공할 경우 제거된 부분의 암반의 횡저항을 기대하기 위해 사용된다. 버림콘크리트의 최소 압축강도가 18MPa로 상향 조정될 경우 기초로 전달되는 하중의 저항이나 기초의 근입부분 횡저항이 향상될 것으로 기대하지만, 고르기 작업에서 굵은골재의 최대치수가 영향을 주게 되므로 일반적으로 레미콘으로 생산되는 버림콘크리트의 굵은골재 최대치수가 40mm인 점을 감안하면 버림콘크리트의 포설두께는 50~100mm를 유지하는 것이 타당할 것으로 사료된다.

한편, 콘크리트 포장은 콘크리트 슬래브, 보조기층, 노상으로 이루어지며 콘크리트 슬래브와 보조기층을 합한 두께가 동결깊이보다 작은 경우는 동상방지층을 설치하게 된다. 보조기층의 두께는 150mm 이상으로 설계하는데 콘크리트 슬래브가 휨강성을 가지고 있어 아스콘 포장에 비해 지지력이 작아도 되며 보조기층의 상부에 아스팔트 중간층을 두는 경우도 있다. 따라서 기존의 아스콘 포장 위에 콘크리트 포장을 할 경우 재질이 다름에 따른 문제는 없을 것으로 판단된다.

— 목포대학교 토목공학과 이성로 교수

질의

14. 콘크리트의 타설중 거푸집에 대해 무엇을 검사하면 좋습니까?

응답

콘크리트 타설중 콘크리트의 자중이나 측압 등에 의해 거푸집이 변형한다든가, 진동기의 진동에 의해 거푸집에 사용된 나사장치 등이 느슨해지거나 거푸집의 이음부로부터 모르타르가 누출되는 등 여러 가지 이상이 발생하는 경우가 있다. 이를 위해 콘크리트 타설중 거푸집의 밑면과 측면의 상황을 감시하면서 거푸집을 잭(jack) 등을 사용하여 그때그때 조정해야 하며 필요한 경우 콘크리트의 타설을 중단하고 위험의 유무를 확인하면서 빠른 보수 · 보강을 하는 것이 매우 중요하다. 다음은 콘크리트 타설중 거푸집 검사항목을 열거한 것이다.

① 계산된 측압과 거푸집의 설치위치가 알맞는가?
② 거푸집의 중간부분이 배불러 있지 않은가?
③ 거푸집 긴결재(form tie), 체인(chain), 지주(support) 등이 느슨함이 없고 철근고임(bar chair)도 올바르게 위치하고 있는가?
④ 내부공간, 두께 등이 규정치 이내인가?
⑤ 간극제(separator)의 이상(절단, 느슨함 등)은 없는가?
⑥ 기둥 · 벽체의 간격을 확보키 위한 목재 임시 간극제를 콘크리트 타설중 제거했는가?
⑦ 철근의 덮개는 규정치를 확보하고 있는가?
⑧ 거푸집의 이음으로부터 모르타르가 누출되고 있지 않은가?
⑨ 거푸집판의 변형과 손상은 없는가?
⑩ 기둥, 슬래브 등의 저판의 변위는 없는가?
⑪ 슬래브 등에서 콘크리트의 한쪽 타설로 인해 편심하중이 작용하는 경우 동바리가 침하되거나 손상되고 있지 않은가?
⑫ 콘크리트 타설량, 타설속도, 타설순서가 계획대로인가?
⑬ 펌프압송 시의 진동이나 충격을 직접 거푸집이 받고 있지 않은가?

질의

15. 표면마무리 후 발생하는 균열과 이에 대한 조치는 어떻게 해야 하는지요?

응답

표면 마무리 후 발생하는 균열의 원인은 ① 침하균열, ② 초기 건조균열, ③ 거푸집, 동바리의 변형에 의한 균열, ④ 그 외의 균열로 크게 구별되며, 각각의 원인을 알아내어 적절한 조치를 취해야 한다.

타설된 콘크리트는 서서히 그 유동성을 상실하면서 응결이 시작된다. 이런 상태에서 콘크리트는 충분한 강도를 갖고 있지 않기 때문에 외력을 가한다든가 변형이나 진동을 가하는 경우 콘크리트의 균열이 발생한다. 구체적인 균열의 원인과 그 대책은 다음과 같다.

1. 침하균열

① 원인

보나 슬래브의 최상부의 철근을 따라서 발설하는 균열로서 타설된 콘크리트는 경화된 후 매우 적기는 하나 침하하며, 그 변형이 철근 등에 의해 방해를 받아 콘크리트 표면에서부터 철근에 다다를 때까지 균열이 발생한다.

② 대책

가능한 한 단위수량이 적은 콘크리트를 타설하고 충분히 다지기를 행하여 콘크리트의 침하량을 적게 하는 것이 매우 중요하다. 발생한 균열에 대해서는 흙손을 사용하여 콘크리트의 표면에 힘을 가하면서 탬핑(tamping)을 하여 균열을 제거하면서 재마무리를 하면 된다.

2. 초기 건조균열

① 원인

콘크리트를 친후 기온, 습도 그리고 바람 등의 환경조건에 의해 표면에서의 수분의 증발이 많아져 콘크리트의 국부적 표면만이 수축되는 것에 의해 발생하는 균열이다.

② 대책

콘크리트 표면에 물을 뿌리거나 시트(sheet) 등을 설치하여 표면에서의 수분의 증발을 막는 것이 중요하다. 또한 흙손 고르기나 탬핑을 반복하는 것에 의하여 방지도 가능하다.

3. 거푸집, 동바리의 변형에 의한 균열

① 원인

타설된 콘크리트의 중량에 의해 거푸집이나 동바리가 변형된 경우 콘크리트에 균열이 발생한다.

② 대책

거푸집, 동바리를 견고하게 하는 것은 물론이고 콘크리트를 타설할 때 불균등한 하중이 작용하지 않도록 주의하는 것이 중요하다. 또한 거푸집, 동바리 제거 시기를 잘 선택하는 것이 중요하다.

4. 그 외의 균열

① 원인

기타 균열로 시멘트에 의한 이상응결, 혼화제의 사용에 의한 콘크리트의 이상응결로 인하여 균열이 발생하는 경우가 있다.

② 대책

이런 경우 균열 이외에 경화불량 등의 콘크리트 성질과 상태의 이상이 함께 발생하는 경우가 많다. 추가의 이상현상을 포함하여 원인을 면밀히 조사하여 대책을 강구하지 않으면 안 된다.

— 연세대학교 사회환경시스템공학부 故 송하원 교수

질의

16. 미경화 콘크리트에서 종종 발생하게 되는 재료분리 현상에 대한 원인과 그 방지대책에 대해서 설명해 주십시오.

응답

미경화 콘크리트란 배합 후부터 타설하여 응결이 되기까지의 콘크리트를 말하며, 미경화 콘크리트의 양생은 콘크리트의 강도발현에 큰 영향을 미치게 된다. 즉, 콘크리트의 강도 및 품질은 초기균열재료 분리, 크리프, 건조수축, 탄성변형 등에 의해 크게 좌우되므로 미경화 콘크리트의 품질관리에 주의를 기울여야 한다.

일반적으로 재료분리 현상은 다음과 같은 원인에 의해 발생된다.

① 시멘트 사용량의 부족, ② 골재의 입도와 입형의 불량, ③ 각종 재료의 비중 차이가 클 경우(중량골재, 경량골재의 혼용), ④ 시공연도가 지나치게 클 경우, ⑤ 타설속도가 너무 빠를 경우, ⑥ 타설높이가 너무 높은 경우, ⑦ 지나친 진동다짐을 하는 경우, ⑧ 블리딩(bleeding 콘크리트를 다지면 물이 떠오르며 동시에 미세한 불순물이 상승하는 형상으로서 철근 및 골재의 하부에 공극을 형성함. 그림참조)현상, ⑨ 레이턴스(laintance : 블리딩 현상에서 상승한 미세물을 레이턴스라고 하며. 철근의 부착력과 콘크리트의 강도를 감소시킴)의 영향

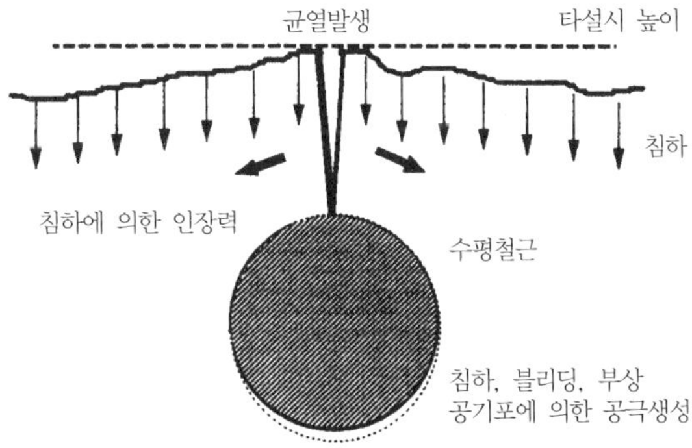

그림 6-4 블리딩에 의한 철근 상단의 균열과 철근 하단의 공극 생성

재료분리 현상으로 초래되는 피해는, 첫째 큰 자갈만 모여 곰보를 형성함으로써 콘크리트의 강도저하를 초래하게 되고, 둘째 철근 하부에 형성되는 공극 또는 수분에 의해서 콘크리트와 철근의 부착력을 저하시키며, 셋째 골재 하부에 수분 또는 공기가 가득 차게 되어 골재와 시멘트페이스트(paste) 간의 부착력이 떨어지게 된다. 마지막으로는 cold joint와 유사하게 콘크리트의 강도(압축, 인장, 전단)가 저하되고 쉽게 균열이 발생하며 누수 및 철근부식 등의 결점을 초래하게 된다.

이와 같은 재료분리 현상을 사전에 방지하기 위해서는 물시멘트비의 최소화, 양질의 골재 사용(비중이 큰 것, 입도 및 입형이 양호한 것), 잔골재율(S/A)의 증가, 타설높이 및 속도의 조절(슈트 사용시 주의), 밀실하게 진동다짐을 실시(수직으로 깊이 300mm, 반경 600mm의 범위를 30초 정도로 1회에 진동다짐함. 적절한 혼화제의 사용(AE제) 등을 들 수 있다.

질의

17. 극한강도설계법에 의한 콘크리트 건축구조물의 콘크리트 강도의 품질관리에 대하여 알고 싶습니다.

응답

콘크리트구조물은 현장에서 타설한 후 양생에 필요한 일정한 시간이 경과되어야 강도상의 품질을 확인할 수 있다. 양생이 완료된 구조체에서 콘크리트 강도에 문제가 있음이 발견된다 하더라도 보수 및 보강조치를 취하려면 막대한 경제적 손실을 초래하게 된다. 콘크리트 강도에 있어서 품질상 문제점이 양생 후에 발견되면 시간적으로 늦은 것을 의미한다. 그러므로 콘크리트의 품질관리는, 현장에서 발생할 수 있는 품질상 위험을 최소화 하고자 과거에 실시한 생산과정에 대한 품질관리의 정도가 현재 타설되는 콘크리트에 미치는 영향을 적절히 고려하도록 계획되어 있다. 이러한 개념 하에 이루어지는 콘크리트 품질관리 절차는 대개 2단계로 구분되어 있다. 첫 번째 단계는 배처 플랜트에서 실시하는 콘크리트 생산과정 품질관리로 배합설계 식에서 과거의 생산품질의 정도가 고려된다. 다음은 실제 현장에 타설된 구조체 콘크리트 강도를 추정하기 위하여 실시하는 것으로 콘크리트 타설 시 현장에서 제작된 코어의 압축강도시험에 의해서 실시되는 승인검사를 위한 현장 품질관리 단계로 실시된다. 이 단계의 품질관리는 생산자의 과거의 품질관리에 대한 경력이 배합강도에 반영된 것을 전제로 실시되는 품질관리이다.

현재 철근콘크리트 건축구조물의 경우에는 주로 극한강도설계법이 사용되고 있다. 극한강도설계법에 의해 설계된 건축구조물 품질관리의 기준은 "건축구조기준(KBC)"에서 찾아 볼 수 있다. 이 기준에 의하면 콘크리트의 배합설계를 하는 방법과 콘크리트 강도 평가와 사용승인에 관한 품질관리 기준이 기술되어 있다. 기준은 ACI 318-853을 근간으로 해서 제정되었는데 여기서는 ACI의 배합설계 방법과 현장 품질관리 방법을 변경 없이 그대로 채택하고 있다.

반면에, 기준은 규준을 근간으로 해서 제정되어 배합설계에 관한 조항은 규준의 것을 그대로 사용하고 있으나 현장 품질관리는 표준시방서의 체제에 맞추는 과정에서 약간의 조정이 가해진 것으로 보인다. 건축공사표준시방서에서는 일본의 배합설계 방법과 품질관리 방법은 생산과정 단계에서 해당 콘크리트의 압축강도가 설계기준강도보다 작을 확률이 0.05 이상이 되지 않고 설계기준강도보다 3.5kg/cm^2 이상 작을 확률이 0.01 이상이 되지 않도록 한 것이고, 기준에서는 배합설계 시 해당 콘크리트의 압축강도가 설계기준강도보다 작을 확률이 0.05 이상이 되지 않고 설계기준강도의 85% 이하가 될 확률이 0.01 이상이 되지 않도록 조절된 것이다.

이러한 품질로 생산되는 콘크리트를 다시 현장에서 실시한 강도시험 3회의 평균값과 아울러 각각의 시험횟수마다의 품질을 동시에 관리하도록 되어 있다. 표본을 추출하는 시험횟수는 규준에서는 최소한 5회 이상으로 규정하고 있으며 각 시험의 강도는 치소 2개의 공시체의 평균강도로 하도록 정해져 있다. 또한 기준에서는 시험횟수를 3회로 규정하고 있으며 각 시험의 강도는 3개의 공시체의 평균강도로 하도록 정해져 있다. 두 방법이 모두 생산자 위험(producer's risk)은 조절하고 있으나 소비자위험(consumers risk)에 대해서는 그다지 명확하지 않기 때문에 생산과정의 품질관리 과정이 결여되거나 시험횟수가 적으면 소비자 위험이 높아질 수 있다. 더군다나 현장에서 실시되는 승인검사는 생산과정에서 이루어진 품질관리를 전제로 이루어져야 하므로, 품질관리에 대한 과거의 기록이 없는 경우에 현장의 승인검사만으로 품질을 관리하게 되면 소비자 위험이 대단히 높아질 수 있어 각별한 주위가 요구된다고 할 수 있다.

통상적으로 레미콘의 생산과정에 대한 품질관리를 제대로 실시하지 않고 현장에서 채취된 코어의 강도에 대한 검증만으로 품질관리가 모두 이루어진 것으로 생각하는 경우가 있는데, 이는 품질관리 절차상 문제점이 있다고 보인다. 건축구조물의 콘크리트 품질관리에 대하여 규정하고 있는 두 기준의 주요내용을 정리하면 표 6-6과 같다.

표 6-6 콘크리트 압축강도 품질관리 기준

품질관리 절차	극한강도 설계법에 의한 철근콘크리트 구조설계 규준(1988년 건축학회 제정)	극한강도설계법에 의한 철근콘크리트 구조기준 (1992년 국토해양부 제정)	건축표준시방서(1994년 국토해양부 제정)
배합설계 (관리재령 : 28일 기준)	$f'_{cr} = f_c + 1.34s$ $f'_{cr} = f'_c + 2.33s - 35$ s : 시험기록에 의한 표준편차	$f'_{cr} = f' + 1.34s$ $f'_{cr} = f'_c + 2.33s - 35$ s : 시험기록에 의한 표준편차	$f'_{cr} = f' + T + 1.73s$ $f'_{cr} = 0.8(f'_c + T)3s$ T : 온도보정계수 s : 시험기록에 의한 표준편차
현장품질관리 - 시험빈도	(1) 하루에 한번 이상 150m^{3}당 한번 이상, 슬래브나 벽체의 표면적 500m^{2}마다 한번 이상 채취한다. (2) 주어진 공시체에서 만약 콘크리트 전체 타설량이 적어도 위 (1)에 따라 행한 시험빈도수가 5회보다 적을 경우 시험은 적어도 무작위로 선택한 5배치보다 적은 경우에는 각 배치에 대하여 실시한다. (3) 강도시험은 똑같은 콘크리트 샘플로 제작한 2개의 실린더 강도의 평균으로 해야 한다.	표준시방서의 방법을 따르도록 함	(1) 부어넣기 공구마다, 부어넣는 날마다 혹은 150m^{3}마다 그 여분에 1회로 한다. (2) 콘크리트 관리에 사용할 압축강도의 1회의 시험치는 일반적인 경우 동일 배치에서 취한 공시체의 3개의 압축강도의 평균치로 한다. (3) 검사횟수는 1로트에 3회로 한다.
현장품질관리 - 합격여부	3개의 연속강도시험의 결과 평균값이 공칭강도 이상이고, 개개의 강도시험값이 공칭강도보다 35kg/cm^2 이상 낮지 않을 때 합격된 것으로 한다.		1회의 시험결과는 지정한 호칭강도의 85% 이상이고 3회 시험결과의 평균치가 호칭강도 이상이어야 한다.

질의

18. 시험결과가 설계기준강도에 도달하지 않은 경우에는 어떠한 절차가 필요한지 알고 싶습니다.

응답

만약에 재령 28일의 시험결과가 설계기준강도에 도달하지 않은 경우에는 재령 28일 시험결과가 설계기준강도의 85% 이상이고, 재령 90일 이전에 1회 이상 실시한 시험결과가 설계강도 이상인 경우에도 합격된 것으로 한다. 만약에 강도시험 결과 불합격이 판정되면 구조체의 안전을 분석하는 과정이 필요하게 된다. 이 경우 비파괴시험이나 실구조물에서 코어를 채취하여 실제의 강도를 추정치와 비교 확인할 필요가 있다.

코어 공시체의 채취 및 강도시험방법은 KS F2422(콘크리트에서 절취한 코어 및 보의 강도시험 방법)에 따라서 실시한다. 코어 공시체 압축강도의 75%보다 작지 않으면 합격된 것으로 본다. 만약에 실구조물의 압축강도가 설계기준강도에 못 미치는 것으로 판정되었을 경우에는 구조계산에 의해 안전을 분석하든가 재하시험을 통하여 안전여부를 판정하게 된다. 만약에 이와 같은 과정을 통하여 콘크리트의 품질이 구조체의 안전을 보장할 수 없을 정도임이 판명되면 구조체를 보강하든가 철거 후 재시공하든가를 면밀히 검토하여 결정하는 과정을 밟게 된다.

— 울산대학교 건축공학과 박순규 교수

질의

19. 우리 현장은 지하철 공사현장으로서 숏크리트 시공에 있어서, 공사시방규정에 의하면 품질관리 A(뿜어붙이기 시공 시에는 매일)로서 뿜어붙이기 두께의 관리, 숏크리트 부착현황, 리바운드 현황, 균열발생 현황의 관리, 품질관리 B(200m^2 또는 10일 정도마다 1회)로서 숏크리트의 압축강도 시험 및 시공 후 뽑기시험의 관리를 하게 되어 있으며, 기타 시험 및 측정사항(2개월 또는 필요한 경우마다 1회)으로서 단기 재령 시 압축강도시험, 리바운드율 측정 및 지반의 변형관리 등이 있습니다. 또한 적용하고 있는 현장시험은 다음과 같습니다.

1) 현장 수정 배합(매 숏크리트 타설 시마다)
- 골재의 표면수량에 대한 보정
- 골재의 입도에 대한 보정

2) 압축강도시험(200m^2마다 ≒ 15~25m^3)
- 재령 24시간 강도(Beam Hold 3EA 1조)

- 재령 28일 강도(Beam Mold 3EA 1조)

3) CORE 압축강도(1,000m^{3}마다 70~120m^3)

- 재령 28일 강도

4) 잔골재의 염화물 함유량시험(200m2마다 = 약 15~25m^3)

그러나 현장의 숏크리트 타설방법은 건식공법으로서 품질에 가장 큰 영향을 미치는 요인은 골재의 저장 및 품질상태, 배합 시 계량 및 급결제 투입량의 적정성, 혼합물의 혼합정도 및 운반후의 재료관리 상태, 노즐맨의 작업 숙련도, 뿜어붙이기 거리 및 각도, 리바운드량, 그리고 뿜어붙인 후의 부착상태 및 양생관리 등으로서 이와 같은 정성적인 측면이 중점적 품질관리 대상이 되어야 한다고 판단하고 있습니다. 그 이유는 건식공법에 의한 뿜어붙이기 콘크리트는 현장수정배합한 배합의 제품으로 완성되기 어렵고, 관리시험 종목 및 그 빈도가 너무 많아 일선 현장의 시험요원은 시험체 제작 및 해체, 데이터 작성 등에 너무나 많은 시간을 할애하고 있는 실정이기 때문입니다. 본 현장과 같은 경우 뿜어붙이기 콘크리트의 적절한 현장수정배합의 관리방법, 품질시험 종목 및 시험빈도 등의 적정성에 대해서 알고 싶습니다.

응답

1. 현장수정배합 및 시험종목의 적정성

귀 공사현장에서의 품질관리 A(뿜어불이기 관리 뿜어붙이기 콘크리트의 부착현황, 리바운드 현황, 균열발생 현황)와 지반의 변형측정은 시공관리나 계측관리 사항으로서 품질시험 사항이다. 품질시험 종목은 귀 현장에서 적용하고 있는 품질관리 B(뿜어붙이기 콘크리트의 압축강도시험, 시공 후 뽑기시험)와 단기재령 압축강도시험. 리바운드율 측정이 해당되는 것으로 판단된다.

질의한 현장 시험종목의 조정은 어려운 것으로 판단되는 바, 그 이유는 시방규정의 품질시험 종목과 일치하고 있고, 또한 국내터널 표준시방서(국토해양부 발행) 지출에서도 반드시 시행하도록 규정하는 사항이기 때문이다.

2. 시험빈도의 적정성

2.1 현장수정배합(매 숏크리트 타설 시마다)

최근의 배합관리는 중량배합을 의무적으로 시행하게 되어 있어 과거보다 체계적으로 관리할 수 있으며, 골재원과 골재의 입도가 일정하다면 골재의 표면수량이 변화하는 시기에 따라 배합관리하는 시기를 조정하므로 용이한 현장배합관리가 가능할 것이다.

2.2 압축강도시험(200m^{3}마다 재령 24시간, 28일 강도시험)

시방규정에 따른 압축강도시험의 빈도는 지하철 복선터널의 경우 약 10m 굴진시마다 1개소로서, 굴착속도가 1m/1일로 유지되는 경우 약 10일마다 1회 정도의 시험횟수에 해당된다. 따라서 10일 1회의 시험빈도는 크게 무리하지 않은 정도로 판단된다. 그러나 터널주변 암반이 경암 이상의 양호한 지반이고, 중량배합에 의한 배합시공, 숙련된 뿜어붙이기공에 의해 품질유지가 가능하고 충분한 설계강도가 유지되고 있다고 확신되는 구간에 대해서는 감독이나 감리자와 협의하여 시험빈도를 다소 줄이고, 연약한 지반에서는 시험빈도를 늘리는 방법으로 전체시험빈도를 조정하는 것이 보다 합리적인 품질관리라고 생각한다.

2.3 코어압축강도(1,000m^{2}마다 재령 28일 강도)

시방규정에 따른 코어 압축강도시험의 빈도는 지하철 복선터널의 경우 약 30m 굴진 시마다 1회, 1m/1일의 굴착속도로 굴진 시 약 30일마다 1회 정도의 시험횟수에 해당된다. 이러한 시험빈도는 앞의 압축강도시험과 마찬가지로 크게 무리하지 않은 정도로 판단된다. 그러나 전술한 기술내용과 같이 주변지반이 경암 이상으로 양호하고 품질관리, 뿜어붙이기 콘크리트 시공관리가 양호하여 충분한 설계강도가 유지되는 구간은 시험빈도를 다소 줄이고 누수부분, 연약암반 구간, 골재원이 변경되는 지점에서는 시험빈도를 늘리는 방법으로 전체빈도를 조정하는 것이 바람직하다.

2.4 잔골재의 염화물 함유량 시험(200m^{2}마다)

근래에는 하천 잔골재의 부족으로 인해 불가피하게 바다모래를 사용하는 경우가 많이 늘고 있다. 반영구적인 콘크리트구조물이 바다모래에 함유된 염화물의 철근부식 촉진현상으로 인하여 치명적인 구조결함을 초래할 수 있다. 콘크리트 표준시방서에서는 잔골재의 염화물 함유량에 대해서 엄격히 규제하고 있다. 따라서 시방 규정의 염화물 함유량 시험빈도는 보다 엄격하게 지켜져야 할 것으로 판단된다. 더욱 효과적인 관리방법으로는 경화 전 숏크리트 자체의 염화물량을 측정하는 방법이 있으며, 방청혼화제를 투여하는 것도 일종의 방법이라 할 수 있다.

3. 건식공법에 의한 뿜어붙이기

콘크리트 타설방법은 골재의 저장 및 품질상태, 배합 시 계량 및 급결제 투입량의 적정성, 혼합물의 혼합정도 및 운반 후의 재료관리 상태, 노즐맨의 작업숙련도, 뿜어붙이기 거리 및 각도, 리바운드량 그리고 뿜어붙인 후의 부착상태 및 양생상태 등과 같은 정성적인 관리가 품질관리보다 중점 관리되어야 할 사항으로 판단"한 질문사항에 대하여 NATM개념의 터널시공법은 암반역학적인 접근방법으로 개발되었으나, 시공경험이 매우 중요하고 암반상태에 따라 뿜어붙이기 콘크리트, 록볼트, 강지보재를 시공한 후 시공관리, 계측관리로서 지보시공의 적정성을 평가하여 계속 보완 시공해 가는 공법이다. 특히 뿜어붙이기 콘크리트는 NATM 지보재의 요체이고, 뿜어붙이기 콘크리트의 시공관리 여부는 반드시 확인되어야 한다. 따라서 관리기준에 미달되는 부분에 대해서는 반드시 재시공 또는 보강시공이 조치되어야 하고 시공방법을 보다 개선시켜야 할 것이다. 따라서 질의서에 기술하신 정성적 관리의 중요성은 시공관리되어야 할 사항이고, 품질관리와는 그 시행목적이 상이한 것이다.

질의

20. 지하철 현장의 록볼트(Φ25mm 이형철근) 시공 시 다음과 같은 사항에 대해서 알고 싶습니다.

(1) 인발시험 대상 록볼트를 시공된 록볼트(system bolt)로 해야 한다는 의견과 인발시험용 록볼트를 별도를 시공하여 시험해야 한다는 의견이 제시되고 있는데 어느 방법이 맞는지요?

(2) 록볼트의 인발하중과 변위는 허용기준을 얼마로 해야 합니까?

- 현장에서 Full Pull-Out 하였을 때 인발하중은 15~18톤이 나왔고 변위는 8mm 내외였습니다. 그러나 Full Pull-Out 하였을 경우 재시공해야 하는 번거로움이 있고, 설계도서에는 허용 인발하중 및 변위에 대한 규정이 없습니다. 다만 참고서적에 의하면 일반적인 경우 10톤 이상의 인발력이 나와야 한다고 언급되어 있습니다.

응답

1. 인발시험 대상 록볼트

터널 표준시방서(국토해양부)에서는 인발시험용 록볼트를 시험용 록볼트로 사용하라는 규정은 없으며, 인발시험의 목적이 록볼트의 종류 선정 및 시공후의 정착효과를 판단하기 위한 것이므로 시공된 록볼트로 인발시험하는 것이 타당하다. 다만 축력시험용 록볼트는 시험용 록볼트를 사용하는 것으로 되어 있으나, 이때의 Full Pull-Out시험은 인근에 참고할 만한 터널 실적이 없는 지역에서 설계 극한 지지력을 확인하기 위하여 대상 암반별로 시행함이 바람직하나, 지하철의 경우는 참고실적이 많이 축적되어 있어 Full Pull-Out시험은 시공된 록볼트로 인발시험을 시행해도 문제가 없을 것으로 판단된다.

2. 록볼트의 인발하중과 변위의 허용기준

록볼트의 인발시험에서 인발하중과 변위는 그림에 보이는 바와 같이 하중-변위곡선에서 초기의 직선과 변위가 진행된 다음의 직선의 교차점으로부터 인발내력을 구하기 위하여 필요한 것으로 하중-변위곡선에서 인발내력을 구하기에 충분한 정도면 된다고 판단된다.

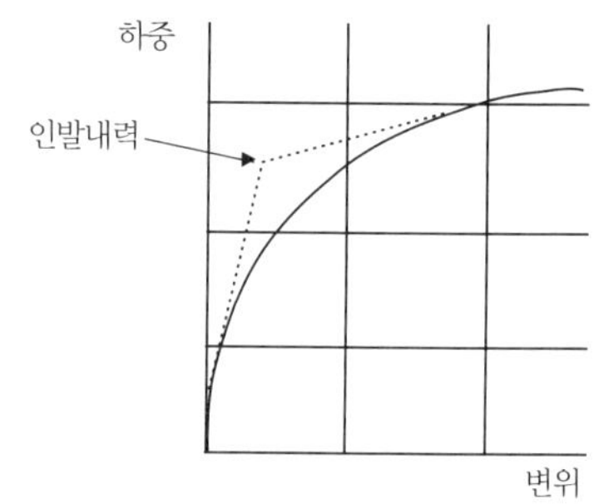

그림 6-5 록볼트 인발시험 하중-변위곡선

인발내력은 각 지반조건과 터널의 형상 등을 고려하여 계산된 것으로써 보고서와 도면에 반드시 기록하게 되어 있으므로 해당도서를 잘 숙지하기 바라며, 일반적인 경우 사용하는 이형강봉의 종류에 따라 다르며 SD30의 D22와 D25의 항복내력은 11.6ton, 15.2ton이며 SD35의 D22와 D25의 경우에는 13.5ton과 17.7ton이다.

— (주)신성엔지니어링 박홍기 부사장
— 금오공과대학교 토목공학과 장일영 교수

질의

21. 콘크리트를 타설한 후 거푸집을 떼었을 때 콘크리트 표면에 곰보 형태의 무수히 많은 기포가 발생하여 외관 및 품질에 나쁜 영향을 미치는 경우가 발생하는데 그 발생원인과 저감대책에 대해서 알고 싶습니다.

응답

콘크리트구조물과 2차 제품에 요구되는 성질로서 작업성, 강도 및 내구성 외에 외관을 들을 수 있다. 특히 2차 제품이나 노출콘크리트에서는 표면에 기포가 있으면 미관도 좋지 않고 품질의 좋고 나쁨에도 영향을 미치는 경우도 발생한다. 또한 심하면 콘크리트 전체를 전부 마감작업해야 하는 등의 문제도 일어날 수 있다.

그러나 콘크리트 그 자체가 원래 기포를 포함하고 있고, 또한 타설 시에도 공기가 들어가기 때문에 기포의 발생을 완전히 제거한다는 것은 불가능하다. 여기서는 이러한 문제에 대해 즉, 콘크리트의 표면기포의 발생원인과 저감책은 어떠한 것들이 있는가에 대해 조사한 연구자료를 정리하여 간단히 소개하고자 한다.

1. 단위시멘트량의 영향

단위시멘트량을 변화시킨 후, 콘크리트의 기포 총수와의 관계를 나타내면 단위시멘트 250~350kg의 범위에서는 시멘트량이 증가함에 따라 기포가 감소하는 경향이 있는 것으로 나타나고 있다. 특히 골재 사정이 좋지 않은 이유로 콘크리트 표면의 외관이 좋지 않을 경우, 시멘트의 양을 증가시키는 것이 적절한 방법이라고 생각된다.

2. 고성능감수제 및 공기 연행제의 영향

플레인콘크리트와 비교해서 고성능감수제(C×1.5%)를 사용한 콘크리트에서는 기포의 수가 약 50% 정도 증가한다고 한다.

이 원인은 고성능감수제의 사용량이 많은 콘크리트는 점성이 높게 나타나기 때문이라고 생각된다. 물론 고성능감수제는 비공기 연행성을 나타내지만, 콘크리트의 점성 증가 영향이 더 강하게 미치기 때문이라고 생각된다. 이 부분은 작업성과 깊은 관련이 있어, 3항과 관련지어 생각해 볼 필요가 있다.

또한, 양질의 공기 연행제를 사용하면 플레인콘크리트에 비해 약 40%의 저감효과가 있다. 따라서 안정한 기포를 동반하는 공기 연행제의 선택이 중요하다고 생각된다.

3. 작업성의 영향

슬럼프 80, 180mm의 경우의 기포수를 보면, 슬럼프 80mm와 비교해서 슬럼프 180mm의 콘크리트에서는 기포수가 약 20% 감소한다고 보고하고 있다.

배합이 같은 상태에서 슬럼프만을 증가시킨 콘크리트에서는 강도의 저하뿐만 아니라 내구성에도 악영향을 줄 수 있다. 따라서 작업성의 개선과 표면 기포의 감소에 효과적인 공기 연행제의 사용, 고성능감수제(고유동화제)의 사용, 시멘트 증량 등의 방법을 검토할 필요가 있다고 생각된다.

4. 잔골재 및 잔골재 율의 영향

잔골율에 따른 기포의 수를 보면, 잔골재율의 영향은 그렇게 크지 않지만 잔골재율이 적은 쪽이 기포가 감소한다고 한다. 또한, 모래의 입도에 따라 달라진다는 결과도 있어 0.3~0.6mm의 입자가 많을수록 공기량이 증가하고 0.15mm의 미립분이 많을수록 감소한다고 한다. 따라서 미립분이 많은 경우에서는 시멘트를 약간 증가시키는 방법도 적절하다고 생각된다.

5. 진동다짐의 영향

봉 바이브레이터로 외부에서 추가진동의 영향을 보면, 외부의 추가진동은 표면의 기포율 30~40% 증가시키는 결과로 나타난다고 한다.

현장 등에서 잘하는 방법으로 거푸집을 두들기기도 하고, 추가진동을 하기도 하고 거푸집 부분에 집중적으로 진동을 하기도 하지만, 이는 콘크리트 내부에 있는 기포가 거푸집 표면으로 이동 또는 작은 기포가 모여 큰 기포만을 발생시키는 작용을 하여 바림직하지 못하다고 생각된다. 또한 고주파수의 바이브레이터를 사용하는 경우 기포수가 감소한다는 결과도 있다.

6. 박리제의 영향

콘크리트의 거푸집 면에의 부착을 방지하는 점에서 유분이 많은 쪽이 유리하지만, 기포율을 감소시키는 점에서는 오히려 마이너스이고 소량의 소포제 첨가 정도로는 큰 영향을 미치지 않는다고 한다. 따라서 제품탈형 시 콘크리트의 강도, 제품의 형상 등을 고려해서 될 수 있는 한 유성성분이 적은 박리제를 사용하는 것이 기포 저감의 면에서 유리하다는 연구결과가 발표되었다.

따라서 이것 역시 고성능감수제 및 공기 연행제와 마찬가지로 적절한 선택이 기포 감소에 중요하다.

7. 경사면과 수직면(구조체)의 영향

콘크리트의 거푸집을 제작하여 콘크리트를 타설한 경우의 경사면을 조사한 결과, 경사면의 균배, 즉 수직면의 경우를 1로 하면 30~50% 경사에는 약 2.5~3배, 10%가 되면 5배, 그리고 15%가 되면 7배의 기포가 발생하는 것으로 측정되었다고 한다. 경사면을 가진 콘크리트의 표면을 좋게 하기 위해 가장 적절한 방법은 없다고 한다. 단지 단위시멘트량의 증가 또는 타설높이를 될 수 있는 한 작게 하는 등이 있지만 위에서 말한 다른 영향이 고려하여 몇 가지의 방법을 조합해야 된다.

8. 기타

거푸집이 건조해 있을 때, 콘크리트의 점성이 클 때(고성능감수제의 사용 등), 한꺼번에 높이 타설하는 경우 등에서 발생하기 쉽다. 또한 철제 거푸집의 경우 여름철에 거푸집의 온도가 높기 때문에 비교적 공기가 빠져나가기 쉽고 겨울철에는 저온이 되어 공기가 제거되기 어렵고 기포의 흔적이 남기 쉽다.

이상과 같이, 콘크리트 표면의 기포발생에 관해 기존의 연구결과를 정리하면 표 6-7과 같다.

이상과 같이 콘크리트 표면 기포발생의 원인과 저감방법에 대해 일련의 연구결과를 조사하여 보았다. 그러나 발표 논문이 극히 적고 현장에서도 마감작업을 통해 제거하기 때문에 실제의 원인과 분석을 통한 저감방법을 찾기란 매우 어렵

표 6-7 콘크리트 표면의 기포발생 원인과 대책

발생인자	표면 기포층에의 영향
단위시멘트	단위시멘트의 양이 증가하면 감소함.
고성능감수제	고성능감수제의 양이 증가(물시멘트비가 낮아지면 또는 콘크리트의 점성이 증가하면)하면 많이 나타남.
슬럼프	슬럼프가 증가할수록 감소함.
잔골재율	잔골재율이 감소할수록 적어짐.
진동다짐	거푸집 외부의 추가진동 및 거푸집 표면 부근의 진동 및 거푸집 표면 부근의 진동은 기포층을 증가시킴.
공기연행제	양질의 것을 사용하면 감소함.
거푸집	거푸집이 건조해 있으면 증가하고, 강재 거푸집의 경우 형틀의 온도가 높으면(여름철) 감소하고 낮으면(겨울철) 증가함.
박리제	유성 성분이 적은 것일수록 감소함.
경사면과 수직면	경사면의 경우가 수직면의 경우보다 많이 발생함.
기타	잔골재의 입도분포(특히 미립부분의 영향)에 따라 달라짐. 고성능감수제의 사용시, 한꺼번에 높이 타설하면 발생하기 쉬움.

다. 그러나 자료조사 및 실제 현장에서 느끼는 점으로, 가장 중요한 것은 역시 적절한 재료의 선택과 시공기술에 있다.

질의

22. 콘크리트의 표면이 더러워졌을 때 이를 청소하는 방법이 있습니까?

응답

콘크리트를 사용을 하다 보면 그 표면이 더러워질 수 있다. 이때 취할 수 있는 조치를 살펴보겠다. 콘크리트 표면이 더러워졌을 때는 우선 그 원인이 어디에 있는지를 찾아보는 것이 중요하다. 먼지나 기름처럼 외부에서 발생한 것인지, 아니면 콘크리트 내부결함으로 인한 것인지를 파악해야 한다.

예를 들어 난간 혹은 간판, 또는 옥상의 깨진 부분에서 물이 흐르고 있다면 그 부분을 먼저 막아서 청소작업이 시작되기 전에 교정해야 한다. 청소에는 화학약품이 사용될 수 있다. 이러한 화학약품은 청소에는 효과적일 수 있지만 안전상의 문제를 야기할 수 있는 유독가스를 조심해야 한다. 오래 전부터 사용해 온 가장 일반적이고 간편한 방법은 콘크리트 표면을 물로 적신 후 엷게 희석된 산으로 닦아내는 것이다. 이때 중요한 것은 후처리로 다량의 물을 사용하여 표면을 깨끗하게 세척해야 하는 것이다. 화학약품을 사용할 때에는 유해가스를 차단하기 위해 반드시 얼굴 전체를 가리는 제품을 사용해야 된다.

다른 방법으로서는 기계를 사용하여 더러워진 콘크리트 표면을 연마하는 것이다. 이 방법은 표면을 부드럽게 만드는 데도 아주 효과적이다. 그러나 기계를 사용하는 사람의 숙련도에 따라 연마된 표면의 상태가 많이 좌우된다. 또한, 표면이 심하게 오염되었을 경우, 중장비로 오염된 부분을 뜯어내는 경우가 있겠다. 그러나 이 경우 표면은 처리된다 하더라도 콘크리트구조물 자체에 심각한 문제를 야기할 수도 있다. 한편, 수압을 이용하여 표면을 세척하는 방법(water pressure cleaning)도 있다. 이 방법은 뿜어내는 물의 압력을 이용하여 콘크리트 표면의 연약해진 피복층을 제거함으로써 깨끗한 콘크리트의 내부표면을 노출시키도록 한다. 물에 연마제를 섞을 경우 그 처리효과는 더욱 좋아진다. 그리고 청소 후 다른 재료나 재질을 이용하여 표면처리를 할 경우 콘크리트의 외관을 향상시킬 수 있다.

— 연세대학교 건축공학과 임홍철 교수

질의

23. 최근에 고층 건축구조물들이 많이 구축됨에 따라서 고강도콘크리트를 사용하고 있습니다. 수직 부재에 사용하는 콘크리트 압축강도와 수평부재에 사용하는 콘크리트 압축강도가 다를 경우 어떻게 해야 하는지 궁금합니다.

응답

기둥에 사용되는 콘크리트의 설계기준강도가 바닥판 구조에 사용하는 설계기준강도의 1.4배를 초과할 경우, 하중의 전달은 다음 3가지 방법 중 한 가지를 만족시키도록 하고 있다. 그러나 1.4배 이하인 경우에는 특별한 조치를 취할 필요가 없다.

① 기둥 주변의 바닥판에는 기둥과 동일한 강도를 가진 콘크리트로 시공해야 한다. 강도가 높은 콘크리트를 먼저 친 후 소성성질을 보이는 동안에 낮은 강도의 콘크리트를 쳐서 두 콘크리트가 일체가 되도록 충분히 진동다짐을 해야 한다. 기둥콘크리트는 바닥콘크리트판에 타설되는 콘크리트와 일체를 이루도록 하고, 기둥에 타설되는 콘크리트는 기둥면으로부터 슬래브 내로 600mm 정도 확대 시공해야 한다.

② 바닥판 구조를 통과하는 기둥의 강도는 소요 연직철근과 나선철근을 가진 콘크리트 강도의 하한값을 기준으로 해야 한다.

③ 높이가 거의 같은 보나 슬래브로 네 면이 횡방향으로 구속된 기둥의 강도는 기둥콘크리트 강도의 75%와 바닥판 콘크리트 강도의 35%를 합한 콘크리트의 강도로 가정해서 계산한다.

위와 같을 경우 구조체는 일체화되는 것으로 판단할 수 있으며, 현장에서 시공할 경우에는 (1)항이 가장 중요한 부분이 된다. 그러나 수직부재에 고강도콘크리트가 사용될 경우 보편적으로 고강도콘크리트의 슬럼프가 높고 작업성도 양호하기 때문에 기둥에 타설하는 콘크리트가 수평부재로 멀리 흘러들어 가게 되며(특히 모르타르가 계속적으로 흘러들어 가기도 함), 이로 인해 기둥면으로부터 수평부재 상부면까지의 거리(600mm)를 확대 시공하는 것이다. 따라서 기존에 이와 동일한 시공을 할 경우 기둥콘크리트 면에서 600mm 부위에 철망을 사용하여 조절하는 것이 효과적이었다. 또한 콘크리트 타설 시의 계획 수립이 매우 중요하며, 고강도콘크리트 타설 후 소정의 시간경과 후 낮은 강도의 콘크리트 타설계획을 수립해야 할 것이다.

질의

> 24. 콘크리트 타설 시에는 봉다짐기 등을 이용해 진동다짐을 하게 되는데, 이로 인해 타설 콘크리트에 미치는 진동의 영향과 타설 후 진동에 영향 받는 콘크리트의 시기, 즉 이어치기 시간간격의 한계에 대해 알고 싶습니다.

응답

타설 콘크리트에 미치는 진동의 영향과 타설 후 진동에 영향 받는 콘크리트의 시기는 각각 다음과 같이 설명할 수 있다.

1. 타설 콘크리트에 가해지는 진동의 영향

1.1 진동력

진동에 의해 콘크리트에 가해지는 진동력은 다음과 같이 고려할 수 있다.

- 변위 $u = a\sin\omega t$ (1)
- 속도 $\dot{u} = \frac{du}{dt} = a\omega\cos\omega t$ (2)
- 가속도 $\ddot{u} = \frac{du}{dt} = -a\omega^2\cos\omega t$ (3)

진동에 의해 콘크리트의 각 점에 가해지는 힘은 뉴턴의 제2법칙(힘 = 질량 × 가속도)에 의해 다음 식으로 된다. 여기서 -부호는 관성력과 가속도와는 방향이 반대이기 때문이다.

$$F = -m\ddot{u} = ma\omega^2\sin\omega t \tag{4}$$

여기서 F : 관성력(dyne)

m : 콘크리트의 질량(g)

a : 응력변위의 최대치(cm)

ω : 각 속도(rad/s) $\omega = 2\pi f$ (f : 진동수 Hz)

t : 시간(s)

가속도는 $\omega t = \frac{\pi}{2}$ 인 때 최대로 되기 때문에, 최대 관성력은

$$F_{max} = ma\,\omega^2 = 4m\pi^2\,af^2 \tag{5}$$

이와 같이 진동기에 의해 콘크리트에 주기적인 변위가 주어져 그 가속도와 콘크리트 자체의 질량에 의해 관성력이 발생하고, 이것이 다짐을 행하기 위한 외력으로 된다. 이 힘은 식 (5)에 나타난 바와 같이 응답진폭 및 진동수가 클수록 커진다.

1.2 진동다짐

질량이 서로 다른 구성입자는 다른 관성력(진동력)에 의해 입자간 결합이 풀어지기 때문에 콘크리트는 액상화된다. 액상화되면 각 구성입자는 중력의 작용에 의해 자유침강하여 다져진다. 이것이 콘크리트의 진동다짐 메커니즘이다.

그림 6-6은 콘크리트의 진동다짐 과정을 모식적으로 나타낸 것이다. 그림 중의 PQ 간은 다짐이 진행되고 콘크리트로부터 기포가 추출되어 밀도가 차츰 증가하는 영역을 나타내고 있다.

한편, QR 간은 다짐이 종료되어 밀도가 일정하게 되고 정상적(定常的)인 진동으로 되는 영역을 나타내고 있다.

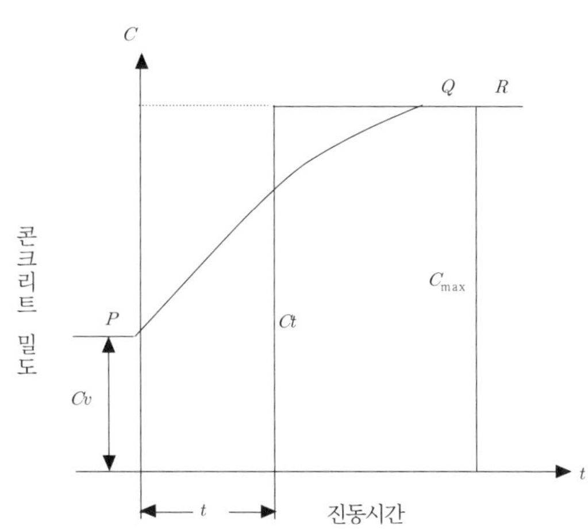

그림 6-6 진동시간과 다짐도와의 관계

콘크리트의 진동다짐(봉다짐기 등을 사용하는 경우)의 특징은 시료의 밀도변화를 수반하는 과정으로 정상(定常)진동에 달하기까지의 과도적 현상인 점, 진동수가 50~200Hz로 높은 점, 진동 파형은 일반적으로 정현파인 점 등으로 이러한 점들이 일반 지진 등의 경우와 다른 점이다.

그림 6-6의 곡선 PQ는 다음 식으로 나타낼 수 있다.

$$C_t = C_{max} - (C_{max} - C_0)e\frac{\omega^2 a}{g}tRK \tag{6}$$

여기서 C_t : 시간 t에서의 다짐도(콘크리트 밀도)

C_0 및 C_{max} : 진동을 가하기 전 및 최대 다짐도

ω : 각속도(rad/s) $\omega = 2\pi f$ (f : 진동수 H_2)

a : 진폭(cm)

R : 컨시스턴시에 관한 계수

K : 실험정수

따라서 다짐도에 영향을 주는 요인은 진동수 f, 진폭 a 및 진동시간 t(이상 가력조건), 컨시스턴시-R(매질조건)이다.

진동다짐 과정에 있어서 굳지 않은 콘크리트의 거동을 해석하는 경우(예를 들면, 그림 6-6의 PQR 곡선의 예측)에는 콘크리트의 밀도가 시간적으로 변화하기 때문에 이에 대응해서 콘크리트의 물성치가 시시각각 변화하는 것으로 취급할 필요가 있다. 이 경우 일반적으로 콘크리트를 점탄성체로 모델화하기 때문에 물성치로서 동적 점성률 및 동적 탄성률이 이용된다.

1.3 진동의 전파

콘크리트 내의 어떤 점(위치)에서 진동이 가해질 경우, 진폭은 콘크리트의 점성 저항에 의해 무부하 시보다 감소하고 진동수도 약간 저하한다. 이를 부하(負荷) 감쇠파라 한다.

그림 6-7에서와 같이 진동이 가해지는 점(위치) 주위의 콘크리트는 국부적으로 액상화되어 콘크리트의 진폭(응답변위)은 급격히 감소하게 되는 부분이 있는데 이 부분을 "흐트러짐 영역"이라 한다. 이 영역의 바깥 측에서부터 응답변위는 진원으로부터의 거리에 따라 지수함수적으로 감쇠하는데 그 관계는 다음 식으로 나타내어진다.

$$a_x = a_0 e^{-\beta x} \tag{7}$$

여기서 a_x : 진원으로부터 x거리에서의 콘크리트 진폭(응답변위)(cm)

a_0 : $x=0$에서의 콘크리트 진폭의 추정치(cm)

x : 진원으로부터의 거리(cm)

β : 감쇠율

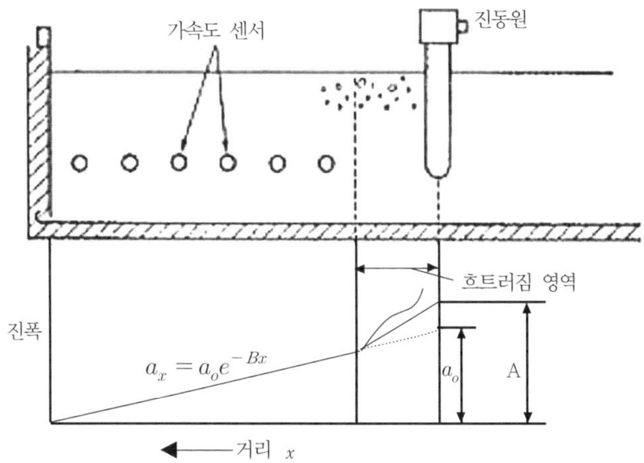

그림 6-7 콘크리트 중의 진동의 전파

또, 콘크리트 중에서 진동수는 거의 변화하지 않기 때문에 식 (7)은 가속도를 이용해 다음과 같이 나타낼 수 있다.

$(\because a = 4\pi^2 a f^2)$

$$a_x = a_0 e^{-\beta x} \tag{8}$$

여기서, a_x : 진원으로부터 x거리에서의 콘크리트 가속도(g)

a_0 : $x = 0$에서의 콘크리트 가속도의 추정치(g)

감쇠율 β는 단진동형 진동기를 이용하여 행한 실험에 의하면, 콘크리트의 슬럼프가 약 60mm인 경우에는 0.065 정도, 슬럼프가 100~140mm인 경우에는 0.035 정도가 된다.

1.4 진동다짐도

콘크리트와 진동다짐 정도는 일반적으로 압축강도에 따라 평가되고 있다. 이 방법은 가장 확실하고 실용적 가치도 높지만 장시간이 경과한 후에 판명되기 때문에 진동다짐 작업의 계획이나 관리에는 유효하게 이용되지 않는다.

그림 6-8은 콘크리트 중의 각 점에서의 총 진동 에너지와 압축 강도와의 관계를 모식적으로 나타낸 것으로 대수 표시된 총 진동 에너지와 압축 강도 사이에는 거의 직선적인 관계를 보인다.

진동 에너지는 일반 운동에너지

식 $W=\frac{1}{2}mv^2$(W : 운동에너지, m : 질량, v : 속도)으로부터 구할 수 있다. 앞의 식(2)를 이용하면 다음 식과 같이 나타낼 수 있다.

$$W=\frac{1}{2}m(awcoswt)^2 \tag{9}$$

1주기의 진동에너지 E_0는

$$E_0=\int_0^{\frac{2\pi}{w}} Wdt=\frac{1}{2}ma^2\omega^2\int_0^{\frac{2\pi}{\omega}}\cos^2 wtdt=\frac{1}{2}ma^2\omega^2$$

$$\int_0^{\frac{2\pi}{\omega}}\frac{1}{2}(\cos 2\omega t+1)dt=\frac{1}{2}\pi ma^2\omega \tag{10}$$

t초간의 진동 에너지의 총합(총 진동에너지) E는

$$E=\frac{1}{2}\pi ma^2(2\pi f)ft=\pi^2 ma^2 f^2 t \tag{11}$$

여기서 E : 총 진동에너지(erg · s)
m : 질량(g)
t : 진동시간(s)

콘크리트 단위질량당 총 진동에너지는

$$E_\rho=\pi^2\rho a^2 f^2 t \tag{12}$$

여기서 E_ρ : 단위질량당 총 진동에너지(erg · s/cm^2)
ρ : 콘크리트의 단위용적 질량(g/m^3)

그림 6-8에서 Q점은 치대 밀도에 달하여, 이 이상의 진동을 주어도 유효하지 않음을 나타내고 있다. 또, P점 이하의 진동에너지에서는 다짐에 대해 전혀 효과가 없음을 나타내고 있다. 여러 종류 컨시스턴시의 콘크리트에 대해 그림 6-8에 나타낸 바와 같은 관계 직선을 정해 놓으면, 어떤 진동조건에 대해 다짐에 필요한 진동시간을 예측할 수 있다.

그림 6-8은 총 진동에너지를 증가시키면 다짐이 진행되는 것을 나타내고 있지만 어떤 진동조건(진폭, 진동수) 이하에서는 장시간 진동을 주어도 실제상 다짐

은 진행되지 않는다. 즉, 최저의 진동조건이 존재한다. 유효한 최소진폭은 0.04mm로 알려져 있다.

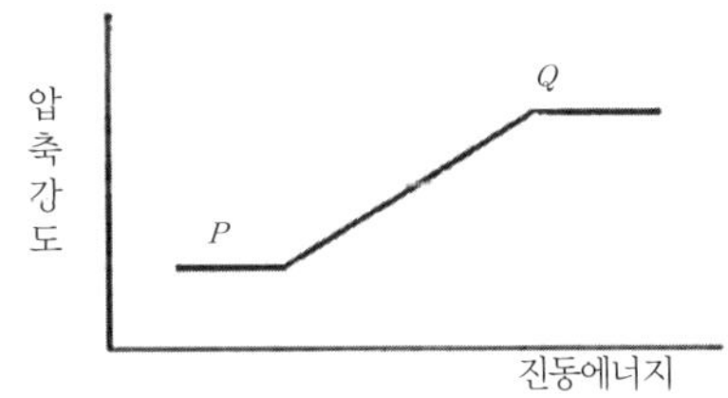

그림 6-8 진동에너지와 압축강도와의 관계

2. 타설 후 진동에 영향 받는 콘크리트의 시기

콘크리트 타설 후 굳지 않은 상태에서 진동에 의해 콘크리트에 영향을 미치는 시기는 뚜렷이 제시된 자료는 없지만 일반적으로 콘크리트에 재진동 다짐이 유효한 시기〈콘크리트가 아직 소정의 응결에 이르지 않은 시기(프록터 관입저항이 1kg/cm^2 이상 되지 않은 시기)로 진동에 의해 다짐효과를 얻을 수 있는 시기〉는 진동형 봉다짐기를 작동시킨 상태에서 자중에 의해 봉다짐기가 콘크리트 내부로 자연 침하되어 들어갈 수 있는 정도까지의 시간간격 이내로 볼 수 있다. 이 시간(시기)은 또한 콘크리트의 콜드조인트 현상을 방지하기 위한 이어치기 시간 간격의 한계치와 유사하다고 볼 수 있다.

이 시간대는 콘크리트의 비빔 후 타설까지의 시간과 외기온에 따라 크게 영향받기 때문에 타설시의 기온, 이어치기 시간(또는 진동 영향범위의 시간), 운반 시간과의 관계를 나타내는 그림 6-9 등을 참고로 하여 기준치로 삼을 필요가 있다. 예를 들면, 기온 25℃인 때 이어치기 간격(또는 진동 영향범위의 시간)이 2시간이 된다고 하면 비빔 후 타설까지의 시간은 80분 이하이어야 한다.

따라서 그림 6-9에 나타난 시간범위(이어치기 간격) 내에서는 진동에 의한 영향을 받아 콘크리트의 충전도(또는 압축강도)가 그림 6-6과 그림 6-8에서와 같이 가해지는 진동의 총 에너지 및 시간 등에 따라 영향을 받는다. 이에 따른 정확한 영향을 파악하기 위해서는 해당 콘크리트의 현장조건에 맞추어 그림 6-6과 그림 6-8과 같은 관계를 구해 볼 필요가 있다. 특히, 이어치기 간격 동안 콘크리트에 지속적인 진동을 가했을 경우의 영향 등에 대해서는 별도의 실험과 연구가 필요할 것으로 사료된다.

한편, 콘크리트 타설 초기에 진동을 가해 적절히 다져준 후 이어치기 간격의 한계치(또는 봉다짐기를 작동시킨 상태에서 자중에 의해 봉다짐기가 콘크리트 내부로 자연 침하되어 들어갈 수 있는 정도까지의 시간간격)에서 콘크리트를 재

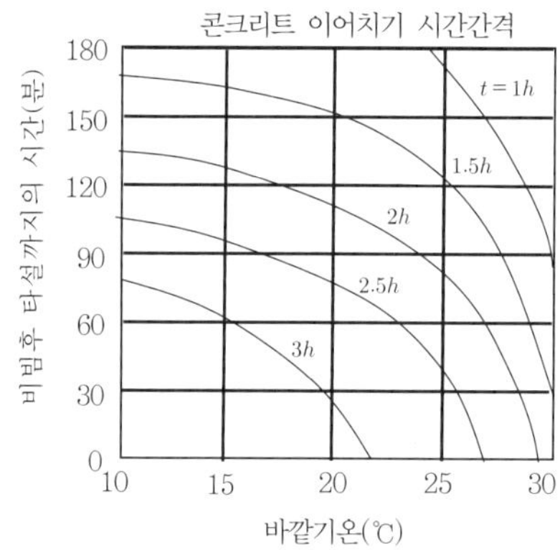

그림 6-9 프록터 관입저항이 10g/mm²로 되는 시간(이어치기 시간 간격 또는 진동영향 범위의 시간)(*t*)

진동하여 다져주면 콘크리트 내의 공극과 수극이 더욱 배출되어 콘크리트의 강도, 철근과의 부착강도 증가가 기대된다. 그러나 재진동 다짐시기가 늦어지면 오히려 콘크리트 내에 균열을 남겨 악영향을 미칠 수 있다.

— 대전대학교 토목공학과 故 박석균 교수

질의

25. 건설현장에서 콘크리트 타설 시 콘크리트 수화열과 양생온도가 구조물의 강도, 내구성에 큰 영향을 끼친다고 알고 있습니다. 시공시 유의해야 할 점과 대책에 관하여 구체적으로 알고 싶습니다. 또한 중요시되고 있는 조기강도를 측정할 수 있는 방법에 대하여 설명해 주십시오.

응답

현재까지 발표되고 검증된 비파괴 조기강도 예측법에는 성숙도 이론에 따른 적산온도법, 반발경도법, 초음파속도법. 위상법, 전기저항법 등이 있다. 이중에서 조기강도 측정에 가장 유효하다고 알려진 적산온도법(maturity method)에 의한 강도 예측법을 소개하겠다. 이 방법은 별다른 장비의 구비 없이 온도이력만을 이용하기 때문에 현장에서의 적용성이 우수하고, 초기재령 시 압축강도에 신뢰도가 우수하다는 점에서 콘크리트 시방서 및 각종 기술서, 저널에 많이 논의되어진 방법이다. 더불어 콘크리트 타설 시 온도에 관해 유의할 점과 대책에 관하여 소개하도록 하겠다.

1. 성숙도 이론(maturity method)에 따른 적산온도법

콘크리트 조기강도 측정을 위한 비파괴시험법은 국외의 경우 이미 1930년대 초반에 시작되어 현재에 이르고 있다. 표 6-8은 이해를 돕기 위하여 대표적인 강도추정법의 종류와 특징을 표로 구성해 본 것이다.

표 6-8 콘크리트 비파괴시험 종류

종류	측정내용	적용범위	특징	비고
적산온도법	실시간으로 온도 측정	수화열 및 양생온도에 의하여 압축강도 추정	양생 중 온도이력 필요	현장에서 적용성이 좋으며 추정정도가 우수
반발경도법 (슈미트해머법)	콘크리트 표면을 타격하고 그 반발도를 측정	반발 정도에 의해 압축강도 추정	측정부위가 콘크리트 표층에 국한	동일 장소 재측정 불가
초음파속도법	초음파 펄스(종파)의 운반속도 측정	동탄성계수를 측정하여 압축강도 추정	주파수가 향상될수록 감쇄가 심해짐.	강도추정 정도가 좋지 않음.
위상법	표면파(LL파)의 전파속도 측정	콘크리트 두께 및 압축강도 추정	주파수가 높아질수록 정도가 높아짐.	그다지 상용화되고 있지 않음.
전기저항법	전기저항의 측정	콘크리트의 두께, 밀도, 함수율 등을 측정하여 강도 추정	측정이 비교적 용이	추정 정도가 떨어지는 것으로 알려짐.

성숙도 이론에 따른 적산온도법의 개념은 조기강도를 모델링함에 있어 강도의 역학적 특성을 수화 정도에 따라 발현되는 현상을 기초로 평가하는 방법이다. 즉, 누적된 콘크리트에서 발생하는 수화열 또는 양생온도의 온도이력에 따라 조기강도가 결정된다는 이론을 기초로 하고 있다.

1.1 성숙도 이론

콘크리트의 조기 강도발현은 무엇보다도 온도에 의하여 크게 좌우된다. 콘크리트 강도발현에 대한 시간과 온도의 복합적인 영향을 설명하기 위하여, 국외에서는 일찍이 성숙도 이론을 제안하여 강도발현에 있어 시간과 온도이력이 사용될 수 있다는 사실을 제안하였다. 이는 제안 당시에 많은 관심을 끌었고 강도발현에 합리적이고 적용성이 우수한 수단으로 인식되어 다양한 형태의 수정안들이 발표되었다 즉, 타설 이후의 시간과 콘크리트 온도를 이용하여 성숙도를 계산해내기 위한 성숙도 함수(maturity function)는 강도를 산출하기 위하여 지표가 되는 계수도 활용된다. 초기에 이 함수의 기본이론은 강도발현을 위한 기준온도 이상의 시간과 콘크리트 온도의 곱을 이용할 수 있다고 제안하였고, 강도발현을 위한 실질적인 시간이력인 이 기준온도 이상의 시간과 온도의 적(積)을 기본재령(basic age)이라고 칭하였다. 초기에 이 이론은 실제 수화열인 콘크리트 온도를 사용하여 계산하지 않고 양생시 온도를 이용하여 계산함으로써 실제 실험결과와 적지 않은 차이가 관찰되었으나, 계속되어 이론이 발전하면서 측정치와 유사한 값을 얻을 수 있게 되었다.

성숙도 이론의 과정을 간략해서 소개하면, 어떤 시간 t 에서의 강도발현율 (ds/dt)은 강도(S)와 온도(T)의 함수로 생각해 식 (1)과 같이 표현될 수 있다.

$$\frac{dS}{dt} = f(S) \cdot k(T) \tag{1}$$

여기서 $f(S)$ = 강도의 함수

$k(T)$ = 온도의 함수

또 경험에 의하여 강도의 함수식을 Bernhardt는 다음과 같이 식 (2)로 제안하였다.

$$f(S) = S_{\infty}[1 - \frac{S}{S_{\infty}}]^2 \tag{2}$$

여기서 S_{∞} = 무한시간에서의 한계강도

강도가 발현되기 시작할 때 $S=0$ 이므로 초기강도 발현율은 식 (3)과 같은 수식으로 표현될 수 있다.

$$\frac{dS}{dt_{S=0}} = S_{\infty} k(T) \tag{3}$$

식 (3)과 같이 초기강도 발현율은 비례상수라고 불리는 온도함수 $k(T)$ 에 지배된다는 것을 알 수 있다. 위의 함수를 근거로 하여 Saul은 강도발현이 시작되는 가장 낮은 온도인 기준온도(datum temperature)에 근거하여 성숙도가 계산되어야 한다는 사실을 주창하였고, 성숙도는 온도이력으로부터 다음 식 (4)를 발표하였으며, 이 방정식이 잘 알려진 Nurse-Saul 함수이다.

$$M = \int_{t_0}^{t} k(T)dt = \sum_{0}^{t}(T - T_0)\Delta t \tag{4}$$

여기서 M : 시간 t 에서의 성숙도

T : 시간주기 Δt 동안의 콘크리트 평균온도

T_0 : 강도발현 기준온도

여기서 기준온도 T_0는 강도가 발현될 수 있는 가상 낮은 온도로 성숙도 함수 계산에는 콘크리트 온도가 T_0보다 높은 시간만이 고려된다. 성숙도에 관한 일례를 들어보면, 만일 콘크리트 온도가 40℃를 유지하면서 5일간 양생하였다면 그때의 성숙도는 (40+10)℃ × 일=200℃day가 되며, 만일 이를 시간으로 환산하면 (40+10)℃ ×4일×24시간=4,800℃hour가 되는 것이다.

1.2 성숙도 이론에 의한 조기강도 예측

앞에서 계산된 성숙도를 변수로 대표적인 강도계산법을 두 가지 소개하겠다. Plowman은 강도를 Nurse-Saul식으로 계산한 성숙도의 함수가 직선에 아주 근접함을 보였다. 경험식에 의한 회기분석에 의하여 다음과 같이 성숙도를 변수로 하여 강도를 계산하였으며, 이 식은 콘크리트 시방서와 각종 기술서에 소개되어 있다.

$$S = a + b\ \log(M) \tag{5}$$

위의 식 (5)에서 a, b는 상수로 강도에 영향을 주는 인자인 물시멘트비와 시멘트의 종류에 의해 결정된다고 볼 수 있다. 이 관계식은 간단할 뿐만 아니라 결정해야 될 상수가 두 개에 불과해 현장에서 많이 적용될 수 있는 함수식이다. 1970년대에 미국콘크리트학회(ACI)에서는 서로 다른 재령에서의 콘크리트의 조기강도 추정을 위하여 종합하여 연구내용을 제시하기에 이르렀고, 이 중 한 형태인 강도-성숙도 함수를 소개하면 식 (6)과 같다.

$$S = \frac{M}{\frac{1}{A} + \frac{M}{S_\infty}} \tag{6}$$

여기서 M : 성숙도(Maturity)

S_∞ : 한계강도

A : 강도-성숙도 곡선의 초기 기울기

위의 식을 고찰해보면

$$\frac{1}{S} = \frac{1}{S_\infty} + \frac{1}{A}\frac{1}{M} \tag{7}$$

식 (7)로 변환될 수 있으며, 강도의 역수와 성숙도의 역수는 선형의 관계에 있다고 할 수 있다. Carino는 실제로 강도발현은 $M=0$에서 시작하는 것이 아니라 초결이 시작되는 시점에서 강도발현이 시작되기 때문에, 일정시점까지 온도이력은 콘크리트의 강도발현에 기여하지 못한다는 가정 하에 다음과 같은 식 (8)로 수정하였다.

$$S=\frac{(M-M_0)}{\frac{1}{A}+\frac{(M-M_0)}{S_\infty}} \tag{8}$$

즉, 성숙도가 일정 값에 이르렀을 때 강도발현이 시작된다는 사실을 설명하기 위함이다.

위의 두 가지 조기강도 추정식에 쓰인 소개되지 않은 계수들은 제약된 지면상 생략하였다. 현장에서 조기강도 예측을 위해서 적용시 각종 기술서 등을 참조하여 양생기간, 온도 시멘트/물의 비, 시멘트 종류들을 고려하여 적절하게 계수들을 결정해 주어야 할 것이다.

1.3 조기압축강도 추정의 응용

온도를 측정하여 초기재령의 강도를 추정함으로써 다음과 같이 유익한 정보를 얻어 유효적절한 콘크리트 시공을 할 수 있다.

① 실시간(real time) 측정으로 양생종료 파악시기 결정
② 거푸집의 탈형시기 결정
③ 양생방법의 이상유무 판단
④ 서중 및 한중콘크리트 타설 시 시공관리
⑤ 텐던(tendon)의 포스트텐셔닝(post tensionning)
⑥ 온도응력 예측

2. 타설 시 콘크리트 온도가 강도, 내구성에 미치는 영향

양생(curing)이란 타설이 끝난 후 일정 기간 동안 콘크리트를 적당한 온도 하에서 충분한 습윤상태로 유지하며 유해한 작용의 영향을 받지 않도록 하여 수화작용에 의하여 충분한 강도 및 내구성을 발현하게 하고, 균열이 생기지 않게 하기 위한 일련의 과정이다.

양생 시 온도에 의한 콘크리트 메커니즘을 살펴보면, 양생온도를 일정한 범위 내에서 높이면 수화에 따른 화학반응을 촉진시켜 후기재령에서의 강도에 나쁜 영향을 주지 않고 콘크리트의 조기강도에 유리하다고 보고되고 있다. 그러나 콘크리트를 칠 때나 경화기간에서 너무 높은 온도로 하면 초기강도는 증가하지만 대략 7일 이후나 종국의 강도에는 불리하다고 보고되고 있다. 즉, 양생기간 중에 적절한 온도관리가 전체 시공관리에서도 아주 중요한 인자인 것으로 인식되고 있다. 양생기간 중 특히 온도에 신경 써야 할 콘크리트치기에는 매스콘크리트, 서중콘크리트, 한중콘크리트 등이 있다.

2.1 매스콘크리트

매스콘크리트는 대체적으로 넓은 슬래브는 두께 800~1,000mm 이상이고, 하부에 구속된 벽체에서는 두께 500mm 이상으로 규정하고 있다. 매스콘크리트 양생에서 특히 주의할 점은 콘크리트 내부의 온도상태를 감시하여 온도균열에 대처해야 한다. 즉, 콘크리트 부재 내외부의 온도차가 크지 않도록 해야 하며 또 부재 전체의 온도강하 속도가 크지 않도록 양생기간을 길게 하여 콘크리트 온도를 가능한 천천히 외기온도에 같게 하기 위하여 콘크리트 표면의 보온에 신경 써야 한다. 일반적으로 매스콘크리트에서는 높은 수화열에 의해서 콘크리트 부재에 수분이 부족하게 되는 경우도 있으므로 충분히 수분을 공급해줘야 한다. 주지의 사실인 온도제어 대책으로 적절한 파이프쿨링(pipe-cooling)을 설치하는 방법이 있고 저열, 중용열 포틀랜드시멘트를 쓰는 것을 권장하고 있다. 파이프쿨링 방법에 있어 냉각속도, 냉각기간 등이 적절하지 못하면 부재 내부의 온도차이가 크게 되어 오히려 균열발생을 야기할 수 있으니 세심한 주의가 필요하다. 프리스트레스트콘크리트와 같이 부배합인 경우에도 수화열이 증가되므로 매스콘크리트 시공방법과 동일한 조치가 필요하다.

2.2 서중콘크리트

서중콘크리트의 시공환경은 대체로 콘크리트 치기 당시 기온이 30℃가 넘거나 일평균 기온이 25℃를 넘는 시기라고 할 수 있다. 기온이 높아지면서 단위수량이 증가하고 궁극적으로 강도가 감소하는 요인이 된다. 표면수의 급격한 증발로 인하여 균열이 발생할 수 있으며, 매스콘크리트와 마찬가지로 온도균열의 발생 등의 위험성이 증가하므로 콘크리트 타설 전·후에 콘크리트의 온도가 낮아지도록 양생에 대하여 특별한 관리가 필요하다. 또한 타설 전에 시멘트, 골재, 물의 온도가 콘크리트 전체온도에 영향을 미치게 되는데, 특히 골재와 물은 콘크리트 온도에 중요한 영향을 끼치는 인자이다.

2.3 한중콘크리트

한중콘크리트는 일평균 기온이 4℃ 이하로 되는 환경 하에서 고려되는 시공방법이다. 즉, 너무 낮은 온도에서는 콘크리트의 응결반응이 몹시 지연되어 콘크리트가 동결할 염려가 있다.

기온이 −3℃~0℃에서는 서중콘크리트와는 반대로 물과 골재를 가열, 보온할 필요가 있다. 기온이 더 내려가서 −3℃ 이하에서는 물과 골재에 대하여 더욱 세심한 주위가 필요하고 콘크리트의 온도를 유지하기 위하여 조치가 필요하다. 한중콘크리트 타설 시 세심한 주의가 필요한 이유는 수화작용에 의하여 경화되기 전에 콘크리트가 0℃ 이하에 노출되면 쉽게 동결 팽창하여 초기동해를 받기 때문에, 그 후 적절한 양생을 하여도 강도회복이 안 되어 내구성과 수밀성 등이 몹시 떨어지게 된다.

또 콘크리트 특성상, 5℃ 정도 이하로 노출되면 응결 및 경화의 반응이 상당히 지연되어 조기에 하중을 받는 구조물에서는 균열이나 잔류변형 등의 문제가 생긴다. 일반적인 콘크리트의 동결온도는 W/C(물시멘트비), 혼화재료의 종류 및 양에 따라 약간은 다르지만 대략 −0.5℃~−2℃ 라고 보고되고 있다. 한중콘크리트 타설시 무리하게 양생온도를 높게 하면 강도발현이 빨라져서 양생기간을 단축할 수는 있으나 양생이 끝난 후 냉각되었을 때 균열이 발생하기 쉽다. 반대로 양생온도를 낮게 하면 소정강도를 얻을 때까지 양생기간이 길어진다. 따라서 한중콘크리트의 양생은 외기온도, 단면의 두께 등 복합적인 고려에 의하여 기간 및 양생온도 등을 계획해야 한다. 초기동해 방지의 차원에서 콘크리트의 최저온도는 5℃로 유지해야 하며, 추위가 심한 경우 또는 단면이 얇아 수화열이 높은 수준으로 발생하지 않은 경우에는 10℃ 정도로 하는 것이 권장되고 있다. 또한 일반적으로 콘크리트의 표면온도가 20℃를 넘지 않도록 양생하는 것이 권장되는데 이는 양생이 끝난 후 급격히 냉각되지 않게 하기 위함이다.

전술하였던 바와 같이 콘크리트가 급랭되면 강도감소, 균열 등과 같은 결점의 원인이 될 수 있다. 따라서 양생종료 후 2일 간은 콘크리트 온도를 0℃ 이상으로 유지함을 권장하고 있다. 「콘크리트 표준시방서」에 제시된 바와 같이 표 6-9에 따라 5℃ 및 10℃에서의 표준을 정하고 있다. 그러나 가장 합리적인 양생기간은 양생온도, 시멘트의 종류, 배합 등의 고려에 의하여 결정되어야 한다.

표 6-9 5℃ 및 10℃에서의 표준양생 일수

구조물의 노출상태 \ 시멘트의 종류		단면이 보통인 경우(일)		
		보통 포틀랜드시멘트	조강 포틀랜드, 보통 포틀랜드+촉진제	혼합시멘트 B종
연속해서 또는 자주 물로 포화되는 부분	5℃	9	5	12
	10℃	7	4	9
보통의 노출상태에 위에 속하지 않는 경우	5℃	4	3	5
	10℃	3	2	4

2.4 온도에 특히 신경을 써야 할 콘크리트구조물

① 교량의 교각 및 교대

② 큰 단면의 박스 라멘구조

③ 공장의 대형기계 플랜트

④ 화력발전소나 제철소 등의 매스콘크리트

⑤ 원자로 격납용기 또는 LNG 탱크

⑥ DAM구조물

⑦ 해양구조물

2.5 균열의 제어대책

균열발생을 제어하는 가장 합리적인 방법은 콘크리트 온도에 적절히 대처하는 방법이다. 다음의 사항들은 온도에 관계된 일반적인 균열을 억제시키는 조치들이다.

① 콘크리트의 최대 상승온도를 낮춘다.

- 적은 단위시멘트량 사용
- 저발열 시멘트 사용

② 온도응력을 완화시킨다.

③ 콘크리트 1회 타설높이(lift)를 적게 한다.

④ 인장변형에 대한 능력이 큰 콘크리트 사용

⑤ 일간 혹은 계절 간 온도변화가 적을 것

3. 결론

지금까지 품질관리와 시공관리에 있어 가장 중요하다고 할 수 있는 콘크리트와 온도의 밀접한 관계에 대하여 소개하였다. 광범위한 응용력을 지닌 콘크리트는 마치 살아있는 생명체와 같아서, 양생중 콘크리트 내·외부의 온도가 인간의 체온과 같이 이상징후 조기경보체제로 활용될 수 있다. 따라서 초기재령 시기에 온도에 세심한 주위를 기울여주어야 충분한 내구성과 강도를 가진 재료로 성장할 수 있고 경쟁력, 신뢰성 있는 건설재료로 자리매김을 할 수 있을 것이다.

— (주)아이세스 전재홍 선임연구원

질의

26. 콘크리트 표면에 발생하는 박리현상에 대하여 설명해주세요.

응답

표면박리의 정의와 발생원인 및 대책은 다음과 같다.

1. 표면박리란?

표면박리란 콘크리트 타설 후 비교적 초기재령에 표면이 박편상으로 일어나는 현상을 말한다. 이 현상은 표면의 페이스트 부분이 박편상으로 떨어지는 층상박리와 표면을 긁어내면 어느 정도 깊이까지 분상으로 떨어지는 분상박리 등 2가지 형태로 나타나고 있다. 이러한 현상은 모두 콘크리트 표면만의 문제이며, 콘크리트의 내부에는 이상이 없는 것으로 알려져 있다.

2. 표면박리의 발생원인은?

표면박리는 경화중인 콘크리트가 미처 블리딩(콘크리트중의 수분이 상부로 이동하여 표면에 나타나는 현상)이 종료되기 전에 마감작업을 실시하여, 응결이 진행중인 콘크리트가 상부로 이동되어 온 블리딩수와 재혼합되면서 레이턴스로 이루어진 취약한 표층이 형성되어 발생하는 것으로 알려져 있다. 또한 마감시기가 너무 빨랐을 경우(또는 콘크리트의 응결이 지연된 경우)에도 마감시의 과도한 진동에 의한 블리딩수에 의하여 표층 모르타르의 물시멘트비가 높아지게 되어 취약한 표층이 형성되는 것으로 알려져 있다.

이런 현상의 발생을 방지하기 위해서는 블리딩수가 증발된 이후에 마감작업을 시작해야 하고 과도한 마감은 피해야 하며, 콘크리트의 경화시기와 마감작업시기를 적절히 조절해야 할 필요가 있다.

1960년대 초 미국에서 교량에 시공한 콘크리트에서 표면박리 현상이 발생하여, 이에 대한 원인조사 결과를 보면 콘크리트에 지연제를 사용하여 콘크리트의 응결이 지연이 되었는데도 불구하고 마감시기를 적절히 조절하지 못하여 표면박리가 발생한 것으로 판명이 되었고, 이 문제의 해결을 위해 혼화제를 바꾸어 처리한 예가 있다. 그러나 요즘과 같이 콘크리트 기술이 발전한 때에는 콘크리트의 응결 특성을 고려하여 적당한 시기에 마감작업을 실시한다면 여러 가지 종류의 혼화제를 사용해서 더욱 표면강도가 높은 콘크리트의 제조도 가능할 것으로 생각된다.

3. 표면박리와 관련한 문헌상의 기술내용

위와 같은 사항은 국내외 여러 문헌상에도 기술이 되어 있는데, 그 중 하나를 인용하면 다음과 같다.

Q 콘크리트 슬래브에서 코어강도는 충분한데도 표면만 벗겨졌다. 그 이유는?

A 슬래브의 표면이 벗겨지는 것은 크게 구별하여 2가지가 있으며, 표면의 페이스트 부분이 박편상으로 떨어지는 층상박리와 표면을 긁어내면 어느 정도 깊이까지 분상으로 떨어지는 분상박리이다. 둘 다 표면만의 문제이며 콘크리트의 내부는 이상이 없으나 창고의 슬래브 등에는 먼지가 일어나는 등의 문제가 발생하는 경우가 많다.

3.1 층상박리

비교적 물시멘트비가 높고 슬럼프 값이 높은 콘크리트를 타설하고 과도한 다짐과 마감을 실시한 경우에 많이 발생한다. 이것은 과잉진동을 받은 시멘트와 모래가 분리하여 표면에 시멘트가 많은 층과 바로 그 밑에 시멘트가 적은 약한 층이 형성되기 때문에 발생하는 것이다. 특히 하절기의 직사광선 하에서는 표면의 페이스트 층이 급속한 건조와 수화의 촉진에 의하여 경화되고, 블리딩수가 그 밑에 집적되어 하층 모르타르가 약하게 되므로 더욱 이러한 현상이 발생하기 쉽게 된다. 이에 대한 대책은 가능한 한 슬럼프 값이 낮은 콘크리트를 과도한 다짐이 되지 않도록 주의하여 타설하고, 하절기에는 양생에 특히 주의하여 급속한 건조를 방지하는 것이다. 그러면 박리현상이 없는 좋은 콘크리트구조물을 얻을 수 있다.

3.2 분상박리

심한 경우에는 명함으로도 쓸려질 만큼 콘크리트의 표면이 약해진 상태로 먼지가 많이 나기도 한다. 원인은 마감시기가 너무 빠르거나 콘크리트의 응결이 지연된 경우에 마감작업 시의 계속적인 진동과 다짐에 의하여 다시 블리딩이 발생하게 되고, 이 블리딩수에 의하여 표층 모르타르의 W/C가 높아지게 되어 취약한(색상은 하얗게 됨) 표층이 형성되는 것이다.

블리딩이 거의 끝나고 표면이 굳어지기 시작하는 시기에 마감작업을 실시하고 표면을 두드려 페이스트를 부상시키면서 끝마감하면 발생하지 않는다. 그러나 작업을 쉽고 신속하게 하기 위하여 시기를 앞당겨 마감작업을 함으로써 이러한 문제의 발생확률이 높아지는 것이다. 같은 시기에 타설된 동일 슬래브에서도 경사면이나 볼록한 부분과 같이 물이 고여 있지 않은 곳은 경화가 빨리 오므로 거무스름하고 윤택 있는 견고한 마감면이 되고, 오목한 부분이나 물이 고여서 잘 빠지지 않은 장소에서는 백색을 나타내거나 심한 경우는 박리를 일으킬 확률이 높다. 이것은 콘크리트의 응결시기와 마감작업 시기의 부적합성에 기인하는 것이다.

— 동양메이저(주) 강석화 소장

질의

27. 거푸집 탈형 후 콘크리트 표면에 발생하는 모래줄눈의 원인과 대책에 대하여 알려 주시기 바랍니다.

응답

콘크리트의 표면에 모래조각들이 선 모양으로 나타나는 일종의 표면결함이라고 할 수 있으며, 그 원인과 대책은 대체적으로 다음과 같다.

1. 원인

① 거푸집 : 거푸집 자체의 불량 또는 거푸집 조립시 연결부 위의 치밀성 불량으로 인하여 거푸집 내에 타설된 콘크리트로부터 수분과 함께 시멘트페이스트가 흘러나가게 되고, 이러한 시멘트페이스트의 손실은 콘크리트 바깥면으로의 모래입자들의 퇴적원인이 된다.

② 설계, 생산 : 적절치 못한 설계, 충분치 못한 혼합, 노후된 기계의 사용 등으

로 인하여 재료분리의 가능성이 높은 콘크리트를 사용함으로써 수분의 흐름이 발생, 페이스트의 씻김작용이 발생하여 표면에 모래 줄이나 자국이 발생하게 된다.

③ 타설 : 서로 다른 배치의 콘크리트를 타설함에 있어서 충분한 다짐 등의 타설작업이 적절하게 이루어지지 않으면 페이스트의 씻김작용이 발생할 수 있다.

④ 배합 : 재료배합이 적절치 못하면 콘크리트는 블리딩이 과도해지고 공극이 많아질 수 있고, 이러한 현상들이 페이스트 씻김작용의 원인이 될 수 있다.

2. 대책

① 콘크리트의 블리딩을 최소화하고 작업성을 개선, 보완할 수 있도록 연행공기를 주입한다. 그러나 공기량이 과도하게 되면 강도의 저하가 발생할 수 있으므로 주의해야 한다.

② 거푸집의 건전성을 확보하고 거푸집 사이 이음부분의 수밀성을 확보해야 한다.

③ 콘크리트 생산 배치에 따른 품질편차를 최소화 하고 균일성을 유지시키며 적절한 다짐과 고르기를 실시하여 각각의 배치에서 생산된 다른 콘크리트가 적절하게 잘 섞이도록 타설을 한다. 단 과도한 진동다짐은 재료분리의 원인이 되므로 주의해야 한다.

— (주)에이치비티 김경환 대표이사

질의

28. 기온과 콘크리트의 관계에 대하여 설명해주세요

응답

콘크리트는 시멘트가 물과 반응하여 생성된 수화생성물에 의하여 골재들이 서로 강하게 결합하여 강도를 발현하는 재료이다. 즉, 시멘트를 물과 골재 등으로 혼합하여 콘크리트를 만들면 당분간은 유동하지만 얼마 지나지 않아 응결하고 결국은 경화하여 강한 재료가 되는 것이다. 그런데 이 같은 콘크리트의 유동, 응결, 경화에 이르는 과정은 실질적인 조건에 따라서 양상이 다르게 나타난다. 구체적으로 말하면, 시멘트량, 수량 등의 혼합비율이 변하거나 온도가 변하면 콘크리트의 응결속도와 경화속도가 변화하는 것이다. 결국 콘크리트 중에서 시멘트와 물의 반응조건을 변화시키면 시멘트의 반응속도가 변화하고, 이로 인하여 콘크리트가 응결로부터 경화로 이동하는 속도가 변화하게 되는 것이다. 시멘트와 물의 반응을 수화라고 하며 수화도 화학반응의 일종이다.

모든 화학반응은 에너지를 흡수 또는 발산의 어느 것인가를 따르는 것이지만 화학반응에 관여하는 열적 효과로서는 2개의 측면으로부터 생각해야 한다. 하나는 반응시작 전과 진행 후의 열량의 차이, 즉 일반적으로 반응열, 시멘트 수화열이라 부르고 있다. 두 번째는 반응속도와 온도의 관계이고 온도에 따라서 반응속도가 어느 정도 변화하는가 하는 문제이다.

1. 수화속도와 온도의 관계

반응속도를 결정하는 인자는 여러 가지가 있다. 시멘트 수화반응의 속도는 시멘트의 화학조성에 따른 것만이 아니고, 분말도로 대표되는 물리적인 형상과 혼합의 적합성, 또는 온도, 압력 등 물리적인 조건에도 의존하는 것이다. 화학반응에는 단일 상으로 된 균일한 계 안에서 일어나는 균일반응과 2개 또는 그 이상의 상을 함유한 불균일 반응이 있고 시멘트의 수화반응은 후자인 불균일 반응으로 구분할 수 있다.

불균일 반응은 그림 6-10에서 보인 원 계의 반응상, 즉 시멘트 수화의 경우는 시멘트 입자의 표면에서 일어나기 때문에 반응속도는 용해 확산 및 척출의 속도에 따라서 결정되고, 이 용해, 확산 및 척출의 속도는 온도에 크게 지배되기 때문에 결국, 시멘트 수화반응 속도는 온도에 따라서 크게 변동하는 것으로 된다.

그런데 회학반응의 속도는 온도상승에 의해 촉진되는 것은 여러 번의 경험에 의해 알 수 있다. 외부로부터 열을 받으면 반응에 관여하는 분자는 열에너지를 흡수하여 활성화되어, 그림 6-10에 보여진 벽(E_A)을 쉽게 넘을 수 있게 된다. 일반적으로는 "반응속도는 온도가 10℃ 올라가면 약 2배로 된다"고 말하는 경험측이 많이 있지만, 앞에서 서술한 것처럼 시멘트 수화반응은 얼마간의 불균일 반응이 집합한 것이기 때문에 온도와의 관계도 복잡하여 반응의 단계에 따라 다른 영향을 받고 있다. 그래서 시멘트 수화를 응결과 경화의 초기단계를 포함한 재령 1일 이내의 초기반응과 경화의 발달단계를 포함한 후기반응으로 나누어

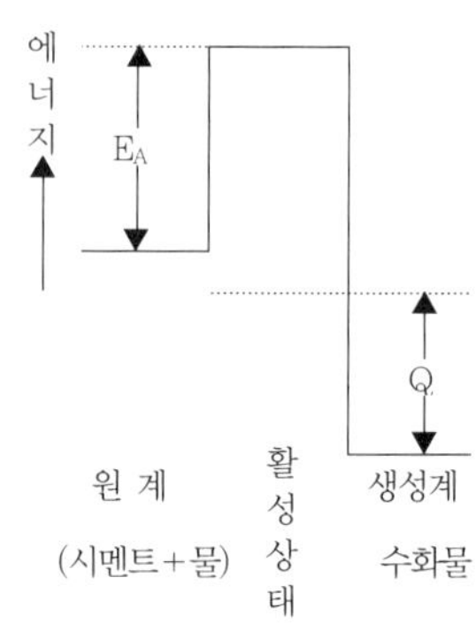

그림 6-10 불균일 반응

서 온도의 영향을 알아보면 다음과 같다.

표 6-10 보통 포틀랜드시멘트의 양생온도와 응결, 초기강도

양생온도 (℃)	응결(시-분)		3일 강도 (kgf/cm²)		20℃를 100℃로 한 지수(℃)			
	초결	종결	휨	압축	초결	종결	휨강도	압축강도
5	4-29	9-34	12.0	34	177	248	41	34
10	3-45	7-55	18.3	55	148	198	63	54
20	2-32	4-00	30.2	111	100	100	100	100
30	1-37	2-44	39.3	190	64	68	130	171

2. 초기 수화와 온도와의 관계

초기 수화에서의 온도의 영향은 다음의 4가지 점이 있다. 즉, 온도를 올리면 다음과 같이 된다.

① 최초의 열변화를 약간 촉진한다.

② 유도기의 발열을 촉진한다.

5℃ : 0.2, 20℃ : 0.5, 40℃ : 0.7cal/g · h

③ 가속기의 발열을 크게 촉진한다.

5℃ : 0.7, 20℃ : 2.1, 40℃ : 9.0cal/g · h

④ 감쇠기의 발열을 억제하여 심하게 저하시킨다.

이처럼 온도의 영향은 가속기 단계의 수화에 더욱더 크게 나타난다. 따라서 시멘트의 응결과 초기강도에 대하여 온도가 미치는 영향을 보면 표 6-10과 같다. 표를 보면 온도가 올라가면 응결의 초결, 종결 모두 크게 단축하고, 그에 따라서 재령 3일의 강도가 증가하는 것을 알 수 있다.

이상을 보면 시멘트의 초기수화 단계에서의 양생온도는 알라이트(C_3S)를 주체로 한 가속기의 반응에 더욱더 강하게 영향을 주고, 그 결과로서 응결시간과 초기강도의 발현에 영향을 크게 미치게 되는 것이다.

3. 후기 수화와 온도의 관계

시멘트의 후기 수화단계에 있어서 수화속도는 일방적으로 저하를 계속하기 때문에 온도가 수화속도에 미치는 효과도 작아지게 된다. 후기 수화단계에서는 시멘트를 구성하는 광물 중에서 알라이트(C_3S)와 벨라이트(C_2S)가 중요한 역할을 담

당하고 있다.

알라이트의 수화는 초기단계에서는 고온일수록 빠르게 진행하지만 재령이 길어짐에 따라서 반대로 고온일수록 수화가 늦어지게 되어 온도에 의한 차는 작아지고, 오히려 저온일수록 수화의 진행도가 커지는 것이다.

벨라이트의 수화는 비교적 단기재령에서는 알라이트의 경우와 같지는 않지만 온도의 영향을 받고 고온일수록 빠르게 진행한다. 그러나 재령이 길어지면 수화율은 거의 평행한 상태가 되고 수화가 온도에 영향을 받지 않는다. 즉, 벨라이트의 수화는 초기단계에서는 고온일수록 빠르게 진행하지만, 후기단계에서는 온도에 따른 수화진행도의 차가 적어지고 재령 30일 이후에도 고온으로 양생할수록 수화가 진행된다. 그런데 양생온도를 높이면 표준양생한 콘크리트와 비교하여 강도는 단기재령에서는 증가하지만 장기재령에서는 감소한다.

4. 결 론

앞에서 시멘트의 수화에 관여하는 열효과를 주로 수화반응속도와 온도와의 관계로부터 관찰하였다. 시멘트가 많은 화학성분으로 이루어져 있고 4종류의 광물로 구성되어 있기 때문에, 수화반응이 다양하고 열효과의 반응은 복잡하다. 그러나 이러한 열효과의 본질은 일반 화학반응과 같이 열역학적 수법에 따라 취급되고, 시멘트 수차에 관여하는 물질의 열역학적 수치의 결정은 시멘트 화학의 중요한 테마이다. 이러한 열효과를 콘크리트 공학의 측면에서 보면, 응결 및 경화현상과 밀접하게 관계하는 것만이 아니고 콘크리트 열적 성질의 일부로도 영향을 주는 등 실질적으로도 중요한 의미를 가지고 있다. 그러나 이러한 현상의 밑바닥에는 시멘트 수화에 대한 열효과가 잠재되어 있기 때문에 그 본질을 이해하는 것이 실제 문제에 대처하는데 중요한 요소가 될 것이다.

이와 같이 기온이 시멘트의 열효과에 많은 영향을 미치고 이것이 콘크리트의 굳기 전과 굳은 후의 특성에 많은 영향을 미치게 되는 것이다. 즉, 기온이 높은 경우는 굳기 전 상태에서의 슬럼프 및 공기량의 손실량이 증가하고 경화의 과정에서는 수화열의 조기 발산량이 많아져서 수화균열의 위험이 높아지고 장기강도의 저하가 올 수도 있다.

— (주)에이치비티 김경환 대표이사

29. 콘크리트 표면 색 얼룩의 원인 및 대책에 대해서 알고 싶습니다.

콘크리트 표면층 모르타르 경화체이므로 시멘트 분말색의 영향을 받는다. 일반적으로 시멘트를 대표하는 포틀랜드시멘트의 색은 화학성분과 제조조건에 따라 다소 변화되지만, 포틀랜드시멘트의 색 변화는 좁은 범위로 한정되어 있기 때문에 대부분 일정한 색으로 된다. 다만, 시멘트의 종류에 따라 경화 후에 나타나는 고로슬래그 시멘트의 푸른빛을 띤 색상부터 백색 시멘트의 밝은 흰색까지 광범위하게 변화되기도 한다. 그렇지만 이와 같은 색의 차이는 원인이 있어 일어나는 것이고, 질의하신 내용은 착색제 등을 사용하지 않아도 콘크리트가 적색, 검은색, 갈색 등으로 표면 색 얼룩이 되는 경우라고 판단된다.

콘크리트에 이러한 색 얼룩 등의 착색현상이 발생하는 주요원인 및 대책을 정리하면 다음과 같다.

1. 콘크리트의 색 얼룩의 원인

1.1 콘크리트의 사용재료에 기인하는 착색

① 시멘트

시멘트의 화학성분에서 산화알루미늄(Al_2O_3)의 증가는 흰색과 노란색을 증가시키며, 산화제이철(Fe_2O_3), 산화마그네슘(MgO)의 증가는 검은색을 증가시키지만, 시멘트의 품질은 안정되어 있기 때문에 콘크리트 표면의 색 얼룩을 일으키지는 않는다. 다만, 고로슬래그를 사용하면 콘크리트 표면이 부분적으로 청록색으로 되는 경우가 있지만, 이것은 고로시멘트에 함유되어 있는 황화물에 의한 것으로 시간이 경과함에 따라 서서히 색이 엷어지게 된다.

② 플라이애쉬

플라이애쉬는 석탄화력발전소에서 부산되는 석탄회로서 전기집진기로 회수한 미분말이다. 플라이애쉬는 미연소 탄소가 함유되어 콘크리트 표면에 부유되어 나타나 검은색의 반점을 만들기도 하고 색 얼룩으로 되어 나타나는 경우가 있다

③ 골재

- 유기물 : 사암과 니질암 속에는 식물기원의 부식산(후민산, 탄닌산) 등의 착색성 유기물을 함유하고 있는 것이 있고, 이런 것들은 알칼리 용액에 용해되기 때문에 블리딩과 함께 콘크리트 표면으로 이동하여 척출되어 착색되는

경우가 있다.

- 니분 : 니분(점토, 실트)이 많은 골재, 특히 산사의 경우 그 니분은 다갈색을 나타내는 것이 많아 콘크리트의 표면에 블리딩과 함께 부유하여 갈색의 얼룩으로 되는 경우가 있다.
- 카본(탄소) : 퇴적암 중에는 식물 등의 부식물이 혼입되어 압력, 열 등에 의해서 탄화물(흑연, 아탄 등)로 변화되는 경우가 있고, 이것이 쇄사의 미립분 중에 함유되어 있으면 밀도가 작기 때문에 콘크리트 표면에 부유되어서 경화 후에 검은 얼룩으로 남게 되는 경우가 있다.
- 유해 골재 : 황철광을 함유하는 골재를 콘크리트에 사용하면 콘크리트 중에서 석고와 수산화철로 변화하고, 콘크리트 표면 부근에서는 골재가 팝 아웃(pop out) 현상을 등반하고, 녹물이 용출하여 적갈색을 나타내는 경우가 있다.

1.2 시공에 기인하는 착색

사용재료의 문제가 없는 경우에도 콘크리트의 다짐이 균일하지 않았거나, 과도한 진동에 의해 잉여수가 많이 발생하여 편재되면 수화의 진행 정도가 달라져 색 얼룩이 발생하는 경우가 있다.

1.3 기타

① 거푸집

합판 거푸집의 목질에 따라 목재 중의 탄닌산, 리그닌, 후민산 등의 착색성분이 콘크리트의 알칼리에 의해 추출되어 콘크리트의 표면을 착색하는 경우가 있다. 또한 녹이 발생된 금속재의 거푸집을 사용할 경우에는 녹물이 콘크리트 표면으로 이동하여 색 얼룩으로 되는 경우가 있다.

② 박리제

거푸집에 박리제를 고르게 바르지 못한 경우, 박리제를 많이 포함하는 부분이 거푸집의 탈형 후에 색 얼룩으로 되는 경우가 있다.

③ 철근녹

철근과 철골 표면의 녹에 의해서 녹물이 콘크리트 표면까지 전달되어서 철근 부분을 따라 착색되는 경우가 있다.

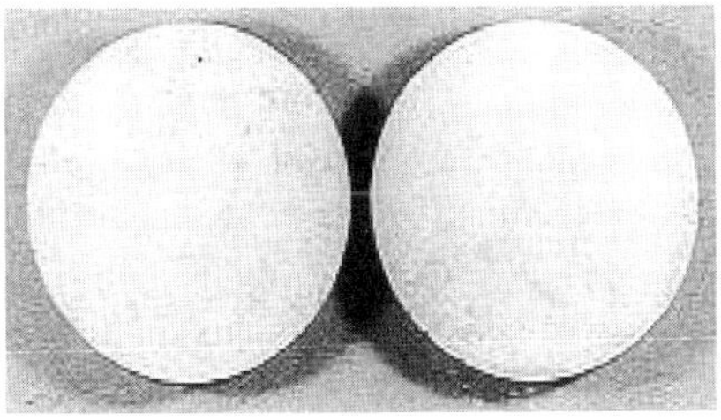

(a) 박리제 표준량 사용

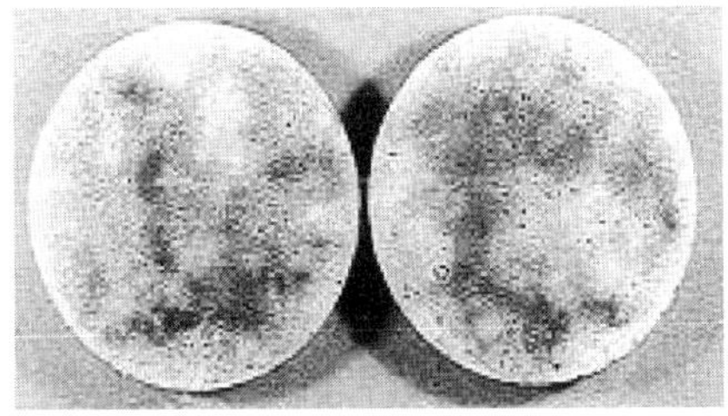

(b) 박리제 과다사용(표준량 3배)

그림 6-11 박리제 사용량에 따른 콘크리트 표면의 색 변화

④ 백화(efflorescence)

콘크리트중의 물에 용해되는 성분(수산화칼슘, 황산나트륨, 황산마그네슘 등)이 표면에 이동하여 공기중의 탄산가스와 반응하여 탄산칼슘, 탄산나트륨 등으로 되어 수분증발 후에 흰색의 석출물로 되어 나타난다.

콘크리트의 시공 직후에 발생하는 1차 백화(블리딩이 원인이 되는)와 경화 후에 발생하는 2차 백화(외부에서 침투하는 물 등이 원인이 되는)가 있다.

2. 콘크리트의 색 얼룩의 대책

2.1 골재의 유기물에 의한 표면 색 얼룩 대책

골재에 함유되어 있는 유기물은 콘크리트의 색을 변화시키는데 영향을 미칠 뿐만 아니라, 다량 혼입한 경우에는 경화불량 및 응결지연 등을 일으킬 가능성이 있어 주의가 필요하다. 이러한 골재중에 포함되어 있는 유기물에 의한 표면 얼룩을 방지하기 위해서는 유기불순물들이 수산화나트륨 용액에 용해되어 착색하는 것을 이용한 비색시험에 의해 판정하도록 한 KS F 2510「잔골재의 유기불순물시험」을 행하여 유기불순물의 유무를 확인하여 골재를 사용하는 것이 필요하다.

2.2 골재중의 탄소(카본)에 의한 표면 색 얼룩 대책

골재의 품질시험으로서 국내 KS규격보다는 일본의 JIS A 5308 부록서 2「석탄, 아탄 등의 비중 1.95의 액체에 뜨는 입자의 시험」을 행하여 석탄, 아탄 등을 확인하는 것이 필요하다. 또한 부유량이 적어서 합격으로 판정된 경우에도 미립자의 탄소는 색 얼룩이 발생할 경우가 있으므로 골재를 씻는 등의 대책이 필요하다.

2.3 박리제의 도포에 의한 표면 색 얼룩 대책

박리제의 종류에 따라서는 도포 등에 의해 콘크리트 표면에 많이 부착한 경우 시멘트의 수화가 저해되기도 하며, 흑색으로 착색되는 경우는 콘크리트의 표면이 거푸집 탈형 후에 시간이 경과함에 따라 박리제 성분이 변질되어 표면 색 얼룩이 나타난 것이기 때문에 박리제의 도포량은 제조회사의 추천 사용량을 따라야 한다. 만약 추천 사용량에서도 표면 색 얼룩이 일어날 경우 거푸집이 박리될 최소량으로 사용량을 줄여 사용하는 것이 바람직하다.

2.4 합판거푸집의 수지성분에 의한 표면 색변화 대책

사용하는 거푸집에 대하여 충분한 품질검사를 하고, 특히 표면도색을 하지 않은 콘크리트와 같이 미관을 중요시하는 경우에는 미리 모르타르와 콘크리트의 표면 마무리 상태를 점검하는 것이 중요하다. 또한 합판 거푸집에는 탄닌, 리그닌, 당류 등이 콘크리트 중의 알칼리에 의해 용출되어 착색을 나타내는 경우가 있으며, 알칼리에 의한 세정과 박리제를 사용하는 것이 필요하다.

3. 결 론

지금까지 콘크리트 표면의 색 얼룩에 대하여 표면의 착색현상과 발생하는 원인 및 대책에 대하여 간략하게 소개하였다. 일반적으로 표면도색을 하지 않은 콘크리트는 콘크리트가 가진 독특한 색상으로 많은 콘크리트구조물의 마감의 한 수법으로 사용되고 있지만, 콘크리트 표면에 색 얼룩 등의 착색현상이 발생할 경우 구조적인 안전성 문제를 떠나 미관상 큰 문제가 되기 때문에 그 발생원인 및 방지대책을 숙지하여 세심한 주의를 기울여야 할 것이다.

— 세명대학교 토목공학과 최연왕 교수

질의

30. 현장에서 거푸집을 제거하였을 때 콘크리트 표면에 작은 기포가 다량 모여 있거나 모래무늬가 발생되어 있는 경우가 있고, 또 콘크리트가 거푸집에 묻어 나오는 경우도 있다. 이와 같은 콘크리트 표면부 결함의 원인과 대책은 무엇이 있는지 알려주시기 바랍니다.

응답

콘크리트 표면에서 발생하는 결함의 종류에는 여러 가지가 있다. 여기서는 질의하신 것에 대하여 설명하고, 아울러 탄산화에 의한 콘크리트 바닥 표면의 결함 발생 예를 소개하겠다.

[많은 기포]

콘크리트 표면에 작은 기포가 경미하게 발생한 경우는 별 문제가 되지 않으나 심한 경우는 미관을 해치고 내구성에 나쁜 영향을 미치지 않을까 하는 우려를 낳을 수 있다. 그래서 전체의 마감작업을 추가로 해야 하는 경우가 이따금 발생된다. 콘크리트 표면에서 기포가 다량 발생하는 조건에 대하여 단적으로 말하기는 어려우나 대체로 다음의 조건하에서 많이 발생되는 경향이 있다.

콘크리트 배합과 관련해서는 ① 단위시멘트량이 적을 때, ② 고성능감수제의 사용량이 증가하여 물시멘트비가 낮고 콘크리트의 점성이 증가할 때, ③ 슬럼프가 작을 때, ④ 잔골재율이 클 때 기포가 많이 발생한다. 콘크리트의 시공과 관련해서는 ① 거푸집이 건조되어 있을 때, ② 거푸집의 외부를 추가로 진동시킬 때, 또는 거푸집 표면 부근을 진동시킬 때, ③ 유성성분이 많은 박리제를 사용할 때, ④ 한 번의 치기높이를 크게 할 때, ⑤ 강재 거푸집의 경우 여름보다는 겨울에 시공할 때 기포가 많이 발생한다. 특히 기포의 발생은 수직면보다는 경사면에서 많이 나타나는데 작은 기포가 다량 발생하였을 때는 모르타르를 얇게 바르거나 시멘트페이스트를 도포하여 처리할 수 있다. 그러나 표면부 처리를 서투르게 할 경우 오히려 더 눈에 띄게 되어 그대로 둔 것만 못할 경우도 생기므로 주의해야 한다.

[모래자국]

콘크리트 표면의 모래자국은 보통 상하 일직선 방향으로 나타나며, 그의 발생에 영향을 미치는 요소는 콘크리트 재료의 성질과 배합, 거푸집의 수밀성, 콘크리트의 취급방법 등이다. 빈배합으로 거칠며 단위수량이 많은 배합의 경우 또는 잔골재 중에 잔입자가 적게 포함된 경우는 블리딩이 크게 되어 콘크리트와 거푸집 사이의 접합면을 따라 많은 물이 빠른 속도로 상승하게 된다. 이때 모래자극이 발생하게 되며 거푸집으로부터 누수가 많이 발생되는 경우에도 시멘트페이스트가 씻겨 나가 보래만이 남게 된다. 이에 대한 대책으로는 배합을 조정하여 콘크리트의 점성을 높이는 것이 효과적이다.

모래자국이 생겼을 때의 간단한 보수방법으로는 모래가 노출된 부분을 철솔로 긁어낸 후 시멘트페이스트나 모르타르를 얇게 바르면 효과적인 경우가 많다.

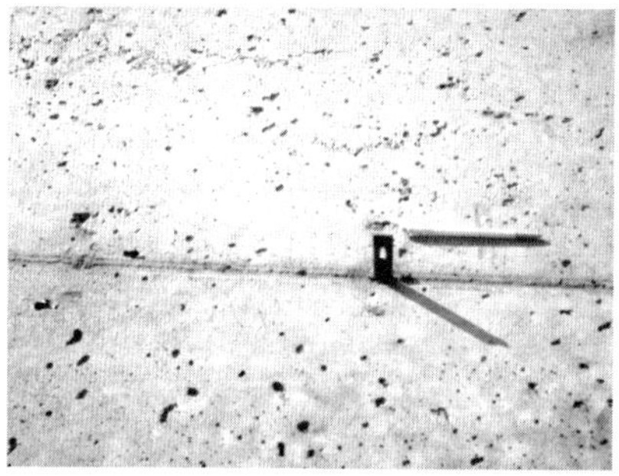

그림 6-12 기포가 많이 발생된 콘크리트 표면

그림 6-13 콘크리트 표면에 발생된 모래자국

[거푸집과의 접촉면에서의 표면경화 불량]

거푸집을 제거할 때 발견되는 일로서, 거푸집과 접촉되었던 콘크리트의 표면 부분이 굳지 않아 못과 같은 것으로 긁어보면 콘크리트가 쉽게 패이거나 거푸집에 콘크리트의 일부가 묻어 나오는 경우가 있다. 이러한 표면 경화불량은 합판 거푸집이 많이 사용되고부터 대두되었는데 합판뿐 아니라 목재 자체를 거푸집으로 사용할 때도 발생된다.

여러 종류의 목재를 햇빛에 쬐인 후 거푸집으로 사용하고 모르타르 표면의 경화불량 깊이를 측정한 예를 보인 것이 표 6-11이다. 이때 거푸집은 햇빛을 받은 면을 모르타르에 접촉시켜 성형하였다. 여기에서 햇빛에 쬐이기 전의 거푸집과의 접촉면에서는 다소의 표면결함이 나타난 경우와 그렇지 않은 경우가 있으며, 오래 햇빛에 노출된 목재와 접한 경우는 대체로 1~2mm 정도의 깊이까지 모르타르 표면이 경화불량을 나타냈음을 알 수 있다.

목재의 햇빛에의 노출시간이 0인 경우를 보면 합판을 사용한 경우에는 경화불량이 나타나지 않았고 침엽수에서는 낙엽송을 사용하였을 때를 제외하고는 경화불량이 나타나지 않았다. 활엽수에서는 오동나무, 참나무 및 아카시아를 사용한 경우에 깊이 0.2~0.5mm의 경화불량을 일으켰다. 그러나 이 실험결과만으로 경화불량을 일으키는 목재의 종류를 구분하는 것은 옳지 않을 것으로 보이는데, 그것은 같은 종류의 나무에서도 벌목시기와 산지 및 취급방법 등에 따라 각기 다른 현상이 나타날 수 있기 때문이다.

목재의 화학성분은 대략적으로 50~70%의 셀룰로오스와 25~30%의 리그닌 및 기타 성분으로 구성된다. 일반적으로 말할 수 있는 것은 목재의 종류에 따라 셀

표 6-11 목재거푸집을 햇빛에 노출시킨 시간에 따른 모르타르 표면의 경화불량 깊이(mm)

목재의 종류 \ 노출시간(시간)		0	20	40	80
침엽수	미송	0	0	0.2	0.2
	칠레송	0	0.2	0.5	0.5
	육송	0	0.2	0.5	1.0
	낙엽송	0.2	0.5	0.5	1.5
활엽수	나왕	0	0	0.2	0.2
	오동나무	0.5	3.0	3.0	3.0
	포플러	0	0.2	0.5	1.0
	참나무	0.2	0.5	1.5	2.0
	아카시아	0.2	0.5	1.0	2.0
합판	합판 I	0	0.2	0.2	1.5
	합판II	0	1.0	1.0	2.0
	합판 III	0	0.2	0.2	1.0
	합판IV	0	0.2	1.0	1.0
	합판V	0	0	0.2	1.5
합계		1.1	6.7	10.5	18.4

주) 모르타르의 물시멘트비 : 60%

룰로오스는 거의 같으나 헤미셀룰로오스라고 하는 셀룰로오스 이외의 고분자 탄수화물 군이 침엽수에서는 12~15%, 활엽수(나왕 제외)에서는 20% 내외, 리그닌은 침엽수에서 30% 내외, 활엽수에서 25% 내외로 그 함량이 다르다. 이 중 헤미셀룰로오스는 비교적 열과 산에 의한 가수분해에 불안정하여 분해되기 쉽고, 그 자체에 상당히 저분자(低分子)인 것도 함유하고 있기 때문에 콘크리트 표면의 경화불량이 활엽수 사용 시 일어나기 쉬운 것과 어느 정도 관계를 갖고 있는 것으로 보인다. 목재는 약산에 저항성이 있고 대부분의 유기산에 대한 저항성이 크지만 알칼리 용액과 접촉할 때 저항성이 약한 특성을 가진다. 시멘트 용액 속에서 목재로부터 용출되는 것으로는 셀룰로오스, 헤미셀룰로오스의 일부, 리그닌, 탄닌, 색소, 알칼로이드, 유지, 수지 등 많은 것이 알려져 있다.

햇빛에 장시간 노출시킨 목재를 거푸집으로 사용하였을 때 모르타르의 경화불량 깊이가 증가하는 것은 자외선에 의해 목재의 성분이 분해 또는 변질되고 그것이 알칼리 분위기 하에서 다량 누출됨으로써 시멘트의 수화를 방해하였기 때문으로 생각된다. 특히 콘크리트 표면에서의 경화불량이 새 거푸집을 사용하였을 때 많이 발생하며 거푸집을 반복하여 사용하면 경화불량은 현저히 감소되는데 그것은 새 거푸집의 경우 그만큼 시멘트의 수화에 유해한 성분이 많이 추출되기 때문일 것이다.

거푸집 접촉면에서의 표면 경화불량은 같은 날 타설한 콘크리트의 모든 면에서 나타나는 것이 아니라 일부의 거푸집이 닿은 면에서만 나타난다. 이것은 거푸집을 야적해 둘 때 모두가 햇빛에 장시간 노출되는 것이 아니라 제일 위에 쌓아둔 거푸집만이 햇빛을 오래 쬐게 되는데 그 원인이 있는 것으로 보인다.

[탄산화에 의한 표면 경화불량]

콘크리트 바닥 표면이 초기의 탄산화에 의해 콘크리트를 친 후 수일이 지났는데도 불구하고 시멘트 분말이 신발에 먼지 모양으로 묻어나오며 소프트한 상태가 될 수 있다. 겨울철 공사에서 굳지 않은 콘크리트가 동결하는 것을 방지하기 위하여 나무, 기름, 가스 및 석탄을 연소시키는 히터를 사용하곤 한다. 이들 히터는 CO_2 가스를 함유한 배기가스를 방출하는데, 만약 공기의 흐름이 정체되면 CO_2 가스가 바닥 근처에 모이게 된다. CO_2 가스는 굳지 않은 콘크리트의 수분과 반응하여 H_2CO_3를 형성하고 이것이 시멘트의 수화반응에 의해 생성되는 $Ca(OH)_2$와 반응한다. 이 때문에 시멘트의 수화에 의해 생성되는 칼슘 실리게이트 수화물과는 달리 $CaCO_3$가 생성됨으로써 이 부분의 콘크리트에 문제가 발생된다.

탄산화에 의해 발생되는 연약한 층은 보통 바닥 표면에서 20~30mm 깊이 이내이며 즉,각적으로 그 밑의 콘크리트가 영향을 받지는 않는다. 탄산화된 층의 개략적인 깊이는 바닥면의 갈라진 면에 페놀프탈레인 용액을 사용하여 확인할 수 있다. 탄산화된 층의 색은 페놀프탈레인 용액에 의해서 변화하지 않으며, 탄산화되지 않은 부분은 분홍색을 나타낸다. 굳지 않은 콘크리트의 탄산화는 타설 후 24시간 동안에 국한된 문제로서 콘크리트를 친 후 약 24시간이 경과된 다음부터는 CO_2 가스에 노출되어도 별 문제를 일으키지 않는 것으로 보고 있다. 프로판 가스를 사용하는 낡은 히터의 가스관에서는 5~8%의 CO_2 가스를 포함하며 기름을 사용하는 히터의 가스관의 가스는 12~15%의 CO_2를 포함한다고 한다.

실험결과에 의하면 CO_2 농도 4.5%의 공기중에서 콘크리트를 친 후 24시간 방치하였을 때 탄산화된 깊이는 액상 멤브레인 양생 시 0.6mm, 마포양생 시 1.4mm, 그리고 습기양생 시 1.9mm 정도로 나타났다. 이러한 결과를 볼 때 탄산화에 의한 콘크리트 표면의 경화불량을 막기 위해서는 액상의 양생용 멤브레인을 치기 위한 콘크리트 위에 즉시 뿌려주는 것이 효과적이다. 또한 비용이 많이 드는 방법이기는 하지만 콘크리트면으로 배기가스가 배출되지 않은 간접용 온풍 히터를 사용하거나 또는 증기를 이용한 양생이 유효한 방법이라고 말할 수 있다.

— 공주대학교 토목공학과 최재진 교수

질의

31. 건설현장에서 레미콘의 품질에 관한 신뢰성이 저하되고 있는 가운데 레미콘 품질관리방법으로 단위수량을 관리하는 방법이 있으며, 일본에서는 현장에서 적용되고 있는 것으로 알고 있습니다. 단위수량관리의 방법과 건설현장에서의 적용성은 어떠한지에 대해서 알고 싶습니다.

응답

1. 설계현황

콘크리트의 단위수량은 콘크리트의 성능에 커다란 영향을 미치는 매우 중요한 요인이다. 일반적으로 콘크리트의 단위수량을 증가시키면 콘크리트의 슬럼프가 높게 되고 유동성이 좋아지지만, 단위수량이 과도하게 증가되면 재료분리 발생이 쉽게 되고 콘크리트의 압축강도 저하뿐만 아니라 균열발생 증가 등 내구성이 크게 저하되는 것으로 보고되고 있다. 콘크리트의 배합설계는 소요의 성능을 만족하는 범위에서 단위수량을 가능한 한 적게 설정하도록 하고 있으나, 최근 잔골재 수급 불균형에 의해 상대적으로 품질이 열악한 잔골재의 적용이 불가피하게 되고, 더욱이 건설현장에서 보다 높은 유동성의 레미콘을 선호하는 경향이 있어 콘크리트의 단위수량이 증가되고 있는 실정이다.

일본의 경우에는 레미콘 제조 시 배합관리의 문제점에 관한 인식과 1980년대에 발생한 콘크리트의 조기 내구성 저하 문제에 관한 관심이 증가됨에 따라 단위수량 추정 시험방법을 제안하고 측정장치를 제품화하여, 민간 및 관공서에서 레미콘의 품질검사방법으로 활용하고 있다.

2. 단위수량 관리방법

2.1 단위수량 측정방법 개발현황

콘크리트의 단위수량 측정방법은 콘크리트 품질의 조기 판정방법에 관한 연구의 일환으로 개발이 개시되었다. 콘크리트의 배합 추정방법의 경우 장시간이 소요되고 시험방법이 복잡하기 때문에 콘크리트의 성능에 커다란 영향을 미치면서도 비교적 간단한 시험방법이 콘크리트의 단위수량 측정방법이다.

일본의 사례를 중심으로 살펴보면, 단위수량 측정 방법은 표 6-12에서 보는 바와 같이 단위수량을 측정하는 방법의 원리에 따라 건조법, 용적법, 정전용량법, 시약법 및 중성자법 등으로 구분할 수 있으며, 이 중 일본국토교통성, 동 일본여객철도 등의 정부기관에서는 콘크리트의 단위수량 측정방법으로서 고주파 가열법, 에어미터법 및 정전용량법을 자체 시방서에 규정하고 있다.

표 6-12 각종 단위수량 측정방법의 개요

구분	측정방법	측정방법의 원리	시료종류
건조법	건조로법	카본블록 축열식 건조로를 이용하여 시료를 가열하고, 건조 전·후의 질량차로부터 단위수량을 측정한다.	콘크리트
	감압식 건조법	감압식 기능과 가열기능을 가진 장치를 이용하여 시료 건조 전·후의 질량차로부터 단위수량을 측정한다.	모르타르
	고주파 가열법	고주파가열장치를 이용하여 시료 건조 전·후의 질량차로부터 수량을 측정한다. 시멘트 결합수의 보정은 하지 않고, 웻스크리닝 보정치를 사전의 시험비빔 결과에 기초하여 설정하고 단위수량을 추정한다.	모르타르
용적법	에어미터법 (고정밀도법)	콘크리트를 구성하는 재료가 계획과 다른 질량이나 용적으로 된 경우에 나타나는 단위용적질량을 계측함으로써 단위수량을 측정한다. 전용측정기를 사용한다.	콘크리트
	에어미터법 (간이법)	원리는 상동, 워싱턴에어미터를 사용한다.	콘크리트
	수중질량법	굳지 않은 콘크리트의 기중질량 및 수중질량을 측정한다. 굵은골재의 수중질량, 각 재료의 수중밀도와 계획배합의 시멘트량으로부터 단위수량을 측정한다.	콘크리트
정전 용량법	정전용량법	웻스크리닝 모르타르의 유전(誘電)율을 측정하고, 미리 구해둔 정전용량과 수분량의 관계식으로부터 단위수량을 측정한다.	모르타르
	물농도측정법	알코올에 희석된 콘크리트중의 물을 수소화칼슘과 반응시키고, 발생가스의 압력을 측정함으로써 단위수량을 측정한다.	희석 추출액
시약법	염분농도차법	콘크리트에 농도를 이미 알고 있는 염분용액을 혼합하고, 그 농도 저하량으로부터 단위수량을 측정한다. 농도의 정량은 전량적정 염분계로 실시한다.	희석 추출액
중성자법	Radioisotope 법	고속중성자가 주로 수소원자에 의해 감쇄되는 성질을 이용하여 콘크리트중을 통과하는 고속중성자의 감쇄비율을 측정한다. 사전 시험비빔에 의한 교정계수에 기초하여 단위수량을 추정한다.	콘크리트

2.2 단위수량 측정방법의 정밀성

현재 개발되어 적용되고 있는 단위수량 측정방법은 일본의 경우 일본콘크리트 학회 및 일본건축학회에서 전문위원회를 구성하여 측정기법별 정밀성을 검토한 바 있고, 검토한 결과 그림 6-14에서 보는 바와 같이 설계 단위수량에 비해 최대 6kg/m^3 정도의 추정 오차가 있는 것으로 나타나고 있다. 그러나 일본 국토교통성에서 단위수량 측정방법으로 규정한 고주파가열법, 에어미터법 및 정전용량법의 경우 2kg/m^3 이내의 수준으로 단위수량 추정 오차가 상당히 적은 것을 알 수 있으며, 건설현장에서의 품질관리기법으로서 적용이 가능할 것으로 판단된다.

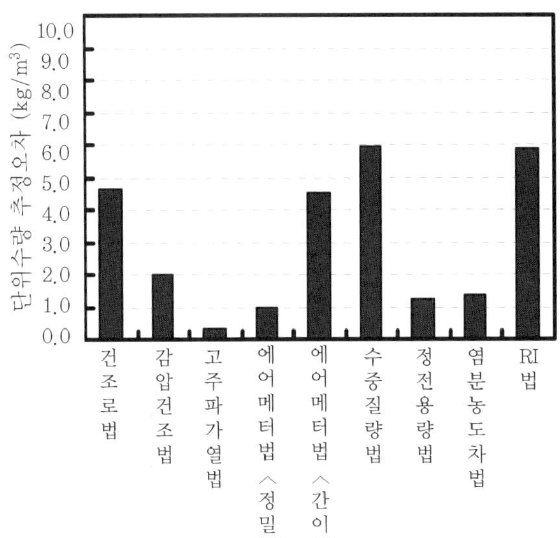

그림 6-14 단위수량 측정방법별 단위수량 추정 오차
(자료 : 일본건축학회)

2.3 단위수량 측정방법의 적용성

건설생산현장에서 단위수량 측정방법을 레미콘의 수입검사방법으로 활용하기 위해서는 측정방법의 정밀성뿐만 아니라 측정의 용이성 및 신속성이 중요한 요소일 것으로 판단된다. 그림 6-15는 일본건축학회의 평가자료 및 제조사별 시험자료를 참고로 하여 단위수량 측정방법별 측정 소요시간을 조사한 결과를 나타낸 것으로서 에어미터법, 정전용량법, 염분농도차법 및 RI법의 경우는 상대적으로 측정 소요시간이 짧은 것을 알 수 있다.

이와 같은 단위수량 측정방법의 정밀성 및 측정의 용이성 등을 기초로 하여

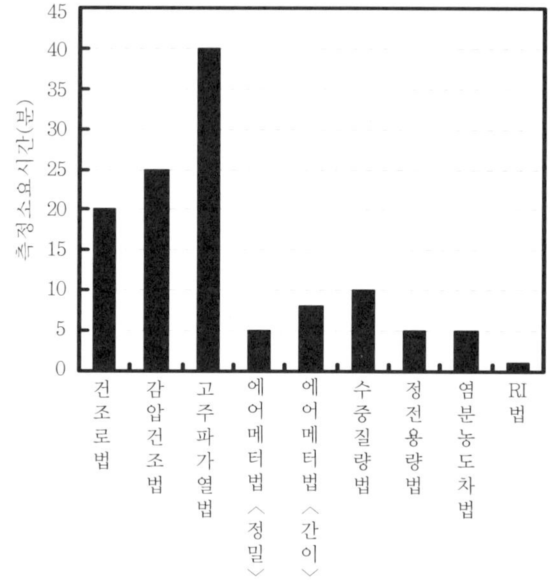

그림 6-15 단위수량 측정 소요시간
(자료 : 일본건축학회 및 제조사별 시험자료)

국내 건설생산현장에서도 최근 그림 6-16과 같은 정전용량법 및 에어미터법을 도입하여 레미콘 품질관리기법으로의 활용을 도모하고 있는 상황이며, 국내의 콘크리트 제조시 적용되는 사용재료, 레미콘 플랜트에서의 콘크리트 배합관리 및 원자재관리 실정, 건설생산현장에서의 단위수량 관리효과 등을 면밀히 검토하게

(a) 에어미터법　　(b) 정전용량법

그림 6-16 국내 건설현장에서 적용성 검토중인 단위수량 측정기법

되면 국내에서도 레미콘의 품질보증 및 콘크리트구조물의 내구성 확보를 위한 콘크리트 품질관리기법으로서 단위수량 측정방법의 적용이 가능할 것으로 기대된다.

— 대림산업(주) 기술연구소 이도범 부장
— 광주대학교 건축공학과 염환석 교수

질의

32. 현장에서 업무수행 중 궁금한 사항이 있어 문의 드립니다. 2003년도 개정 콘크리트 표준시방서 해설(한국콘크리트학회 발간)의 p.52에 "상수도물은 시험하지 않아도 사용할 수 있으며, 상수도물 이외의 물의 품질은 표 6-14, 15와 같다." 라는 표현이 있고, 표 6-14, 15에서 염소이온량은 150ppm 이하라고 표기되어 있습니다. 그런데 환경부 홈페이지의 먹는 물 수질 기준의 우리나라 먹는 샘물(NMW) 수질기준에 의하면 염소이온 농도가 250ppm으로 표기되어 있고, 한국수자원공사의 홈페이지 수질검사의 수질기준에 따르면 250ppm 이하라고 표기되어 있습니다. 환경부와 한국수자원공사의 염소이온 수질기준 250ppm을 적용한다면 상수도물이나 먹는 물 모두가 콘크리트 사용수로 적합한 것은 아니고, 먹는 물이라 하더라도 테스트에 합격해야 하는 것이 아닌지 궁금하여 질문을 드립니다.

응답

1. 용의 수질 규정

1.1 KS F 4009

1994년 개정 규격 이전의 KS F 4009(레디믹스트콘크리트)인 경우 "물"에 대하여는 표 6-13과 같이 규정되었고, 그 이후에는 표 6-14와 같이 규정되어 있다.

1.2 건축공사표준시방서

KS F 4009와 유사하게 1986년 개정 건축공사표준시방서 제5장 철근콘크리트공사(이하 KASS-5)에서는 깨끗한 물을 요구하는 서술적 규정만으로 되어 있었으나, 1994년 개정본 이후부터는 표 6-15와 같이 규정하고 있다. 단, 이 내용은 일본산업규격(JIS A-5308) 및 일본건축학회 건축공사 표준시방서(JASS-5)의 규정과 동일하다.

표 6-13 1985년 KS F 4009 규정

2.3 물. 물은 깨끗하고 기름, 산, 염류, 유기물 등 콘크리트 및 강재에 영향을 주는 물질을 해로운 양만큼 포함하고 있으면 안 된다.

표 6-14 1994년 KS F 4009의 규정

2.3 물. 물은 부속서 2*에 적합한 것을 사용한다.
* 부속서 2* : 레디믹스트콘크리트의 혼합에 사용되는 물

(참고)

* 상수도물 : 상수도물은 시험을 하지 않아도 사용할 수 있다. 또한, 수도법에 따른 상수도물의 품질을 부속서 2* 표에 표시한다.

(부속서 2 참고 표) 상수도물의 품질

시험항목	허용량
색도	5도 이하
탁도	2도 이하
수소이온농도(pH)	5.8~8.5
증발 잔유물	500ppm 이하
염소이온량	150ppm 이하
과망가산칼륨 소비량	10ppm 이하

* 상수도물 이외의 물 : 상수도물 이외의 물은 품질 8.1의 시험방법에 따라 시험하여 부속서 2* 참고표에 표시하는 기준에 적합해야 한다. 다만, 수도법의 수질기준에 따라 상수도물의 품질을 만족시키고 있는 경우는 상수도물에 준하여도 좋다.

표 6-15 1994년 KASS-5의 규정

5.3.4 비빔용수 가. 콘크리트에 사용하는 물은 상수도 또는 (표 5.3.4)에 나타낸 KASS-5T-301(철근콘크리트용 용수의 수질시험방법)에 의한 물의 품질규정에 적합한 것으로 한다. 나. 레디믹스트콘크리트의 경우는 KS F 4009(레디믹스트콘크리트)의 (2.3 물)에 따른다.

(참고) 물의 품질규정

항 목	품 질
현탁물질의 양	2g/*l*
용해성 증발 잔류물의 양	1g/*l*
염소이온	200ppm 이하
시멘트의 응결시간차	초결 30분 이내, 종결 60분 이내
모르타르 압축강도비율	재령 7일 및 재령 28일에서 90% 이상

1.3 콘크리트 표준시방서

콘크리트학회(KCI)의 콘크리트 표준시방서인 경우는 1999년 재정본의 경우, 깨끗한 물을 요구하는 서술적인 규정이었으나, 2003년 개정본부터는 KS F 4009의 부속서 2*에 따르도록 규정하고 있다.

2. 염화물 등 수질규정의 재고

콘크리트용 용수에 대한 염화물 등을 포함한 수질규정은 콘크리트 표준시방서인 경우 KS F 4009 부속서 2*에 따르도록 되어 있으므로 결국 KS 4009의 부속서 2* 품질규정이 중요하다. 이는 1994년 개정 당시 우리나라 수도법에 근거하여 상수도수는「먹는 물 수질기준 및 검사 등에 관한 규칙 제 2조」를 참조하여, 특히 염화물인 경우는 150ppm 이하로 규정하고 있었지만 현행의 경우는 이 규정이 250mg/*l*로 개정되어 있다.

즉, 먹는 물 수질기준에는 미생물에 관한 4항목, 건강상 유해영향 무기물질 11항목, 건강상 유해영향 유기물질 16항목, 소독제 및 소독부산물 8항목, 심미적 영향물질 16항목, 합계 55항목을 정하고 있는데, 부속서 2*에 정한 모든 시험항목은 심미적 영향물질로서, 특히 염화물로서 염소이온량의 경우도 인체에 유해한 것이 아니고 단순히 맛에 관한 검사항목으로 150ppm을 250mg/*l* 로 완화하여 개정된 것으로 추측된다.

그러나 콘크리트용 용수로서의 염소이온량은 철근콘크리트구조물의 철근부식 문제와 연관하여 중요하게 작용되는 사항으로 단순한 사항이 아니므로 한번쯤은 짚고 넘어갈 필요가 있다.

콘크리트 $1m^3$ 제조에 단위수량을 $185kg/m^3$로 가정하고 염소이온량이 150ppm

이라면 Cl^-량은 $185 \times 150 \times 10^{-6} ≒ 0.028kg/m^3$이고 250ppm이라면 Cl^-량은 $0.046kg/m^3$로 $0.018kg/m^3$의 증가를 가져오게 된다. 그러나 이 경우는 콘크리트 $1m^3$당 염화물 이온량 0.30kg(300g)을 규정하게 된 배경에서 잔골재의 NaCl 0.04%인 $800kg/m^3$에서 $0.194kg/m^3$, 단위시멘트량 $350kg/m^3$로 가정한 시멘트의 염소이온량에서 $0.053kg/m^3$ 및 물에 존재하는 염소이온량과의 합으로서,

종전 : $0.194 + 0.053 + 0.028 = 0.275 ≒ 0.30kg/m^3$

개정 : $0.194 + 0.053 + 0.046 = 0.293 ≒ 0.30kg/m^3$

간의 차이로 결국 개정 수도법에 따라 품질을 적응하여도 염소이온량 $0.30kg/m^3$ 이하로 관리하는 현행제도에는 문제가 없을 것으로 사료된다.

참고적으로 최근 서울시 6개 정수장 상수원수 및 정수수질에 대하여 검사한 결과에서는 12~99mg/l 임을 참고하면, 규정이 완화되었더라도 역시 실무에서는 문제시 될 사안이 아닌 것으로 조사된다. 단, KASS-5는 일본 규정을 인용하고 있는 것인데, 이는 우리의 실정을 고려하지 않고 있어 이 부분은 수정되어야 할 것이다.

종합적으로 현재 KS F 4009, 건축 및 콘크리트표준시방서는 다음 표 6-16과 같이 개정되어야 할 것으로 사료된다.

물론 표 6-16(부속서 2의 표 1)뿐만 아니라 표 6-14(상수도물 이외의 물의 품질), 표 6-15(회수수의 품질)에도 역시 150ppm 이하는 250mg/l 이하로 수정되어야 한다.

결국, 질의한 내응에서 KS F 4009 및 콘크리트 표준시방서의 염소이온량

표 6-16 (부속서 2 참고 표 1) 상수도물의 품질에 대한 개정(안) 제시

시험항목	허용량	
	현행	개정(안)
색도	5도 이하	좌동
탁도	2도 이하	0.3 NTU* 이하
수소이온농도(pH)	5.8~8.5	좌동
증발 잔유물	500ppm 이하	500mg/ℓ 이하
염소이온량	150ppm 이하	250mg/ℓ 이하
과망간산칼륨 소비량	10ppm 이하	10mg/ℓ 이하

NTU* : nephelometric turbidity unit의 약자로 물의 흐린 정도를 나타내는 측정단위

150ppm 이하(KASS-5는 20ppm 이하)는 상수도 수질에서 근거하였으므로, 현행 250mg/ l 인 상수도 수질에 맞춰 모두 통일되게 개정되어야 하고, 상수도 등 먹는 물인 경우는 수질시험을 할 필요가 없는 것이 규정의 기본 취지이므로, 굳이 현행 KS 및 시방서 규정을 들어 먹는 물을 시험할 필요는 없다.

— 청주대학교 건축공학과 한천구 교수

질의

33. 최근에 현수교, 사장교 등의 초장대 교량의 건설이 많아지면서 콘크리트 고주탑의 시공이 많아지고 있다. 이러한 콘크리트 고주탑의 시공시 고려해야 할 사항에 대해 알고 싶습니다.

응답

1. 고주탑 시공사례

우리나라에서의 고주탑 시공사례를 살펴보면, 초창기에는 남해대교, 돌산대교 등 대부분의 장대교량에서 강재 주탑이 시공되었으나, 1990년 중반 서해대교를 시작으로 콘크리트 주탑이 주류를 이루고 있다. 외국에서도 지진하중이 지배적인 일본을 제외하고는 다수의 장대교량 주탑이 콘크리트로 시공되고 있다. 현재까지 최고(最高)의 주탑은 경간길이 1,088m의 세계 최장 사장교인 중국 Sutong교의 주탑으로서 그 높이가 무려 306m에 이른다. 국내에서 현존하는 최고의 콘크리트 주탑은 서해대교로서 높이가 182m에 이른다. 현재 주탑 일부가 시공중인 인천대교의 경우는 63빌딩과 맞먹는 230m의 높이이고, 현재 실시설계가 진행중인 국내 최장의 묘도 - 광양 연도교(현수교, 중앙지간 1,545m)의 주탑은 그 높이가 무려 270m에 이른다.

이러한 콘크리트 고주탑이 폭발적으로 증가하게 된 것은 경제성과 내구성이 뛰어난 콘크리트란 재료의 강점에서 기인하지만, 200m 이상의 구조물을 타설할 수 있는 콘크리트 타설 기술의 발전이 없이는 불가능했을 것이다. 특히 고주탑 타설을 위한 거푸집의 운영기술과 연직도 관리기술은 고주탑 시공의 핵심적인 기술이라 판단된다.

2. 고주탑 시공시의 거푸집

최근에 구조물이 대형화되면서 재래식 거푸집으로는 공기나 경제성을 감당하지 못하게 되었다. 따라서 거푸집, 동바리 등이 시스템화 되면서 원동력을 겸비한 시스템 폼이 대형구조물에 주로 사용되고 있다.

표 6-17의 국내외 시공사례에서 보듯이 고주탑의 시공에는 주로 수직상승 거푸집(climbing form)과 미끄럼 거푸집(slip form)이 사용되고 있다(그림 6-17, 6-18).

표 6-17 국내·외 주요 콘크리트 주탑의 높이 및 거푸집 형식

구분	교량명	주탑 높이(m)	거푸집 형식
국외	Great Belt East	254	수직상승 거푸집
	Tsing Ma	206	미끄럼 거푸집
	Sutong	306	수직상승 거푸집
	Stonecutters	298	수직상승 거푸집
국내	서해대교	182	미끄럼 거푸집
	인천대교	230	수직상승 거푸집
	광양대교(가칭)	270	수직상승 거푸집

그림 6-17 수직상승 거푸집 적용사례(소록대교)

그림 6-18 미끄럼 거푸집 적용 사례(서해대교)

2.1 수직상승 거푸집(climbing form)

수직상승 거푸집에 의한 시공은 약 4~5m 길이를 하나의 작업단위로 하여 단계적으로 상승시키며 콘크리트를 타설하도록 고안된 일종의 갱폼(gang form)이다. 상승하는 방법에 따라서 자체적으로 유압잭을 달아두어 상승시키는 자동 수직상승 거푸집(auto climbing form)과 타워크레인 등의 외부장비를 이용하는 방법으로 구분된다. 거푸집은 수직 정밀도가 높고 시공속도가 1 Lot당 4~6일로 비교적 빠른 편이어서 여러 나라에서 많이 사용되고 있다.

2.2 미끄럼 거푸집(slip form)

미끄럼 거푸집 공법은 슬립폼 공법이라고도 하는데, 수평적 또는 수직적으로 반복된 구조물을 시공이음 없이 균일한 형상으로 시공하기 위하여 거푸집을 연속적으로 이동시키면서 콘크리트를 타설하여 구조물을 시공하는 거푸집 공법이다. 원자력발전소의 원자로 격납구조물처럼 시공이음 없이 시공되어야 하는 구조물에 사용된다.

거푸집 패널은 최하부에서 1회만 조립하고 유압잭을 이용하여 거푸집을 탈형하지 않고 미끄러지게 하여 연속적으로 거푸집을 상승시킨다. 작업 중에 발생되는 콘크리트의 측압은 거푸집으로, 작업하중과 슬라이딩 시의 마찰력과 같은 수직하중은 강봉으로 전달되며 콘크리트가 적정 강도에 도달하면 거푸집을 상승시키는 공법으로, 콘크리트를 끊이지 않고 연속 타설하여 1일 1.5~3m의 상승이 가능하다.

3. 고주탑 시공 시 연직도 관리방안

고주탑의 시공은 일괄 타설이 불가능하여 단계별로 시공하기 때문에 시공 시 가장 중요한 점은 주탑의 연직도 관리이다. 특히 고주탑의 경우, 시공오차로 인해 예상치 못한 추가 모멘트를 발생시켜 구조적 안전성에 영향을 미치므로 세심한 주의를 기울여야 한다.

3.1 연직도 관리를 위한 허용기준

우리나라의 케이블 강교량 설계지침 및 일본의 본주사국 연락교 공단의 설계기준에서는 현수교 및 사장교 주탑의 설계에서는 탑기면의 수평도 오차, 탑주의 제작 및 가설오차, 케이블 제작 및 가설오차를 다음 식과 같은 교축방향의 탑정 변위로 환산하여 고려하도록 규정하고 있다.

$$\delta_{T=}\frac{h_T}{2,000}(\mathrm{m})$$

여기서 h_T는 탑 저면으로부터 케이블 최상단 정착점까지의 높이이다.

3.2 연직도 관리를 위한 방안

기존에는 광파측량기와 레이저 연직기를 조합하여 사용하였으나, 최근에는 GPS를 활용하여 시공정밀도를 높이는 방안이 연구되고 있다.

고주탑의 연직도 측정을 위해 가장 일반적으로 사용되는 광파측량은 시공의 진행에 따라 관측점의 높이가 증가할수록 시준이 어렵고, 해상시공의 경우 광파기의 설치위치 제한 등으로 인해 검측작업이 난해하다. 또한, 보조장비로 사용되는 레이저 연직기의 경우에도 등단면의 기둥에는 적용이 가능하나, 변단면이나 A형 주탑의 경우에는 적용이 어려운 단점이 있다. 따라서 최근에는 대부분의 고주탑에서 GPS측량을 활용하고 있다.

GPS에 의한 위치측량 오차는 30~100m에 이르므로 토목 등 정밀측량이 필요한 분야에의 활용은 불가능하였다. 그러나 측정점간의 상대좌표를 구하는 DGPS (differential GPS) 측량기법을 사용하면 비교적 정확하게 측정의 위치를 구할 수 있다. DGPS는 두 개의 GPS 수신기를 필요로 한다. 하나의 수신기는 정지해 있고, 또 다른 하나는 이동을 하면서 위치를 측정하는데, 정지한 수신기는 정확한 위치를 알고 있는 지점에 설치하여 위성으로부터 보내오는 신호로부터 자신의 위치를 계산하여 기지의 값과 비교함으로써 오차를 계산한다. 이 오차는 이동 수

신기가 위치하는 측정의 위치 산정시 오차 소거에 이용된다. 현재 GPS에 의한 측정 정밀도는 정적측정일 경우에는 ±5mm, 동적측량인 경우에는 ±20mm 정도이고 점진적으로 오차를 줄이는 연구가 시도중이다.

— 군산대학교 토목공학과 양인환 교수
— 대림산업(주) 기술연구소 조호진 과장
— 대림산업(주) 기술연구소 김재홍 부장

질의

34. 건설공사 현장의 경우 반입되는 각종 건설재료의 품질합격 여부에 대하여 실시하는 시험 및 검사의 항목은 무수히 많습니다. 특히, 레미콘의 경우에도 굳지 않은 상태의 슬럼프, 공기량, 염화물량 등과 경화상태의 압축강도 등 많은 항목이 존재합니다. 그러나 대부분의 시험검사 항목은 자재납품 즉시 혹은 사용 이전에 검사결과가 판명되어 불합격 자재는 반품 등 적절한 조치가 가능하지만 레미콘의 압축강도는 콘크리트를 부어넣은 후 최소 28일은 경과되어야 평가받게 되므로, 만약 28일 경과 후 압축강도가 불합격된 경우는 이미 그 부분은 물론이고 그 상부 몇 층의 콘크리트까지도 부어넣기 된 상태로서 그 조치 및 처리는 대단히 어려운 상황이 발생하게 됩니다. 또한, 이와 같은 문제가 발생하였을 경우에 대한 명확한 대처방안은 KS규격이나 건축공사표준시방서 및 콘크리트표준시방서 등 국내의 규정 어디에도 찾아보기가 어렵습니다. 따라서 압축강도가 불합격된 경우 적절한 대처방안에 대하여 궁금합니다.

응답

1. 압축강도 불합격 조치에 대한 규정

1.1 KS F 4009

압축강도시험에서 불합격한 레미콘에 대한 조치는 KS F 4009의 경우 언급이 없다. 단, 「KS표시 인증 공장심사」 규정에는 표 6-18과 같이 KS 인증 정지 및 취소에 대하여만 정하고 있다. 또한 각 레미콘공장 사내규격(사규)의 경우는 「구입자와 조치 등에 대하여 대책을 협의하고 적당한 방법을 강구한다.) 등 불분명한 언급만이 있을 뿐이다.

1.2 시방서

건축공사표준시방서에는 3.7(품질검사관리)에 다음 표 6-19와 같이 규정되어 있다. 또한, 한국콘크리트학회의 콘크리트표준시방서에는 3.8(품질관리 및 검사)

에 표 6-20과 같이 규정되어 있다. 따라서 시방서 상에는 담당원 혹은 책임 감리원의 지시에 따르도록 되어 있을 뿐 상세한 규정은 없는 것이 현실이다.

단, 건축시방서의 경우는 3.7.9(구조체 콘크리트의 압축강도검사), 콘크리트시방서의 경우는 3.8.5(구조물의 검사 및 시험)에 구조체 검사에 관하여도 규정하고 있는데, 공시체 시험결과가 불합격된 경우의 구조체 검사를 포함하여 종합적으로 판단할 수 있도록 하고 있다.

2. 고찰

재령 28일에서 압축강도시험을 실시한 결과 불합격이 발생할 경우 구조체 해체 후 재시공 조치를 판정하는 것은 대단히 어려운 일이다. 따라서 레미콘 생산시에는 불합격이 발생하지 않도록 세심하게 주의를 하는 것이 무엇보다도 중요하고, 레미콘이 현장도착시 강도까지도 즉시 평가할 수 있는 품질관리방법 등의 개발이 요구되기도 한다.

그러나 애석하게도 일단 불합격 판정을 받은 경우라면 생산자 및 담당원(책임감리원)은 어떤 방향으로 평가를 진행하여 구조체의 사용여부를 판단할 것인가는 자못 궁금한 일이 아닐 수 없다. 일본건축학회의 경우도 이 부분에 대하여는 이제까지의 규정이 충실하지 못함이 지적되어 JASS-5 개정시에 이 부분을 보완할 예정에 있다고 한다.

표 6-18 KS 표시인증 공장심사에서 KS F 4009 압축강도 관련규정

<table>
<tr><th colspan="2">구분</th><th>내 용</th><th>결과조치</th><th>비고</th></tr>
<tr><td colspan="2">최초 KS 인증심사</td><td>슬럼프, 강도를 달리(조합)해서 휨강도를 포함하여 3개 규격에서 총 9개(각 규격마다 3개 : 1회)의 공시체를 평균하여 호칭강도 이상, 1회 시험결과 1개 공시체의 평균치가 호칭강도 이상</td><td>KS 인증</td><td></td></tr>
<tr><td rowspan="2">KS 정기심사</td><td>5년 주기</td><td rowspan="4">1종류의 시료를 대표시료로 샘플링하여 강도 시험결과의 판정은 3회 시험결과 9개의 공시체의 평균치가 호칭강도 이상</td><td>100% 이상 : 합격</td><td></td></tr>
<tr><td>1년 주기</td><td rowspan="2">85% 이하 : KS 인증 취소</td><td rowspan="2">치명 결함</td></tr>
<tr><td rowspan="2">시판품 조사</td><td>소비자 불만제기시</td></tr>
<tr><td>건설공사 부실 발생시</td><td>85% 초과, 100% 미만 : 3개월 인증 정지</td><td>중대 결함</td></tr>
</table>

표 6-19 건축공사표준시방서

3.7.2 시험검사 가~라 : 생략 마 : 아래 1)~3)의 시험검사 결과규정에 직합하지 않을 경우의 조치는 담당원의 지시를 따른다. 1) 콘크리트의 표면마무리 2) 피복두께 3) 구조체의 콘크리트 강도

표 6-20 콘크리트표준시방서

3.8.4 품질검사 1)~3) : 생략 4) 검사결과 콘크리트의 품질이 적당하지 않다고 판정되었을 경우에는 책임감리원 지시에 따라 배합의 수정, 기계설비의 성능검사, 작업방법의 개선 등 적절한 조치를 취하는 동시에, 구조물에 치고 있는 콘크리트가 소요의 목적을 달성할 수 있는지 여부를 확인하고 필요에 따라 적당한 조치를 강구해야 한다. 이하생략

3. 압축강도 불합격시 대처방안

압축강도 불합격시 대처방안의 명확한 방법은 미지수이고, 늘 그런 것은 아니겠지만 압축강도 불합격 레미콘의 조치를 레미콘 품질관리위원회에서 제안한 방법을 제시해 보고자 한다.

즉, 압축강도가 불합격된 경우 제일 먼저, 시험방법과 시험기 및 시료의 적절성을 판단하는 것이 중요하다. 이 경우 시험방법은 표준방법을 준수하였고, 시험기는 검교정을 받았다고 가정하고 시료의 적절성은 그림 6-19와 같은 기준에 의하여 판단하고 비정상적인 시료의 데이터를 제거하고 평가하도록 한다.

또한, 표준양생 공시체의 압축강도는 레미콘의 품질을 평가하는 것으로 실제 타설된 구조체의 압축강도와는 차이가 있을 수 있으므로, 구조체 관리용 공시체나 코어 채취로부터 구조체의 강도를 확인하는 것으로 한다.

구조체 강도의 확인으로도 불합격 시 재령관리의 연장 등을 검토하며, 재령관리의 연장이 불가능할 경우 전체적인 구조체의 압축강도를 비파괴시험법에 의거 평가하여 부분적인 결함인지 전체적인 결함인지를 판단해야 한다.

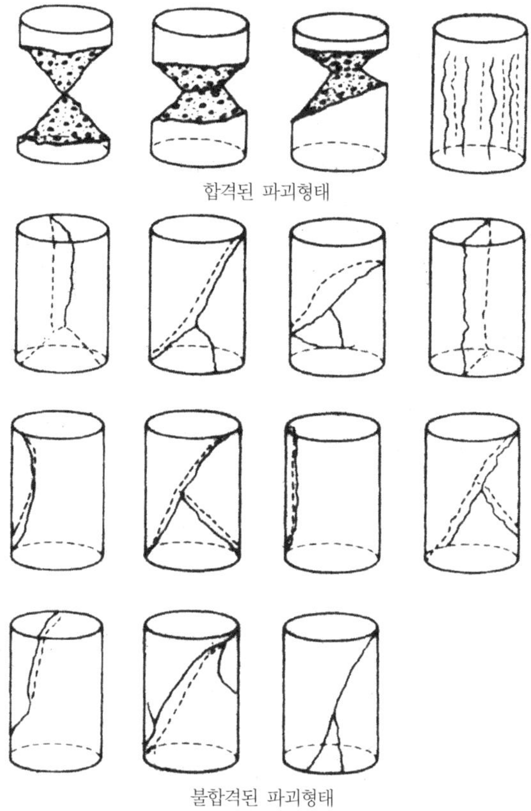

그림 6-19 파괴형태의 분류

부분적인 결함인 경우 협의를 통해 해당부분을 보수 혹은 보강하는 것으로 하며, 전체적인 결함일 경우 재하실험을 행하거나 발현된 구조체 압축강도로 구조계산을 재검토하여 보수·보강하거나 기타의 방법으로 구조체의 성능을 회복할 방법을 모색해야 할 것이고, 보수·보강으로도 회복이 불가능할 경우 해체하고 재시공해야 할 것이다.

종합적으로 레미콘 품질관리위원회의 제안은 그림 6-20과 같이 경미한 강도결함인 경우 재령관리 연장 등으로 구조체를 사용하는 방안으로 유도하고, 중대한 결함(혼화제 과다 첨가, 잘못된 규격의 레미콘 부어넣기 등)인 경우로서, 이 중 부분결함인 경우는 국부보강 및 국부 재시공을 유도하도록 하고, 전체적인 결함은 어쩔 수 없는 경우에는 해체 후 재시공해야 하겠지만 구조계산의 재검토, 구조체의 용도전환, 보수·보강 등 성능회복을 검토하고 자원절약 환경보존 등도

참작하여 일단 타설한 콘크리트 구조체는 가능한 활용하도록 하는 제안으로 압축강도 불합격 시에는 이러한 방법이 적절한 대처노력으로 판단된다.

— 아주산업(주) 기술연구소 윤기원 소장

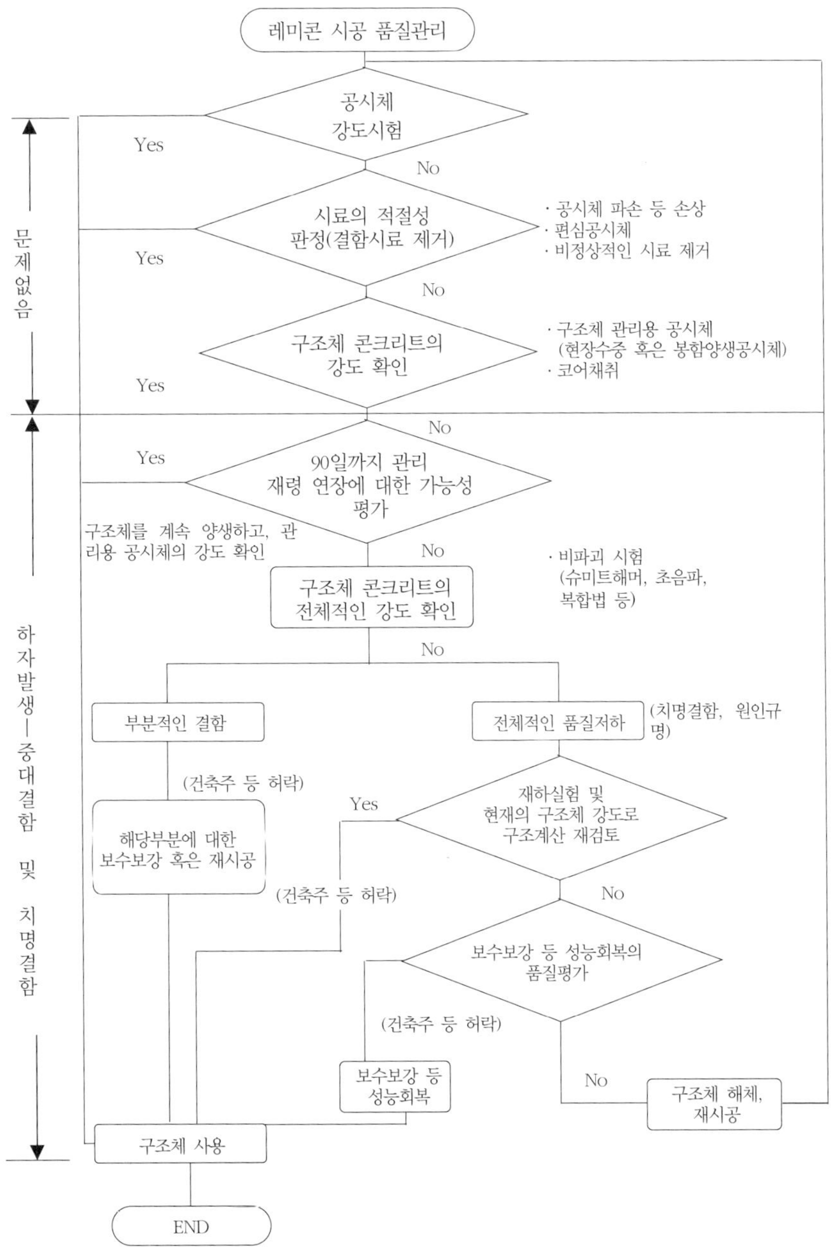

그림 6-20 압축강도 불합격 레미콘의 조치에 대한 흐름도

참고문헌

1) 건축공사표준시방서, 국토해양부, 1955, pp.127.

2) Samuelsson P., "Necessary Early Strength on In-Situ Cast Concrete", Beton, RiLEM, 1982. 6.

3) ACI Manual of Concrete Practice 1980, Part 2, "Recommended Practice for Concrete Form work", ACI 347-78, pp.16.

4) "スライジーングォグム法の實施報告—初期强度の實驗を含む初期の報告—", 建築技術, No.42, 1954. 11, pp.33~40.

5) "コンクリトの初期性狀", コンクリトジャーナ, ルVol.11, No.10, 1973. 10, pp.31~14.

6) Kressc, "Efflorescence-Mechanism of occurrence and Possibilities Prevention", Betonwerk + Fertigteil : Technik, Jg.53, Ht.3, Beuverlag GmbH, Marz. 1987, pp.160~168.

07 QUESTION & ANSWER

레디믹스트 콘크리트

1. 레미콘공장 설립절차와 제조설비 기준에 대하여 알고 싶습니다.

질의

응답

레미콘업이란 KS F 4009에 규정된 제조방법, 품질검사 등에 준하여 전문적인 콘크리트 생산시설을 갖추고 아직 굳지 않은 콘크리트를 생산하여 건설공사현장까지 운반 공급하는 제조업의 일종으로서, 근년 들어 콘크리트 시공작업의 합리화 추세에 따라 80년대 초에 40여 개에 불과했던 레미콘 공장수가 91년 3월 현재 401개 공장으로 크게 늘어난 상태이다.

특히 90년도에는 무려 86개의 공장이 신설되었으며 91년도에도 90여 개의 공장이 신규로 가동될 것이 예상되어 레미콘의 수급원골화에는 다소 기여할 것으로 판단되나, 레미콘 품목이 본래 90분 내 타설이 필요한 반제품으로 공급반경이 제한되므로 지역별로는 과다경쟁이 우려되고 있는 실정이다.

레미콘공장의 설립절차는 보통 토목형질 변경 및 지적정리(부지조성, 도로, 배수로, 옹벽, 법면정리 등) → 사업자등록 신청 → 공장설비 신고(공장설치 신고서, 배치도, 지적도, 사업계획서, 도시계획확인 첨부) → 공해방지시설 설치허가 → 건축 및 설비 인허가 → 착공신고 → 중간검사 신고 → 준공 신고 → 공장가동의 순으로 진행되며 관련행정은 시, 군, 군청에서 담당하고 있고 레미콘 공장에 소요되는 주요 제조설비를 보면 다음 표와 같다.

표 7-1 레미콘 제조설비 목록표

공정명	설비명	용도
1. 시멘트 저장 및 운반	시멘트 사일로	시멘트 저장
	screw conveyor 로터리 휘더 bucket elevator	시멘트 이송
2. 골재저장 및 운반	골재저장조(조골재 40mm) 〃 (조골재 20mm) 〃 (세골재)	골재저장
	tunnel gates(조골재 40mm) 〃 (조골재 20mm) 〃 (세골재) 골재저장빈(조골재 40mm) 〃 (조골재 20mm) 〃 (세골재)	
	바이브레이터 스크린 파워실린더 페이로더	모래스크린 골재분배기 골재운반
3. 사용수저장 및 운반	사용수탱크 B/P합수 펌프 사용수 저장조	사용수저장 사용수저장 사용수저장
4. 혼화제 저장 및 운반	혼화제 창고 혼화제 탱크 혼화제 펌프 혼화제 교반기	혼화제저장 혼화제 희석 혼화제 이송 혼화제 희석
5. 배치플랜트 – 자동재료 계량 및 기록장치	시멘트 저장 및 계량기 조골재 계량기(40mm) 〃 (20mm) 세골재 계량기 사용수 계량기 혼화제 계량기	원재료계량
	control panel 자동계량기특장치 출하지명장치	레미콘 생산 및 기록 납품서 발행
5. 배치플랜트 – 혼화설비	concrete mixer concrete hopper	원재료 혼합 레미콘 저장
6. 레미콘 운반	mixer truck	레미콘 운반
7. 세차설비	세륜장 세차장	차량세차
8. 검사설비	검사도크	차량정비

9. 수전설비	수중펌프	지하수공급
10. 기타설비	발수처리장 에어압축기 보일러 산업기(SILO) 항온항습장치 골재적치장(조 · 세골재)	발수처리 에어공급기 난방용 비산분진 방지 온습도 유지 골재야적

(한국 레미콘공업협회 제공)

질의

2. 최근 콘크리트의 품질변동 문제로 인해 국내에서도 건식레미콘(dry ready-mixed concrete)의 도입을 검토하고 있는 단계인데, 기존에 사용중인 레미콘과 비교할 때의 장 · 단점에 대해 알고 싶습니다.

응답

기존에 사용중인 레미콘은 아시다시피 공장에서 모든 재를 배합한 다음 현장으로 운반하여 타설하는 이른바 레디믹스트콘크리트를 줄여서 레미콘이라 하고 있다. 반면에 건식레미콘이란, 물을 제외한 모든 재료를 절대건조상태에서 배합한 다음 운반 및 유통단계를 거쳐 현장에서 사용할 때 소요의 물을 혼합하여 타설하는 것을 말하며 미국에서는 오래전부터 사용되고 있다. 국내의 경우 레미콘의 가수(물타기)로 인한 콘크리트 품질변동 문제의 발단으로 인해 건식레미콘 도입을 위한 규격제정을 검토하고 있으나, 품질확보를 위한 근본적인 대안으로 채택하는 데에는 많은 문제점과 장 · 단점이 있다고 하겠다. 다음에 건식레미콘 사용시 장 · 단점에 대해 기술하고자 한다.

≫ **장 점**

① 건식레미콘을 적용할 경우, 믹싱체계로서 오거(augar) 혼합방식을 채택하게 되는데, 이 방식을 적용할 경우 일정한 혼합에 따른 품질관리가 비교적 양호하게 이루어질 수 있다.

② 소량의 콘크리트 물량이 소요될 때는 작업자가 주변장비의 도움 없이 자유스럽게 작업을 수행할 수 있다.

③ 생산 포장규모를 다양하게 할 수 있어서 재료의 양을 조절하기 편리하다.

④ 건조한 재료를 확보할 수 있다면 건식레미콘 생산을 위한 장치 또는 장비의 초기 투자비를 줄일 수 있다.

⑤ 사용되는 모든 재료가 건조한 상태로 공급되므로 전체적인 품질의 균일성을 확보할 수 있다.

⑥ 운반시간의 증가 등 시공환경의 불리한 여건에서도 일정한 품질확보가 가능하다.

⑦ 현장에 일정한 규모의 이동식 배치플랜트를 설치하여 연속적으로 사용할 경우 투자비를 줄일 수 있다.

≫ **단 점**

① 일정한 품질을 확보하기 위해서는 타설현장에 고도의 기술력을 갖춘 기술자의 배치가 요구된다.

② 습식레미콘의 경우 생산공장 실험실에서 배합에 따른 품질시험 및 배합수정을 용이하게 할 수 있는 반면 최종 물의 배합이 현장에서 이루어지는 건식의 경우는 시험을 통한 정밀한 품질관리가 거의 불가능하다. 즉, 여러 가지 사회적 환경에 의해 발생하는 기존 습식레미콘의 품질저하를 방지하기는 용이하나 실제적인 품질의 개선은 건식에서는 불가능하다.

③ 재료가 모두 건조한 상태를 기본조건으로 하기 때문에, 일단 골재를 건조시키는데 상당한 시설이 필요하게 되므로 공간과 설비의 증가를 유발, 전체적인 경제성이 불리할 수 있다.

④ 건식기술을 도입할 경우 현장에서 믹싱작업을 수행할 수 있는 배치플랜트가 필요한데, 이를 고정식으로 할 경우 일일이 현장 배치플랜트를 제작해야 하는 낭비요인이 발생할 수 있고, 이동식 배치플랜트를 이용할 경우는 장비의 제작 및 도입에 대한 초기투자 요인이 상당히 발생할 수 있다.

⑤ 이동식 배치플랜트를 이용할 경우는 생산량의 한계가 있게 되므로, 대형공사에는 공급량의 부족으로 작업능률이 저하될 수 있다.

⑥ 공급량을 대비하여 미리 건비빔하여 충분한 소요물량을 확보할 경우 비록 재료들이 건조한 상태여서 단기간에 응결되지는 않으나 공기중의 습기를 흡수하여 자연적으로 수화반응이 발생할 수 있으며, 이때는 콘크리트 물성변화를 가져올 수 있다.

⑦ 지금까지의 콘크리트 배합설계 개념이 표면건조포화상태의 골재를 기본으로 정립되어 있다. 따라서 건조골재를 사용할 경우 골재의 초기 흡수와 이와 관련된 콘크리트의 품질변동의 시간적, 물성적 변화가 체계적으로 규명

되어야 요구되는 품질의 콘크리트를 생산할 수 있다.

질의

3. 일본의 경우 중요 구조물의 구축 시 레미콘의 성능발주의 도입이 검토되고 있는 것으로 알고 있습니다. 레미콘 성능발주의 개요에 관하여 알고 싶습니다.

응답

1. 성능규정의 도입

최근 콘크리트구조물의 내구성 향상 및 장수명화에 관한 관심이 집중됨에 따라 사회적으로 콘크리트구조물의 품질 및 성능에 대한 인식이 높아지고 있으며, 이에 대응하기 위한 기술개발 및 기반확립이 시급히 요구되고 있는 실정이다.

한편, 지금까지 적용되고 있는 콘크리트 표준시방서, 건축공사 표준시방서 등의 규정은 사용재료 및 방법 등 가장 기본적이고 최소한의 품질수준만을 규정하고 있는 소위 "시방규정"이었으나, 이와 같은 규정만으로는 전술한 바와 같은 실정에 적절히 대응할 수 없다는 문제점이 제기됨에 따라 최근 일본 등의 선진외국에서는 콘크리트구조물의 요구성능을 합리적으로 확보하기 위한 방안으로서 "성능규정"의 도입이 도모되고 있다. 국내에서도 이와 같은 성능규정의 실행으로서 2006년도부터 소음, 구조, 환경 등의 부분에서 주택성능등급 표시제도를 시행하게 되었다.

또한 일본의 경우 2002년에 제정된 콘크리트 표준시방서에서 성능규정으로의 전환을 도모하였으며, 콘크리트 공사에 관련된 시방서 등이 성능규정으로 전환될 경우 향후 레미콘의 발주에 있어서도 굵은골재 최대치수, 설계기준강도 및 슬럼프만을 표시한 사양발주가 아닌 성능발주라는 새로운 개념의 발주시스템으로 변화할 것으로 예측되고 있다.

2. 레미콘 성능발주의 개요

2.1 콘크리트구조물의 요구성능

콘크리트구조물에 요구되는 성능으로서 일본의 경우 콘크리트 표준시방서에 따르면, 콘크리트구조물에 요구되는 성능의 상위 개념은 "사용성", "안전성", "내구성"으로 규정되고 있다.

사용성은 설계하중을 토대로 구성부재나 구조물이 사용한계에 도달하지 않는 것이며, 안전성은 내진성능 외의 설계하중을 토대로 모든 구성부재가 단면파괴에 도달하지 않는 것이다. 또한, 내구성은 중성화, 염해, 동해, 화학적 침식, 알칼리 골재반응 등에 대한 저항성 등을 의미한다. 이와 같은 콘크리트구조물의 요구성능이 설정되면 이를 만족시키기 위한 콘크리트의 성능이 결정되고, 이에 따른 콘크리트 재료 및 배합을 설정하게 된다. 콘크리트의 성능에 관계된 재료, 배합의 주요지표의 사례를 표 7-2에 나타내었다.

2.2 성능발주의 가능성

콘크리트구조물의 요구성능에 대응하는 콘크리트를 성능발주할 경우 성능발주의 방안 및 가능성을 사례를 들어 살펴보면, 콘크리트구조물의 중성화 저항성을 고려하여 성능발주할 경우 콘크리트의 중성화 속도 계수를 지정하거나, 중성화 속도 계수가 물시멘트비와 밀접한 관계가 있으므로 물시멘트비의 상한치를 지정할 수도 있다.

이러한 경우 현 시점에서 콘크리트의 물시멘트비를 평가할 수 있는 방안이 없기 때문에 최근 평가방안으로 검토되고 있는 단위수량 평가방법 등을 적용하여

표 7-2 콘크리트의 성능과 관련된 주요지표

콘크리트 성능	주요지표
수화발열 특성	결하배의 품질, 단위결합재량, 타설시 온도
강도	시멘트(결합재)물비
중성화 속도계수	결합재 종류 및 품질, 물결합재비
염화물이온 확산계수	물결합재비, 염화물이온량
동결융해 저항성	물결합재비, 공기량, 골재 품질
투수계수	물결합재비
내화성	골재 품질, 단위수량
수축특성	콘크리트 재료의 품질, 단위수량, 단위시멘트량
워커빌리티	굵은골재 최대치수, 슬럼프, 블리딩, 재료분리 저항성
펌퍼빌리티	골재 품질, 굵은골재 최대치수, 슬럼프, 블리딩, 재료분리 저항성
응결특성	시멘트 종류 및 품질, 혼화재료 품질, 타설시 온도

레미콘의 단위수량 관리를 확실하게 하는 방법을 적용할 수 있다. 또한, 염해의 경우 염화물이온 확산계수를 지정할 수 있으며, 동해의 경우 요구성능을 만족할 수 있는 공기량을 지정하여 성능발주하는 방법이 적용될 수도 있다.

이와 같이 레미콘 성능발주 시 콘크리트구조물의 요구성능으로써 구조안전성, 미관, 내구성, 시공성 등에 대하여 표 7-3에 나타낸 바와 같이 콘크리트의 성능지표를 설정함으로써 성능발주를 적응시킬 수 있을 것으로 기대된다.

표 7-3 콘크리트구조물의 요구성능에 대응한 콘크리트 성능지표 사례

구조물 요구성능		콘크리트 성능
· 구조안전성 · 미관 · 내구성 · 시공성 · 환경성 · 기타	· 강도, 강성 · 단위용적질량 · 변형성 · 균질성 · 균열저항성 · 내화성 · 내구성 －부식방지 －동해저항성 －AAR저항성 －내화학성 · 마모저항성 · 수밀성 · 기밀성 · 박리·박락 저항성 · 치수 정밀도 · 피복두께	· 설계기준강도, 품질 기준강도, 영계수, 크리프 변형, 수축변형 · 내화성 · 워커빌리티 · 충전성 · 재료분리저항성 · 블리딩률 · 응결성상 · 펌프압송성 · 경시유지성 · 균열지수, 허용균열폭 · 단열온도 상승량 · 중성화 속도계수 · 상대 동탄성계수 · AAR에 의한 콘크리트 팽창률 · 내화학성 · 염화물이온 확산계수 · 내마모저항성 · 투수계수 · 투기계수

2.3 성능발주의 문제점

지금까지 기술한 바와 같이 레미콘 성능발주의 경우 콘크리트구조물의 장수명화를 위한 합리적인 방안으로 제시될 수 있다. 그러나 현 시점에서 레미콘의 성능발주를 시행할 경우 발생할 수 있는 문제점이 잔존하고 있으며, 이를 간략히 정리하면 다음과 같다.

① 콘크리트를 구성하는 재료, 특히 천연재료인 골재 등의 변동에 따른 콘크리트 성능저하에 관한 책임의 소재가 불명확하게 될 가능성이 있다.

② 성능발주를 시행할 경우 성능확보 여부를 확인할 수 없으면 성능발주의 의

미가 없게 된다. 그러나 현실적으로 레미콘 입수 시에 성능을 확인할 수 있는 항목은 한정되어 있으며, 이는 성능발주의 수행에 있어서 커다란 문제점이라고 할 수 있다. 이에 대응하기 위해서는 단위수량이 계획대로 되어 있는지를 확인할 수 있는 평가방법 등과 같이 대체 확인방법의 검토가 필요하다.

③ 레미콘 성능발주 시 비용이 증가되는 경우 이는 발주자의 부담이 되므로, 성능발주에 의해 경제적인 효과가 있는지를 사전에 검토해야 한다.

④ 레미콘 입수시험에 합격한 경우에도 경화 후 소정의 성능이 확보되지 않는 경우가 발생될 것으로 예상되며, 이러한 경우에 대한 조치, 책임의 소재 등을 사전에 정리해 둘 필요가 있다.

3. 레미콘 성능발주의 향후 과제

전술한 바와 같이 아직까지 레미콘 성능발주를 시행하는데 있어 다양한 문제점이 남아있으며, 현실적으로 국내 건설생산현장에서의 도입에도 시간이 필요할 것으로 판단된다.

그러나 콘크리트구조물의 품질 및 장수명화에 대한 소비자의 인식이 높아지고 있으며, 이에 합리적으로 대응하기 위한 방안으로서 레미콘 성능발주를 시행하기 위해서는 다음과 같은 문제가 해결되어야 할 것으로 사료된다.

① 성능확보 여부의 정량적인 평가를 위해서는 콘크리트 요구성능, 예를 들면, 굳지 않은 콘크리트의 재료분리 저항성, 충전성, 경화콘크리트의 내구성 등에 대한 구체적인 수치화가 이루어져야 한다.

② 콘크리트 요구성능을 만족할 수 있는 재료 선정 및 배합설계의 타당성을 판단할 수 있는 자료가 구축되어야 한다.

③ 요구성능을 만족시킬 수 있는 레미콘 제조기술의 보증방안 및 제조된 레미콘의 성능을 보증할 수 있는 방안의 확립이 필요할 것으로 판단된다.

④ 타설된 레미콘의 성능을 보증할 수 있는 방안이 구축되어야 할 것이다.

— 대림산업(주) 기술연구소 이도범 부장
— 광주대학교 건축공학과 염환석 교수

08 특수콘크리트

QUESTION & ANSWER

질의

1. 최근 건설분야에서 신 재료로 대두되고 있는 폴리머콘크리트란 무엇입니까?

응답

지금까지 건설재료로서 널리 사용되어 오고 있는 시멘트콘크리트는 결합재가 시멘트 수화물이기 때문에 갖는 단점, 예를 들면 늦은 경화, 작은 인장강도, 큰 건조수축, 약한 내약품성 등을 단점으로 지적할 수 있다. 이러한 단점들을 개선할 목적으로 고분자화학공업의 소산인 폴리머(polymer, 중합체를 의미하며 넓은 의미로는 유기고분자재료 전체를 말한다.)를 콘크리트 제조에 사용하고 있는바 이는 다음의 3가지로 구분되고 있다.

첫째, 혼화제로서 시멘트 혼화용 폴리머를 시멘트콘크리트 제조 시 병행하여 사용하는 경우로 이를 폴리머시멘트콘크리트(polymer cement concrete, PCC) 또는 폴리머 포틀랜드시멘트콘크리트(polymer portland cement concrete, PPCC)라고 한다.

둘째, 포틀랜드시멘트와 같은 무기질 시멘트를 전혀 사용하지 않고 결합재로서 폴리머만을 사용하여 골재를 결합시킨 경우로, 이를 폴리머콘크리트(polymer concrete, PC)라고 한다. 과거에는 이를 레진콘크리트(resin concrete), 또는 수지콘크리트라고 부르기도 했다.

셋째, 모노머(monomer, 단량체)를 함침재로 하여 기존의 시멘트콘크리트 속에 침투시켜 중합시킴으로써 경화한 콘크리트의 성질을 개선하는 경우로, 이를 폴리머 함침콘크리트(polymer impregnated concrete, PIC)라고 한다.

이상에서 열거한 3종류의 콘크리트를 총합해서 콘크리트-폴리머 복합체(concrete-polymer composites)라고 하며, 이와 같은 용어는 1980년대 후반 ACI, RILEM 등에 의해 통일되었다.

그러나 과거에는 3가지 중 폴리머콘크리트를 레진콘크리트 또는 수지콘크리트라고 부르는 대신 3가지 모두를 총칭해서 폴리머콘크리트라고 하였으며, 경우에 따라서는 플라스틱콘크리트라고 하는 등 용어의 혼돈을 가져오기도 했다.

결론적으로 말하면, 폴리머콘크리트란 결합재로서 폴리머만을 사용할 뿐 포틀랜드시멘트가 전혀 들어가지 않은 것으로서 콘크리트-폴리머 복합체 가운데 한 가지라고 할 수 있겠다.

질의

2. 폴리머콘크리트의 특성에 대해 알려 주십시오.

응답

여기서는 콘크리트-폴리머 복합체 3가지 중 폴리머콘크리트에 대한 일반적인 특성만 기술하겠다.

첫째, 단기에 고강도(압축강도 80~120MPa)를 나타내며, 부재 단면을 작게 할 수 있기 때문에 경량화가 가능하다.

둘째, 탄성계수는 시멘트콘크리트보다 약간 작으며, 크리프는 폴리머 결합재의 종류 및 양과 온도에 따라 차이가 있으나 상온에서는 시멘트콘크리트와 큰 차이가 없다.

셋째, 거의 완전한 수밀성과 기밀성의 조직구조를 갖기 때문에 흡수 및 투수에 대한 저항성과 수증기, 공기 기타 기체의 투과에 대한 저항성이 우수하다.

넷째, 폴리머 결합재의 높은 접착성 때문에 시멘트콘크리트, 석재, 타일, 금속, 목재, 벽돌 등의 각종 건설재료와 잘 접착된다.

다섯째, 내약품성, 내마찰성, 내평행성 및 전기절연성이 양호하다.

여섯째, 가연성인 폴리머 결합재를 함유하기 때문에 난연성 및 내화성은 불량하다.

질의

3. 폴리머콘크리트의 주된 용도에 대해 알고 싶습니다.

응답

마찬가지로 콘크리트-폴리머 복합체 3가지 중 폴리머콘크리트의 용도에 대해서만 기술하겠다.

폴리머콘크리트는 우수한 특성을 이용하여 공장제품과 현장타설에 사용되고 있다.

현재 일본에서는 불포화 폴리에테르수지를 결합재로 한 폴리머콘크리트가 공장제품용으로 널리 보급되어 있다. 이를 이용한 공장제품에는 통신용, 가스용, 전력용 등의 맨홀, FRP 초강 파이프나 패널, U자구, 측구용 뚜껑, 실드공법용 세그먼트, 보도판, 고강도 파일, 인조대리석, 지하 간이수납고, 지자기관측실용 패널이나 프레임 등이 있다.

한편, 미국에서는 지열정(地熱井)과 그 부속설비용 방충제, 도로, 항만, 댐, 철도 등의 콘크리트구조물 보수제, 건물의 외장용 패널, 배수구 시스템의 공장제품, 해양용 부유식 구조물 등에, 독일 · 스위스 등 서구에서는 하수도용 U자구, 파이프, 맨홀, 녹석(綠石), 변압용기 기계설비용 기초, 철도용 케이블 덕트나 침목 등에 소련이나 동구에서는 댐 방수로, 침수지 등의 수리구조물 보수제, 하수도용 파이프나 세그먼트 등에 널리 사용되고 있다.

그러나 폴리머콘크리트는 신 건설재료로서 시멘트콘크리트가 갖지 못하는 특성을 가지고 있으므로 이의 효율적 이용을 위한 방안이 계속적으로 연구되어야 한다고 본다. 단지 문제되는 것은 가격인데 단위체적당 단가는 비싸나 고강도, 용도의 다양성, 경량성, 내구성, 속경성(速硬性) 등을 고려하면 충분한 경제성이 있는 만큼 외국에서는 이미 건설분야에 널리 이용되고 있으며, 우리나라에서도 가까운 장래에 폴리머콘크리트가 범용화될 것으로 기대된다.

질의

4. 한중콘크리트에서 콘크리트의 동결을 방지하기 위해 사용하는 혼화제의 기능은 어떤 것이며, 이들은 콘크리트의 강도 및 내구성에 어떠한 영향을 미치고 있는지요?

응답

한중콘크리트에 사용되는 혼화제의 기능을 첫째로 콘크리트 내의 Pore Water의 동결온도를 낮추는 것과 둘째로 시멘트 성분 중 C_3S의 반응을 가속화시킴으로써 콘크리트를 조기 경화시키는 것으로 대별할 수 있다. 조기경화가 일어나면 공극을 포함하고 있는 콘크리트의 초기동해(freeze-thaw) 사이클을 흡수할 수 있으므로 콘크리트는 계속 양생되면서 소기의 강도를 얻을 수 있다. 양생속도는 항상 적절한 보온장치에 좌우되며, 실제로 한중콘크리트에서 사용되는 혼화제는 어느 정도 위 두 가지 기능의 상호작용에 좌우된다.

전통적으로 북유럽 국가에서는 콘크리트 내에 pore water의 동결온도를 -4°F (~20°C) 정도로 낮추기 위하여 inorganic salts(시멘트 중량의 15% 정도)를 사용하였다. 그러나 inorganic salts의 사용은 C_3S의 수화작용을 증가시킴으로써 조기경화를 이룰 수 있지만 철근에 유해한 작용은 물론 과도한 건조수축 등을 유발하고 있다. 최근에는 ASTM Type C와 E를 만족시키는 새로운 한중콘크리트 혼화제가 개발되어 영하의 낮은 온도 하에서도 C_3S의 수화작용이 빠르게 진행되어 콘크리트가 동결함이 없이 조기에 경화되도록 하였다. 이들 사용량의 정도를 조절함으로써 조기경화 시간 및 콘크리트의 타설온도 또한 안전하게 낮출 수 있게 되었다.

질의

5. 일반적으로 시멘트의 수화반응에 필요한 수량은 W/C로 볼 때 최소 40% 정도로 알고 있는데, 고강도콘크리트의 경우 W/C를 보통 20~30%까지 낮추고 여기에 혼화제(고성능감수제)를 혼입하는 것으로 배합설계를 하고 있는데, 이 경우 미수화 반응에 따른 영향은 없는지, 있다면 영향의 내용과 대책은 무엇인지 궁금합니다.

응답

경화된 시멘트나 콘크리트의 기계적 성질은 수화된 시멘트의 성분과 이의 물리적 조직특성에 따라 결정된다.

수화반응에 있어서의 물은 쉽게 말해서 결합수(combined water)라고 하는 화학수와 수화반응이 일어나게 하는데 필요한 보조(촉매)수, 그리고 수화반응과 관계없는(시공연도는 높여 주지만) 물로서 설명될 수 있겠다.

W/C가 20~30%라고 하는 것은 경화된 상태에서의 결합수와 시멘트의 비로서, 시멘트의 종류에 따라 크게 좌우되는데 보고에 따르면 보통 19~23% 범위에서 결정된다.

한편, W/C가 최소 40%라고 하는 것은 수화반응시 콜로이드(colloid) 상태에서의 결합수와 보조수를 합친 비를 나타내는 것으로써, 특히 이때의 W/C를 유효물/시멘트 비(effective W/C ratio)라고 한다. 그렇기 때문에 고강도콘크리트에서는 W/C가 낮기 때문에 사용된 시멘트가 전부 수화반응을 일으키지 않고 미수화 시멘트가 남게 되는데, 지금까지의 연구에 의하면 미수화된 시멘트가 경화된 콘크리트 강도에 악영향을 미치지는 않는 것으로 보고되어 있다.

참고서적으로는『Properties of Concrete(Neville 저)』나『Concrete(Mindess 저)』를 소개하는 바이다.

질의

6. 겨울철에 저온에서의 콘크리트 작업을 하려하는데 콘크리트가 어는 것을 어떻게 방지할 수 있을까요?

응답

겨울철의 저온, 특히 빙점 이하의 온도에서 콘크리트 작업을 한다는 것은 매우 해롭다. 이러한 굳지 않은 콘크리트의 해로운 영향을 방지하기 위해서 특별한 조치 및 주의가 이루어져 혼합물질을 가열해서 콘크리트의 온도를 올릴 수가 있다. 물은 쉽게 가열되는데 60~80℃ 이상이 되면 좋지 않다. 왜냐하면 시멘트의 응고가 일어나기 때문이다. 이 같은 일은 물과 시멘트의 온도 차이에 의해서 일어난다. 또한 시멘트가 높은 온도의 물과 직접 닿지 않게 하는 것도 중요하다. 그리고 이러한 이유로 믹서에 혼합물을 넣는 순서가 적절해야 한다. 물을 가열하는 것으로 콘크리트의 온도를 충분히 올리지 못한다면 골재를 가열해야 한다. 골재는 증기에 의해서 가열하는데 직접 증기로 가열하면 물량이 변화하므로 코일 등을 통하여 간접적으로 가열한다. 골재를 52℃ 이상 가열하는 것은 좋지 않다. 혼합물들의 온도는 조절되어야 하고, 응고가 너무 높은 온도에서 일어나지 않도록 하기 위해서 배합된 콘크리트의 온도를 미리 계산해야 한다. 이것은 콘크리트의 강도발현에 나쁜 영향을 미친다. 게다가 굳지 않은 콘크리트의 높은 온도는 시공연도를 나쁘게 하며 큰 온도수축을 일으킨다.

그래서 콘크리트가 7~21℃에서 응고되는 것이 바람직하지만, 온도가 제조 후 3일 동안 10℃ 이하로 떨어지지 않아야 한다. 21℃ 이상의 온도와 더 오랜 기간동안 적절하게 온도를 조절해야 한다. 콘크리트가 동결에 노출되기 전에 필요한 양생시간의 산정은 숙성도(maturity)계산으로부터 얻어진다. 이와 관련하여, 콘크리트가 동결점 이상에서 응고되고 약간의 강도를 얻는다면, 모든 얼지 않은 구멍

(매우 낮은 속도로 방출되는 열을 가진)에서 1℃ 또는 그 이하에서도 수화작용이 계속 일어난다. 동결기간이 지나면 정상적인 강도의 발현이 숙성도 법칙에 의해서 계속될 것이다.

부어넣기 후의 초기단계에서 콘크리트의 온도조절은 낮은 물시멘트비와 부배합을 사용함으로써, 그리고 높은 수화열을 내는 시멘트(즉, C_3S와 C_3A 양이 많은 시멘트)를 사용함으로써 도움을 받을 수가 있다.

칼시움클로라이드와 같은 촉진제는 확실히 시멘트의 수화작용을 빠르게 한다. 또한 칼시움클로라이드는 혼합물의 어는 온도를 1~2℃ 정도 낮게 한다. 사실 물은 어느 정도 소금성분을 가지고 있다. 그래서 어는 온도는 순수한 물에 비해서 3℃ 정도 낮다.

실제 공사에서는 많은 주의가 필요한데, 예를 들면, 콘크리트는 믹서로부터 거푸집으로 옮겨지는 동안 과도하게 냉각되어서는 안 되고 언 표면에 닿아서도 안 된다. 부어넣은 후에 대기로부터 콘크리트를 단열함으로써 온도를 조절할 수 있다. 그리고 필요하다면 콘크리트 주위를 막고 그 안에 열을 가함으로써도 가능하겠다. 가열의 형태는 콘크리트가 급격하게 건조되지 않고 그 어느 부분도 과도하게 열을 받지 않으며 대기중의 CO_2의 집중현상이 없어야 한다. 이러한 이유로 증기가 가장 좋은 열원이다. 또한, 뜨거운 물이 순환하는 재킷형태의 금속 거푸집이 매우 성공적으로 사용되고 있다.

콘크리트는 콘크리트 속에 전극을 설치하거나 철근을 전극으로 해서 전류를 가해서 가열할 수가 있다. 단면이 얇을수록 더 쉽게 얼게 되므로 동결을 막기 위해서 더 많은 주의를 기울여야 한다. 동결의 영향은 온도변화의 속도와 크기에 관계되며, 동결작용의 심각성은 온도의 갑작스런 저하가 바람을 동반할 때에 더욱 커지게 된다. 한편, 눈은 단열재로 작용해서 자연의 보호를 제공하게 된다.

추운 날씨 하에서 콘크리트에 취해지는 다른 조치방법이 구소련에서 개발되었다. 포타시(K_2CO_3)가 혼합물에 혼합되어 빙점을 낮추어서 콘크리트에 강도발현을 가능케 한 것이다. 그러나 포타시는 응고를 촉진시키므로 지연제를 같이 사용해야 한다. 포타시는 철근과의 부착에 나쁜 영향을 주지 않고 부식을 방지해서 겨울철 콘크리트에 포타시의 사용은 점차 많아질 것이다. 추운 날씨에 경량골재 콘크리트의 사용은 이점이 있다. 경량골재 콘크리트는 보통 콘크리트보다 열전도율이 낮기 때문에 그 스스로 단열재의 역할을 한다. 또한 이러한 콘크리트는 보통 콘크리트보다 낮은 비열(specific heat)을 가지기 때문에 시멘트의 수화열이 더욱 효율적으로 경량골재 콘크리트가 동해되는 것을 막아준다.

질의

7. 외국의 경우 강섬유 등을 비롯한 많은 섬유들이 콘크리트 보강재로 이용되어 건설 신소재로 다양하게 응용되고 있는 것 같습니다. 이들 섬유들의 종류와 특히 강섬유 보강콘크리트의 응용분야를 알고 싶습니다.

응답

대표적인 섬유로는 강섬유, 유리섬유, 플라스틱섬유, 탄소섬유 등이 있다. 짧은 강섬유는 가장 많이 쓰이는 섬유의 한 종류로서 단면형상은 주로 원형이나 또는 장방형을 하고 있다. 표면의 형태는 모체 콘크리트와의 부착을 위하여 요철형태로 두기도 한다.

유리섬유는 밀도가 강섬유에 비하여 낮으며 탄성계수는 강섬유의 약 1/3에 해당한다. 유리섬유의 최대 약점은 알칼리 성분의 시멘트에 약하여 부식하기 쉬운 점에 있으므로 최근에 이를 극복하기 위하여 내알칼리성 유리섬유가 개발되고 있다. 플라스틱 섬유는 밀도가 낮으나 탄성계수 값이 적고 모체 시멘트와의 부착력이 적고 내화성이 없음이 단점으로 지적되고 있다. 부착력을 증진시키기 위하여 섬유의 표면형상을 변화시켜 사용하기도 한다. 일반적으로 플라스틱 보강 콘크리트의 장기적인 기계적 물성은 신뢰성이 떨어지는 것으로 보고되고 있다. 탄소섬유는 섬유피치로부터 생성되는 섬유로서 다른 섬유에 비하여 직경이 매우 작은 것이 특색이며, 짧은 섬유형태로 생산되거나 매트형태로 생산되기도 한다. 탄소섬유는 온도, 환경에 대하여 강한 저항성을 가지며 특히 보강재의 내마모성을 증진시키는 특성을 갖는다. 섬유보강재의 개략적인 응용범위 특성, 형태를 표 8-1, 표 8-2와 그림 8-1에 각각 나타내었다.

시멘트 주성분의 모체에 섬유를 혼입하여 얻게 되는 섬유보강재는 기존 콘크리트와 비교하여 압축, 인장, 횡응력에서 기본적으로 연성과 부분적으로 강도를 증가시키므로 이에 대한 응용분야에서 이미 외국에서는 광범위하게 실제 현장에서 적용되고 있다. 강섬유 보강콘크리트의 경우 숏크리트, 프리캐스트콘크리트, 콘크리트 슬래브로서 산업건물의 바닥, 도로, metal deck와 그 밖의 내진 구조물에 부분적으로 적용되어 왔다. 숏크리트의 경우, 터널의 라이닝에 외국의 경우 아주 빈번하여 적용되고 있는데 이는 메시(Mesh)를 사용한 기존의 방법에 비

표 8-1 섬유보강 콘크리트의 일반적인 응용 예

Improvements / Applications	Ductility (Energy Absorption)	Dynamic Stiffness and Strength	Impact Resistance	Tensile (flexural) Strength	Shear Strength	Serviceability (Cracking & Deflec.)	Fatigue Properties	Reduced Size and Weight	Abrasion & Corrosion Resistance	Cavitation Resistance	Multi-Axial Strength	Behavior under High Temperature	Reduced Water Absorption
Seismic-Resistant Structures	•	•		•	•	•		•			•		
Airfield and Highway Pavements			•	•			•	•	•				
Thin Shells				•	•	•		•			•		
Frames, Beams, and Flat Slabs	•			•	•	•		•			•		
Bridge Structures	•	•		•	•	•	•	•			•		
Blast-Resistant Structures	•	•	•	•	•	•		•			•		
Water Tanks				•		•		•					•
Hydraulic Structures				•		•	•	•	•	•	•		•
Precast and prestressed Concrete Structures	•			•	•	•		•			•		
High-Strength Concrete and High-Strength Steel	•			•		•						•	
Overlay in Industrial Environments						•			•				
Refractory Structures									•			•	
Patching and Repair with Shotcrete				•		•							
Rock Slope Stabilization				•		•			•	•			•
Concrete Pipes				•		•		•	•	•	•		•
Nuclear Reactors	•	•	•	•	•	•		•	•	•	•	•	•
Mine Tunneling				•	•	•			•	•	•		•

표 8-2 섬유보강 콘크리트의 일반적인 응용 예

	비중	인장강도 Ksi	탄성계수 10^3 Ksi	최대인장 변형도(%)	용적률	직경(in.)	길이(in.)
강섬유	7.86	100 300	30	up to 30	0.75~3	0.0005~0.040	0.5~1.5
유리섬유	2.7	up to 180	11	≃3.5	2~8	0.004~0.03	0.5~1.5
플라스틱섬유 (polypropylene)	0.91	up to 100	0.14~1.2	≃25	1~3	up to 0.1	0.5~1.5
탄소섬유	1.6	up to 100	up to 7.2	≃1.4	1~5	0.0004~0.0008	0.02~0.5

1 Ksi = 7MPa　　1 in. = 25.4mm

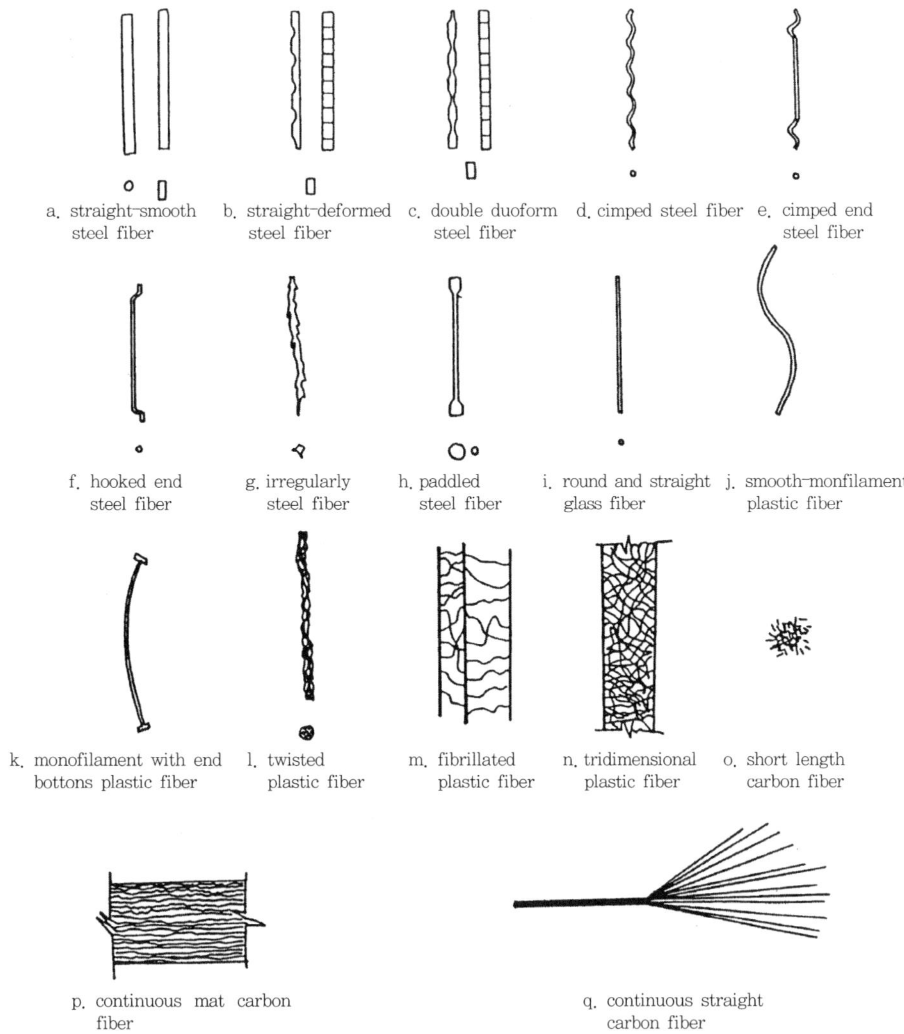

그림 8-1 여러 형태의 섬유 예

하여 표면요철을 따라 메시를 배로 해야 하는 공정의 어려움을 극복할 수 있을 뿐 아니라, 메시로 인하여 숏크리트시에 발생할 수 있는 메시 뒷부분의 공극과 이로 인한 균열의 발생을 방지할 수 있는 장점을 갖고 있다. 프리캐스트콘크리트에의 적용 예로는 균열과 프리캐스트 단위(precast unit)의 부분적인 쪼개짐, 갑작스런 온도변화와 충격 등에 대한 서항, 그리고 운반 시 발생할 수 있는 균열 등을 방지하기 위하여 사용되고 있다. 미국 공병대에서는 실제로 42ton 무게의 꺾어진 H자 형태의 dolosse를 강섬유를 혼입하여 제작하였는데 운반 600여 개 중에서 오직 2개만이 부분적 파괴가 일어난 것이 보고된 적이 있다.

한편, 주로 지면에 접한 슬래브(slabs-on-grade) 형태의 바닥을 갖는 산업건물의 경우에 바닥판이 지면 환경조건에 민감하므로, 강섬유를 사용함으로써 역학적인 장점뿐 아니라 강섬유를 콘크리트와 함께 타설함으로써 노동력과 장비의 절감을 실현할 수 있음이 보고되고 있다. 도로포장재로서의 강섬유 보강콘크리트는 일반도로, 고속도로, 교량, 활주로에 다양하게 타설되고 있다. 한 예로 외국 Louisiana의 Interstate 10번 고속도로의 경우 5mile에 걸쳐서 4인치 두께의 강섬유 보강콘크리트가 타설되었다. 시공자는 약 20년간을 사용시간으로 가정하였으며 일반적으로 3.0 내지 13인치의 두께를 갖는 기존의 덧씌움(overlay) 방법보다 휨강성 및 연성의 증가로 인한 물성의 우수성, 재료의 절감, 기존 방법에 의하면 2 내지 3년에 걸릴 수 있는 공정을 35% 앞당겨 공정의 단축 등을 실현하였다. 강구조물의 경우 금속데크(metal deck) 위에 타설되는 콘크리트에 발생할 수 있는 건조수축 및 온도변화에 대하여 강섬유 보강 콘크리트를 사용하고 있다. Metal deck/SFRC 바닥판은 균열제어 등의 역학적인 특성에서 뿐만 아니라 경제적인 시공으로 인식되고 있다.

질의

8. 섬유보강 콘크리트에 사용되는 섬유는 주로 길이가 짧고 임의 방향으로 모체 콘크리트에서 배합된 상태로 보강재로 쓰이는 것 같습니다. 역학적으로 이런 보강형태가 정렬된 섬유보다 우수한지 여부와 실제 정렬된 섬유(연속섬유)를 사용한 예는 없는지 알고 싶습니다.

응답

섬유를 보강하는 근본 이유는 외력에 의하여 시멘트 재료 내에 발생하는 균열을 제어함으로써 강도 및 연성을 증가시키는 데에 있다. 임의 길이의 짧은 강섬유가 임의 방향으로 모체 내에 분산되어 있을 경우 인장응력 방향에 대하여 강섬유가 그 방향으로 많이 정렬되어 있을수록 이론적으로 강섬유는 인장응력에 유효하게 저항하게 되며, 이 정렬 정도는 방향계수(orientation factor)로서 나타나게 된다. 구조체 내에 발생하는 인장응력의 방향이 예측 가능한 경우는 이론적으로 짧은 섬유보다는 긴 연속섬유를, 그리고 임의 방향보다는 인장응력 방향으로 정렬하는 것이 유효하게 인장력에 저항하리라는 것을 알 수 있다.

그러나 섬유를 정렬하여 배치하기에는 시공상의 어려움이 따르며 임의 방향성이 갖는 부차적인 보강효과 - 건축수축, 온도변화 등 - 에 의한 균열발생 저지 효과에 대한 비교 검토가 이루어져야 한다고 사료된다. 연속섬유의 보강효과에 대해서는 실험이 계속적으로 행해지고 있으며 실제로 시공된 예도 있다. 연속섬유가 설계에 시공된 경우는 기존 철근과 같은 역할의 보강근, 메쉬(mesh), 그리고 retrofitting 등을 들 수 있다. 이들 연속섬유는 기존의 단면이 적은 섬유를 그대로 사용되기보다는 가공하여 사용되고 있다. 콘크리트 벽체나 바닥판의 보강근으로 일본에서 사용되는 보강근의 경우는 vinylon 섬유와 polyarylate 등이 있으며 섬유를 에폭시(epoxy)로 접착한 것이 사용되고 있다. 이 보강근은 스터럽으로도 사용되고 있는데 재미있는 것은 긴 보강재를 사각형 형태로 연속적으로 계속 접어서 보 길이 방향 전체에 연속적이고 일체로 된 스터럽으로서 사용하고 있는 것이다.

또한 와이어메쉬는 아라마이드, 탄소, 유리로 된 연속섬유들을 함께 꼬아서 테이프로 감은 후 레진을 이용하여 메쉬로 완성한 형태이고, 특히 vinylon mesh는 콘크리트 및 시멘트 내에 보강재로서 쓰여서 패널과 같은 부차적인 구조재로서 쓰이고 있다. 연속섬유가 콘크리트의 보강근으로 쓰일 수 있는 곳은 철근의 부식이 우려되는 액체나 가스가 있다고 판단되는 곳이나 자성에 민감한 곳, 그리고 철근 등의 가공이 용이하지 않은 곳 등에 주로 실용적으로 적용되고 있다. 특히 가공이 용이하지 않은 곳에서도 연속섬유를 사용할 경우 공기의 단축과 동시에 우수한 시공이 가능하므로 용이하게 쓰일 수 있다고 사료된다.

질의

9. 공장의 바닥을 강섬유 보강 콘크리트를 써서 타설한 경우, 후에 AGV (automated wire-guided vehicles)를 사용할 경우 별 문제가 없는지 궁금합니다.

응답

실제 시공된 경우 별 문제없이 AGV를 사용할 수 있음이 보고 되었다(Baker Bilt Eurosteel Floor Division, Monroe, Ohio, USA). 다음 3가지 이유로 기존의 바닥보다 강섬유 보강 콘크리트 바닥이 AGV에 대하여 우수성을 나타냄이 고찰되었다.

① 일반적으로 기존의 바닥판은 연속으로 배근된 철근 또는 용접철망으로 도강되어 있는데, 이런 경우 제어 전기선이 이들 연속철근 또는 용접철망에 근접해 있을수록 전기선 내의 전기신호가 교란받기가 쉽다. 벨지움의

Leuven대학의 연구결과에 의하면 SFRC의 바닥이 기존 바닥보다 이런 면에서 약간 더 우수함이 보고되었다.

② 역학적으로 볼 때, SFRC 바닥의 경우 기존의 바닥보다 균열제어 능력과 과다한 조인트 이동에 대한 저항이 우수하므로 이러한 AGV 시스템에 대하여 상대적으로 우수하다.

③ 시공 면에서 보면 일반적으로 타설 시 비용과 타설 후 사용기간 동안 유지비에 대하여 기존 바닥 시스템과 비교하여 약 30% 정도의 비용절감을 실현할 수 있음이 보고되고 있다.

질의

10. SFRC를 써서 숏크리트(shotcreting)를 할 경우 강섬유의 반발(rebound)이 우려됩니다. 강섬유의 반발에 영향을 주는 요소는 어떤 것들이 있는지 알고 싶습니다.

응답

SPRC를 이용한 숏크리트(SFRS)는 미국 공병단에 의하여 1973년에 Idaho에서 처음으로 실용적으로 tunnel audit에 적용되었다. 그 후 광범위하게 SFRC 숏크리트가 사용되고 있는데 건비빔 숏크리트(dry-mix shotcreting)에서 당연히 물비빔 숏크리트(wet-mix shotcreting)보다 더 큰 강섬유의 반발이 생기게 된다. 건비빔 숏크리트의 경우 숏크리트 시의 섬유가 뿌려지는 속도 및 강섬유의 표면적, 무게 등과 크게 연관이 있음이 알려져 있다. 즉, 분사(shooting) 속도가 빠를수록, 표면적이 클수록, 그리고 무게가 적을수록 반발이 커지며 이는 분사속도가 일정할 때에 사용 강섬유의 표면형상, 그리고 강섬유의 종류에 따라 반발에 차이가 있음을 나타낸다고 볼 수 있다. Banthia et.al.(Concrete International, May, 1992)의 실험결과에 의하면 건비빔 숏크리트의 경우 반발되는 강섬유의 양은 35~78% 이르는 것으로 보고되고 있다.

— 중앙대학교 건축공학과 이차돈 교수

질의

11. 유동화콘크리트와 고유동, 초유동콘크리트의 차이점은 무엇입니까?

응답

최근 건설분야에서 빈번히 사용되고 있는 용어들 가운데는 유동화콘크리트,

고유동콘크리트, 초유동콘크리트, 고성능콘크리트 혹은 다짐 불필요 콘크리트 등의 신조어들이 많이 등장하여 용어나 개념상의 많은 혼란이 있으리라 생각된다. 이번 특집기사에서도 언급하였듯이 이러한 용어 및 새로운 콘크리트 제조기술들은 대부분 외국에서 개발되어 그 효과가 수년 혹은 수십 년에 걸쳐 확인된 것들로 최근의 국내 건설환경에서도 그 필요성이 인정되어 최근 많은 연구기관과 건설회사에서 그 사용을 검토하고 있다.

유동화콘크리트는 비교적 최근에 등장한 초유동콘크리트, 고유동콘크리트라는 용어와 표현이 유사하여 혼동을 불러일으키기 쉬우나 실제로는 개발과정이나 개념에서 많은 차이가 있다. 유동화콘크리트(flowing concrete, fluidized concrete, superplasticized concrete)는 일반적인 방법으로 제조된 된배합(슬럼프 80mm 혹은 120mm)의 베이스콘크리트(일반콘크리트 및 고강도콘크리트)에 분산성이 뛰어난 고성능감수제를 타설 직전에 첨가(통칭, 후첨가)함으로써 콘크리트의 유동성을 일시적으로 증가시켜 단위수량이 많지 않더라도 양호한 시공성(슬럼프 180mm ~210mm)을 갖도록 만든 콘크리트를 말한다.

따라서 유동화콘크리트는 1970년대 독일에서 처음으로 멜라민계의 고성능감수제가 개발된 이후 된배합의 일반콘크리트나 부배합의 고강도콘크리트의 작업성 증진을 위해 급속히 보급되었고, 이후 일본 · 미국 등지로 확산되었다. 그리고 국내에서는 1980년대 후반부터 고성능감수제(유동화제)가 하절기 슬럼프 로스의 방지, 고강도콘크리트의 작업성 증진을 위한 목적으로 일반의 레미콘에 보급되면서 사용되기 시작하였다. 그러나 유동화콘크리트는 현장에서 비교적 쉽게 사용할 수 있다는 장점 외에 슬럼프 로스가 크고 골재분리의 위험성이 있어 사용상 주의를 필요로 한다.

한편, 1980년대 후반 일본 동경대학의 오카무라(岡村) 교수 등은 활성 미분말이나 증점제를 고성능감수제와 같이 사용하여 콘크리트의 유동성과 점성(재료분리저항성)을 적절히 조절함으로써 다짐 불필요(고유동, 고분리 저항성)성능을 위주로 고내구성, 고강도를 함께 가진 콘크리트를 개발하여 고성능콘크리트(high performance concrete)라는 용어로 사용하기 시작하였고, 이후 일본의 많은 연구기관과 업체에서 이 고성능콘크리트의 개발에 참가하여 "고성능콘크리트 르네상스"라 불릴 정도로 많은 연구의 축적과 현장적용이 이루어졌다(본지 특집기사 참조).

그러나 90년대 초 이 "고성능콘크리트"라는 단어는 특허로 지정되어 고유명사화 됨으로써 각 연구기관, 업체가 개발한 고성능콘크리트와 거의 유사한 성능을 가진 콘크리트에 다짐 불필요 콘크리트, 고유동콘크리트, 초유동콘크리트 등의 각각의 다른 용어로 사용하게 되었다(이번 특집기사에서는 일본에서와 같은 용어상의 혼동을 피하기 위하여 고성능콘크리트라는 단어로 통일함으로써 유동화 콘크리트와의 구별을 시도하였다).

— 대구대학교 건축공학과 정재동 교수

질의

12. 최근 사용되고 있는 섬유보강 콘크리트에는 어떠한 것이 있으며, 이에 사용되는 섬유재료의 성질은 어떠한지요?

응답

섬유보강 콘크리트의 재료로 널리 알려진 것에는 유리섬유, 강섬유, 탄소섬유 등이 있다. 그러나 이외에도 다양한 유기합성섬유를 콘크리트 보강용으로 사용하고 있는데 폴리프로필렌섬유 비닐론섬유, 폴리에틸렌섬유 아라미드섬유 등이 있다. 콘크리트 보강용으로 일반적으로 사용되는 섬유의 특성은 표 8-3과 같다.

표 8-3 콘크리트 보강용 섬유의 특성

종류		직경(㎛)	길이(mm)	비중	탄성률 (kg/mm^2)	인장강도 (kg/mm^2)	용적혼합률 (%)
유리섬유		10~20	5~30 혹은 연속	2.7	7,500	250	2~7
강섬유		200~600	10~60	7.8	20,000	40~200	1~2
탄소섬유	PAN계	5~10	연속	1.8	24,000~40,000	200~300	1~4
	PITCH계	10~20	3~18	2.0	3,000~16,000	75~160	1~4
폴리에틸렌섬유		800~1,000	30~50	1.0	250	20	1~3
폴리프로필렌섬유		100~600	5~50	0.9	100	40	1~3
아라미드섬유		12	3~30 연속	1.4	6,000~13,000	280	0.5~2
비닐론섬유		14	3~25	1.3	3,700	150	1~3

각 섬유보강 콘크리트의 특징은 다음과 같다.

1. 유리섬유 보강

ZrO_2를 포함시켜 제조된 유리섬유는 내알칼리성이 우수하며 시멘트와 혼합될 경우에도 내구성이 좋다. 이 유리섬유를 적절한 굵기로 만들고 적당한 길이로 절단하여 시멘트나 모르타르에 혼합한 제품을 유리섬유 보강 콘크리트(glass fiber reinforced concrete : GFRC)라고 칭한다. 제조방법은 유리섬유와 모르타르와 동시에 형틀에 타설하여 만드는 방법과 믹서에 넣어 섬유를 혼합하는 방식이 있다. 이 유리섬유 보강 콘크리트의 재료적 특성은 휨, 충격 등에 대한 성능이 커지고 인성이 크다. 이러한 성질로 인하여 얇은 두께가 가능해지므로 경량화되며, 이로 인하여 외벽의 커튼월, 형틀, 천장 패널 등으로 다양하게 사용되고 있다. 아직 유리섬유의 내알칼리 성능이 완벽하게 밝혀진 것이 아니기 때문에 비구조재에 한정되어 사용되고 있으나 구조재로 사용하기 위해 연구 중에 있다. 유리섬유를 탄소섬유와 복합화하여 구조용으로 사용하거나 철근 대체재로 개발 실용화하고 있다.

2. 강섬유 보강 콘크리트

강섬유를 보강재로 하여 만든 콘크리트를 강섬유 보강 콘크리트(steel fiber reinforced concrete : SFRC)라고 하며 일반적인 콘크리트와 동일한 방법으로 만들어진다. 강섬유의 분산 정도에 따라 재료의 인성이 많이 달라지는 특성이 있다. 또한, 균열발생에 대한 저항성능이 크므로 도로포장, 터널의 라이닝, 도로교 상판 등에 많이 사용된 예가 있다. 향후 내진구조물에의 사용이 기대되고 있으며 구조용으로 사용하기 위한 연구가 이루어지고 있다.

3. 탄소섬유 보강 콘크리트

탄소섬유는 다음 표 8-3에서와 같이 팬계와 핏치계가 있지만 팬계의 경우 고성능, 고가이므로 항공기 등에 사용되며 콘크리트에는 비교적 경제적인 핏치계를 사용한 연구가 진행되고 있다. 이와 같이 탄소섬유로 보강한 콘크리트를 탄소섬유 보강 콘크리트(carbon fiber reinforced concrete : CFRC)라고 하며 건축물의 외벽 등에 주로 사용되고 있다.

유리섬유에 비하여 오토클레이브 처리할 수 있다는 장점이 있다. 탄소섬유 보강 콘크리트로 된 제품의 특성은 유리섬유 보강 콘크리트와 유사할 것으로 생각되지만 아직 탄소섬유의 가격이 고가이므로 본격적으로 보급되고 있지는 않다.

4. 기타 섬유보강 콘크리트

위의 3가지 이외에도 유기합성섬유로 보강한 콘크리트가 사용되고 있다. 유기합성섬유 콘크리트의 특징은 다른 보강 콘크리트와 마찬가지로 콘크리트의 균열을 방지하고 인성을 향상시킨다. 일반적으로 유기섬유는 아라미드섬유를 제외하고는 탄성률이 그다지 높지 않기 때문에 강도 보강에는 효과가 크게 없으며 균열발생 후 파괴 시까지의 변형능력은 향상된다.

질의

13. 매스콘크리트 시공 시 감리회사에서는 온도균열 제어를 위해 온도계측을 실시하려고 하는데, 매스콘크리트 계측용으로 사용되는 게이지에는 어떤 것이 있는지요?

응답

1. 서모커플(thermocouple)

일반적으로 온도를 측정하게 되면 통상 온도계를 사용하지만, 콘크리트 내부의 온도를 측정할 때 온도계를 사용하게 되면 콘크리트 타설 시에 파손의 우려가 있고 원하는 위치에 설치도 곤란하다. 이럴 때에 사용되는 게이지가 서모커플이다. 이 서모커플은 열전대라고도 하지만, 종류가 다른 두 종류의 금속을 연결하여 그 접속점을 가열하게 되면 열기전력이라는 것이 발생하게 되는데 이 열기전력과 온도와의 관계를 이용해서 온도를 측정하도록 되어 있다. 이 서모커플에는 여러 가지 형태가 있지만, 통상 계측용으로 사용되는 형태는 T-type으로서 구리와 콘스탄틴이라는 두 종류의 금속을 사용하고 있다. 선은 외관상으로는 전선과 비슷하며 피복은 갈색으로 되어 있다.

2. 콘크리트 변형계

콘크리트 변형계는 유효응력계가 개발되기 전까지는 매스콘크리트의 온도응력을 계측할 수 있는 게이지로서 가장 일반적으로 알려져 있던 게이지이지만, 최근에는 온도응력으로의 환산이 매우 번거롭기 때문에 효율성 면에서는 다소 떨어지지만 유효응력계에 비해 가격이 매우 저렴하기 때문에, 여전히 많이 쓰이는 편이다. 콘크리트 변형계로서는 일본의 동경측기(Tokyo Sokki)라는 회사에서 생산하고 있는 KM-100B라는 게이지가 가장 많이 사용되고 있다. 이 게이지의 특징은 내부에 서모커플이 설치되어 있어 온도계측까지 가능하다는 특징을 가지고 있다. 그 외에도 유럽 쪽에서 개발되어 유럽과 동남아에서 주로 사용되고 있는 게이지로서 VWG(vibrating wire gauge)라는 변형계도 있다.

3. 무응력계

무응력계는 영문명으로는 non stress strain gauge라고 하는데, 내부에서 발생하는 응력을 계측하는 게이지는 아니고, 직경 100mm에 높이 200mm 되는 PVC로 제작한 통에 주변에 수분의 통과가 자유롭도록 뚫어놓은 무응력통(KMF-51)이라는 통 안에 콘크리트 변형계(KM-100B)를 설치해 놓은 것을 말한다. 따라서 무응력계를 설치하려면 무응력 통과 콘크리트 변형계가 준비되어야 한다.

무응력계는 콘크리트 변형계에 의해 측정된 변형률로부터 온도응력을 환산할 때에 응력을 야기시키지 않는 자유변형량을 측정하기 위한 수단으로서 사용되고, 측정된 자유변형률과 온도와의 관계를 이용해서 타설한 콘크리트의 열팽창계수를 측정하는데 사용된다.

그림 8-2 콘크리트 변형계와 무응력계

4. 유효응력계

기존의 콘크리트 변형계는 변형률을 측정해 탄성계수를 곱해서 응력을 산출하도록 되어 있는데 반해서 유효응력계(그림 8-3 참조)는 게이지에 설치된 로드셀(load cell)에서 초기재령 시부터 온도변화의 영향을 받지 않고 콘크리트의 변형에 의해 발생하는 실제의 응력을 직접 측정할 수 있는 게이지로서 현재 일본의 녹도건설에서 특허를 출원하여 동횡(東横)ELEMES사에서 매스콘크리트용과 숏크리트용 등 두 가지를 독점 생산판매 중에 있다. 이 게이지는 콘크리트 속에 매립시켜 버리는 소모성 제품인데도 불구하고 가격이 매우 비싸다(약 150만 원 정도)는 점 때문에 사용에 다소 부담

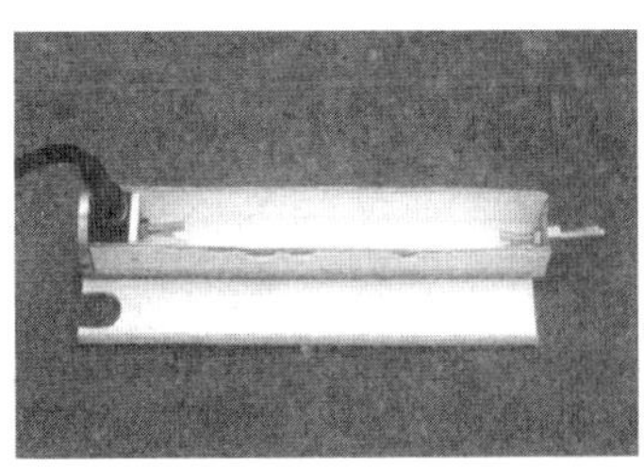

그림 8-3 유효응력계

을 느낄 수 있고, 측정결과에 대해서도 전혀 문제가 없는 것은 아니지만, 현실적으로 다른 대안도 없기 때문에 꼭 필요한 계측부분에만 설치해 사용하고 있는 형편이다.

5. 기타

그 외에도 매스콘크리트 계측용으로 사용되는 게이지에는 철근변형률 게이지와 변위계가 있다. 철근변형률 게이지는 구조물 내부에 배근된 철근에 설치하여 콘크리트 타설 이후 콘크리트의 응력변화에 따라 철근이 받는 응력을 측정하기 위한 수단으로서 사용된다. 그리고 변위계는 경시변화에 따른 팽창, 수축량을 측정하거나 구속체와 피구속체 간의 상대변위를 측정하거나 특수한 목적으로 사용된다.

질의

14. 매스콘크리트에서 온도균열은 구조물의 표면부와 중앙부의 온도차에 의해서 발생한다고 들었는데, 온도균열 발생을 막으려면 표면부와 중앙부의 온도차는 어느 정도 이하를 유지하는 것이 좋은지요?

응답

온도균열의 발생 가능성을 예측하는 것은 원칙적으로 수화열 및 온도응력해석을 통해 확인하는 것이 가장 바람직하지만, 이것이 여의치 않을 경우에는 온도예측치를 이용해 개략적으로 그 판단을 내릴 수도 있다. 그러나 모든 경우에 다 온도균열의 발생 가능성을 예측할 수 있는 것은 아니다. 먼저 균열 예측이 가능한 경우는 슬래브구조물과 같이 내부구속이 강한 경우로서, 이 경우에는 응력의 변화가 비교적 일정하고 발생시기 또한 중앙부가 최대에 도달하는 시점과 거의 일치하여 온도 예측치로부터 개략적인 균열발생 가능성을 판단할 수 있다. 그러나 외부구속이 강한 경우는 여러 가지 제안식이 많이 나와 있지만, 아직도 외부구속도에 대한 정량화가 이루어져 있지 않기 때문에 추정이 곤란한 상태이다. 그러면 내부구속이 강한 경우에 어느 정도의 온도차가 균열발생 한계가 되는지에 대해서 설명하도록 하겠다.

콘크리트구조물 내부의 온도성상이 최고온도가 중앙부에서 발생하고 포물선 형태를 이룬다고 가정할 경우, 표면부에서 발생하는 인장응력은 그림 8-4와 같이 대략 포물선 높이의 중심을 지나는 선의 위치를 알면 계산할 수가 있다.

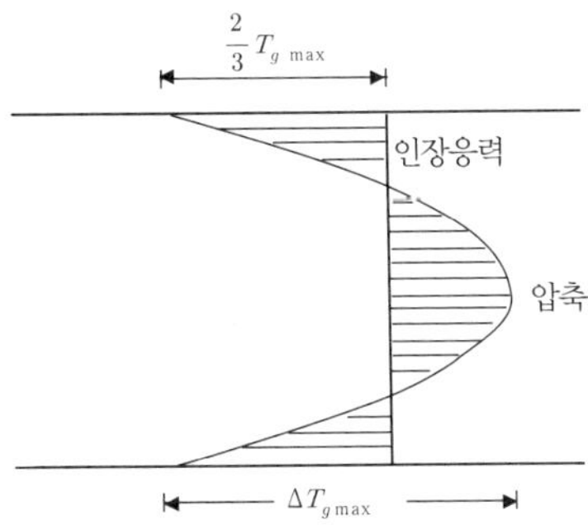

그림 8-4 표면부의 발생응력

다시 말해서 중심부의 최고온도와 표면부의 온도차의 최대치를 ΔT_{gmax}, 그리고 콘크리트의 인장변형률을 ε_{tu} 라고 할 경우에, 콘크리트의 균열은 식 (1)과 같이 수화열에 의해 발생하는 응력이 콘크리트가 가지고 있는 인장강도보다 커질 경우 균열이 발생하게 된다.

$$\frac{2}{3}\alpha_C E_c \Delta T_{gmax} \geq \sigma_t (= \varepsilon_{tu} E_c) \quad (1)$$

이럴 경우에 ε_{tu}, 즉 콘크리트의 인장변형률 크기는 대략 $(100 \sim 200) \times 10^{-6}$으로 콘크리트의 배합이나 재령, 응력의 발생속도에 따라 다르겠지만, ε_{tu}를 120×10^{-6}으로 가정할 경우 ΔT_{gmax}는 18℃가 될 것이고 ε_{tu}를 180×10^{-6}으로 가정할 경우 ΔT_{gmax}는 24℃가 된다. 따라서 이 값은 완전하게 내부구속만이 존재하는 경우에 대한 이론적인 값으로서 이에 대해서는 실측자료와의 충분한 검증이 필요하겠지만, 대략 20~25℃ 정도가 한계인 것으로 생각된다.

한편, 외부구속이 강한 경우는 여러 가지 제안식이 많이 나와 있지만, 아직도 외부 구속도에 대한 정량화가 이루어져 있지 않기 때문에 추정이 곤란한 상태이다. 벽체구조물을 대상으로 塚山陵降一 가 제안한 식을 보면, 벽체구조물에 있어서 온도균열의 발생한계가 되는 단면중심부의 최고온도 상승값은 단면두께와 외부구속도에 의해서 결정되는 것으로 나타나 있는데, 그림 8-5에 의할 경우 외부구속이 강한 주로 벽체구조물의 경우에는 온도균열의 발생한계가 10~15℃ 정도인 것으로 생각한다.

$$T_{cr} < \frac{12}{0.1 + 0.25\sqrt{w} + 0.8k} \quad (2)$$

여기서 T_{cr} : 온도균열의 발생한계가 되는 단면 중심부의 최고온도 상승량

W : 부재단면의 두께(m)

k : 외부구속도

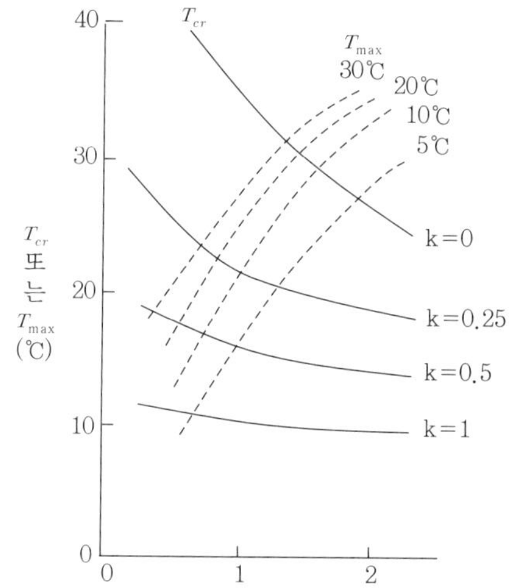

그림 8-5 부재두께와 최고온도 상승량의 관계

질의

15. 매스콘크리트구조물에는 초기에 균열이 발생하는 것으로 알고 있는데, 수화열에 의한 온도균열과 건조수축에 의한 건조수축균열은 어떻게 구분을 하면 되겠습니까?

응답

매스콘크리트의 균열은 그림 8-6과 같이 경화 전에 발생한 것과 경화 후에 발생한 것으론 대별할 수가 있다.

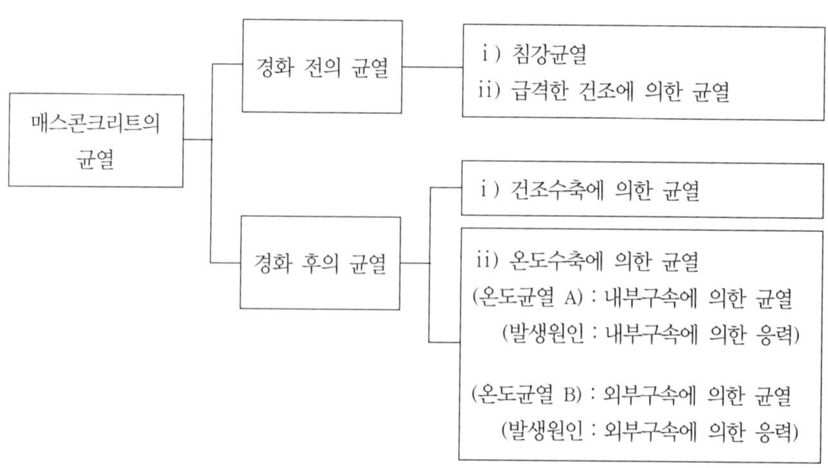

그림 8-6 매스콘크리트의 균열 분류

이때에 경화 전에 생기는 균열은 보통 소성수축 균열이라 하여 콘크리트 타설 후 경화가 시작되는 매우 초기에 발생하는 균열이고, 경화 후에 발생하는 균열은 건조수축에 의한 균열과 수화열에 의한 균열로 나눌 수가 있다.

매스콘크리트구조물 중에서도 슬래브형 구조물에서는 건조수축에 의한 영향이 거의 나타나지 않아 해석 시에도 건조수축의 영향은 거의 무시하고 있다. 그 반면에 벽체형 구조물의 경우에는 수화열에 의한 영향과 건조수축에 의한 영향이 복합적으로 작용하고, 균열의 형태도 매우 유사하기 때문에 구분이 매우 곤란하기는 하지만, 일반적으로 1개월 이내에 발생하는 균열은 주 원인이 수화열에 의한 것이고, 그 이상이 지난 시점에서 발생하는 것은 건조수축에 의해 발생한 것으로 생각하면 될 것 같다.

— 동양메이저(주) 강석화 소장

질의

16. 제치장콘크리트 또는 노출콘크리트는 어떤 콘크리트를 말하는 것입니까?

응답

제치장콘크리트는 외장(外裝)하지 않고 노출되는 콘크리트면 자체가 치장이 되게 마무리(마감 : finishing)하는 콘크리트로서 영어로는 exposed concrete라고도 하며, 처음에는 구미에서 유행되던 것이 최근 우리나라에서도 많이 쓰이게 되었다(그림 8-7). 자연 그대로의 미를 살려보자는 근대건축의 한 이념에서 출발한 것으로, 간소함을 탐미하고 고도의 강도를 추구하여 재료의 절약과 건물자중경감 · 공사내용을 단일화하여 안전하고 경제적인 건물을 이룩하는데 있다고 하겠다. 그러나 간소한 품위를 존중하여 외장을 하지 않는다면 상당히 경제적일 것이라고 생각되지만 사실은 그와 반대로 외관이 볼만하게 되려면 많은 어려움이 따르며 비경제적이다. 이 공법은 가설비, 특히 거푸집에 막대한 비용과 노력이 필요하며 콘크리트, 기타 시공법에 있어서도 노력의 증대와

그림 8-7 제치장콘크리트를 사용한 성동구민 체육센터

시공의 정확성을 기하기 어려운 점 등으로 경제적이지 못한 경우가 많다. 더욱이 부정확한 시공과 수정할 수 없는 외관의 불미 등으로 외장을 추가하게 된다면 공사비의 증대는 예기할 수 없을 정도일 것이다. 그러므로 제치장이 아름답게 되고, 강도가 커지고 경제적이 되기 위해서는 설계와 더불어 시공에 있어서 기술적 연구가 거듭되어야 할 것이다. 제치장콘크리트는 외장을 하지 않기 때문에 그 표면은 평활하고 빛깔이 균등하며 눈에 띄는 흠집도 없어야 하므로, 이 목적을 달성하기 위해서는 거푸집의 공작법과 콘크리트 시공이 가장 중요하다.

제치장콘크리트의 거푸집은 앞의 설명과 같이, 특히 거푸집 이음새 · 격리재 처리에 주의하고 설계시 충분히 검토해야 한다. 거푸집의 이음새는 일정한 위치에 두고, 필요할 때는 줄눈을 크게 내는 것도 효과적이다. 격리재 · 연결재가 표면에 나오는 부분은 일정한 거리 간격으로 배치하고 모양도 동일하게 해야 하고, 특히 거푸집 박리제를 충분히 사용해야 한다.

시멘트는 가능하면 동일 회사 동일 공장제품을 사용하고(시멘트공장마다 빛깔이 다르기 때문). 또 자갈은 될 수 있는 대로 잔 것이 좋고 최대지름 25mm 이하로 한다. 모래는 5mm 이하, 보통 2.5mm로 하고 그 산지도 일정장소로 하여 색조의 변화가 없게 해야 한다. 빛깔은 물시멘트비에도 불구하고 시멘트를 많이 쓰는 것이 좋고 강도는 200kg/cm^2 이상일 때 마무리가 잘 된다. 제치장콘크리트는 된비빔 진동다짐으로 하기 때문에 슬럼프는 기초에서 50~100mm, 기타 10~150m 정도로, 이 정도의 슬럼프로 할 때에는 가경식 믹서를 사용하는 것이 좋다. 철근의 피복은 외장을 하지 않기 때문에 보통 때보다 10mm 정도 두껍게 하는 것이 좋다.

제치장콘크리트면의 불량부분은 그 위치, 크기, 깊이, 모양 등을 고려하여 보수하되 구조적 또는 의장적(意匠的) 결함인가에 따라 콘크리트 · 모르타르 채워넣기, 모르타르 바름, 모르타르 땜질 등으로 구분하여 이에 따라 보수한다.

질의

17. 외국의 경우 하 · 폐수처리장 등에서 가끔 유황콘크리트를 사용한다고 들었다. 단시간에 40MPa 이상의 압축강도를 얻을 수 있다는 유황콘크리트에 대해서 알고 싶습니다.

1. 유황콘크리트(Sulphur Concrete)

유황콘크리트는 유황을 결합재로서(시멘트, 물을 사용치 않고) 굵은골재, 잔골재를 가열, 혼합한 것이며 온도가 저하되면 즉시 고화된다. 시멘트콘크리트의 경우 페이스트분이 시멘트와 물이며 경화가 화학적인 수화반응으로 강도발현에 장기간의 양생을 필요로 한다. 이에 비해서 유황콘크리트의 페이스트분은 유황 혹은 유황과 골재 미립분이며, 경화는 물리적인 냉각고화로서 강도발현은 단시간에 달성된다.

1.1 배합 및 역학적 특성

배합은 유황콘크리트 내부에 생기는 공극을 적게 하기 위해 공극률이 작은 골재입도를 선택하여 유황량도 작업성의 범위 내에서 가급적 적게 한다(적정한 유황량은 16~22% 정도이다).

석회암 굵은골재를 사용한 경우 압축강도는 35~70MPa, 휨강도는 6~9MPa, 인장강도는 3~5MPa 정도이다. 초음파 전파속도는 3,500~4,700 m/sec이며, 동탄성계수는 3.5~5.0×105MPa 정탄성계수는 3.7~4.8MPa이다. 또 푸아송비는 0.22~0.27이다. 이러한 역학적 성질은 일반 시멘트콘크리트와 거의 같은 정도의 값이지만 유황량이 적은 배합일수록 유황콘크리트의 공극이 작고 조밀하며 강도, 탄성계수 등이 커지는 경향이 있다.

1.2 제조

유황과 골재를 혼합했을 때의 반죽작업성은 유황의 점성이 온도변화에 따라 거의 변화되지 않는 120~150℃가 양호하다. 유황은 골재와 별도로 가열 용융하는 것이 반죽작업에 적합하다.

907~3,629kg의 보통 아스팔트콘크리트 계량장치를 개량한 플랜트를 이용하여 많이 제조되고 있다. 가열 용융된 아스팔트를 취급하는 장치는 용융된 유황을 취급하는데 이용될 수 있다. 160~177℃로 가열된 골재를 투입한 후 용융유황을 투입한다.

1.3 운반 · 치기 · 마무리

반죽된 유황콘크리트는 운반하여 거푸집에 타설하고 진동기로 다져야 한다. 유황콘크리트공사에 있어서 중요한 것은 가열 용융된 유황콘크리트에 접촉하거나 운반하는 모든 장비(펌프, 파이프, 믹서, 트럭믹서, 슈트 및 치기 · 마무리 기구 등)를 사전에 가열해 두지 않으면 유황 모르타르의 부착 고화로 작업에 많은 어려움을 겪게 된다. 유황콘크리트는 재용융이 가능하기 때문에 이전에 시공된 표면을 가열하면 재마무리가 가능하며 이어치기의 경우도 가열 용융하면 특별한 처리는 필요 없다.

1.4 안전대책

가열 용융상태의 유황콘크리트를 취급하기 위해 다음과 같은 사항에 유의해야 한다.

① 화상을 막기 위해 충분한 방호복을 착용한다.

② 환기가 곤란한 좁은 장소에서 작업할 때는 자기흡기, 마스크를 착용한다.

③ 모든 저장장소는 환기를 하여 유화수소 농도가 중독한계에 도달하지 않도록 한다.

1.5 용도 및 문제점

유황콘크리트는 냉각 후 단시간에 압축강도 40~70MPa가 얻어지며 또한 내산성, 내약품성을 갖기 때문에 그 특징을 살려서 단기간에 강도를 필요로 하는 도로, 활주로의 포장 및 보수, 폐기처리장, 하수처리장, 각종 블록 및 콘크리트구조물의 내산성 피복 등에 활용할 수 있다.

대량의 유황 재고를 안고 있는 캐나다에서 유황콘크리트는 강도, 내구성 및 경제성 면에서 시멘트콘크리트의 대체용으로서 RC나 PC 보에 대한 역학적 검토가 진행되고 있다. 또한 유황콘크리트로 각종 블록을 형성하여 그것들을 다시 유황을 접착제로 쌓아 올려서 벽을 만드는 등 주택용으로 활용하려는 시도가 적극적으로 검토되고 있다

이러한 용도에 대한 본격적인 적용에 있어서는 재료 자체의 성질 개선, 시공기계 및 시공법의 검토, 경제성, 특히 환경오염, 온도변화에 따른 수축팽창, 내화성 결여 등의 내구성능 등에 대한 많은 연구가 과제로 남아 있다.

2. 유황함침 콘크리트(Sulfur-infiltrated Concrete)

유황함침 콘크리트는 '시멘트콘크리트에 용융유황을 함침시킨 것이며 함침방법으로서는 베이스콘크리트를 건조시킨 후 용융유황을 담그는 방법과 진공중(감

압 하)에 용융유황 속에 담그는 방법이 있으며, 후자는 폴리머함침 콘크리트(P.I.C)의 함침방법과 거의 같다. 유황함침 콘크리트의 강도는 베이스콘크리트 강도가 클수록 크고 유황 함침량이 많을수록 크며, 압축강도는 66.5MPa의 베이스콘크리트(건조 후의 강도)에 대해 유황을 8.4% 함침시키는데 따라 압축강도가 177MPa이 되는 예 있다. 또한 빈배합의 콘크리트(압축강도 13.7MPa)에 진공 속에서 유황을 함침시킴에 따라 고강도의 콘크리트(압축강도 109MPa, 유황 함침량 12.6%)가 얻어지며 인장강도, 휨강도 및 탄성이 현저하게 향상되고 또 내동결 융해성도 향상된다.

이상과 같이 시멘트콘크리트에 용융유황을 함침시킴에 따라 강도증대나 다른 성질을 개선할 수 있으므로 폴리머함침 콘크리트와 같은 효과를 거둘 수 있다.

— 금오공과대학교 토목공학과 장일영 교수

질의

18. 공정에 쫓겨 부득이 하절기에 콘크리트공사를 진행하려고 합니다. 어떤 문제가 발생하고 어떻게 조치하면 좋겠습니까?

응답

건축공사 현장에 있어서 기온이 높은 하절기에는 콘크리트를 치지 않는 것이 바람직하지만 실제로는 공정상에 쫓겨 콘크리트를 부득이 타설해야 할 경우가 많다.

이러한 경우에 양호한 콘크리트구조물을 구축하기 위해서 시공기술의 정도, 공사 현장의 조건, 구조물의 종류, 공사 예산액 등을 적절히 고려하여 공사를 진행해야 한다.

1. 서중콘크리트란?

서중콘크리트의 적용을 받는 시기는 특기시방서나 계원의 지시를 따르게 되어 있지만, 일반적으로 일평균 기온이 25℃를 넘는 시기에는 서중콘크리트의 적용을 고려해야 할 필요가 있다.

2. 서중콘크리트에 발생하는 문제점

① 콜드 조인트의 발생

② 균열이 콘크리트의 마무리 면에 많이 발생한다.

③ 균열이 타설이음 부근에 타설이음과 직각방향으로 발생한다. 이 균열의 폭은 1mm 정도로 매우 큰 경우도 있다.

④ 서중콘크리트의 시공이 어려운 점은 타설시 콘크리트의 온도가 높아지기 때문이다. 하절기에는 시멘트, 골재, 물 등 사용재료의 온도가 높기 때문에 반죽 직후 콘크리트의 온도가 높고, 또한 시멘트의 수화반응에 의하여 온도가 높아진다. 이와 같이 콘크리트의 온도가 지나치게 높으면

- 소요 슬럼프를 얻기 위한 단위수량이 증가되므로 시멘트량을 동일하게 하면 강도가 저하된다.
- 온도가 높은 상태에서 급격히 시멘트의 수화가 일어나면 콘크리트의 단기강도는 커지나 시멘트의 수화율은 감소하기 때문에 장기강도는 저하된다.
- 공기량이 저하하기 때문에 워커빌리티가 저하된다.
- 콘크리트의 운반 중 슬럼프 로스가 커진다. 콘크리트의 거푸집에 접하지 않은 마무리 면은 콘크리트의 온도상승과 기온의 상승이 동시에 발생하여 급격한 수분의 증발과 건조가 생기며, 응결경화시의 침하균열, 건조수축균열, 시멘트의 수화열에 의한 온도균열이 생기게 된다.

3. 서중콘크리트의 대책

서중콘크리트의 모든 문제점은 근본적으로 콘크리트의 온도상승에 있다. 따라서 이에 대해서는 레미콘업체와 충분한 기술적인 협의가 요망된다.

다음은 일반적인 대책방법에 대해서 간략히 설명해 보았다.

① 일반적으로 강도저하를 막기 위해서는 시멘트량을 증가시킬 필요가 있다.

② 슬럼프 저하, 응결 촉진 등 작업성이 일찍 상실하므로 타설작업의 계획을 무리하지 않게 세울 필요가 있다. 지연제나 AE 감수제의 사용은 유효한 효과를 얻을 수 있다. 장시간의 운반은 불리하다.

③ 반죽된 콘크리트의 온도가 가능한 한 낮도록 재료의 관리에 주의한다.

④ 타설 직후 콘크리트가 햇빛이나 바람의 영향을 받지 않도록 하기 위해서 초기양생의 방법을 고려할 필요가 있다.

⑤ 균열이 발생하더라도 콘크리트구조체에 유해하지 않도록 줄눈이나 철근의 배치에 대해서도 검토해 두는 것이 바람직하다.

— 여주대학 건축학과 이광수, 김인수 교수

19. 환경 친화적이고 21세기 건설 주재료로써 공신력을 배가시킬 수 있는 미래지향적인 콘크리트의 신기술에는 어떤 것이 있는지 궁금합니다.

일본·미국 등지에서 최근에 활발히 기능성 및 스마트 콘크리트에 관한 연구 및 개발이 진행되고 있다. 우리나라에서도 한국콘크리트학회 산하 스마트콘크리트소위원회가 있으며, 연구소와 학계의 여러 기관에서 활발히 연구 중에 있어 조만한 성과를 기대할 수 있을 전망이다. 여기서는 우리 학회에 알려진 현재 연구가 진행되고 있는 내외의 스마트 콘크리트에 관하여 소개하겠다.

1. 환경 친화적인 스마트 콘크리트

1.1 마이크로 캡슐을 이용한 항균 및 방충콘크리트

최근 들어 산업의 고도화로 실내에서 생활하는 시간이 늘어나고 건축구조물이 초대형화되어 수많은 거주자가 함께 생활하게 됨에 따라 건축구조물의 기능이 단순한 주거에서 더욱 확대되어 거주자의 안전, 건강과 정서 및 쾌적한 환경 등의 부가적 역할이 강조되어 가고 있다.

거주자의 쾌적한 주거환경을 위해 반드시 요구되고 있는 항균, 방충, 소취 및 방향 등의 기능이 장기간에 걸쳐 건축구조물에서 발휘되도록 하기 위해 이러한 기능을 가진 심물질(core materials)을 마이크로캡슐화 하고, 이를 콘크리트 및 마감재에 혼입하여 구조재료 및 내·외장재로 사용할 수 있는 환경정화 모르타르 및 콘크리트를 개발하고자 하는 움직임이 최근에 국내·외로 전개되고 있다.

기술의 핵심인 마이크로캡슐화 기술은 심물질과 캡슐의 막재료 그리고 후가공과 관련한 응용기술로 구성되어 있다. 심물질은 다양한 종류의 기능성 물질을 적용할 수 있으며, 막재료 또한 목적하는 마이크로캡슐의 용도에 따라서 고분자 물질이나 무기재료 등 적합한 재료를 쓸 수 있다(그림 8-8).

즉, 심물질을 마이크로캡슐화 함으로써 심물질의 기능을 대폭 강화할 수 있고, 심물질 자체의 단점을 예를 들면 열안정성, 광안정성, 분산성 등을 대폭 개선할 수 있으며, 또한 이 심물질의 응용시 가공방법의 한계 등을 보완할 수 있다. 이러한 특성은 다양한 심물질을 장기간에 걸쳐 발현하게 할 수 있어 콘크리트 및 모르타르에 혼입하여 제조한다면 다양한 기능을 가진 건축구조물의 시공이 가능하다고 한다. 현재 국내에서 실용화 하고자 하는 개발 중인 마이크로캡슐화 할

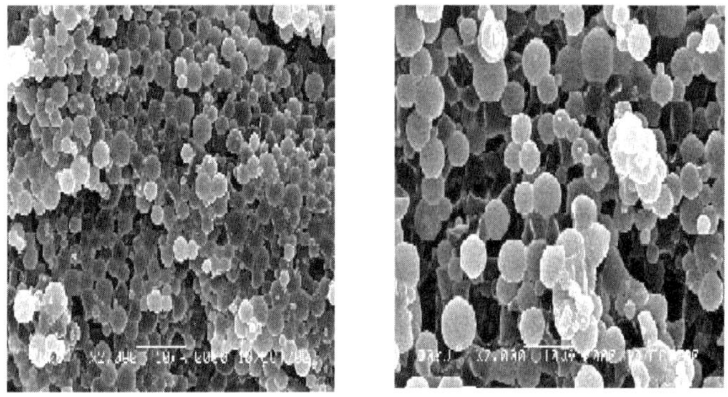

그림 8-8 마이크로캡슐의 확대된 모습

수 있는 심물질은 방충 방서제, 항균 소취제, 방향제 등이 있다(표 8-4).

표 8-4 마이크로캡슐화 적용 심물질(core mterials)

항 목	물질명	목 적
항균, 소취제	Ag염, Trichloro Hydroxy, Dipenyl Ether	세균증식 억제 및 악취제거
방충제	Permethrin	바퀴벌레, 개미, 모기 등의 서식억제
방서제	Capcisine	설치류 등의 접근방지
방향제	Lemon 등	Aroma-Therapy
산림 추출물	테루펜(나무 추출물)	산림욕 효과
항 스트레스제		정신질환 치료 등

위에 소개한 심물질을 마이크로캡슐화 하여 건축물의 내 · 외벽 및 바닥재의 재료인 콘크리트 및 모르타르에 응용하게 되면 시공 후 재건축시까지 항균, 방충, 소취 특성을 지속적으로 발휘할 수 있는 기능성 건축물의 시공이 가능하게 되며, 이는 병원, 학교, 실버타운뿐 아니라 일반주거용 건축물 등에도 널리 활용할 수 있다. 또한 응용범위를 확대하여 산림욕 효과를 얻을 수 있는 천연 추출물과 의료용 항스트레스제 등을 심물질로 활용하게 되면 거주자의 건강에도 도움을 줄 수 있는 기능성 건축물을 시공할 수도 있어, 그 응용범위는 방대하다고 판단된다.

향후 개발된 제품은 건축물의 외벽과 내벽의 마감재, 바닥용 모르타르로 활용이 가능하다. 시공방법으로는 콘크리트의 경우 분말과 액상제품을 개발하여 분말형태는 혼합재로 콘크리트의 비빔(mixing)시 첨가하여 활용하고 액상은 첨가제로 레미콘에서 배합하는 방법을 통해 적용될 수 있다고 한다. 또한 모르타르의 경우 소량을 현장에서 현장 믹서로 비빔하므로 분말형태로 모르타르에 혼합하여 적응이 기대되고 있다.

1.2 환경정화 및 seif-cleaning 콘크리트

사용단계의 토목·건축용 콘크리트구조물은 작용하중이나 구성재료의 오염 그리고 대기환경 등 외부조건의 지속적인 변화 등으로 인하여 미관이 열악해지고 콘크리트구조물의 사용성을 점차 상실하게 된다. 최근 국내외 선진국에서는 반도체 서열을 갖고 있는 titanium dioxide(TiO_2)와 자외선(UV)을 이용하여 강력한 산화제인 OH-radical을 생성시켜 콘크리트구조물 표면에 부착되는 오염물질을 CO_2와 H_2O로 바꾸어 사용성을 높이고 미관의 미려함을 오래 유지시킬 뿐만 아니라, 공기중의 오염물질도 정화시키고 항균 특성도 나타내는 기술이 개발되고 있다.

광촉매는 태양광 또는 형광등에 포함된 자외선(UV)에 의해 강력한 산화·환원 능력을 갖는다. 광촉매 이산화티탄(TiO_2) 자체는 반영구적으로 계속하여 효과를 지속하면서 빛의 조사에 의해 물과 CO_2, NOx, SOx, CxHyOz 등의 각종 유기 화합물, 악취물질 등의 다양한 물질을 분해할 수 있다.

이 이론을 간단히 소개하면, TiO_2 표면에 빛을 조사하면 TiO_2의 전자가 활성화되고 정공이 형성된다. 이 정공은 강한 산화력을 가지므로 산화티타늄 표면에 있는 다양한 물질을 산화시킬 수 있다. 따라서 악취물질, 오염물, 먼지, 기름 등이 표면에 붙으면 TiO_2가 광촉매 효과를 발휘하여 이산화탄소와 물로 분해하기 때문에 표면에 흡착된 먼지나 더러운 물질, 잡균 등치 유기화합물이 제거된다는 이론이다. 이 에너지는 태양의 빛 또는 형광에 의해서도 충분하므로 대단히 경제적이며, 이런 기능을 이용한 항균, 탈취, 광분해 효과를 나타내는 기술이 콘크리트에 적용되어 개발이 진행되고 있다.

광촉매 현상을 콘크리트에 적용하여 활용하기 위한 핵심기술은 광촉매의 고정기술이다. 광촉매를 활용하기 위해서는 표면에 아나타제(anatase) 이산화티타늄을 고정시키는 일반적인 방법이 있고, 콘크리트에 적용할 또 다른 방법으로는 시멘트를 바인더(binder)로 사용하여 아나타제를 고정하는 방법이 있다. 바인더가 유기물이면 그 광촉매 반응에 의해 바인더도 산화 열화되는 것이 일반적인 현상이지만, 무기재료인 시멘트를 이용하여 산화티탄을 고정한 경우 광촉매 반응에서 시멘트는 산화되지 않는다. 또한 시멘트 경화제는 다공질 구조이기 때문에 빛과 NOx가 광촉매 표면에 접촉하기 쉽고, 대기정화에 적합하다고 각종 실험을 통하여 학계에 보고되고 있다(그림 8-9).

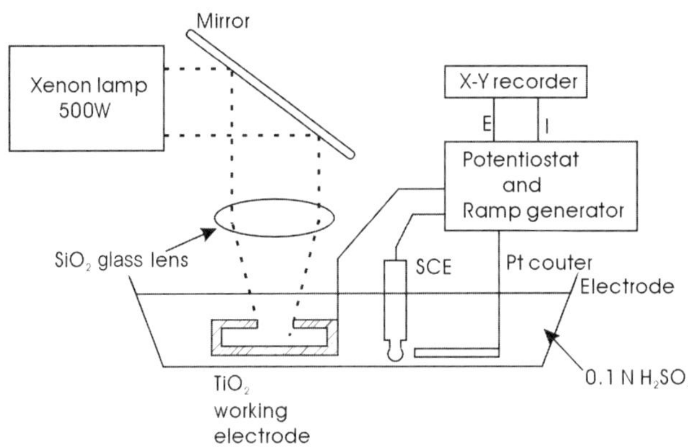

그림 8-9 광촉매의 이온 발생력과 정화 능력과의 관계 특성 시험

따라서 시멘트를 바인더로 사용하여 도포제를 개발한다면 수화열 때문에 광촉매 반응에 필요한 열처리를 할 필요가 없으며, 가격이 싸지고 시편의 형상과 크기에 구애를 받지 않으며, 기존에 건설된 구조물에도 도포만 한다면 그 기능을 발휘할 수 있을 것으로 판단되며, 이 시멘트계 바인더의 유용성은 일본에서도 인정되어 보도블록에 사용된 예가 있다. 이 환경정화 및 self-cleaning 기능성 콘크리트의 개발이 성공할 경우 대기오염의 저하로 환경에 대한 각종 경제적 부담을 줄이는 역할 이외에 구조물 유지관리 비용 및 청소비용을 절감할 수 있다. 또한 항상 깨끗한 건물을 유지할 수 있어 구조물의 균열발생 등과 같은 결함을 쉽게 발견할 수 있을 것으로 기대되고 있다.

2. 자기진단 및 자기치료의 기능을 가진 스마트 콘크리트

2.1 캡슐형 시멘트계 자기치료 콘크리트

균열이 발생하면 콘크리트의 강도는 저하하게 될 뿐만 아니라 공기중의 탄산가스와 산성비 혹은 염분 등이 구체 중에 침입하기 쉽게 되기 때문에, 중성화와 염해 등의 열화를 조기에 일으키는 원인이 된다. 그러나 이와 같은 조기열화가 발생했다고 하더라도 지중 구조물과 위험물 처리시설 등에서는 사용기간 중의 보수는커녕 검사조차 어려운 경우가 많다. 이와 같은 문제점으로 인하여 균열의 발생을 자동적으로 검지하여 보수해야 할 것인가 말 것인가를 판단하고, 필요에 따라 보수를 자동적으로 실시하는 콘크리트의 개발이 시도되고 있다.

이와 같은 기능을 콘크리트에 갖추게 하기 위해 균열의 검지기능 역할을 담당하는 재료와 균열을 복구할 수 있는 보수제의 선택이 열쇠가 된다. 보수제를 봉입한 캡슐이 균열에 대해 민감하게 반응할 경우 균열의 발생과 함께 캡슐이 파괴되고, 어느 균열폭에 달한 때에 캡슐 내의 보수제가 유출되어 균열을 채워 복구가 실행되는 것이 이 기술의 핵심이다.

시멘트의 일부를 캡슐형으로 제조해 두고, 콘크리트에 균열 등이 발생한 것이 자기진단에 의해 감지되면 액츄에이터가 작용하여 캡슐을 터트려 균열을 보수하여 복구하는 방법이다(그림 8-10).

예를 들면, 중공(中空)이 파괴되기 쉬운 섬유 내에 보수제를 내포한 것을 콘크리트 내에 매설하는 것을 생각할 수 있다. 그러나 콘크리트의 비빔 및 타설 때

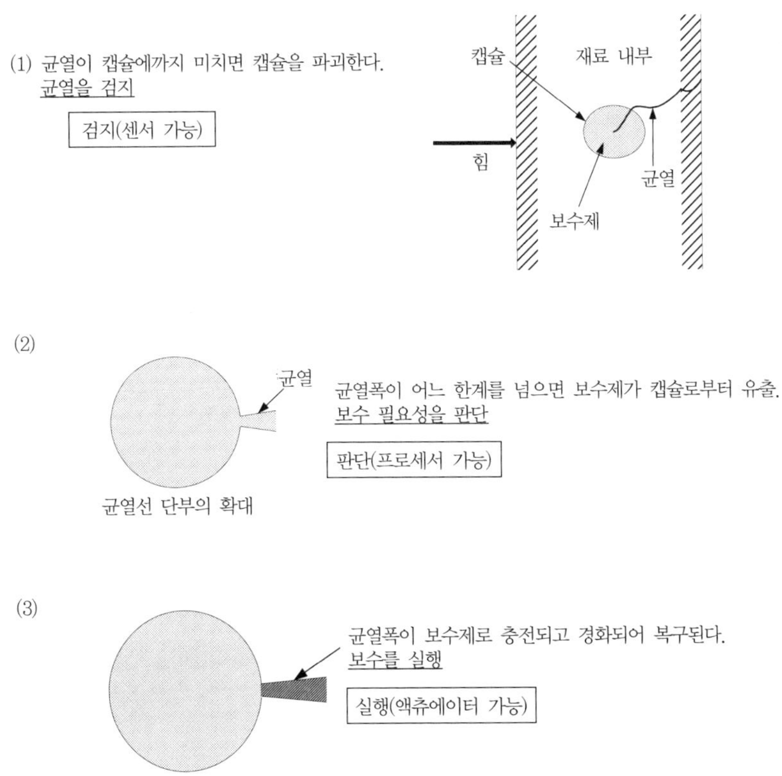

그림 8-10 자기치료 스마트 콘크리트의 자기치료 개념도

에 이런 종류의 섬유를 파괴시키는 일 없이 콘크리트 내에 분산시키는 것은 곤란하여, 현재 상품화에는 이르지 못하고 있지만 조만간에 해결될 전망이다. 「파괴되기 쉽고 깨지기 어려운 캡슐을 만든다.」 고 하는 선문답(禪問答)과 같은 과제를 해결해야 한다.

그 밖에도 독립형 캡슐에 보수제를 내포한 연구사례도 몇 가지 있지만, 기본적으로는 두 가지의 문제점을 들 수 있다. 첫 번째는 캡슐의 크기가 어느 정도 이상에 달하면 콘크리트의 강도저하를 일으키는 초기결함이 될 위험성이 있는 점이고, 두 번째는 보수제의 양은 일정한 크기의 캡슐에 함유된 양이 상한이어서 균열의 체적을 충전하는데 충분한 양이라고는 반드시 이야기할 수 없다는 점이다.

이것을 해결하는 방법으로서는 취성재료 극세(極細)파이프의 네트워크를 이용하는 방법 등이 제시되고 있다.

강도의 복구에는 보수제의 성능도 중요하고, 아울러 적용 균열폭에 대해서도 검토가 필요하다. 균열폭이 크게 진전된 후에는 강도가 큰 회복률을 바라는 것은 어려우며 보수제로 그 균열을 충전하는 것조차 곤란하다. 그 때문에 콘크리트의 균열폭 그 자체가 어느 한계치 이상으로는 커지지 않도록 하는 문제가 대두된다. 그러므로 이에 해결방법으로 고성능 섬유의 혼입에 의한 균열의 가교(架橋) 메커니즘 등을 반영하는 재료의 설계가 하나의 해결방안으로 제시되고 있다. 또 하나의 문제점으로 보수제가 캡슐 내에 봉입된 상태라 하더라도 장기간에 걸쳐 화학적으로 안정한 상태로 보존되어 있느냐 하는 것도 마이크로캡슐의 상품화를 위하여 현재 중요한 연구 고려사항이 되고 있다.

2.2 초지연 수화반응, 대입경 시멘트계 자기치료 콘크리트

콘크리트 내의 중요한 결합재는 시멘트이지만, 최근의 고강도콘크리트와 같이 물시멘트비가 작아 시멘트량이 많으면 모든 시멘트가 완전히 수화하는 것은 아니다. 특히, 재령기간이 적을수록 미수화 시멘트는 다량으로 남아 있기 때문에, 만일 이 기간에 균열이 발생되더라도 수분의 공급이 충분하면 어느 정도까지 자기복구되는 것이 국외의 여러 실험을 통하여 입증된 바 있다.

이와 같은 현상을 역으로 이용하면, 자기복구형 콘크리트를 제조할 수 있을 것으로 판단된다. 종래의 시멘트 성분을 바꾸어 초지연 수화반응 성분을 포함한 시멘트를 제조하는 방법과 보다 더욱 큰 입경의 시멘트로 하는 등의 방법이 제시되고 있다.

3. 향후 콘크리트의 나아갈 길

철근콘크리트의 시공은 누구나 할 수 있는 쉬운 공사라는 생각에서 특별한 기술을 가지지 않은 노무 종사자가 시공에 종사하는 경우가 많으므로 결함이 있는 구조물을 만들 수 있으며, 이에 따라 재료의 신뢰성을 과소평가하는 경향이 있다. 또 완성된 후에는 내부결함을 발견하기 어렵다는 약점 때문에 시공이 조잡해지기 쉬운 문제점이 있다. 근자에 재료가 고강도화 되고, 역학적인 이론에 근간하여 설계방법이 합리적으로 개선되고 있는 이 시점에서, 구조재료인 본 기능에 덧붙여 스마트 기능의 더욱 연구와 개발에 매진하여 콘크리트의 위상과 공신력을 더욱 높여야겠다.

— 홍익대학교 재료공학부 김기수 교수

질의

20. 현장에서 발생되는 매스콘크리트의 수화열 특성 및 균열방지대책에 대하여 알려주십시오.

응답

콘크리트는 모래·자갈과 같은 골재를 시멘트와 물의 반죽물인 시멘트페이스트로 고착시킨 복합물질로 정의된다. 그런데 콘크리트 제조과정 중 시멘트와 물이 화합하여 강도를 발휘하는 수화반응은 발열반응의 일종으로서 수화열이 발생하게 된다. 그러나 이때 철근콘크리트 부재가 얇은 경우 발생되는 수화열이 손쉽게 발산되어 문제시 되지 않지만, 매스콘크리트와 같이 난면이 두꺼운 경우에는 콘크리트 내부에 갇혀져 상승된 수화율에 의해 균열피해가 발생하게 된다. 따라서 매스콘크리트에 대한 시방서상의 규정범위, 온도균열의 발생기구와 특성 및 균열방지대책에 대하여 정리하면 다음과 같다.

1. 온도균열의 발생기구(메커니즘)와 특징

매스콘크리트란, 콘크리트 표준시방서의 경우는 "부재 또는 구조물의 치수가 커서 시멘트의 수화열로 인한 온도의 상승을 고려하여 시공해야 하는 콘크리트로서, 해설에는 "대체적인 표준으로서 넓이가 넣은 슬래브에서는 두께 800~1,000mm 이상, 하단이 구속된 벽에서는 두께 500mm 이상"으로 설명하고 있다.

이와 같은 매스콘크리트의 균열발생 원인은 그림 8-11 및 8-12와 같은 내부구속응력과 외부구속응력에 의한 균열 메커니즘으로 구분된다.

즉, 내부구속응력에 의한 균열은 그림 8-11과 같이 콘크리트 내부는 시멘트 수화열에 의하여 높고 표면은 외기온의 영향으로 낮아, 특히 외기에 면한 쪽에 인장응력이 작용하여 균열이 발생하게 된다.

외부구속응력에 의한 균열은 그림 8-12와 같이 기 타설(旣打設) 바닥콘크리트와 철근으로 연결되어 시공되는 두꺼운 벽 부재 등과 같은 경우로, 외부구속이 있을 경우 최고온도에 도달한 후 하강하여 외기온과 같아질 때 수축과정이서 균열이 발생한다(그림 8-13). 두 균열의 특징을 요약하면 표 8-5와 같다.

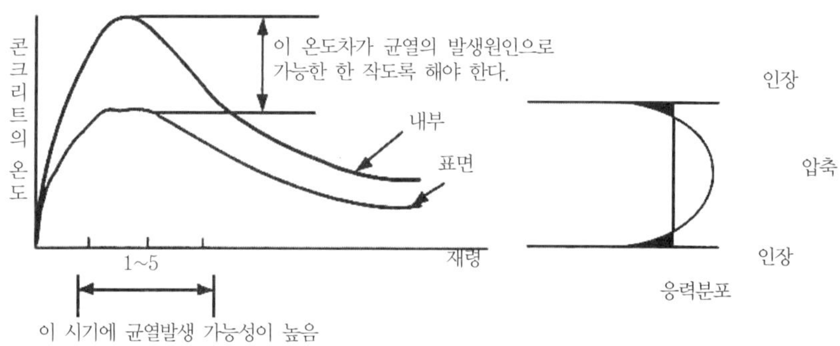

그림 8-11 내부구속응력의 발생기구

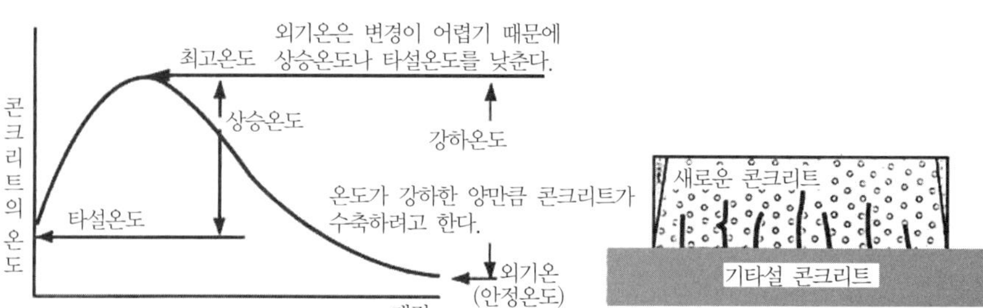

그림 8-12 외부구속응력의 발생기구

표 8-5 매스콘크리트의 수화열에 의한 균열의 특징 비교

구 분	내부구속응력에 의한 균열	외부구속응력에 의한 균열
발생시기	재령 1~3일 혹은 5일	재령 1주 혹은 2주 후의 거푸집 탈형 후
균열폭	0.1~0.3mm	0.2~0.5mm
방향성	불규칙형	세로로 직선형
관통여부	관통하지 않음	관통균열

* 경우에 따라서는 내부와 외부구속이 동시에 존재하는 균열도 있다.

그림 8-13 외부구속 기구에 의한 수화열 균열을 보수하는 모습

2. 균열방지대책

매스콘크리트의 온도균열을 방지하기 위한 대책은 무수히 많은 요소를 고려해야 하겠지만 대표적인 사항을 들면 다음과 같다.

① 매스콘크리트 시공 이전에 온도응력을 예측 및 해석하여 충분한 계획을 수립한다.

② 발열량이 적은 시멘트를 사용하고 단위시멘트량을 줄인다.

③ 굵은골재 최대치수를 크게 한다(펌프압송의 곤란으로 40mm 골재를 사용하

지 않는 추세임에 이는 특별한 대응책이 요구됨).

④ 혼화재료를 활용한다(플라이애쉬, 고로슬래그 미분말 등).

⑤ 온도철근을 배근하여 변형을 구속한다.

⑥ 부어넣는 콘크리트의 온도를 낮춘다.

⑦ 유동화콘크리트 공법을 도입한다.

⑧ 줄눈을 설치한다.

⑨ 부어넣기 간격, 높이 등을 고려한다.

⑩ 파이프쿨링 등 방법으로 수화열을 낮춘다.

⑪ 거푸집 존치기간을 연장하고, 양생을 철저히 한다.

또한, 2002년 12월 말에는 건축물의 매트 기초가 매스콘크리트로 되는 경우 수화열을 저감하기 위한 방법으로 국토해양부 신기술 제353호에 「백설탕액, PEO 증점제 AE제를 일정비율로 혼합한 당류계 초지연제(슈퍼리에 : Superea)의 응결시간차를 활용한 수평분할타설 건축기초 매스콘크리트의 수화열 조정공법」이 지정되었는데, 그 신기술의 개요는 그림 8-14 및 8-15와 같고, 기존의 분할타설공법과 비교하면 표 8-6과 같다.

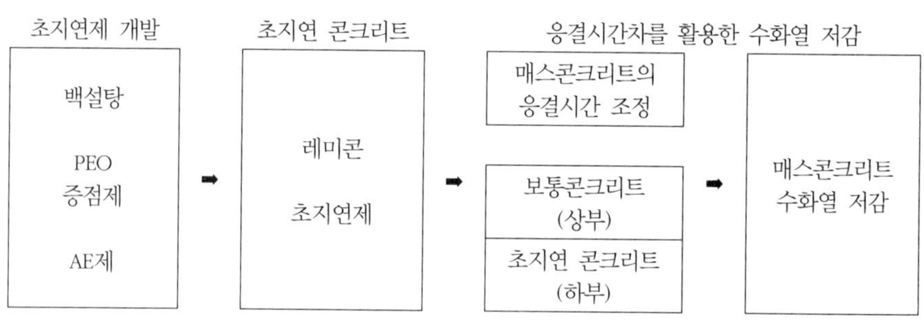

그림 8-14 신기술 공법의 개요

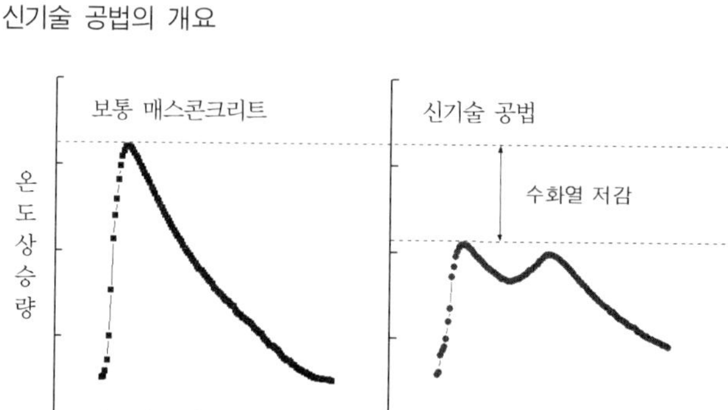

그림 8-15 수화열 저감 개념

표 8-6 기존의 분할타설 공법과 신기술 공법의 비교

구분	기존 분할타설공법	응결시간차공법(신기술)
시공성	이음면 처리요구 - 청소 및 레이턴스 제거 - 품질이 좋지 않은 콘크리트 제거 - 부착되지 않은 골재 제거 이어치기 시간에 따라 시공줄눈 발생	- 이음면이 생기지 않으므로 시공 간단 - 일체화 타설로 줄눈이 발생하지 않음 - 지하실 바닥 방수 양호
공기	선시공 부분의 양생시간 및 수화열 조정시간에 따른 공기지연	양생시간 단축으로 공기단축
경제성	비경제적 - 기계경비 등 관리비 증가 - 이음면 처리비 요구	공사비 절감 - 1회 시공으로 기계경비 등 관리비 절감 - 공기단축 - 균열발생 감소로 보수비용 절약
현장 적용성	분할시공에 번잡성 존재	보통 콘크리트공사와 동일한 방법으로 시공하므로 현장 적용이 용이

응결시간차 수화열 조정공법을 적용하여 실제 구조체를 시공하고 난 후의 평가로는, 저렴한 가격에 거의 완벽한 수화열 조정으로 미세균열조차도 발견되지 않아 매우 우수한 매스콘크리트 수화열 균열의 방지대책으로 평가되고 있다.

— 청주대학교 건축공학과 한천구 교수

질의

21. 건설물 매트 기초의 두께가 1.2m이어서 매스콘크리트에 해당되며 타설 시기가 동절기이므로 한중콘크리트에도 해당된다. 온도관리 측면에서는 매스콘크리트와 한중콘크리트 간에는 서로 상반되는 요인이 있는데, 이럴 경우에는 어느 규정을 적용해야 할지 궁금합니다.

응답

콘크리트 표준시방서 제7장 매스콘크리트에서 「매스콘크리트로 다루어야 하는 구조물의 부재치수는 일반적인 표준으로서 넓이가 넓은 평판구조에서는 두께 0.8m 이상, 하단이 구속된 벽체에서는 두께 0.5m 이상으로 한다.」 라고 되어 있고, 제8장 한중콘크리트에서는 「하루의 평균기온이 4℃ 이하로 되는 것이 예상되는 기상조건 하에서는 응결경화반응이 몹시 지연되어 밤중이나 새벽뿐만 아니라 낮에도 콘크리트가 동결할 염려가 있으므로 한중콘크리트로서 시공한다.」 라고 규정하고 있다.

또한, 매스콘크리트는 부재치수가 커서 시멘트의 수화반응에 의한 수화열로 구조물의 특성에 따라 내부구속 및 외부구속응력에 의한 온도균열 발생 가능성이 높은 구조물로서, 이와 같은 문제가 발생할 우려가 있는 구조물에 대하여는 온도상승방지대책 등 적절한 조치를 취하도록 규정하고 있고, 한중콘크리트를 시공할 때에는 콘크리트가 동결하지 않도록, 또 한랭 하에서도 소요의 품질이 얻어지도록 현장 내에서의 운반, 타설, 양생, 거푸집 및 동바리 등에 대하여 온도하강방지대책 등 적절한 조치를 취해야 한다.

이와 관련하여, 현장에 납품되는 레미콘의 온도, 즉 매스콘크리트의 타설온도는 온도균열을 제거하기 위한 관점에서 가능한 낮게 해야 한다. 즉, 콘크리트의 타설온도를 낮추는 것은 부재 내·외부의 온도차와 최고온도를 줄여줌으로써 온도균열을 제거하는데 매우 효과가 있기 때문이다. 콘크리트 타설온도를 낮추는 방법으로는 물, 골재 등의 재료를 미리 냉각시키는 프리쿨링 방법이 있으며, 프리쿨링 방법에는 냉수나 얼음을 따로따로 혹은 조합해서 사용하는 방법, 냉각한 골재를 사용하는 방법, 액체질소를 사용하는 방법 등이 있으므로 이를 고려한다.

또한, 한중콘크리트를 타설할 때의 콘크리트 온도는 구조물의 단면치수, 기상조건 등을 고려하여 5~20℃의 범위에서 정한다. 단, 기상조건이 가혹한 경우나 부재두께가 얇을 경우에 타설되는 콘크리트의 최저온도는 10℃ 이상을 확보해야 하기 때문에 보일러 등 가열에 의한 콘크리트 온도를 높이는 등의 조치가 요구된다.

그렇다면 한중에 매스콘크리트를 타설할 경우는 어느 쪽을 우선하여 고려해야 할까?

결론적으로 해답을 기술하면 매스콘크리트를 먼저 고려하고 한중콘크리트를 부수적으로 고려하는 것이 기본이 된다. 단, 한중 매스콘크리트는 부재 내부의 온도가 높게 됨에 따라 외기온과의 온도차가 크게 되기 때문에 온도균열의 가능성이 많게 된다. 그 균열을 예방 또는 가능한 작게 되도록 하기 위해서는 다음의 2가지 방법이 있다.

① 콘크리트의 타설온도를 낮게 한다. 즉, 초기동해의 염려가 없는 한 최대한 온도를 낮춘다.

② 부재의 표면을 시트 또는 양생매트로 덮어 균열발생에 안전한 온도차가 되도록 부재 표면의 냉각을 지연시킨다.

또한, 한중시공에 매스콘크리트의 온도균열이 발생할 가능성에는 다음의 2종류가 있다.

1. 내부구속 균열

한중콘크리트 기간에는 외기온도가 낮기 때문에 콘크리트 온도와의 온도차가 크게 된다. 그 때문에 부재 내부와 표면의 온도차가 크게 되어 내부구속에 의한 균열이 발생하기 쉬워진다.

그림 8-16은 일본 長島교수의 연구결과로서 한중콘크리트에서 매스콘크리트의 부재 중심부 온도와 표면온도차를 나타낸 것인데, 타설온도는 낮고 평균 외기온은 높을 때, 중심부와 표면부의 온도차가 작아짐을 알 수 있다. 따라서 내부구속 균열을 방지하기 위해서는 외기온과의 온도차를 적게 하기 위해 부재의 표면을 보온하여 외기와의 온도차를 가능한 적게 한다.

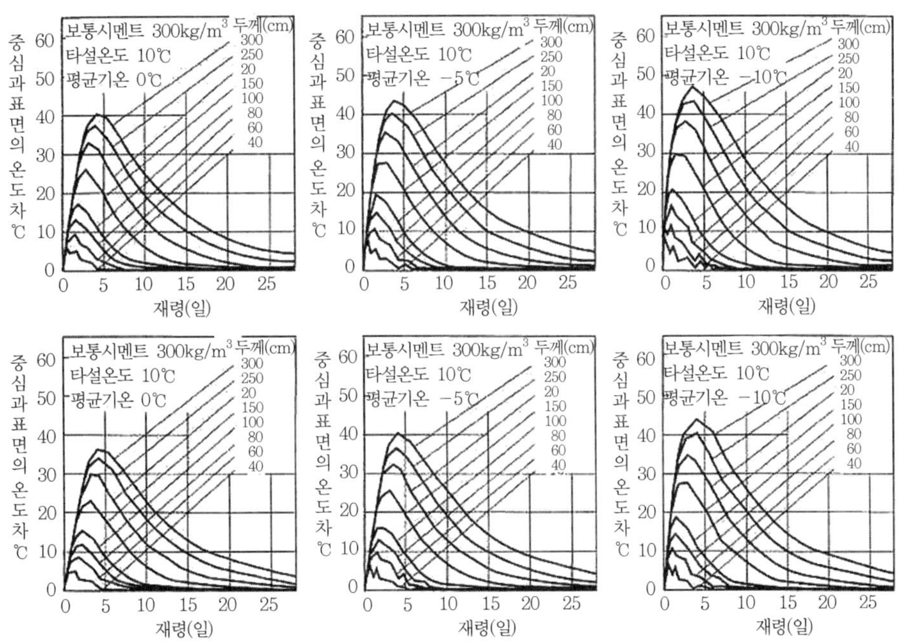

그림 8-16 매스콘크리트의 부재중심 온도와 표면의 온도차

2. 외부구속균열

콘크리트 부재의 최고온도와 그 후 평균 외기온까지 냉각하였을 때의 온도차가 클 경우 외부구속 균열이 발생한다. 건설구조물로 매스콘크리트의 외부구속 온도균열의 대상이 되는 부재는 내압판(기초매트 포함), 지하외벽, 지중보 등이

있다. 일반적으로 지중벽·지중보는 형틀 탈형 후 되메우기를 생각하게 되는데, 지반온도가 매스콘크리트의 안정온도로 생각된다. 깊은 지반온도는 겨울철 평균 기온보다 높고, 그 토지의 연평균 기온에 가깝다고 알려져 있다. 따라서 형틀 탈형 후 되메우기를 빨리 실시하여 콘크리트가 외기온에 접하는 시간을 짧게 하는 쪽이 좋다. 기타 지반에 의한 외부구속의 완화 정도는 한중조건이라고 하여 특별히 증감될 요인은 없다. 따라서 한중콘크리트에서의 외부구속 온도균열에 대하여 특별히 취급할 필요는 없고, 일반 매스콘크리트의 외부구속과 같이 취급하여도 좋다. 본고 이외에 현장에서 발생되는 매스콘크리트의 수화열 특성 및 균열방지대책은 콘크리트 학회지 제15권 2호(2003. 3), pp.156~157을 참조하기 바란다.

— 청주대학교 건축공학과 한천구 교수

질의

22. 기존에 동절기 공사와 관련해서 동절기 콘크리트 타설 시 보양해체 시기에 관해서 질의회신을 넣은 적이 있습니다. 그 내용은 콘크리트 표준시방서 내용에 나와 있는 "콘크리트양생 종료 시 소요압축강도"에 대한 내용과 "소요압축강도를 얻는 양생일수"에 대한 내용 중에 후자의 경우 양생일수를 뜻하는 것인지 아니면 일별 횟수를 뜻하는 것인지 궁금합니다. 또한 보양해체를 하는 시점이 압축강도시험을 실시하며 양생종료 시 소요압축강도가 콘크리트 표준시방서 내용을 만족하게 되더라도 해당 양생일수를 준수해야 하는지 궁금합니다.

응답

1. 개요

겨울철 한중콘크리트 시공 시에는 콘크리트가 초기동해를 받지 않도록 초기 보온양생계획을 수립해야 한다. 즉, 한중콘크리트 시공 시에는 최우선의 목표를 초기동해 방지에 두어야 하는데, 타설한 콘크리트가 수회의 동결융해 작용에 견디기 위해서는 어느 정도의 경화가 필수적으로, 현재 콘크리트 표준시방서의 경우 단면형태 및 물과의 접촉여부에 따라 구분하여 규정하고 있다.

2. 초기동해 및 초기양생

2.1 초기동해

초기동해란 콘크리트를 부어넣은 후부터 경화의 초기단계에 있어서 동결 또는 수화의 동결융해작용이 반복됨에 따라 강도저하, 파손 및 균열을 일으키는 피해를 의미한다. 즉, 아직 굳지 않은 콘크리트가 극히 초기단계에서 동결한 후에는 콘크리트의 손상이 현저하여 그 피해 콘크리트의 재시공이 필요한 경우도 있다. 또한 어느 정도 경화한 단계에서의 동결에서는 그 피해상황을 눈으로 판단하는 것이 곤란하나 경화 후에 충분한 강도발현이 얻어지지 않는 경우가 있고, 더욱이 그 콘크리트의 성질도 취약하게 된다.

한편, 이러한 초기동해에 견디는 압축강도를 동해기구의 관점에서 검토할 경우 Powers는 타설 시 콘크리트가 갖고 있던 물이 자기수축에 의해 감소하고 대신 공기로 찬 공간이 생기기 때문에 한계가 되는 것이며, 수화의 진행과 압축강도의 관계를 검토하여 압축강도 2.9MPa을 동해를 받지 않는 단계의 강도로 결론짓고 ACI 규준치를 3.5 MPa로 정한 것이다. 이를 토대로 한국콘크리트학회에서는 부재단면의 두께와 소요강도 조건 등을 고려하여 초기동해 방지를 위한 양생기간을 표 8-7 및 8-8과 같이 정하고 있다.

이러한 초기동해에 견디기 위한 압축강도는 그 압축강도에서 콘크리트중에 발생하는 동결압력에 저항하도록 하는 것이 아니라, 자기수축 또는 동결에 의한 압력이 콘크리트 중의 기포에 의하여 완화되도록 목표로 정하는 것이다.

표 8-7 심한 기상작용을 받는 콘크리트의 양생종료 시 소요압축강도의 표준(MPa)

구조물의 노출 \ 단면	얇은 경우	보통의 경우	두꺼운 경우
① 계속해서 또는 자주 물로 포화되는 부분	15	12	10
② 보통의 노출상태에 있고 ①에 속하지 않은 부분	5	5	5

표 8-8 소요의 압축강도를 얻는 양생일수의 표준(보통의 단면)

구조물의 노출상태 \ 시멘트의 종류		보통 포틀랜드시멘트 (일)	조강 포틀랜드시멘트+보통 포틀랜드시멘트+촉진제 (일)	혼합시멘트 B종 (일)
① 계속해서 또는 자주 물로 포화되는 부분	5℃	9	5	12
	10℃	7	4	9
② 보통의 노출상태에 있고 ①에 속하지 않은 부분	5℃	4	3	5
	10℃	3	2	4

2.2 초기양생

초기양생은 한중콘크리트에 있어서 반드시 필요한 양생으로 콘크리트 타설시기에 적절한 양생계획과 양생기간을 정하여 실시하고, 계속양생은 초기양생보다 낮은 온도로 실시하고 양생방법은 초기양생에 준하여 실시한다. 이러한 한중콘크리트의 초기양생 및 계속양생은 모두 보온양생방법을 실시하는데, 보온양생은 가열보온양생과 단열보온양생으로 구분할 수 있다. 보온양생 시에는 다음과 같은 3단계를 고려하여 콘크리트를 보호해 주어야 한다.

① 초기동해로부터의 보호

② 구조안전적 측면에서의 보호

③ 강도와 내구성 측면에서의 보호

한중콘크리트 시공 시 양생은 그림 8-17과 같은 흐름으로 진행한다.

3. 콘크리트표준시방서 규정 중 소요강도를 얻는데 필요한 양생일수의 의미

콘크리트 표준시방서에서 소요압축강도를 얻는 양생일수라는 의미(표 8-8 참조)는 콘크리트 표준시방서 중 심한 기상작용을 받는 콘크리트의 양생종료 시 소요압축강도의 표준(MPa)을 얻는데 필요한 양생일수로서(표 8-7 참조) 즉, 압축강도시험에 의하여 소요압축강도 발현을 확인하지 않을 경우 목표 양생온도별로 소요압축강도가 발휘될 수 있는 일반적인 양생일수를 의미한다. 단, 이 경우 표 8-7의 보통단면의 경우에만 해당되는 것이다.

따라서 표 8-8에 나타나 있듯이, 계속해서 또는 자주 물로 포화되는 부분의 경우 및 보통의 노출상태에 있는 경우 표 8-7의 소요압축강도를 얻기 위하여 목표양생온도를 5℃와 10℃로 설정한다면 시멘트 종류별로 표 8-8에 제시되어 있는 양생일수만큼 콘크리트가 해당 목표양생온도를 유지해야 한다는 의미이다. 단, 실제적으로 소요의 강도를 얻기 위해 필요한 일수는 시방서상에 편의상 제시되어 있으나, 콘크리트 배합의 W/C나 양생온도에 따라 다르기 때문에 한마디로 양생일수를 며칠이라고 정하기는 곤란한 측면이 있다. 따라서 이에 대하여는 압축강도실험을 수행하거나 적산온도방법에 의한 강도증진 모델 식을 이용하여 예예측하는 방법들이 사용되는 것이 보다 바람직한 것으로 판단된다. 참고로 표 8-9는 시멘트 종류, W/B 및 양생온도별 목표강도 확보를 위한 필요일수의 일례를 나타낸 것이다.

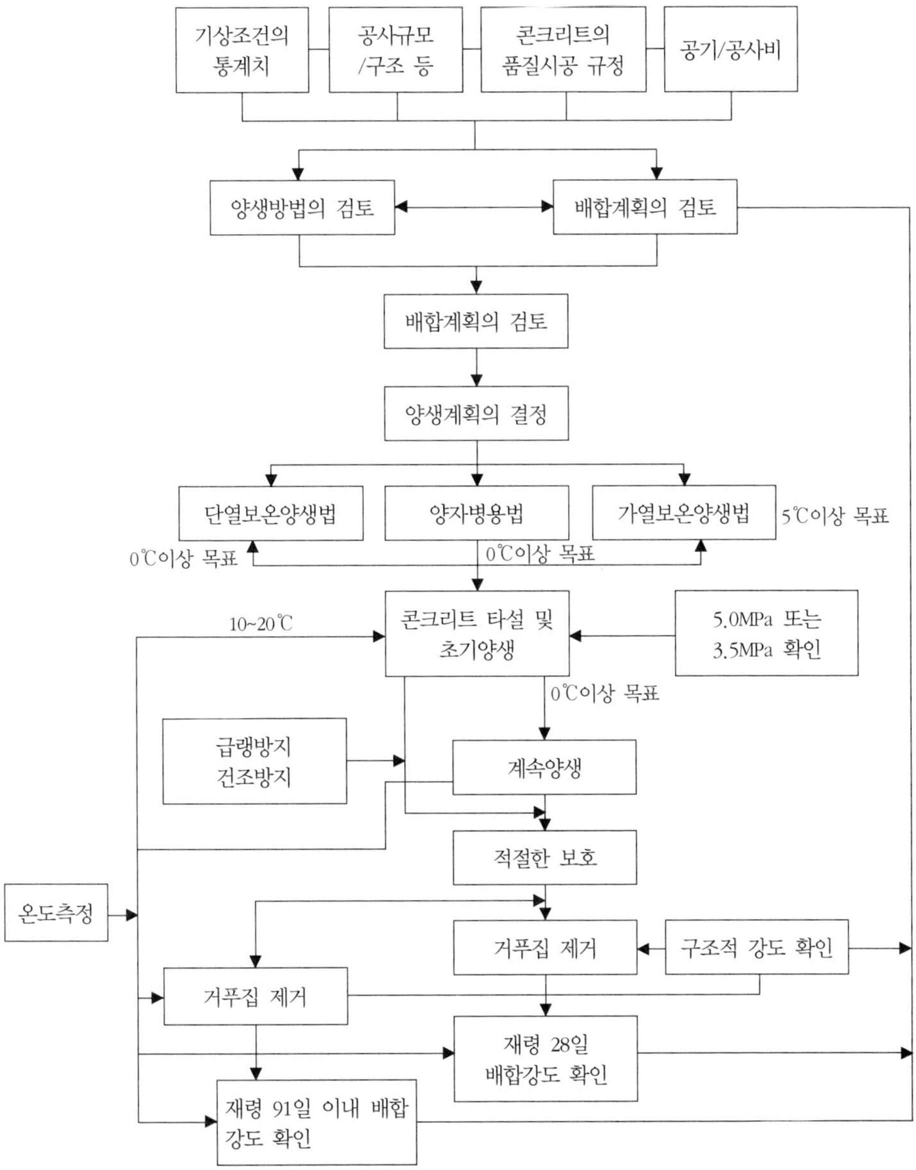

그림 8-17 한중콘크리트의 시공과 양생계획의 관련도

표 8-9 시멘트 종류 및 목표강도별 초기동해 방지기간

시멘트 종류	압축강도 (MPa)	W/B (%)	양생온도(℃)					소요적산 온도 (℃ D · D)
			$0 \le t < 5$	$5 \le t < 10$	$10 \le t < 15$	$15 \le t < 20$	$20 \le t$	
보통포틀랜드시멘트	5	40	1.5	1.0	1.0	0.5	0.5	11
		45	2.0	1.5	1.0	1.0	1.0	18
		50	2.5	1.5	1.5	1.0	1.0	23
		55	3.5.	2.5	2.0	1.5	1.5	32
		60	4.0	2.5	2.0	2.0	1.5	39
	10	40	3.0	2.0	1.5	1.5	1.0	26
		45	4.5	3.0	2.5	2.0	1.5	41
		50	4.5	3.5	2.5	2.5	2.0	56
		55	7.5	5.0	3.0	3.0	2.5	73
		60	9.5	6.0	4.5	4.0	3.5	92
	12	40	3.5	2.5	2.0	1.5	1.5	34
		45	6.0	4.0	3.0	2.5	2.0	53
		50	7.5	5.0	4.0	3.0	2.5	72
		55	10.0	6.0	4.0	4.0	3.5	95
		60	12.5	6.0	4.0	5.0	4.5	121
	15	40	5.0	3.5	2.5	2.0	2.0	48
		45	7.5	5.0	4.0	3.0	2.5	74
		50	10.5	7.0	5.5	4.5	3.5	101
		55	14.0	9.5	7.5	5.5	5.0	136
		60	18.0	12.0	8.5	7.5	6.0	177
플라이애쉬C종 시멘트	5	40	1.5	1.0	1.0	1.0	0.5	14
		45	2.5	1.5	1.5	1.0	1.0	22
		50	3.5	2.0	2.0	1.5	1.5	31
		55	4.5	3.0	2.5	2.0	1.5	32
		60	6.0	4.0	3.0	2.5	2.0	56
	10	40	4.0	3.0	2.0	2.0	1.5	38
		45	6.5	4.5	3.5	2.5	2.5	61
		50	9.0	6.0	4.5	4.0	3.0	88
		55	12.5	8.5	6.5	5.0	4.5	125
		60	17.5	11.5	9.0	7.0	6.0	172
	12	40	5.5	3.5	3.0	2.5	2.0	51
		45	8.5	5.5	4.5	3.5	3.0	83
		50	12.5	8.5	6.5	5.0	4.5	121
		55	17.5	11.5	9.0	7.0	6.0	172
		60	24.5	16.5	12.5	10.0	8.5	243
	15	40	7.5	5.0	4.0	3.0	2.5	75
		45	12.5	8.5	6.5	5.0	4.5	123
		50	19.0	12.5	9.5	7.5	6.5	186
		55	27.5	18.5	14.0	11.0	9.5	270
		60	30.0	26.5	20.0	16.0	13.5	395

4. 보온양생 종료시점

콘크리트표준시방서 8장 한중콘크리트 3.2.1 초기양생의 (5)와 (7) 부분에 나와 있듯이 표 8-7에 제시되어 있는 소요압축강도를 얻기에 필요한 양생일수는 압축강도시험에 의해 정하는 것이 원칙이다. 따라서 현장에서 구조체 강도관리용 공시체 등을 이용하여 표 8-7에서 요구하는 압축강도가 발현되는 시점을 확인하여 소요압축강도를 만족하게 되면 해당 시점에서 초기양생을 종료할 수 있다.

아울러 표 8-8에 제시되어 있는 양생일수는 현장에서 이러한 압축강도시험을 행하지 않을 경우 목표양생 온도별로 표에 제시되어 있는 일수만큼 양생을 실시하면 표 8-7에 제시되어 있는 압축강도를 만족할 수 있다는 의미이다. 따라서 현장에서 압축강도시험을 통하여 소요압축강도가 발현된 것을 확인하면 표 8-8에 제시된 소요일수 이전이라도 양생을 종료할 수 있다는 의미가 된다.

단, 주의사항으로 콘크리트표준시방서 8장 한중콘크리트 3.2.1 (8)에서 언급하였듯이, 단면의 두께가 얇고 보통의 노출상태에 있는 콘크리트는 초기양생 종료 후 계속 특별한 양생을 하지 않는 경우 콘크리트 노출면은 시트, 기타 적절한 재료로 덮어서 초기양생 완료 후 2일간은 콘크리트의 온도를 0℃ 이상으로 보존해야 한다.

— 청주대학교 건축공학과 한민철 전임강사

질의

23. KBC 2005. 0521의 내진설계 시 특별고려사항을 보면 '0521. 3.3.4 접합부는 0507.11.1.4의 규정을 만족해야 한다.'라는 문구가 있습니다.
하지만 KBC 2005에는 어디에도 0507.11.1.4라는 항목은 없습니다. 그래서 2003년 기준을 찾아본 결과 0507.11.1.4의 항목이 7.11.1.(3)으로 대체되어 있고 그 내용은 '접합부 내에 배치해야 할 횡철근은 식(7.3.14 : 전단철근의 최소 배근식)에 규정된 값 이상이어야 합니다. 다만 거의 같은 깊이의 보 또는 슬래브로 4변이 구속되고 주기능이 지진하중에 저항하는 것이 아닌 접합부는 제외될 수 있다'로 되어 있습니다.
여기서 "거의 같은 깊이의 보"라는 문구, "주기능이 지진하중에 저항하는"이라는 두 문구로 인해 너무 애매한 기준이 되어버리는 것 같습니다. 결국은 기술자의 판단이겠지만, 기준을 심의하시고 편찬하시는 분들의 조언을 듣고 싶습니다.
참고로 제 생각에는 내진상세를 적용하는 경우에는 모든 기둥 보 접합부에 기둥의 횡방향 철근을 배근해야 할 것 같은데, 대부분은 내부 기둥의 경우 기둥에 횡방향 철근을 배근하지 않는다고 들었습니다.

응답 지적하신 내용은 KBC 2005 기준의 오기로 보이며, 대체항목으로 지정하신 7.11.1.(3)의 규정이 내용상으로 보아 정확하다고 판단된다.

이 경우 기준에서는 「거의 같은 깊이의 보 또는 슬래브로 4변이 구속되고 주 기능이 지진하중에 저항하는 것이 아닌 접합부」는 횡철근 보강을 생략할 수 있다고 되어 있으며, 그 사유로 해설에서 「건물의 외부에서와 같이 횡방향 구속이 없는 연결부에서는 전단균열 때에 약화되는 것을 방지하기 위해 전단보강이 필요하게 된다.」라고 설명하고 있어, 4변 구속이 된 내부접합부의 경우는 전단균열로 인한 접합부 취약화가 예상되지 않기 때문에 횡방향 보강을 생략할 수 있음을 말해주고 있다.

여기서 '거의 같은 깊이의 보' 라는 문구가 정량적인 기준이 아니라는 점에서 애매모호한 점이 있으나, 상기 조항의 의미를 새겨 본다면 접합부가 충분히 다른 부재에 의하여 구속되어 있는가의 여부로서 횡방향 구속의 필요 여부를 이야기하고 있다는 점을 고려하여 엔지니어에 의해 판단되어야 할 문제인 것으로 사료된다.

또한, 「주 기능이 지진에 저항하는 접합부가 아닌 경우」라는 조항에 있어서도 애매모호한 부분이 있으나, 현재 국내기준에서는 특정 규모 이상의 건물에 대하여 모두 내진설계를 의무화하고 있다는 점을 고려한다면 이러한 구조에서의 접합부는 모두 지진에 저항하는 구조로서 인지될 수 있으리라 사료되며, 그 이외의 건물에 있어서 접합부가 예외적인 사례로서 고려될 수 있다고 판단된다.

— 대한주택공사 주택도시연구원 천영수 수석연구원

09

QUESTION & ANSWER

콘크리트 구조설계 및 내진설계

질의

1. Building Code and Commentary ACI 318-95/ ACI 318R-95가 ACI 318-89/ ACI 318R-89와 비교하여 개정된 내용에 대하여 알고 싶습니다.

응답

1995년 말에 미국콘크리트학회에서 출간한 ACI 318-95는 1989년에 발표된 ACI 318-89에 비하여 많은 부분이 개정되었다. 개정된 주요부분을 장별로 살펴보면 다음과 같다.

4.2 Freezing and thawing exposure(동결융해 노출)

얼음제거용 화학약품에 노출되어 있는 콘크리트에 사용하는 혼화재의 양을 제한하는 규정이 표 9-1과 같이 새로 추가되었다. 이 규정은 플라이애쉬, 슬래그, 실리카퓸을 사용하여 제조한 콘크리트의 공극의 크기가 작아져서 투수성이 너무 낮아지는 것을 방지하기 위한 목적으로 마련되었다.

표 9-1 Requirements for concrete exposed to deicing chemicals

Cementitious materials	Maximum percent of total cementitious materials by weight[1)]
Fly ash or other pozzolans conforming to ASTM C 618	25
Slag conforming to ASTM C 989	50

Silica fume conforming to ASTM C 1240	10
Total of fly ash or other pozzolans, slag and silica fume	50[2)]
Total of fly ash or other pozzolans and silica fume	35[2)]

1) The total cementitious material also includes ASTM C 150, C 595 and C 845 cement
2) Fly ash or other porzzolans and sllica fume shall constitute no more than 25 and 10 percent, respectively of the total weight of the cementitous materials

10.5 Minimum reinforcement of flexural members(휨부재의 최소 철근량)

휨철근이 필요한 모든 부재에서의 콘크리트 압축강도가 4,440psi를 초과하는 경우에는 기존의 식 $200/f_y$으로부터 구한 최소철근량이 부족할 수 있기 때문에 최소철근량을 제한하는 식이 다음과 같이 수정되었다.

$$A_{s,\min} = \frac{3\sqrt{f'_c}}{f_y} b_w d \tag{1}$$

식 (1)로부터 구한 최소철근량은 $1{,}200 b_w d/f_y$작아야 하며, f'_c와 f_y는 각각 콘크리트 설계기준강도와 철근의 항복강도, b_w는 복부의 폭, d는 유효높이이다. 개정된 식은 최소철근량이 철근의 강도에 반비례할 뿐만 아니라 콘크리트 압축강도의 제곱근에 비례하여 증가함을 나타낸다. 단, 정정상태인 T형 보의 플랜지에 인장력이 작용하는 경우에는 최소철근량이 식 (1)의 b_w에 플랜지의 폭을 대입하여 계산한 값과 b_w에 복부의 폭을 대입하여 계산한 값의 2배 중에서 작은 값과 같거나 커야 한다고 규정하고 있다.

10.11~10.13 Magnified moments(확대모멘트)

Non-sway frame과 sway frame으로 구분하여 확대모멘트에 관한 규정들이 체계적으로 재정리 되었으며 sway frame의 확대모멘트를 계산할 때 $M_2 > M_1$이라고 가정하면 설계모멘트는 다음과 같이 구할 수 있다. 각 압축부재에 있어서,

$$\frac{l_u}{r} < \frac{35}{\sqrt{\dfrac{P_u}{f'_{cA_g}}}} \text{ 이면 } M_c = M_{2ns} + \delta_{sM_{2s}} \tag{2}$$

$$\frac{l_u}{r} < \frac{35}{\sqrt{\dfrac{P_u}{f'_{cA_g}}}} \text{ 이면 } M_c = \delta_{ns} M_{2ns} + \delta_{sM_{2s}} \tag{3}$$

여기서 M_{ns}와 M_s는 각각 non-sway moment와 sway moment를 말하며 δ_{ns}와 δ_s는 $\Phi = 0.75$로 정한 외에는 기존의 방법과 같이 구한다. 식 (2)의 경우에는 M_{ns}의 증가율이 5%를 넘지 않으므로 확대계수를 무시하여 설계모멘트를 계산한다.

11.6 Design for torsion(비틀림 설계)

비틀림 설계규정이 공간 트러스 상사이론(space truss analogy theory)에 기초하여 전체적으로 개정되었다. 개정된 내용 중에서 주요사항을 살펴보면 다음과 같다.

(1) 극한 비틀림모멘트(factored torsional moment)가 다음 값보다 작은 경우에는 비틀림 효과를 무시해도 좋다.

- RC부재에 대하여

$$\phi\sqrt{f'_c}\left(\frac{A_{cp}^2}{P_{cp}}\right) \tag{4}$$

- PC부재에 대하여

$$\phi\sqrt{f'_c}\left(\frac{A^2cp}{p_{cp}}\right)\sqrt{1+\frac{f_{pc}}{4\sqrt{f'_c}}} \tag{5}$$

여기서 $A_{cp} = x_1y_1$, $p_{cp} = 2(x_0 + y_0)$, f_{pc}는 유효 프리스트레스에 의한 중립축 콘크리트의 평균압축응력이다(그림 9-1 참조).

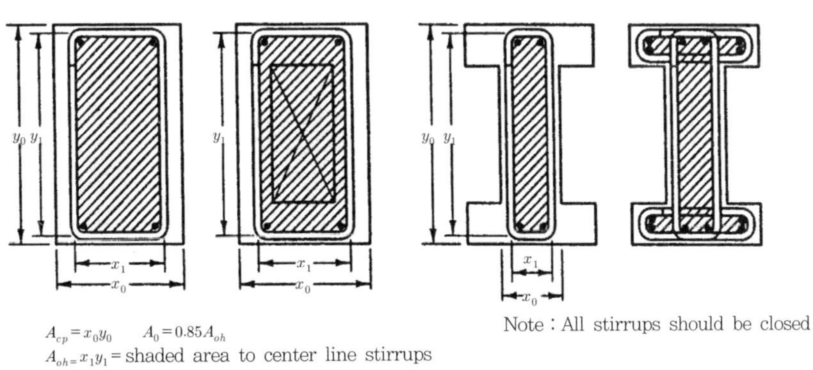

그림 9-1 Torsional geometric parameters

(2) 최대 극한 비틀림모멘트

- RC부재에 대하여

$$T_u = \phi 4 \sqrt{f'_c}\left(\frac{A_{cp}^2}{p_{cp}}\right) \tag{6}$$

- PC부재에 대하여

$$T_u = \phi 4 \sqrt{f'_c}\left(\frac{A_{cp}^2}{P_{cp}}\right)\sqrt{1 + \frac{f_{pc}}{4\sqrt{f'_c}}} \tag{7}$$

(3) 단면치수의 제한

- 속이 찬 단면 :

$$\sqrt{\left(\frac{V_n}{b_w d}\right)^2 + \left(\frac{T_u p_h}{1.7A_{oh}^2}\right)^2} \le \phi\left(\frac{V_c}{b_w d} + 8\sqrt{f'_c}\right) \tag{8}$$

- PC부재에 대하여

$$\left(\frac{V_n}{b_w d}\right) + \left(\frac{T_u p_h}{1.7A_{oh}^2}\right) \le \phi\left(\frac{V_c}{b_w d} + 8\sqrt{f'_c}\right) \tag{9}$$

여기서 V_u는 극한전단력, V_c는 콘크리트의 전단강도, $p_h = 2(x_1 + y_1)$, $A_{oh} = x_1 y_1$이다(그림 9-1 참조).

(4) 철근량 계산

- 횡방향 철근(A_t) : $\dfrac{A_t}{s} = \dfrac{T_n}{2A_o f_{yv} \cot\theta}$ (10)

여기서 $T_n = T_u / \phi$, s는 횡방향 철근의 간격, $85A_{oh}$, f_{yv}는 폐합 횡방향 비틀림 철근의 인장강도로 60,000psi를 초과할 수 없으며, 압축 스트럿의 경사각 Θ는 30°보다는 크고 60°보다는 작아야 하며, RC부재에서는 45°로, PC부재에서 프리스트레스가 종방향 철근의 40%보다 작은 경우에는 45°로, 큰 경우에는 37.5°로 정해도 좋다.

- 종방향 철근(A_l) :

$$A_l = \frac{A_t}{s} p_h \left(\frac{f_{yv}}{f_{yl}}\right) \cot^2\theta \tag{11}$$

단, $A_{l,\min} = \dfrac{5\sqrt{f'_c}}{f_{yl}} A_{cp} - \dfrac{A_t}{s} p_h \dfrac{f_{yv}}{f_{yl}}$, $\dfrac{A_t}{s} \geq 25\dfrac{b_w}{f_{Yv}}$

여기서, f_{yl}는 종방향 비틀림 철근의 인장강도로 60,000psi를 초과할 수 없다.

(5) 최소 비틀림 철근량

$$A_v + 2A_t \geq \frac{50 b_w s}{f_{yv}}$$

단, 최대 간격은 p_h 혹은 12in보다 작아야 함.

12.2 Development of deformed bars and deformed wire in tension(인장철근의 정착길이)

인장철근의 정착길이(l_a)를 계산하는 방법이 간편하게 바뀌었다.

(1) 인장철근의 정착길이

(i) 간격 $s \geq d_b$(confined) 혹은 $s \geq 2d_b$이고 덮개 $c \geq d_b$인 경우의 간략식

≤No.6 bars $\dfrac{l_d}{d_b} = \dfrac{f_y \alpha\beta\lambda}{25\sqrt{f'_c}}$

≥No.7 bars $\dfrac{l_d}{d_b} = \dfrac{f_y \alpha\beta\lambda}{20\sqrt{f'_c}}$

기타의 경우에는 위 식의 값에 1.5배를 함 : αβ는 1.7을 초과할 수 없음

(ii) 일반식

$$\frac{l_d}{d_b} = \frac{3}{40}\frac{f_y}{\sqrt{f'_c}}\frac{\alpha\beta r\lambda}{\left(\dfrac{c+K_{tr}}{d_b}\right)}, \quad 1.5 \leq \frac{c+K_{tr}}{d_b} \leq 2.5$$

횡방향 철근지수 $K_{tr} = \dfrac{A_{tr} f_{yt}}{1500sn}$

A_{tr} = 간격 s 내에 위치하는 모든 횡방향 철근의 단면적의 합, in^2

f_{yt} = 횡방향 철근의 항복강도, psi

s $= l_d$ 내의 횡방향 철근의 최대간격, in

n = 할열 면에 위치하는 철근의 수

횡방향 철근이 존재하더라도 간편히 $K_{tr} = 0$ 으로 간주하여도 무방함.

(2) 인장철근의 정착길이 수정계수

(i) 철근위치 계수 γ

상부철근	1.3
기타	1.0

(ii) 표면처리 계수 β

에폭시 표면처리된 철근, $c < 3d_b$ 혹은 $s < 6d_b$	1.5
기타 에폭시 표면처리 된 철근	1.2
표면처리가 되어 있지 않은 철근	1.0

c = 덮개, s = 간격

(iii) 철근의 치수계수 γ

≤ No.6, 이형철근	0.8
≥ No.7	1.0

(iv) 경량콘크리트 계수 λ

경량콘크리트가 사용되는 경우 $\lambda = 1.3$

경량콘크리트의 할열 인장강도 f_{ct}가 주어진 경우, $\lambda = \dfrac{6.7\sqrt{f'_c}}{f_{ct}}$

단, 1.0보다 작지 않아야 함.

보통중량콘크리트가 사용되는 경우 $\lambda = 1.0$

(v) 초과 철근량 계수 γ_s

γ_s = 소요철근량/실제 철근량

위에서 언급한 내용 외에 이 방향 슬래브의 설계, 프리캐스트콘크리트, 무근콘크리트에 관한 규정이 개정되었다. 이에 대한 자세한 내용을 알고 싶으면 ACI 318-95/ACI 318R-95를 참고한다.

— 성균관대학교 토목공학과 이광명 교수

질의

2. 슬래브와 일체 타설된 철근콘크리트 연속보의 중앙부 상단의 압축 측은 T형 보가 되고, 콘크리트의 압축면적이 커져서 대체로 압축철근이 계산상 필요 없게 되는 경우가 많습니다. 실제 시공의 경우 압축철근을 배근하고 있는데 배근이유는?

응답

① 철근콘크리트 보의 장기하중에 의한 처짐을 감소시키기 위하여

그림 9-2에서처럼 서로 다른 양의 압축철근을 배근한 단순보(등분포 하중)에 초기하중 재하시 단순보의 중앙부 탄성처짐은 압축철근의 배근량에 관계없이 1.6in(41mm)와 1.9in(48mm) 사이의 크기로서 거의 비슷하나 약 2년 경과 후 최종처짐의 크기가 압축철근이 없는 경우는 최초 탄성처짐의 195% 인장 및 압축철근량이 같은 경우는 99%가 되어 많은 차이가 난다. 보의 장기하중에 의한 처짐 감소를 위하여 압축철근을 배근하는 것이 유리하다.

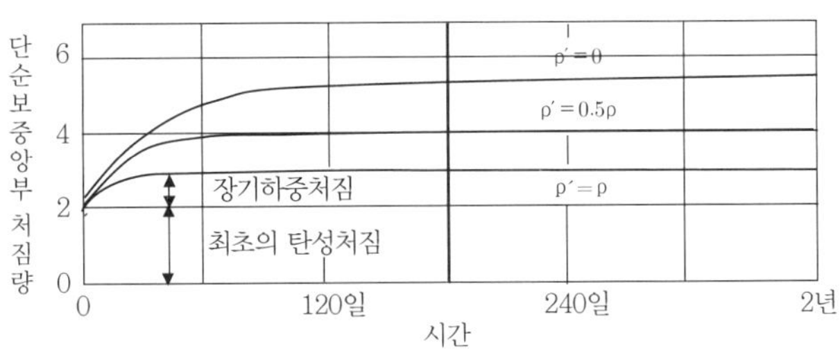

그림 9-2 압축철근량에 의한 장기처짐 크기

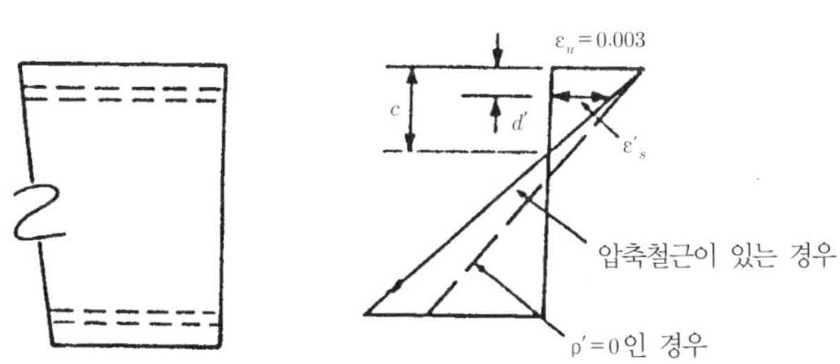

그림 9-3 변형도에서 압축철근의 영향

② 철근콘크리트 보의 연성 증가를 위하여

압축철근의 보강은 압축측 응력도 다이어그램의 높이 a를 감소시키고 그림 9-3처럼 인장철근의 변형도가 증가하여 보의 연성을 증가시킨다.

그림 9-4와 같은 과소 철근 보의 경우 압축철근의 양에 관계없이 인장철근이 항복할 때의 모멘트의 크기는 비슷하나 항복한 후에는 압축철근의 양에 따라 부담가능 모멘트 크기에 많은 차이가 난다. 철근콘크리트 보의 연성 확보가 중요한 내진설계의 경우 압축철근의 배근이 매우 중요한 역할을 하게 됨을 알 수 있다.

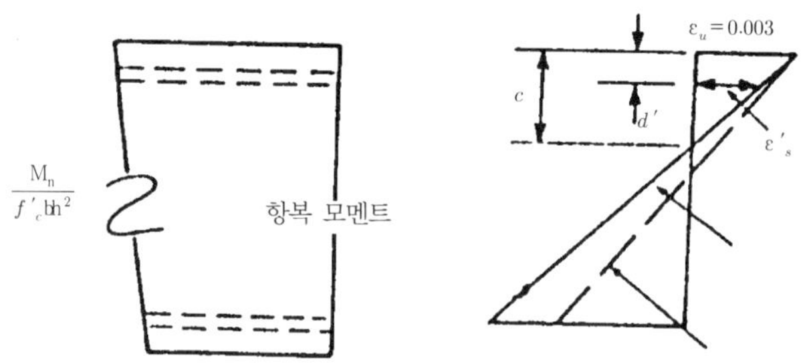

그림 9-4 과소 철근 보의 강도 및 연성에 대한 압축철근의 효과

③ 철근콘크리트 보의 인장파괴 mode 전환을 유도하기 위하여

보의 인장철근비가 $\rho > \rho_b$일 때 압축철근량을 증가시켜 인장측 철근이 먼저 항복하여 인장파괴되도록 조절할 수 있으며, 압축철근 보강 후 철근비가 $\rho - \rho' \leq 0.5\rho_b$가 되도록 철근비를 조절할 수 있다. 그림 9-5에서와 같이 압축측 콘크리트가 먼저 파괴되는 취성파괴(($\rho' = 0$)의 경우보다 압축보강에 의한 인장철근 항복파괴 ($\rho' = 0.5\rho$, $\rho' = \rho$가 될 때 모멘트 부담능력이 더 커짐을 알 수 있다.

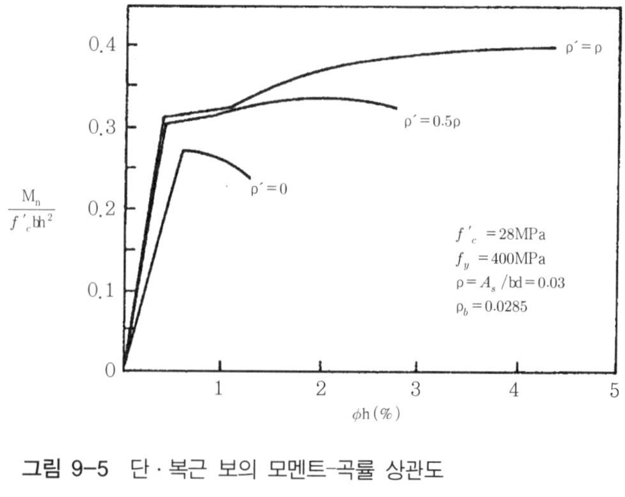

그림 9-5 단 · 복근 보의 모멘트-곡률 상관도

④ 스터럽(stirrup)의 배근을 위하여

압축철근을 보의 압축측 양모서리에 배근함으로써 철근콘크리트 보의 내하력 증가에 관계없이 스터럽의 배근 및 정착에 유리하다.

질의

3. 정적해석에 의한 지진력 산정시 구조물의 진동주기 산정식에 대하여 알려주세요.

응답

"건축물의 구조규준 등에 관한 규칙"에 의하면 내진구조해석은 등가정적해석 또는 동적해석을 할 수 있으며, 등가정적해석에서 구조방식에 따라 3가지 경험식을 규정하고 있다.

모멘트 골조인 철근콘크리트구조 (1), 모멘트골조인 철골구조 (2), 기타 (1), (2)를 제외한 구조로 구분하였으며 다음 식과 같다.

$$T = 0.085 h_n^{0.75} \tag{1}$$

$$T = 0.073 h_n^{0.75} \tag{2}$$

$$T = 0.049 h_n^{0.75} \tag{3}$$

h_n : 밑면에서 구조물 최상층까지의 높이(m)

고유치 해석에 의한 진동주기가 상기의 식으로 구한 진동주기의 12배를 초과할 때는 위 식에서 구한 값에 1.2배 한 진동주기를 사용하도록 되어 있다(고유치 해석의 진동주기는 비구조적 요소인 조적벽 등의 효과가 포함되지 않았다고 보아서). 위 식의 진동주기 공식의 경우 정형구조물인 경우 대체로 만족하나 부정형구조 또는 비대칭구조물의 경우 기대값과 다르게 산출된다.

예를 들어 벽식 아파트의 경우 식 (3)을 사용하여 진동주기를 구하며 아파트의 단변방향 전단벽 양이 장변방향보다 더 많은 것이 일반적인 배치형태이다. 식 (3)에서 진동주기를 구하면 변의 길이를 진동주기의 함수로 사용하게 되어 장변방향의 기본 진동주기가 단변방향보다 작은 값이 되고, 그 결과 장변방향의 밑면전단력 크기가 단변방향보다 더 크게 나온다.

동적해석의 경우 진동주기는 구조물의 질량과 강성도의 함수이며 단변방향의 밑면전단력이 장변방향의 밑면전단력보다 더 크게 계산되고, 정적해석에서 구한 밑면전단력 크기의 반대값이 나와 불합리한 결과를 얻게 된다(이런 이유로 벽식 아파트의 경우 장변방향의 진동주기를 산정할 때 철근콘크리트의 모멘트골조식 (2)을 사용하는 경우도 있음).

참고로 UBC의 경우 동적해석과 정적해석을 적용하는 범위를 규정하고 있는데 지진구역과 건물 중요도에 따라 240ft(76.8m) 미만의 정형구조물과 65ft(21m) 이하(5층 이하)의 비정형구조물에는 정적해석을 적용하도록 하고 240ft(76.8m) 이상의 모든 구조물은 반드시 동적해석을, 그리고 6층 이상 〈65ft(21m 이상〉의 비정형구조물, 지진구역별 비대칭구조물도 역시 동적해석을 적용하고 있다.

지진해석에 의한 밑면전단력을 구할 때 비대칭, 비정형구조물 또는 고층 구조물의 지진해석에는 동적해석을 사용하고, 비내력벽 등의 효과를 고려하기 위하여 경험식과 대비하여 적정범위에 드는 진동주기를 산정해야 함을 알 수 있다.

— 수원대학교 건축공학과 조순보 교수

질의

4. 보-기둥 접합부에서 보의 상부주근이 2단으로 배근되어 있을 때, 보 단면 내에 1단만 배근하고 나머지는 슬래브 내에 배근하여도 가능합니까?

응답

철근콘크리트의 보-기둥 접합부에서 철근의 밀집으로 시공의 효율성이 떨어지며 부실한 시공으로 구조성능이 저하될 가능성을 배제할 수 없다.

접합부에서 제한된 보폭으로 말미암아 상부의 인장철근을 2단으로 배근할 때 공사현장에서 일반적으로 사용하는 방법으로, RC보-SRC기둥의 경우 2개의 강판을 기둥에 용접하고 철근을 강판에 용접하거나, 철근콘크리트의 경우 2단 이하의 배근을 위해 보의 폭을 증가시키거나, 접합부의 유효높이를 크게 하기 위해 수평헌치를 두기도 하지만 이러한 방법은 시공 및 설계 측면에서 여러 가지 문제점이 있다.

직사각형 단면에 인장철근을 2단으로 배근한 것과 동일 양의 인장철근을 직사각형 단면에 1단만 배치하고, 나머지는 T형 보의 유효 플랜지 내에 배치한 것에 대하여 소요강도, 최대변위 그리고 균열발생 양상을 직접적으로 비교 · 분석한 연구보고서는 거의 없으며, 대부분의 경우 건물의 사용성을 확보하기 위한 균열의 문제에서 접근을 하였다.

ACI규정은 보의 유효 플랜지가 인장측에 있는 T형 보 구조에서, 인장철근의 일부분은 유효 플랜지 폭이나 경간길이의 1/10 중 작은 값에 해당하는 폭에 적절하게 배근하며, 유효 플랜지 폭이 경간의 1/10을 초과하면 1/10을 초과하는 부분에도 길이방향 철근을 추가로 배근하는 것을 권장하고 있으며, Eurocode에서는 연속보의 중간지점에서, 플랜지 단면의 전체 인장철근량은 플랜지의 내측과 외측에 동일한 수준으로 나누어 배근하여도 무방하며, 특히 보 상부 슬래브면의 균열을 제어하는데 효과적이라고 언급하고 있다.

위에서 언급한 문제점을 해결하기 위해 기존의 설계방법인 직사각형 단면에 인장철근을 2단으로 배근한 보와 동일 양의 인장철근을 직사각형 단면에 1단만 배근하고, 나머지는 T형 보의 유효플랜지 내에 배근한 보의 구조적 거동을 비교하며, 구조물의 사용성 및 내구성과 관련이 있는 휨모멘트에 의한 인장응력으로 인하여 기둥 주위에서 발생하는 균열을 제어하는데 보 단부 인장철근의 배근방법이 어떠한 역할을 할 것인지를 파악한다.

직사각형 단면에 인장철근을 2단으로 배근한 것과 동일 양의 인장철근을 직사각형 단면에 1단만 배차하고 나머지는 T형 보의 유효 플랜지 내에 배치한 것에 대하여 소요강도, 최대변위, 그리고 균열발생 양상을 연구한 보고서를 기초로 하여 다음과 같이 정리할 수 있다.

1) 직사각형 단면에 2단으로 배근한 보는 유효폭을 고려하여 플랜지 내에 상부 인장철근을 1단으로 배근한 경우에 비하여, 내단부에서 휨 내력이 크기 때문에 동일한 하중단계에서 보 중앙부의 휨 균열이 다소 적게 발생한다.
2) 슬래브의 유효폭을 고려한 플랜지 내에 상부 인장철근을 1단으로 배근한 경우와 직사각형 단면에 2단으로 배근한 보의 변위를 비교해 보면, 3mm 이하의 상태에서는 거의 동일한 하중-변위곡선이 나타났다. 즉, 최대내력의 약 80% 이내에서는 직사각형 단면의 2단 배근과 슬래브 유효 플랜지 내에 1단으로 배근한 것과 차이가 없다.
3) 슬래브 유효 플랜지 내에 1단으로 배근하는 경우에도 최외측에 배근하는 경우보다 직사각형 단면에 인접하여 배근하는 경우가 처짐은 약간 크지만, Eurocode에서 규정한 바와 같이 보폭의 1/2 이내의 위치에 상부 인장철근을 배근하면 6~7% 정도 많은 내력을 확보하고 연성적인 측면에서도 유리한 것으로 나타난다.
4) 상부 인장철근을 2단으로 배근한 것에 비하여 유효 플랜지폭 내에 1단으로 배근한 것이 최대내력을 20% 정도 감소시키지만, 플랜지 내에 상부 인장철

근의 위치를 달리한 수치해석은 내력상 서로 크게 차이가 없는 것으로 나타났다.

5) 2단으로 배근하기 어려운 경우는 상부 인장철근을 20% 정도 추가하여 Eurocode에서 규정한 바와 같이 1단으로 슬래브 유효 플랜지 내의 보폭의 1/2 이내 위치에 배근하는 것이 바람직하다.

6) 위에서 논의된 해석결과를 근거로, 슬래브의 유효폭을 고려하여 인장철근을 1단으로 배근하면 다음과 같은 시공성 및 품질향상의 효과가 있다.

① 합성기둥과 철근콘크리트 보 접합부에서 상부 인장철근의 배근이 쉬워진다.

② 기둥 주위에서 응력집중현상이 두드러지게 나타나는 평판 슬래브를 포함하는 2방향 슬래브에서의 우각부 균열방지에 도움이 된다.

③ 보 주근을 기둥에 정착시키기 용이하다.

— 홍익대학교 건축학과 홍기섭 교수

질의

5. 우리나라와 같은 상황에서 철근콘크리트구조물의 배근 설계 시 지진에 대비하여 특별히 고려해야 할 사항은 무엇입니까?

응답

구조부재의 설계에 사용되는 지진하중은 건물의 연성능력을 고려하여 실제 예상되는 하중의 크기보다 상당히 줄여서 사용하므로, 구조부재들이 어느 정도의 연성을 확보하도록 설계할 필요가 있다. 특히 건물의 층수가 높아질수록 풍하중이 설계 지진하중보다 커질 수 있는데 그렇다고 지진의 영향을 전혀 무시하는 것은 매우 잘못된 설계이다. ACI 318-95에서는 중진 지역골조의 배근에 있어 다음과 같은 사항들을 요구하고 있다.

1. 일반사항

지진하중을 저항하는 보, 기둥, 2방향 슬래브 등의 설계전단강도는 부재의 양단에서의 공칭모멘트 강도의 합을 순경간 길이로 나눈 값에 연직하중에 의해 발생하는 전단력을 합한 값이나, 또는 내진설계기준에서 규정하는 지진력의 2배를 포함하는 하중조합에 의하여 계산된 값 중 큰 값 이상으로 하도록 하고 있다. 이것은 부재에 충분한 휨 변형이 일어나기 이전에 취성적인 전단파괴가 발생하는 것을 방지하기 위함이다.

2. 보에 대한 요구사항

접합면에서의 정모멘트 강도는 부모멘트 강도의 1/3 이상이 되어야 하며 보의 모든 위치에서 정 또는 부모멘트 강도는 보의 최대 모멘트 강도의 1/5 이상이 되어야 한다. 이것은 좌우로 반복되는 지진하중에 의하여 같은 단면에서 모멘트의 부호가 바뀌며, 보의 모든 부분에서 최소한의 연성을 확보할 것을 고려한 것이라 할 수 있다. 또한 부재의 양단에서부터 보 깊이의 2배에 해당하는 구간에는 반드시 스터럽을 배근해야 하며 첫 스터럽은 부재면에서 50mm 이내에 배근하도록 한다. 이 구간에서 스터럽의 최대간격은 깊이의 1/4, 축방향 철근 최소지름의 8배, 스터럽 지름의 24배, 300mm 중 가장 작은 값이 해야 한다. 기타 구간에서는 보 깊이의 1/2 이하가 되도록 배근한다.

3. 기둥에 대한 요구사항

띠철근은 접합면으로부터 부재의 순 높이의 1/6, 단면의 최대치수, 450mm 중에서 가장 큰 값 이상의 구간에 배치하며, 그 간격 S_o는 축 방향철근 최소지름의 8배, 띠철근 지름의 24배, 기둥 단면 최소치수의 1/2, 300mm 중 가장 작은 값 이하가 되도록 한다. 그리고 접합면에서 첫 띠철근은 S_o의 1/2 이내에 배치한다. 기타 구간에서의 띠철근 간격은 S_o의 2배를 초과하지 않도록 한다.

4. 보가 없는 2방향 슬래브

지점의 주열대 내의 1/2 이상의 철근은 ACI Code 13장에 규정된 슬래브의 유효폭 내에 배근되어야 하며 상부 철근의 1/4 이상은 전 경간에 걸쳐 연속되어야 한다. 주열대 내의 하부 연속철근은 지점 상부 철근의 1/3 이상이 되어야 한다. 또한 주간대의 하부 철근의 1/2 이상은 연속되어야 한다.

질의

6. 콘크리트 건물의 구조계획 시 지진에 대비하여 고려할 사항은 무엇입니까?

응답

우리나라는 미국의 서부지역, 대만이나 일본처럼 판의 경계에 위치하여 지진이 빈번히 발생하는 지역은 아니지만, 과거에도 크고 작은 지진들이 발생한 전력이 있고 중국의 당산지진처럼 판의 내부에서도 강진이 발생할 가능성이 있다는 사실을 고려할 때, 구조계획 단계에서부터 세심한 주의가 필요하다고 생각한다.

먼저 골조로 계획할 경우 전단벽 구조보다 고유주기가 길어지므로 구조물에 작용하는 지진하중이 감소할 가능성이 있으나, 강성이 비교적 작으므로 과도한 횡변위가 발생하여 비구조재의 손상을 초래할 수 있다. 전단벽 구조물인 경우 그 반대의 경우가 되므로 구조물의 규모, 용도 등에 따라 적당한 구조시스템을 선정해야 하겠다. 특히 하나의 횡력 저항시스템에 전적으로 의지하기보다 전단벽과 모멘트 골조를 적절히 혼합하여 하나의 시스템이 파괴될 경우 다른 시스템이 저항할 수 있도록 여유를 주는 것이 안전하다고 할 수 있다.

구조물의 평면을 계획함에 있어서 평면이 비대칭인 구조물은 대칭인 경우에 비하여 상당히 취약한 경향을 보이고 있다. 이것은 지진하중이 작용하는 질량 중심과 이에 저항하는 구조물의 강성 중심이 달라 추가적인 비틀림 거동이 발생하기 때문이다. 비정형 평면인 경우에는 분리 조인트를 두어 정형 구조물이 되도록 유도하는 것이 필요하다. 또한 전단벽이나 큰 강성을 갖는 조적벽이 특정한 층(주로 1층)에서 불연속되는 경우 지진의 피해가 이러한 층에 집중될 수 있으므로 이른바 약층이 형성되지 않도록 주의해야 한다.

구조물이 지진에 대하여 충분한 강성과 강도를 갖도록 설계하는 것과 더불어 충분한 연성을 확보하는 것이 무엇보다 중요하다. 그 이유는 구조물에 적용하는 설계지진하중은 구조물이 탄성적으로 거동한다고 가정할 때, 발생 가능한 지진력을 반응수정계수로 나누어 산정한 것이며 나머지에 해당하는 진동에너지는 소성거동에 의하여 소산시키도록 하고 있기 때문이다. 따라서 각 부재들이 취성적으로 파괴되기 이전에 충분한 소성변형이 발생할 수 있도록 설계해야 한다. 이것은 주로 부분적인 설계 상세의 문제인데, 예를 들면 보에 충분한 전단철근을 설치함으로써 보에 충분한 소성 휨변형이 발생할 때까지 취성적인 전단파괴가 발생하지 않도록 하고 있다. 또한 기둥이 먼저 파괴될 경우 건물 전체의 안정성에 중대한 결함이 발생하므로 보보다 기둥을 강하게 설계하여 소성변형이 보에 집중하도록 설계하는 것이 일반적이다.

지진이 발생하면 구조물뿐 아니라 내부에 설치되어 있는 기계, 전기설비, 기타 비구조재들도 관성력을 받게 되는데, 이러한 것들이 구조물에 적절히 구속되어 있지 않으면 구조부재에 상당한 피해를 입힐 수 있다. 또한 내부 칸막이용 시멘트블록 벽이나 외부의 커튼월 등 일반적으로 구조계산에는 포함되지 않으나 상당한 강성을 보유하고 있어 구조물의 거동에 영향을 미칠 수 있는 비구조요소들은 구조물과 적절히 분리하거나 설계단계에서부터 이들의 영향을 고려하여 설계자가 의도한 구조물의 거동 양상이 왜곡되지 않도록 해야 한다. 즉, 구조요소와 비구조요소의 안전한 상호 작용을 보장하기 위하여 계획, 설비, 시공 담당자들과 구조기술자 사이에 적절한 협력이 이루어져야 한다.

— 성균관대학교 건축공학과 김진구 교수

질의

7. 최근 들어 고강도콘크리트의 사용이 증가되고, 차량들의 대형화로 인하여 철근콘크리트 교량 슬래브에 가끔 구멍이 뚫린 현상이 나타나는데 이는 펀칭파괴 형태에 기인한 것인데 이에 대한 메커니즘을 알고 싶습니다.

응답

철근콘크리트 슬래브의 거동과 강도에 관여되는 변수들은 무수히 많다. 지금까지 많은 연구가 있었음에도 불구하고 펀칭전단에 대하여 명쾌하게 알려지지 않았다. 여기서는 펀칭파괴의 기본 메커니즘을 설명하겠다. 철근콘크리트의 집중하중이 작용하면 그림 9-6에서 보인 것처럼 재하판(기둥역할) 위치에서부터 방사 휨 균열(radial flexural crack)들이 지배적으로 발생한다. 물론 이때 재하판 근처에서부터 환상의 접선 휨 균열(circular tangential flexural crack)들도 동시에 발생한다. 이러한 균열들이 발생한 후 전단하중은 골재의 맞물림(interlocking), Dowel 작용에 의해서 주로 지지되어진다. 대부분의 펀칭파괴는 하중 재하판 근처의 골재들의 맞물림 효과가 거의 상실된 후에 발생한다.

그러나 인장철근의 항복은 펀칭파괴의 선행조건이 아니며 또한 인장철근의 항복이 곧 펀칭파괴를 의미하는 것도 아니다. 펀칭파괴의 극한 상태는 곧 펀칭 콘(punching cone)으로 분리되는 현상을 말한다. 현재까지 철근콘크리트 슬래브의 펀칭강도를 예측하는 많은 공식들이 발표되었다. 이러한 식들의 대부분은 크게 2가지 그룹으로 분류할 수 있다.

① 휨강도 또는 인장철근을 주변수로 하는 휨지배 공식

② 콘크리트 강도를 주변수로 하는 전단지배 공식

그러나 펀칭 콘(punching cone)이 발생하는 재하판 주변의 위험단면에는 큰 모

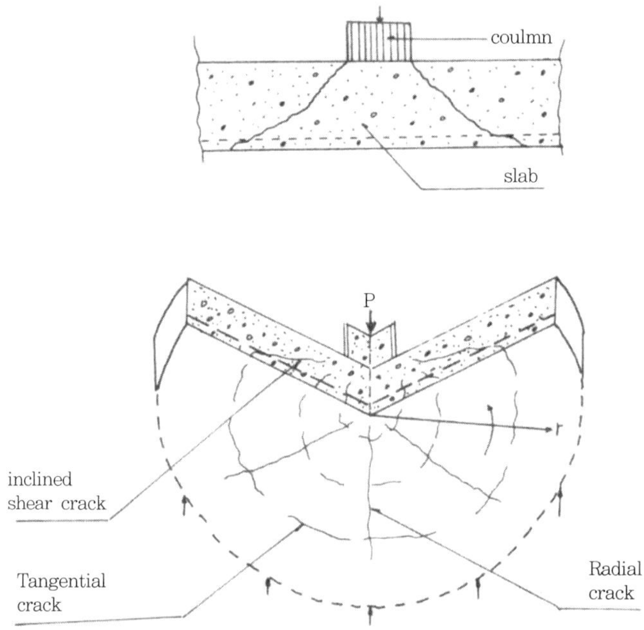

그림 9-6 슬래브 펀칭파괴의 전형적인 균열형태

멘트와 전단력 상호 작용이 매우 클 것이므로 펀칭파괴에 대한 휨의 영향과 전단의 영향을 분리해서 파악하기란 힘들 것이다. 단부의 구속상태는 전단파괴든지, 휨파괴든지 간에 파괴양상의 결정적 인자이다. 단부가 구속되었을 때는 전단파괴가 지배적이고 철근비가 낮고 구속되지 않았을 때는 휨파괴가 지배적이다.

질의

8. RC 구조물의 설계나 시공을 하다 보면 구조물의 단면두께 산정 과정이 필요한데 철근량(ρ)과 단면두께(t)를 어떻게 하는 것이 가장 경제적인지 궁금합니다.

응답

$$d_{최적} = \sqrt{\frac{M_u \times F.S}{\Phi \cdot f_y \cdot K_{p1}(1 - 0.5K_{pl} \cdot K_{p2})}}$$

$$A_{s,소요} = \frac{K_1 - \sqrt{K_1^2 - 2K_2 \cdot M_u}}{K_2}$$

여기서 $K_1 = 0.85\ f_y \cdot d,\ K_2 = f_y^{\ 2}/(f_{ck} \cdot b),$

$K_{p1} = \rho \cdot b,\ K_{p2} = f_y/(0.85 f_{ck} \cdot b),$

$F.S = M_d / M_u$

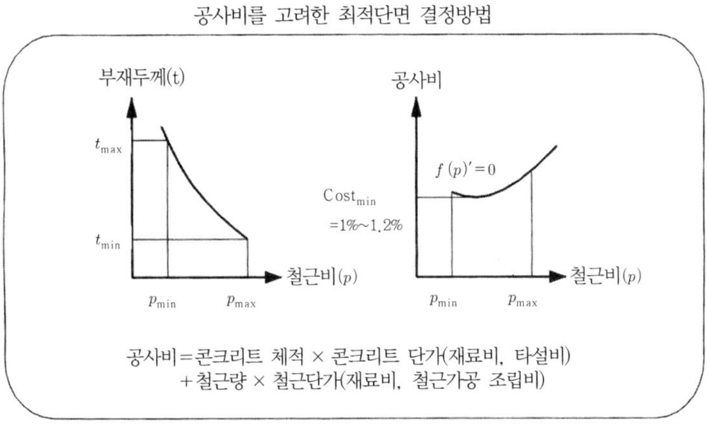

그림 9-7 공사비를 고려한 RC 단면의 최적 단면(t) 결정도

RC구조물의 최적 공사비를 유추하기 위한 RC 단면에 대해 경제성에 관한 최적 설계가 그림 9-7과 같이 수행되어야 한다. 즉, 사용 철근비의 결정은 시방서에서 제시하고 있는 최소철근비에서 최대철근비 중 취성파괴를 방지하고 안전율을 확보한 상태에서 최적의 공사비를 유추하는 ρ(철근비)에 관한 함수 $f(\rho)' = 0$에 의해 얻어질 수 있다. 또한, 해당 연도의 기준 물가를 바탕으로 한 재료비, 노무비, 경비를 산출하여 최적의 공사비를 계산하기 때문에 신뢰도가 높다 하겠다.

예로, 철근콘크리트구조물의 일반적인 단면설계의 경우, 사용재료를 콘크리트 $f_{ck} = 24$MPa, 철근 $f_y = 300$MPa(SD 30)를 사용한 단철근보로 배근을 한다면 주인장 철근비가 약 1~1.2%에서 최적의 공사비 나타난다. 따라서 최소한의 경제성 검토를 수행한 후 사용성과 내구성을 만족하도록 조절한다면 지나친 단면 가정의 오류를 방지하고 경제적인 구조물 시공을 확보할 수 있을 것이다.

건축공사 현장에 있어서 기온이 높은 하절기에는 콘크리트를 치지 않는 것이 바람직하지만, 실제로는 공정상에 쫓겨 콘크리트를 부득이 타설해야 할 경우가 많다.

— 대불대학교 토목공학과 모귀석 교수

질의

9. "콘크리트 구조설계기준" 개정에 있어서 정착길이에 대한 개정내용에 대해서 알고 싶습니다.

응답

1999년도에 건축과 토목분야에 공통으로 적용할 수 있는 통합기준을 제정한 이후 몇 가지 문제점이 있어 이번에(2002년 9월 건교부 중앙심의 통과) 개정하게 되었다. 그 중에서 한 가지가 바로 질의하신 정착길이에 대한 것이다. 정착길이와 관련되어 변경된 주요내용은 다음과 같다.

1. 정착길이 산정의 2가지 방법 중에서 선택하여 사용

정착길이 산정에는 2가지 방법이 있으며, 개정 이전에서는 2가지 방법으로 계산하여 큰 쪽을 취하도록 되어 있었으나 개정 기준에서는 2가지 방법 중에서 어느 것이나 선택할 수 있도록 규정되었다. 그리고 개정 전 8.2.2(2)와 (3)을 합쳐 8.2.2(2)로 하고, 개정 전 8.2.2(4)는 8.2.2(3)으로 항목번호가 변경되었다. 구체적인 관련규정은 다음과 같다.

[개정 전]

8.2.2(1) 인장 이형철근 및 이형철선의 정착길이 l_d는 8.2.2(2)의 기본 정착길이 l_{db}에 8.2.2(3)의 보정계수를 곱하여 계산된 값 또는 식(8.2.2)에 의해 계산된 값 중 큰 값으로 해야 한다. 또한 8.2.2(5)에 해당되는 경우에는 이를 적용해야 한다. 그러나 이렇게 구한 정착길이 l_d는 항상 300mm 이상이어야 한다.

[개정 후]

8.2.2(1) 인장 이형철근 및 이형철선의 정착길이 l_d는 8.2.2(2)의 기본 정착길이 l_{db}와 해당하는 보정계수를 곱하여 계산하는 방법, 또는 8.2.2(3)에 의하여 계산하는 방법 중에서 어느 하나를 선택하여 적용할 수 있으며, 또한 8.2.2(4)에 해당되는 경우에는 이를 적용해야 한다. 그러나 이렇게 구한 정착길이 l_d는 항상 300mm 이상이어야 한다.

2. 2가지 방법의 보정계수를 일치시키기 위해 일부 계수를 조정

2가지 방법에서 개정 전에는 약산으로 하는 경우에는 "철근 크기 보정계"에서 D19 이하를 1.0으로 하여 기준으로 삼고, D22 이상에서는 1.25배를 하도록(개정 전 표 8.2.1 참고) 되어 있었다. 그리고 보다 정확한 계산을 할 경우의 "철근 크기 보정계수" γ는 D22 이상을 1.0으로 하여 기준으로 삼고, D19 이하는 0.8배를 하도록 되어 있었다(개정 전 8.2.2(4) ① 참고).

이를 통일시키기 위하여 개정기준에서는 약산방법에서 기본 정착길이 l_{db} 계산식에 1.25배(식(8.2.1))를 하고, 대신에 철근 크기 보정계수를 1/1.25로 줄였다. 이 내용은 실제 정착길이는 같으나 철근 크기 보정계수의 일치를 위하여 개정하였다.

[개정 전] (약산방법 8.2.2(2)와 8.2.2(3))

$$l_d = l_{db} \times 보정계수$$

- 기본정착길이

$$l_{db} = \frac{0.152 d_b f_y}{\sqrt{f_{ck}}} \quad (8.2.1)$$

- 보정계수

표 8.2.1 보정계수

조건 \ 철근지름	D10 이하의 철근과 이형철선	D22 이상의 철근
정착되거나 이어지는 철근의 순간격이 d_b 이상이면서 l_d 전 구간에 구조설계기준에서 규정된 최소 철근량 이상의 스터럽 또는 띠철근을 배근한 경우 또는 정착되거나 이어지는 철근의 순 간격이 $2d_b$ 이상이고 피복두께가 d_b 이상인 경우	αβλ	1.25αβλ
기타	1.5αβλ	1.88αβλ

[개정 후] (약산방법 8.2.2(2))

$$l_d = l_{db} \times 보정계수$$

• 기본 정착길이

$$l_{db} = \frac{0.19 d_b f_y}{\sqrt{f_{ck}}}$$ (* 위 식(8.2.1)을 1.25배한 값임)

• 보정계수

표 8.2.1 보정계수

조건 \ 철근지름	D10 이하의 철근과 이형철선	D22 이상의 철근
정착되거나 이어지는 철근의 순간격이 d_b 이상이면서 l_d 전 구간에 구조설계기준에서 규정된 최소 철근량 이상의 스터럽 또는 띠철근을 배근한 경우 또는 정착되거나 이어지는 철근의 순간격이 $2d_b$ 이상이고 피복두께가 d_b 이상인 경우	0.8αβλ	αβλ
기타	1.2αβλ	1.5αβλ

3. SI단위 체계로의 변환

이번 개정판에서는 단위체계를 cgs에서 SI체계로 바꾸었으며, 정착에 관련된 규정들도 이에 따라 개정되었다. 예로서 기본 정착길이 l_{db}는 다음과 같이 바뀌었다.

[개정 전] (1.25배를 한 경우)

$$l_{db} = \frac{0.19 d_b f_y}{\sqrt{f_{ck}}}$$

이때 단위는 cgs 체계로서 l_{db} : cm, d_b : cm, f_y : kgf/cm^2, f_y : kgf/cm^2 이다.

[개정 후]

$$l_{db} = \frac{0.6 d_b f_y}{\sqrt{f_{ck}}}$$

이 때 단위는 SI체계로서 l_{db} : mm, d_b : mm, f_y : MPa, f_{ck} : MPa이다.

— 김진근 한국과학기술원 건설 및 환경공학과 교수, 2003 콘크리트구조설계기준 개정위원장

질의

10. 최근 주상복합건물을 중심으로 철근콘크리트 넓은 보(wide beam) 설계 사례가 증가하고 있습니다. 넓은 보 설계 시 보의 폭은 어느 정도까지 가능한지 알고 싶습니다.

응답

넓은 보 설계를 위한 특별한 규정은 아직 국내의 기준에 없으며, ACI 기준에서도 아직 규정하고 있지 않다. 넓은 보의 유효폭에 대한 설계기준은 뉴질랜드 기준에서 규정하고 있으며, 국내·외에서 실제 설계 시 플랫 플레이트의 설계기준을 활용하여 설계를 한 사례가 있다. 그 내용을 소개하면 다음과 같다.

1. ACI 318-02 Building Coder[1] 플랫 플레이트에 관한 설계식의 활용

ACI 318-02 Building Code에서 wide beam의 정확한 유효폭 산정식은 없다. ACI 318-02 18.9에서 기둥에 지지하는 two-way flat plates에서 부착철근의 최소폭을 제한하고 있는데, 그림 9-8은 외부 플랫 플레이트의 최소철근량을 나타낸다.

여기서, ACI 318-02 Building Code의 최소철근 요구량, 다시 말하면 wide beam을 플랫 플레이트로 보고 최소철근량을 유효폭으로 하여 다음과 같은 유효폭 산정식을 규정하고 있다.

$$b_w = C_2 + 2(1.5h),\ 1.5h \le C_1 \qquad (1)$$

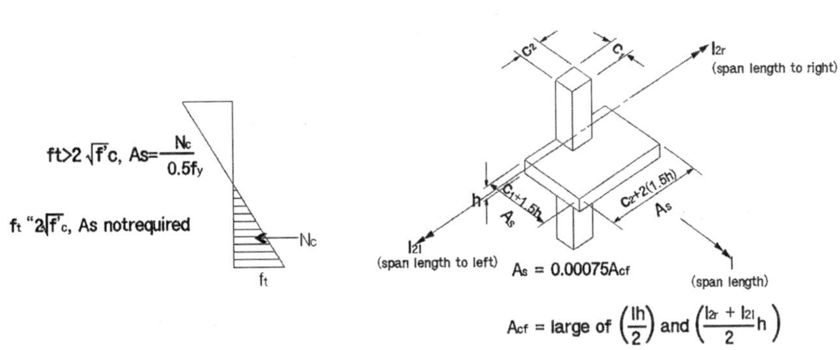

그림 9-8 Bonded peinforcement for flat plate

2. New Zealand 3101 Code[2)]에서 제시한 유효폭 산정식

New Zealand 3101 Code에서 지진하중 작용시 보 단부에서 상부와 하부에 인장력이 작용할 수 있기 때문에 이를 고려하여 wide beam의 유효폭을 제한하고 있으며, 그 폭은 식 (2)와 같다. ACI 318-02에서 주어진 식 (1)과 비교하면 wide beam의 유효폭 제한을 New Zealand 3101 Code가 좀더 엄격히 제한하고 있으며 기둥의 단면에 의해 유효폭이 결정됨을 알 수 있다.

$$b_w = C_2 + C_1/2 \ \text{and} \ b_w \leq 2C_2 \tag{2}$$

3. Lafave, J., end Wight, J. K.[3)]가 제안한 Wide Beam의 유효폭 산정식

Lafave와 Wight는 1992년에 Michigan대학의 보고서 UMCEE 92-12 "Behavior of Reinforced Concrete Wide Beam-Column-Slab Connection Subjected to Lateral Earthquake Loading"에서 실험연구를 통하여 Wide Beam-Column-Spandrel Beam으로 구성된 내부접합부의 경우는 식 (3)과 같이 외부접합부는 식 (4)와 같이 제안하였다.

$$b_w = C_2 + 1.2C_1 \tag{3}$$

$$b_w = C_2 + 2C_1 \tag{4}$$

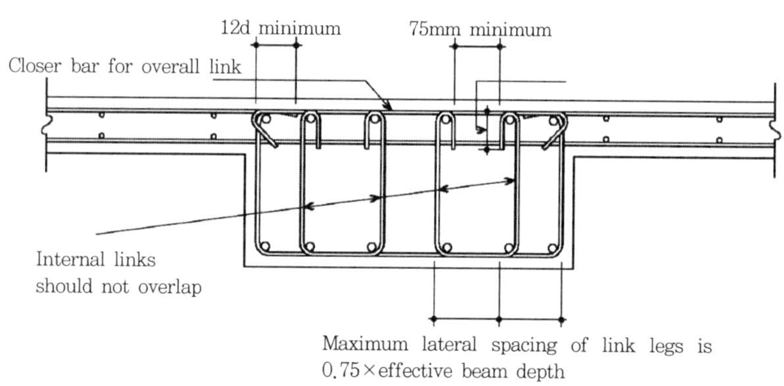

그림 9-9 넓은 보의 전단 철근 배근

참고로 기둥의 규격이 800×600이며, 이 기둥에 연결되는 외부 wide beam의 높이를 400mm로 할 경우, 상기 식들에 의한 wide beam의 유효폭을 계산하면, ACI 기준의 플랫 플레이트의 유효폭 산정식은 1,800mm, 뉴질랜드 기준식은

1,000mm, 그리고 Wight의 제안식에 따르면 2,200mm가 되어 뉴질랜드 기준식이 wide beam의 유효폭을 가장 엄격하게 보고 있음을 알 수 있다. 유효폭에 대해서는 아직까지 연구내용 등이 부족하기 때문에 이를 규명하기 위한 일련의 연구가 요망되며, 실제 설계에서는 사용성에 의한 처짐과 진동에 의한 검토가 별도로 필요하다.

4. 넓은 보 사용 시 전단철근 배근

넓은 보를 사용하다 보면 작용전단력에 비해 보폭이 넓어 전단철근이 많이 필요치 않게 되는 경우가 종종 있는데, 여기서 유의할 점은 넓은 보의 경우 하중전달시 전단지연(shear lag) 현상을 방지하기 위해 보의 길이방향 전단철근 외에 직각방향으로도 내부 전단철근이 작용 전단하중이 적어도 보강이 필요하게 된다.

현재 우리나라에서는 이에 대한 관련기준이 제정되어 있지 않으나 영국기준(BS 8110)에 의하면, 그림 9-9에서와 같이 보의 유효춤 75% 이내 간격으로 내부철근을 보강하도록 되어 있어 실무에 이대로 적용하기에는 전단철근 간격이 너무 좁아 문제가 있다. 따라서 내부 전단철근 배근에 대한 조속한 연구가 필요한 실정이다.

— 충주대학교 건축공학과 서수연 교수
— 충주대학교 건축공학과 윤승조 교수
— (주)S-TECH 컨설팅 박무용 대표이사

질의

11. "수축 · 온도철근으로 배치되는 이형철근은 다음의 철근비 이상으로 해야 하나, 어떤 경우에도 0.0014 이상이어야 합니다. 여기서 수축 · 온도철근비는 콘크리트 전체 단면적에 대한 수축 · 온도철근 단면적의 비로 한다." 규정되어 있으나 상기 규정의 정확한 의미를 알고 싶습니다. 슬래브에서 상하부 2면 배근 시 2면 배근된 전체 철근량이 상기 규정을 만족하면 되는지 또는 각각 배근면의 철근량이 상기 규정에 만족되어야 하는지요?

응답

1. 수축 · 온도 철근의 적용 구조물

수축 · 온도 철근을 적용해야 하는 구조물은 두께가 균일한 슬래브와 기초판이다.

설계기준 5.7.1(1)에 의하면 슬래브에서 휨철근이 1방향으로만 배치되는 경우 이 휨철근에 직각방향으로 수축·온도 철근을 배치하도록 규정하고 있으므로 1방향 슬래브의 배력근 방향에 대한 것이다. 또 설계기준 6.3.2(4)에 의하면 두께가 균일한 구조용 슬래브와 기초판에 대하여 경간방향으로 보강되는 인장철근의 최소 단면적은 5.7에 규정한 값과 같아야 한다고 되어 있으므로, 결국 두께가 균일한 구조용 슬래브와 기초판의 양방향으로 수축·온도 철근량 이상의 인장 철근량이 필요한 것이다.

2. 수축 · 온도 철근량

2.1 수축 · 온도변화에 대한 변형이 심하게 구속되지 않은 휨부재

그림 9-10(d)에서 보이는 응력분포를 갖는 휨부재일 때 다음 식(1) 또는 (2)에 의해 계산되는 최소 철근량을 부재의 인장측에 배치해야 한다. 다시 말하여 압축측에 배치된 철근을 최소 철근비 계산에 포함되지 않는다.

① 설계기준 항복강도가 400MPa 이하인 이형철근을 사용한 슬래브 및 기초판

$$\rho = A_s/bh = 0.0020 \tag{1}$$

여기서, A_s는 인장측에 배근된 인장 철근량이고, b는 부재의 폭, h는 부재의 전체 두께이다.

② 설계기준 항복강도가 400MPa을 초과하는 이형철근을 사용한 슬래브 및 기초판

$$\rho = 0.0020 \times 400/f_y \geq 0.0014 \tag{2}$$

여기서 f_y는 철근의 설계기준 항복강도(MPa)이다.

2.2 수축 · 온도변화에 대한 변형이 심하게 구속되는 부재

만약 구속이 심하여 응력분포가 그림 9-10(d)와 같지 않은 경우에는 구조설계기준 3.3.2(8)의 하중조합에 의해 구조해석(수축·온도변화에 대한 하중 T를 수행하여 단면의 인장력 N_u를 계산한다. 그리고 다음 식 (6)에 의해 계산된 인장 철근량 A_s 이상을 인장 측에 배치해야 한다.

계수하중 :

$$U = 0.75(1.4D + 1.7L + 1.5T) \tag{3}$$

$$U = 1.4D + 1.5T \tag{4}$$

여기서 U는 계수하중, D는 고정하중, L은 활하중 그리고 T는 수축·온도 하중이다.

최소철근량 :

$$\phi A_s f_y = N_u \tag{5}$$

$$A_s = N_u/\phi \geq (2.1\text{에서 규정된 최소 철근량}) \tag{6}$$

여기서 ϕ는 강도감소계수, 0.85(건축물의 경우 0.90을 사용할 수 있음)

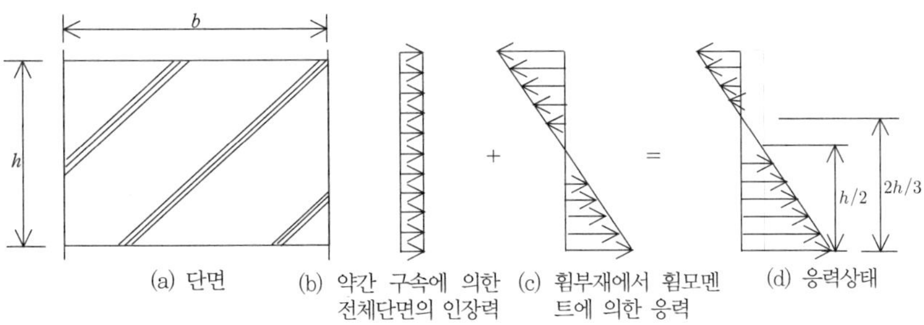

그림 9-10 구속이 약한 휨부재의 응력 분포

2.3 구조해석 없이 적용 가능한 구속 정도(2.1에 의한 최소 철근량으로 만족하는 경우)

문제는 어느 정도의 구속이 되었을 때 2.1 항에 규정된 최소 철근량으로 만족되고, 그렇지 않으면 2.2항에 따라 구조 해석을 수행하여 최소 철근량을 산정해야 하는가이다. 이에 대한 정확한 기준은 없으나, 휨부재로서 그림 9-10(d)와 같은 응력분포일 때 2.1항의 규정을 적용할 수 있고, 그렇지 않으면 위 2.2항에 따라 구조해석을 수행하여 그 결과에 따라 최소 철근량을 산정해야 한다. 즉, 그림 9-10(d)에서 보이듯이 슬래브가 약간 구속되어 전체단면에 약간의 인장응력이 발생되고 휨모멘트에 의한 응력이 합쳐져서 중립축이 약 $2h/3$ 되는 위치에 있는 응력상태에 대한 것이, 우리 설계기준에서 규정하고 있는 2.1항의 최소 철근량이다. 계산상으로는 그림 9-10(d)와과 같은 경우 전체 인장력 N은,

$$N = \frac{1}{2} \times \frac{2h}{3} \times f_r \times b = \frac{1}{3} f_r\, bh \tag{7}$$

여기서 h는 슬래브 전체 두께

f_r은 콘크리트의 휨인장강도

따라서 이 인장력에 저항하기 위한 최소 인장철근량 A_s는,

$$A_s f_y = \frac{1}{3} f_r \, bh \qquad (8)$$

$$\rho = A_s / bh = \frac{1}{3} \frac{f_r}{f_y} \qquad (9)$$

이 식 (8)에 의하면 최소 철근비는 콘크리트의 강도와 철근의 항복강도에 따라 변하며, 강도 감소계수와 하중계수 등을 고려하여 우리 설계기준에서는 2.1 항과 같이 규정하고 있다.

2.4 구속이 심하거나 응력분포 형태가 특이한 경우

① 구속이 매우 심하여 전체 단면에 일정한 응력이 작용하는 경우

구속이 심하고, 그림 9-11(b)와 같이 인장응력만이 단면에 작용하는 경우, 균열은 콘크리트의 인장응력이 직접 인장강도인 f_{ct}에 도달하면 균열이 일어나고, 균열제어를 위해서 이 인장력에 저항할 수 있는 최소 철근량이 필요하다. 즉,

$$N = bhf_{ct} = A_s \, f_y \qquad (10)$$

$$\rho = A_s / bh = f_{ct} / f_y \qquad (11)$$

여기서, f_{ct}는 콘크리트의 직접인장강도이다.

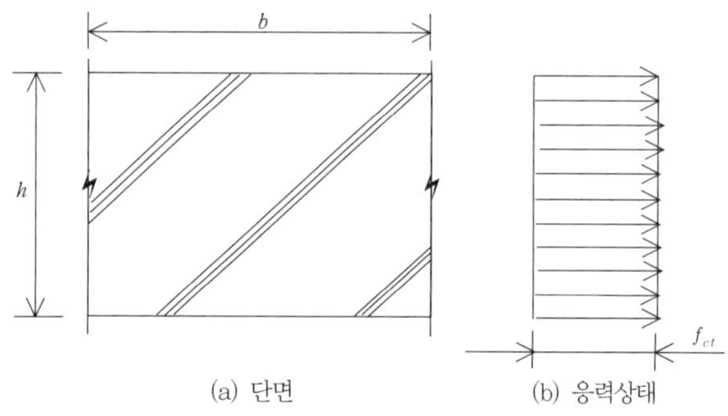

그림 9-11 순수인장 부재

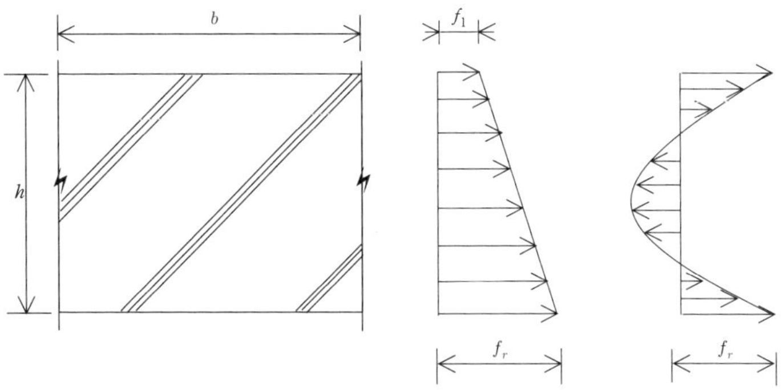

(a) 단면 (b) 응력분포 1 (c) 응력분포 2

그림 9-12 다양한 응력분포

이 식 (11)과 (9)를 비교하면, 직접인장강도 f_{ct}와 휨 인장강도 f_r이 같을 경우, 전체 단면이 일정한 인장응력을 받는 부재의 최소 철근비는 우리나라 구조설계 기준에서 규정하고 있는 0.002의 3배의 최소 철근량을 배치해야 한다. 그러나 일반적으로 휨 인장강도가 직접인장강도보다 크므로 그에 따른 조정은 있을 수 있다.

② 휨 모멘트와 인장력을 동시에 받는 부재

휨 모멘트를 받는 휨부재가 구속이 심하여 다음 그림 9-12(b)와 같은 응력분포를 나타내는 경우에는 그 단면에 작용하는 인장력을 철근이 저항할 수 있도록 최소 철근량은 다음과 같이 구한다.

$$A_s f_y = \frac{1}{2}(f_r + f_1)bh \tag{12}$$

$$\rho = A_s/bh = \frac{1}{2}\frac{f_r + f_1}{f_y} \tag{13}$$

여기서 f_1은 응력이 작은 쪽 표면에서 콘크리트의 응력이다.

그리고 수화열 또는 부등 건조수축에 의해 발생되는 응력의 경우와 같이 아래 그림 9-12(c)와 같은 응력분포를 나타낼 때는 각 표면에 작용하는 인장력 각각에 대하여 최소 철근량을 계산하여 각각의 표면 가까이에 인장철근을 배치하면 된다.

3. 수축 · 온도 철근의 배치위치와 최소철근비 산정에 포함되는 철근

수축 · 온도 철근의 배치위치는 접부재의 경우 그림 9-10에서 인장력의 합력점인 슬래브 하면으로부터 $h/6$인 점에 위치하는 것이 이론적으로 합리적이다. 그러나 실제 구조물에서 구속의 정도에 차이가 있기 때문에 그림 9-11과 9-12에서 보듯이 합력점도 변하므로 그에 따라 철근의 배치위치도 다르게 해야 한다. 만약 그림 9-11과 같이 전체 단면이 일정한 인장응력을 받으면 단면 전체에 걸쳐 골고루 철근을 배치해야 하고, 그림 9-12(b)와 같이 응력이 직선적으로 변화하면 응력이 큰 하부에 많은 양을, 그리고 상부에 적은 양을 배치하며, 그림 9-12(c)와 같은 경우에는 인장력을 받는 양쪽 표면에 배치해야 한다. 그리고 앞에서도 언급하였듯이 최소 인장철근비는 응력분포형태에 따라 차이가 있으며, 인장철근비 산정에 포함되는 철근은 인장측에 배치된 철근만이다.

— 한국과학기술원 건설 및 환경공학과 김진근 교수

질의

12. 저는 토목설계 회사에서 근무하는 초급기술자입니다. 지하철 설계과정 중 철근콘크리트 휨 부재의 단면을 결정하는 단계에서 구체적인 이유 없이 기존 설계 자료와 비슷하게 단면을 결정하고 있습니다. 실무 설계자로서 휨 부재의 단면결정을 어떻게 접근해야 할지 궁금합니다.

응답

1. 설계현황

지하철, 공동구, 옹벽, 암거 등과 같이 길이가 긴 구조물의 단면결정은 공사비와 직결되기 때문에 합리적 절차를 거쳐야 하지만 실제 설계과정에서 거의 반영되지 못하고 있는 실정이다. 일반적인 RC 휨 부재의 경우, 사용 휨 철근량이 작을수록 경제적인 것으로 알려져 있지만 이는 잘못된 인식이다. 왜냐하면, 철근비가 일정 값 이하로 낮아지면 콘크리트 단면두께가 증가되어 공사비가 오히려 증가하는 현상이 발생하기 때문이다. 이러한 현상을 고려한 단면결정 과정에 대해 간략히 설명하고자 한다.

2. 물가 변동

구조물 순공사비를 지배하는 설계내역서의 구성요소를 살펴보면 철근 항목과 콘크리트 항목이 가장 큰 영향인자이다.

철근 항목에는 자재비와 철근 가공조립비(매우 복잡, 복잡, 보통, 간단)가 있고, 콘크리트 항목에는 콘크리트 재료비와 운반 및 타설비(철근 무근)가 있다. 이들 모두 물가변동에 따라 변하는 변수이므로, 먼저 매년 물가를 토대로 기본단가의 산정작업이 필요하다. 그림 9-13에서 보듯이, 국내 물가변동은 임금(노무비)상승률이 건설자재 인상률보다 상대적으로 급상승하고 있기 때문에 인건비가 갈수록 공사비에 많은 비중을 차지하고 있다. 따라서 최적단면은 건설단가의 구성과 공사발주의 시점에 따라 달라져야 한다는 것을 알 수 있다.

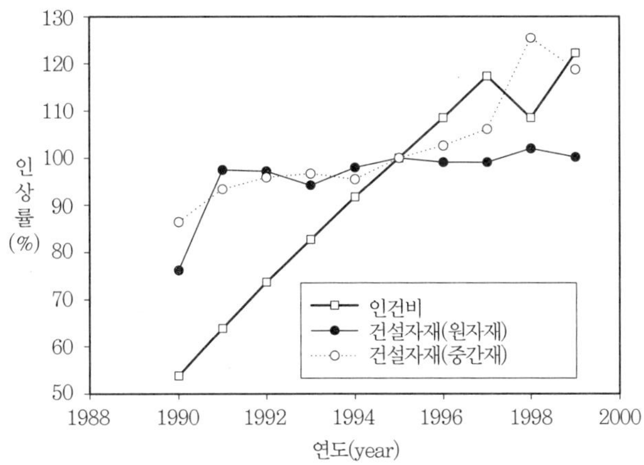

그림 9-13 건설단가 인상률

3. 단면과 공사비

3.1 유효깊이와 철근량

유효깊이 $d(b)$와 휨 철근량 A_s는 설계 휨강도 식 (1)로부터 식 (2)와 (3)과 같이 유도할 수 있다.

$$\Psi M_n = \Psi S_s f_y (d - \frac{q}{2}) \tag{1}$$

$$d(\rho) = \sqrt{\frac{M_u \times (F.S)}{\varphi f_y \cdot K_{pl}(1 - 0.5K_{p1} \cdot K_{p2})}} \tag{2}$$

$$A_s = \frac{K_{1-} \sqrt{K_1^2 - 2K_2 \cdot M_u \times (F.S)}}{K_2} \tag{3}$$

여기서 $K_1 = 0.85 f_y \cdot d$

$K_2 = f_y{}^2 / (f_{ck} \cdot b)$

$$K_{p1} = \rho \cdot b$$

$$K_{p2} = f_y / (0.85 f_{ck} \cdot b)$$

$$A_s = \rho bd = K_{pL} \cdot b$$

$$a = K_{p2} \cdot K_{pL} \cdot d$$

$F.S=$ 설계안전율

4. 구조물 공사비

철근과 콘크리트의 공사비와 수량을 곱하면 구조물 공사비 함수 $f(\rho)$를 식 (4)와 같이 구성할 수 있다.

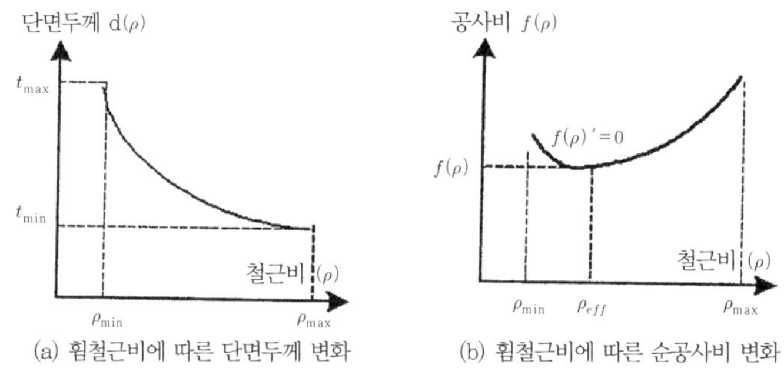

(a) 휨철근비에 따른 단면두께 변화　　(b) 휨철근비에 따른 순공사비 변화

그림 9-14 단면두께에 따른 공사비 관계

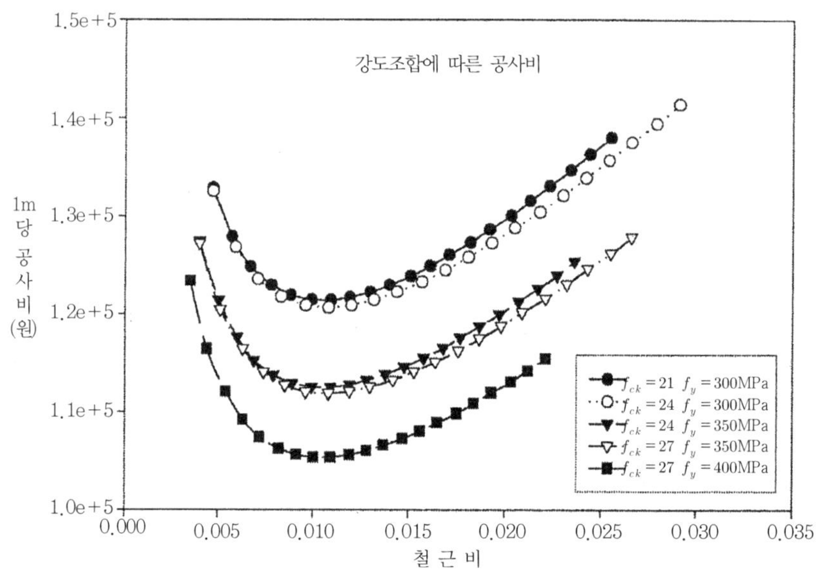

그림 9-15 철근비에 따른 공사비 변화(b = 1m)

$$f(\rho) = (\sum V_c \times C_1 + \sum V_s \times C_2 \times k) \tag{4}$$

여기서 $\sum V_c$ = 콘크리트량(m^3)

⟨= 구조물폭 × 지간 × ($d(\rho)$ + 피복)⟩

$\sum V_S$ = 철근량(= $\rho bd \times 7.85 t/m^3$, ton$f$)

k = 압축철근 보정계수(= $1 + \rho'/\rho$)

C_1 = 콘크리트의 공사비

(= 재료비 + 운반비 및 타설비)

C_2 = 철근의 공사비

(= 재료비 + 철근가공 조립비 + 반입비)

위의 내용을 단면두께와 휨철근비, 순공사비와 휨철근비 관계로 도식화 하면 그림 9-14와 같다. 이렇게 계산된 공사비 함수를 이용하면, 동일한 단면 안전율을 확보하면서 공사비가 최소로 발생하는 최적의 휨철근비(ρ_{eff})를 선정할 수 있다.

5. 지하철 정거장의 단면결정 검토사례

그림 9-15는 토피 6.0m의 지하철 정거장 상부 슬래브 단면에서 M_u =1,300kN·m 이고 설계안전률($F.S$)을 1.3으로 가정하였을 때 휨철근비에 따른 공사비 변화를 도시화 한 것이다.

분석한 결과에서 보듯이 휨철근비가 대략 1%에서 저공사비가 발생하지만, 만약 0.35%의 최소철근비 또는 2.5%의 최대철근비를 사용하게 되면 약 10% 이상 구조물 순공사비가 증가할 것으로 예측되었다. 지면상 압축철근이 있는 경우의 유도과정은 첨부하지 못하였으나, 압축철근을 고려한 최적 휨철근비는 다음 식 (5)와 같이 제안할 수 있다.[4)]

$$\rho_{eff} \fallingdotseq \frac{1.0}{1 + \frac{\rho'}{\rho}} (\%) \tag{5}$$

끝으로, 만약 구조물 설계과정에서 이러한 경제성을 고려한 최적 단면결정 과정을 검토한다면 공사비를 절감효과를 가져올 것으로 판단된다.

— (주)용마엔지니어링 호남자문단 정제평 부사
— 광주대학교 건축공학과 염환석 교수

참고문헌

1) ACI committee 318, Building Code Requirements for Structual Concrete(ACT 318-02) and Commentary(ACI 318R-02), ACI, 2002.
2) NZS 3101, "The New Zealand Standard for the Design of Concrete Structures", Standard Association of New Zealand, Wellington, New Zealand, 1995.
3) Lafave. J. M. and Wight. J. K., "Behavior of Reinforce Concrete Exterior Wide Beam-Column-Slab Connections Subjected to Lateral Earthquake Loading", Report No. UMCEE 97-01, University of Michigan, Ann Arbor, Mich., Jan. 1997.
4) 정제평·김대중·모귀석·김우, "경제성을 고려한 휨철근비 산정에 관한 연구", 한국콘크리트학회 가을학술발표회, 2000. 11.

10 QUESTION & ANSWER

내구성 · 내화성

질의

1. 1992년 1월 6일 우암APT 화재붕괴사건과 관련하여, 화재 시에 있어서 콘크리트와 철의 압축강도, 탄성계수의 변화에 대하여 알고 싶습니다.

응답

콘크리트는 일반적으로 내화성 재료로 알려져 있지만, 실제는 온도상승에 따라 강도가 저하한다. 일반적으로 상온 (20~30℃)에서부터 70~100℃로 가열하면 응력-변형 관계는 대폭 변동하고, 특히 탄성계수는 크게 감소한다. 강도도 일반적으로 감소하지만 탄성계수의 감소만큼 심하지는 않다.

그림 10-1 및 10-2는 응력-변형 관계로부터 구한 콘크리트의 열간으로의 압축강도와 탄성계수($E_{1/4}$)의 온도에 의한 변화를 나타내는 것이다. 그림 10-1 및 10-2에 있어서 보통콘크리트(곡선 A, B)에 비교해서 경량콘크리트(곡선 C, D)가 온도의 상승에 의한 탄성계수의 저하율이 상당히 작은 것을 알 수 있다. 강도의 저하율에 관해서도 동일한 것을 그림 10-1로부터 알 수 있지만, 탄성계수의 경우만큼 차이는 없다. 즉, 강도는 골재에 따라서 다르지만 상온에 대해 보통콘크리트의 경우, 500℃에서 약 50% 이상 감소하는 경향이 있다.

또한 구조용 강재의 열간 및 고온가열 후의 역학적 성질은 그림 10-3과 10-4에 나타나 있다. 여기에서 보는 바와 같이 철도 온도상승과 함께 그 강도와 탄성계수, 항복강도가 감소함을 알 수 있다.

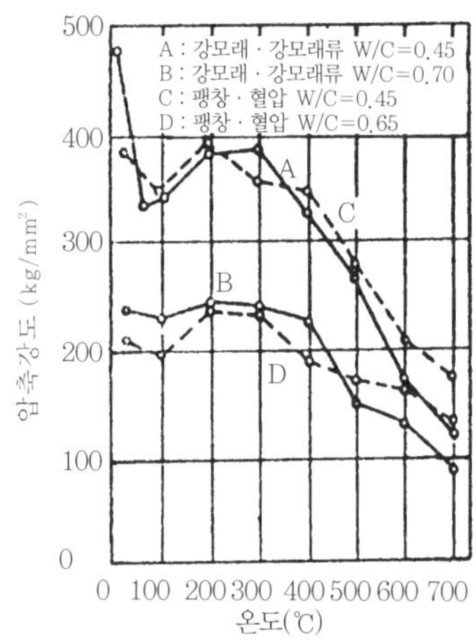

그림 10-1 보통 및 경량콘크리트 압축강도의 가열온도에 의한 변화

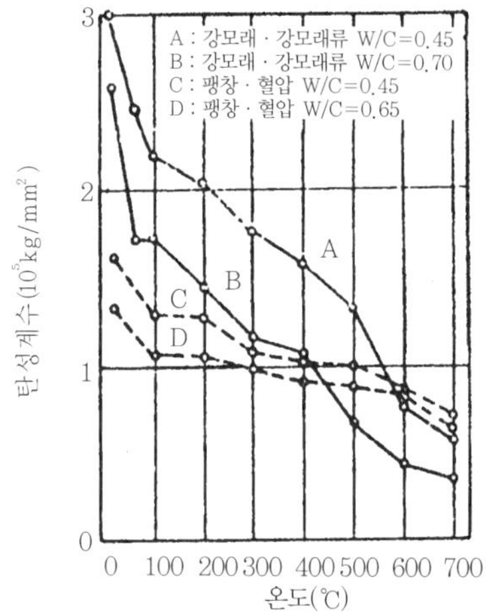

그림 10-2 보통 및 경량콘크리트 탄성계수의 가열온도에 의한 변화

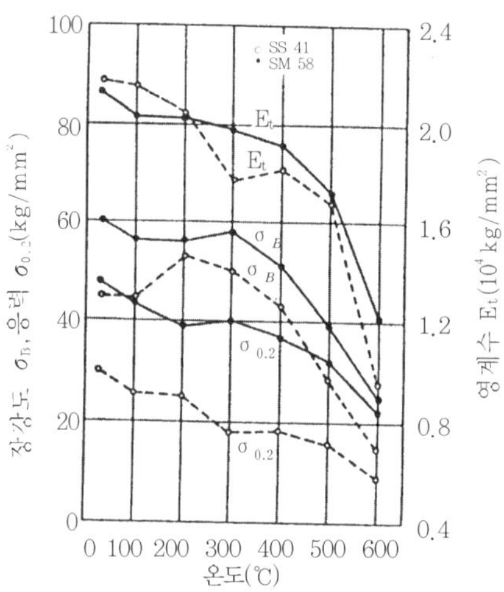

그림 10-3 SS 400 및 SM 590의 가열온도에서의 인장강도, 내력 및 탄성계수 변화

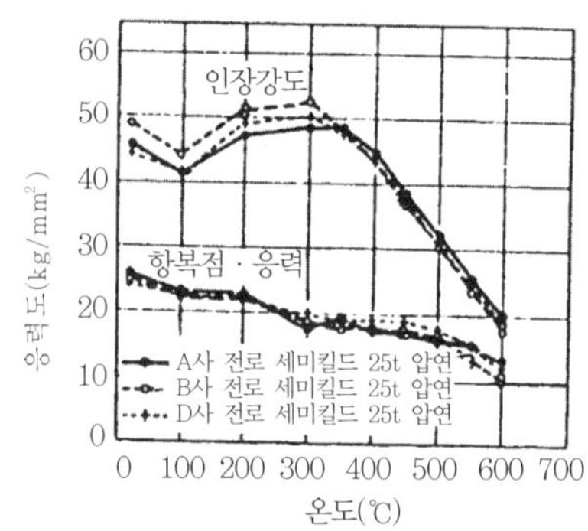

그림 10-4 SS 400의 고온강도와 응력도 변화

질의

2. 최근 시멘트 부족 등에 따라 고로시멘트 사용이 문제시 되고 있습니다. 고로시멘트를 콘크리트에 이용하는 경우 주의해야 할 사항에 대해 알고 싶습니다.

응답

고로시멘트는 1862년 독일에서 발명된 것으로서, 잠재수경성을 이용한 혼합시멘트이다. 이것을 이용한 콘크리트의 특징을 보통 포틀랜드시멘트의 성질과 비교하면 수화열의 저하, 강도증진성의 증대, 수밀성의 증대, 화학저항성의 증대 등이며 그 효과는 주로 고로시멘트에 포함된 고로슬래그의 양에 의해 좌우된다. 따라서 기대하는 효과를 얻기 위해서는 사용목적에 맞는 고로시멘트의 종류를 선정할 필요가 있다. 예를 들면, 수밀콘크리트, 해수의 작용을 받는 콘크리트, 지중 콘크리트에서는 고로시멘트 B종과 C종이 특히 적당한 시멘트라고 말할 수 있다.

- 고로시멘트를 이용하는데 있어서는 타설 시의 콘크리트 온도, 양생방법 및 기간에 의해서도 크게 좌우되고 있으며, 고로시멘트 A종은 일반적으로 보통 포틀랜드시멘트를 사용한 제성상(諸性狀)이 다르지 않으므로, 보통 포틀랜드시멘트와 같이 취급해도 좋다.
- 양생 시의 주의점으로는 콘크리트의 강도발현에 미치는 양생온도에 관한 환경의 영향이 특별히 크므로, 양생온도가 저하하면 콘크리트의 강도발현은 작아진다. 이런 경향은 보통 포틀랜드시멘트에 대해서 비교할 때 고로시멘트를 사용하는 경우에 두드러진다. 따라서 콘크리트의 타설에서 28일 후 또는 n일 후까지 기간 동안 기온이 저하하는 경우에, 구조체 콘크리트가 소요강도를 얻도록 하기 위해서는 미리 물시멘트비를 작게 해서 배합강도를 높이고, 강도 발현이 늦어져서 발생하는 강도의 부족을 보충할 필요가 있다. 콘크리트 치기가 끝난 후 물 뿌리기, 양생매트, 수밀시트에 의해 피복하고 막양생제(膜養生劑)에 의해 습윤한 상태를 유지하며, 기온이 높거나 직사광선을 받는 경우 콘크리트면이 건조하지 않도록 충분히 양생관리를 한다.
- 고로시멘트를 사용한 콘크리트의 압축강도는 보통 포틀랜드시멘트를 사용하는 콘크리트의 경우와 특별히 다르지 않다. 또한 알칼리 골재반응 제어 대책으로써 고로슬래그 시멘트를 사용하는 경우, 고로슬래그 양이 40% 이상인 B종이나 C종으로 해야 하며, 고로시멘트를 사용한 콘크리트의 피복두께는 보통 포틀랜드시멘트를 사용하는 경우와 특별히 다르지 않다.
- 배합설계를 할 때 주의할 점으로 물시멘트비와 세골재율, 혼화재료의 사용량이라는 측면에서 볼 수 있는데, 보통 포틀랜드시멘트를 사용한 모르타르의 물시멘트비와 동일한 경우에 대해서 살펴보면, 압축강도는 보통 포틀랜드시멘트에 대해서 고로슬래그의 분량이 많은 시멘트일수록 단기재령에서는 작고 장기재령에서는 크다.

- 고로시멘트를 사용하는 콘크리트뿐만 아니라, 일반적으로 콘크리트의 잔골재율은 콘크리트의 적당한 워커빌리티를 얻기 위해서 매우 중요하다. 즉, 잔골재율이 너무 저하하는 경우는 거친 표면의 콘크리트가 되고, 슬럼프가 큰 콘크리트에서는 잔골재와 모르타르가 잘 분리된다. 또한 잔골재율이 높아지는 경우에는 단위 시멘트량과 단위수량이 많이 요구되므로 경화한 콘크리트에 좋지 않은 영향을 미친다.
- 혼화재료의 사용량은 일반적으로 보통 포틀랜드시멘트에 비교해서, 고로시멘트의 알칼리량이 적기 때문에 소정의 공기량을 만족하기 위해서는 AE제 등의 사용량을 증가시킬 필요가 있다.
- 건조수축의 경우 고로슬래그 모르타르에 대한 초기양생을 잘 한다면, 보통 포틀랜드시멘트의 경우와 별 차이가 없으며 흡수성은 초기양생기간에 따라 변하는데, 초기양생기간이 길면 흡수율은 크다. 고로 시멘트콘크리트는 고로슬래그가 약간의 베어링적인 작용을 하므로 보통 포틀랜드시멘트콘크리트보다 워커빌리티는 우수하다. 또, 보통 포틀랜드시멘트를 사용한 콘크리트와 같은 워커빌리티인 경우 고로슬래그의 양이 많은 시멘트콘크리트일수록 단위수량은 적다.
- 현장배합을 정할 때에는 계획배합에 기준하여 골재의 함수상태에 대해서 1 배치 분의 콘크리트에 필요한 재료의 중량을 산출해서 정한다.

— 경북대학교 건축공학과 김화중 교수

질의

3. 콘크리트구조물에 대한 해염입자에 기인한 염해의 방지대책으로는 어떤 것이 있는지 궁금합니다.

응답

토목구조물이나 건축물은 설치환경이 다양하고 종류도 많기 때문에 부식원인이나 부식기구의 해명에는 어려운 점이 있다. 방식을 위한 수단도 한 종류에 한정되어 있지 않고, 성능이나 경비에 따른 방식방법을 구조물의 설치목적이나 경제성, 시공의 간편함 등을 고려한 관점에서 비교, 검토하여 최적의 방식방법을 선정할 수 있다. 콘크리트구조물의 내구성을 향상시키는 데에는 콘크리트 자체의 보호능력을 높일 필요가 있다. 콘크리트는 그 자체가 높은 알칼리성을 갖고 있어 공기나 염수를 차단하여 철근을 부식으로부터 보호하는 능력을 갖고 있기 때문이다. 이러한 보호능력을 활용하기 위해 예를 들면 해양콘크리트구조물에 관하여는 각종 규준에 의해 콘크리트가 보유해야 할 품질이나 피복두께, 균열이 발생하지 않는 구조형식 등이 규정되어 있다. 콘크리트에 생기는 균열이나 동해, 중성화작용, 마모, 염분이 당초 예상했던 것 이상으로 생겨 철근의 부식을 방지할 수 없어 콘크리트에 대한 보호능력이 저하하는 경우도 있다. 이 때문에 철근콘크리트구조물을 대상으로 부식방지대책이 개발되어 있다. 콘크리트구조물의 방식방법을 그 작용에 따라 분류하면 다음과 같다.

1. 환경차단에 의한 방식방법

① 철근 표면에서 부식환경을 차단한다.

- 철근의 아연도금처리
- 철근의 에폭시 수지분체도장

② 콘크리트 표층에서 부식환경을 차단한다.

- 콘크리트에 폴리머 함침

③ 콘크리트 표면에서 부식환경을 차단한다.

- 콘크리트 표면에 라이닝 처리
- 콘크리트 폴리머 복합재료 사용

2. 전기화학적인 방식방법

- 철근의 전기방식 사용

질의

4. 콘크리트는 비교적 내구성이 좋은 구조재료이지만 시간이 지나면서 성능 저하현상이 나타나게 되고, 이로 인해 구조물의 안전성이 떨어지게 됩니다. 철근콘크리트구조물에서 철근의 부식으로 인해 안전성이 문제가 되는 경우가 많은바, 철근의 부식을 유발하는 콘크리트의 중성화에 대해 알고 싶습니다.

응답

철근콘크리트구조물 경우 콘크리트중의 철근은 적절한 피복두께를 갖고 강한 알칼리 성분으로 인해 철근 표면에 보호피막이 생겨서 부식에 저항하게 되는데, 시일의 경과에 따라 콘크리트 표면으로부터 철근위치까지 중성화가 진행된다면 수분과 산소의 공급에 의해 철근부식이 발생하게 된다.

콘크리트의 중성화는 시멘트의 수화생성물인 수산화석회($Ca(OH)_2$)가 콘크리트 표면으로부터 공기중의 탄산가스(CO_2)와 반응하여 서서히 탄산석회($CaCO_3$)로 변화하게 됨으로써 pH 12 정도의 알칼리성이 pH 8 정도의 중성으로 바뀌는 현상을 말하는 것으로, 다음과 같은 화학방정식으로 나타낼 수 있다.

$$Ca(OH)_2 + CO_2 \rightarrow CaCO_3 + H_2O$$

위와 같은 중성화 반응으로 인해 철근의 부식 저항능력은 떨어지게 되고 철근이 부식되면 체적팽창이 현저하게 일어나 팽창압력이 철근을 감싼 콘크리트에 인장균열을 유발시키고, 더욱이 균열 틈새로 물이나 공기의 침입이 원활하게 됨으로써 철근의 부식을 촉진시키는 결과를 가져온다.

중성화 진행속도는 콘크리트의 수분 함유량과 주변매체의 상대습도 등에 영향을 받으며, 중성화 깊이는 물시멘트비, 시멘트 종류, 골재 종류, 표면활성제의 사용 등에 의하여 현저하게 달라진다. 예를 들면, 물시멘트비가 증가하면 동일 시간에 대한 중성화 깊이는 증가하여 물시멘트비가 0.6인 경우를 기준으로 물시멘트비가 0.4인 경우에는 1/2배, 물시멘트비가 0.8인 경우에는1.5배 정도이다. 또한 콘크리트의 압축강도가 40MPa인 경우, 중성화가 20mm 진행되는데 64년 정도 소요되지만 콘크리트의 압축강도가 20MPa인 경우 7년 정도로 급속히 줄어들게 된다.

따라서 투수성이 크거나 골재입도가 불량한 콘크리트는 중성화가 빠르게 진행되어 철근의 부식을 유발시키고, 종국적으로 철근콘크리트의 안전성을 저해하는 요소가 되므로 철근콘크리트구조물의 내구연한을 증가시키기 위한 방안의 하나로 소정의 콘크리트 피복두께와 투수성을 확보함으로써 중성화 진행속도를 줄이거나 수분과 산소의 공급을 차단할 필요가 있다.

질의

5. 최근 콘크리트의 구조물에 발생하는 균열 등의 주원인이 깬자갈골재의 알칼리 골재반응(alkali aggregate reaction)에 의한 것으로 언론에 보도된 적이 있는데 알칼리 골재반응의 발생조건과 반응에 영향을 미치는 요인 등에 대해 알고 싶습니다.

응답

[알칼리 골재반응이란]

콘크리트는 시멘트를 물과 반응시킨 결합재로 채움재인 골재(모래, 자갈)를 서로 단단하게 붙여놓은 것이며, 콘크리트에서 화학적인 반응은 시멘트와 물 사이에만 일어나고 골재는 어떤 재료와도 기본적으로 반응을 일으키지 않는 것이 전제된 것이다.

대부분의 자연산 하천골재는 수많은 세월동안 물과 태양 및 대기에 직접 노출되어 골재 내부의 불안정한 광물이나 화학적 반응에 영향을 미치는 염분 등은 대부분 용해되어 비교적 안정된 상태에 이르게 된다. 반면에 물과 태양 및 대기에 직접 노출되지 않고 지하 깊숙이 매장되어 있는 암석을 분쇄한 깬자갈골재는 상대적으로 화학반응에 영향을 미칠 수 있는 물질들이 함유될 가능성이 커지게 되지만 모든 깬자갈골재가 알칼리 골재반응을 일으키는 것은 아니다.

골재의 화학반응이란 콘크리트 내에서 골재가 어떤 불안정한 특정 물질과 화학적으로 반응하는 것으로서 일반적으로 알칼리 골재반응으로 알려져 있다. 이러한 알칼리 골재반응이 일어날 경우 생성되는 물질은 체적팽창을 일으켜 콘크리트에 균열을 발생시키며, 심해지면 콘크리트구조물을 붕괴시켜 구조물의 사용수명을 단축시키는 것이다.

[알칼리 골재반응의 발생조건 및 영향요인]

알칼리 골재반응의 발생조건은 콘크리트 내에 여분의 알칼리와 반응성과물 및 수분이 동시에 존재할 때 발생된다. 따라서 알칼리 골재반응을 억제하기 위해서는 기본적으로 위의 세 가지 조건이 동시에 존재하지 않도록 하는 것이다. 또한 알칼리 골재반응의 결과는 체적팽창에 따른 균열로 나타나는데, 이러한 알칼리 골재반응에 의한 콘크리트의 팽창량에 영향을 미치는 요인은 대단히 복잡다양하며 다음과 같이 요약할 수 있다.

① 알칼리량 : 알칼리량이 많을수록 반응에 따른 콘크리트의 팽창량은 커지게 된다.
② 물시멘트비 : 물시멘트비의 경우 일반적인 사용범위에서는 낮을수록 팽창량은 커지며, 콘크리트가 받는 손상은 물시멘트비가 커질수록 대체로 증가한다는 견해가 있다.
③ 환경습도 : 어느 한계 이하의 습도조건에서는 흡수팽창 과정이 진행될 수 없기 때문에 콘크리트에 팽창이 일어나지 않으며 습윤건조가 반복될수록 알칼리-골재반응은 가속된다.

④ 반응성 골재 : 반응성 골재량이 많아짐에 따라 증가하지만 어느 한도량 이상에서 팽창량은 감소한다고 밝혀져 있으며, 대체로 팽창량과 반응성 골재량의 관계는 반응성 골재의 종류에 따라 달라진다.

⑤ 반응성 골재 입경 및 혼입률 : 시멘트의 수화된 알칼리와 반응성 골재와의 반응이므로 골재의 비표면적이 증가하면 대체로 반응이 활발해져 팽창이 증가하게 된다.

⑥ 공극량 : 모르타르나 콘크리트 내에서 알칼리 골재반응에 따른 알칼리 실리카겔이 생성되더라도 공극량이 큰 경우에는 팽창이 일어나지 않는다. 따라서 AE제에 의해 연행된 기포도 알칼리 실리카 팽창을 완화하는 역할을 한다.

⑦ 온도 : 대체로 온도가 높아지면 팽창량이 증가하지만 반응성 골재에 따라서 어느 정도 이상의 온도가 되면 팽창률이 급격히 저하되는 것도 있다.

— 한국건설기술연구원 이장화 수석연구원

질의

7. 콘크리트의 내구성이란 무엇이며, 내구성이 좋은 콘크리트를 만들려면 어떻게 해야 합니까?

응답

내구성이란 콘크리트가 사용되는 곳에서 여러 가지 환경오염에 변하지 않고 저항하는 성질을 말한다. 또한 장기간의 사용기간 동안 초기의 성능을 그대로 유지할 수 있는 능력을 의미하기도 하며, 콘크리트의 품질을 평가할 때 강도, 시공성과 더불어 매우 중요한 요소이다. 적절하게 설계된 콘크리트는 그 사용기간 동안 여러 가지의 변형요소에 저항할 수 있어야 한다. 우리나라는 4계절이 뚜렷하여 동해를 입기 쉬우며, 산업의 발달로 인한 유해 환경요인이 발생할 여지가 많으므로 이에 대한 적절한 조치가 필요하다. 예로 건축구조물에서는 다음과 같은 사항을 고려할 수 있다.

① 건물 지하주차장 – 자동차에서 나오는 배기가스는 탄산화 작용을 일으켜 그 결과 철근의 부식으로 이어지며, 누수가 발생하면 백화현상 등이 일어난다.

② 건물의 외벽 – 자연현상에 의한 풍화에 의해 박리 등의 콘크리트의 성능 저하가 일어난다.

③ 구조물 내부 – 온수 파이프가 통과하는 부분은 온도 차이에 의한 콘크리

트의 저하가 나타나며, 콘크리트의 수밀성이 나빠 콘크리트가 물에 젖어 있을 경우 겨울철 동결융해가 일어나기 쉽다.

콘크리트의 성능저하를 일으키는 요인별로 간략하게 기술하면 다음과 같다.

1. 기상작용에 대한 내구성

기상작용에 대한 콘크리트의 손상은 콘크리트중의 수분의 동결융해에 의한 팽창압의 되풀이로 균열이 발생하고 박리현상을 초래하며, 온도 및 함수량의 변화와 건습의 반복으로 콘크리트의 체적변화가 일어나 표면에 수축균열을 발생시킨다. 우리나라와 같이 4계절 온도 차이가 뚜렷한 온대지역에서는 동결융해에 의한 피해가 가장 심하며, AE제에 의한 공기의 연행, 물시멘트비, 투수성이 적은 골재의 확보 등으로 동결융해 작용에 저항성을 높일 수 있다.

2. 화학물질에 대한 내구성

콘크리트에 황산, 염산, 초산 등의 무기산이 접촉하면 시멘트 수화물 중의 석회, 규산, 알루미나를 용해시켜 심하게 침식된 후 붕괴한다. 또한 해양구조물의 경우 해수중 황산마그네슘, 염화마그네슘, 중탄산암모니아 등은 콘크리트중의 석회와 화합하여 염화석회가 되고 물에 용해되어 마침내 콘크리트가 침식되어 붕괴된다. 이러한 화학물질과 접촉하기 쉬운 환경에 콘크리트구조물을 건설할 경우 내황산염 시멘트를 쓰거나 포졸란, 고로슬래그 등을 첨가한 혼합시멘트를 사용하여 황산염 반응저항성을 증진시킬 수 있다.

3. 물의 침식작용에 대한 내구성

수리구조물이나 해양구조물은 물속의 모래에 의한 콘크리트의 마모나 공동현상(cavitation)에 의한 콘크리트의 파손이 일어난다. 물의 물리적인 침식작용이 주기적이고 연속적으로 일어나면 콘크리트의 표층이 침해되어 직접 파손되며 콘크리트는 성능저하를 일으킬 수 있다. 물시멘트비를 적게 하고 미분이 적은 골재를 사용하여 강도와 수밀성이 높은 콘크리트구조물을 제작함으로써 이들에 대한 저항성을 높일 수 있다.

4. 중성화 및 철근부식에 대한 내구성

일반적으로 경화된 콘크리트는 pH 12~13인 강알칼리성을 지니고 있지만 콘크리트 표면에서 물과 탄산가스가 화학작용을 일으켜 서서히 알칼리성을 잃게 되어 중성화 현상을 나타내게 되고, 철근 주위의 콘크리트가 pH 11 이하로 떨어지면 철근은 녹이 슬고 약 2.5배 체적 팽창하여 철근을 따라서 콘크리트에 균열이 발생하고 덮개 콘크리트는 박리가 된다. 이에 대한 방지책으로 도막철근을 사용한다든지 콘크리트 표면에 에폭시수지 등으로 도장하여 화학물질의 침투를 막을 수 있으나, 실제 중성화는 표면에서 수 cm 정도로 경미하게 일어나므로 철근의 덮개를 충분히 확보한다면 내구성을 향상시킬 수 있다.

5. 알칼리 골재반응에 대한 내구성

골재중의 반응성 알칼리 성분과 콘크리트의 실리카 성분이 반응하면 콘크리트의 체적이 팽창하여 내부의 압력을 유발시켜 균열 및 골재의 탈락을 가져온다. 반응성 골재를 피하며 플라이애쉬, 고로슬래그, 실리카퓸 등의 결합재를 혼합, 콘크리트를 타설하여 알칼리 골재반응을 방지할 수 있다.

6. 전류의 작용에 대한 내구성

무근콘크리트의 경우는 무해하지만 철근콘크리트의 경우 고압 직류전류가 흐르게 되면 구조물 내부는 손상을 입게 된다. 철근에 전류가 흘러 내부 콘크리트 중의 알칼리 이온이 음극에 집중되어 전하를 방출하게 되고 수산화물이 철근 주위로 몰려들어 철근과 콘크리트 간의 부착력이 저하되어 구조적인 붕괴를 초래할 수 있다.

이와 같이 콘크리트는 사용목적상 내구성 측면을 강조해야 할 경우가 있다. 위에서 간단히 열거한 요인들의 공통점은 물과 연관된 물리적 또는 화학적 반응에 의하여 콘크리트의 성능이 저하됨을 알 수 있다. 따라서 내구성이 뛰어난 콘크리트구조물을 만들려면 우선 수밀성이 좋은 콘크리트를 만들어야 하며, 다음 세 가지 단계를 고려하여 제작하고 유지 관리한다.

① 설계단계

강도, 물시멘트비, 공기량 등을 고려하여 적절한 재료를 사용하며, 피복 덮개를 충분히 확보하여 내구성을 향상시킨 구조물을 설계한다.

② 시공단계

시멘트, 골재 등 사용목적에 알맞은 사용재료를 선정하고 물시멘트비, 슬럼프, 공기량 등 배합을 사용목적에 맞게 조절해야 하며, 적절한 다짐과 충분한 양생기간을 거쳐 사용해야 한다.

③ 유지관리단계

주기적으로 구조물을 관찰하여 콘크리트 성능 저하현상을 조기에 발견하고 곧바로 보수 및 보강조치를 취해야 한다.

질의

7. 공업의 발달로 인한 대기오염으로 발생하는 산성비에 콘크리트가 젖게 되면 콘크리트는 어떠한 영향을 받으며, 그 대책방법은 무엇입니까?

응답

산업발달로 인하여 대기가 유해가스로 오염되면, 이 공기를 통과하는 빗물은 산성으로 변하여 지표면에 내리게 된다. 이 산성비에 노출될 경우 인근지역의 인간과 산림은 피해를 입게 되며, 주거환경인 콘크리트의 경우도 산성비에 의한 피해가 일어날 수 있다. 1872년 영국의 R. A. Smith가 산성비라는 용어를 처음 사용하였으며, 산성비는 보통 pH 5~6 이하의 빗물을 말하며, pH 4 이하의 강산성비 정도이면 콘크리트에 직접 피해를 준다고 연구되어 왔다.

산성비가 구조물에 주는 영향에 대한 몇 가지 보고서에서 산성물질로 인해 영향을 미친 사안은 대체로 건축용 석재나 금속재에 관한 내용이며, 콘크리트에 대한 영향을 언급한 문헌은 거의 찾아볼 수 없다. 실제로 강우중에 포함된 유해물질인 SO_2나 NO_2 등은 고농도이긴 하지만 강우 초기에만 작용할 뿐 지속적으로 비가 내리면 중성이 되고 콘크리트 표면의 오염물질은 씻겨 내려가기 때문에, 산성비는 장시간 콘크리트에 작용을 할 수 없으므로 침식을 시키지 않는다고 한다.

콘크리트의 침식 실험결과에서 0.004kg의 황산이 $1m^2$에 작용할 때 1mm 깊이를 침식시키려면 85년 정도 걸리므로 실제 콘크리트구조물에 미치는 산성비의 영향은 거의 없다는 보고도 있다. pH 4~5에서 현실상 부식의 문제는 크게 문제되지 않으며, pH 3 이하의 경우 산의 종류, 시멘트의 종류에 따라 어느 정도 견딜 수 있으며, pH1~2에서는 내산성 시멘트를 사용하더라도 내구성을 기대할 수 없다고 한다.

그러나 장기간 산성비나 오염물질이 시멘트 경화체의 모세관 공극 또는 균열 등을 통해 철근까지 전달되면 철근의 부식을 발생시키고, 그 결과 콘크리트에 균열, 박리 등의 손상을 일으켜 성능저하를 가져온다. 따라서 이를 방지하기 위하여 실리카퓸, 플라이애쉬, 고로슬래그 등의 결합재를 혼합하고 유동화제를 사용하여 물시멘트비를 낮추어 배합함으로써 수밀성이 좋고 화학저항성이 뛰어난 콘크리트를 제조하여 사용해야 한다.

— 동국대학교 건축공학과 유승룡 교수

질의

8. 콘크리트 내의 염분 이동 특성에 대해 알고 싶습니다.

응답

콘크리트 내의 염분이동은 다음과 같이 여러 환경적 요인에 따른 기본 특성을 갖는 것으로 설명할 수 있다.

1. 콘크리트 내 수분의 이동과 염분의 이동

콘크리트 내부에서의 수분이동 발현의 대표적인 것에는, ① 블리딩에 의한 것, ② 건조에 의한 것 등을 들 수 있다. 블리딩이란 콘크리트 타설 후, 각 재료의 비중 차에 의해 골재와 시멘트분이 침강하고 수분과 더불어 작은 공기포와 미세한 물질이 상승하는 현상을 말한다. 덧붙여 말하면, 블리딩에 의해 부상(浮上)하여 콘크리트 표면에 퇴적하는 미세한 물질을 레이턴스라 부른다. 레이턴스는 부착력 저하의 원인이 되기 때문에 시공이음시에는 이를 제거할 필요가 있다.

보통 콘크리트의 경우, 타설 후 1시간 정도 사이에 블리딩에 의한 물의 이동은 거의 종료된다. 블리딩량은 물시멘트비가 클수록 또, 타설부분의 수평면적이 클수록 많아진다. 다른 한편,으로, 골재의 최대치수를 크게 한 것과 AE제를 혼입한 것은 블리딩량이 적은 경향이 있다.

그림 10-5는 보통의 재료 · 배합에 의한 현장규모 철근콘크리트 기둥의 수평단면(400mm × 400mm) 상부에서의 블리딩에 따른 염분이동 후 상황을 실측한 예이다(콘크리트 내의 염분 함유량은 콘크리트 편을 표면으로부터 순차적으로 일정 두께로 잘라내어 분석). 원래의 혼입 염분량은 0.05%(모래의 절건중량에 대한 NaCl 환산 중량백분율 이하, 염분량의 표시는 모두 같은 환산에 의함)이지만 그림 10-5에 나타낸 바와 같이 기둥 상부 콘크리트 내의 염분 함유량은 당초 함유

량의 평균치를 크게 상회하고 있다.

이 예에서는 프리델씨염이 되어 고정화된 분 이외의 가용성 염분은 0.01~0.02%라 사료된다. 그림 10-6은 10-5에 나타낸 것과 같은 기둥 하부에서의 실측 예이다. 통상의 재료 · 배합에 의한 콘크리트를 이용하는 경우, 블리딩과 동반해 염분농도가 특히 높아져서 철근부식 위험도를 높이는 것으로 콘크리트 타설 면으로부터 20~30mm까지의 부분이라 생각할 수 있다. 염분을 포함하는 콘크리트에서는 시공이음부 상단 부근의 철근부식 대책이 중요한 것이 이와 같은 이유에서이다.

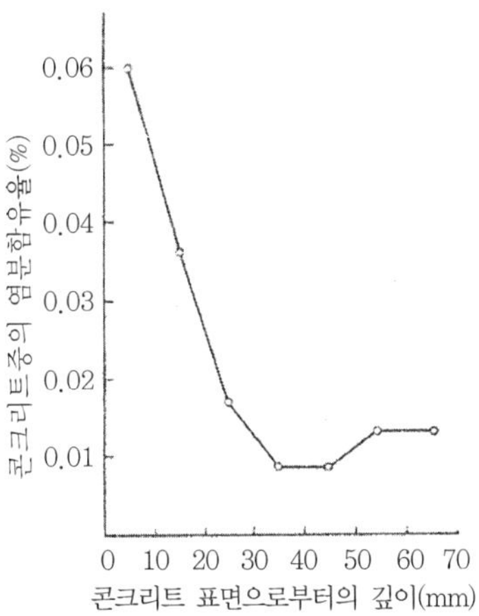

그림 10-5 현장규모 철근콘크리트 기둥 상부에서의 염분농도 구배 실측 예(블리딩과 동반해 이동)

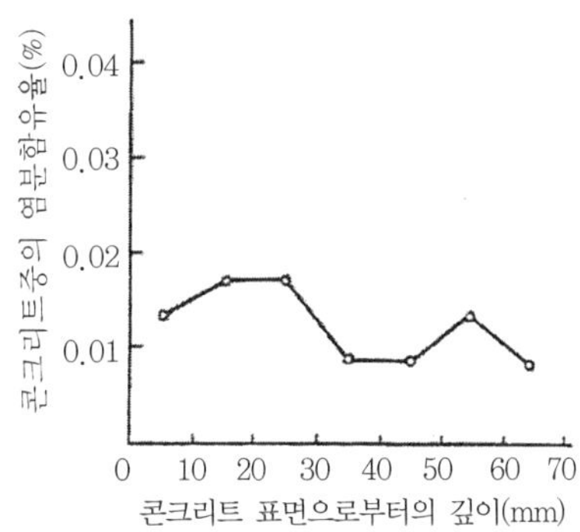

그림 10-6 현장규모 철근콘크리트 기둥 하부에서의 염분농도 구배 실측 예(블리딩에 의한 영향은 나타나지 않음)

다음은 건조와 동반하는 염분이동의 실례에 대해서 소개한다.

콘크리트의 건조는 긴 시간에 걸쳐 진행된다. 건조와 동반하는 염분이동의 경향은 콘크리트 타설 후 1년 정도 경과한 후에 계측 · 파악할 수 있다.

그림 10-7, 10-8은 보통의 재료배합에 의한 철근콘크리트 보(수직단면에서 600mm×400mm) 및 기둥 측면(중앙부)에서의 건조에 따른 염분이동 상황을 실측한 예이다. 그림 10-7, 10-8에서 보는 바와 같이 건조에 따라 콘크리트측면으로 염분이 이동하는 상황은 보 · 기둥 모두 같은 경향을 나타내고 있다. 그림 9는 보통의 콘크리트를 이용한 약간 큰 부재에 대해서의 실측 예이다.

건조와 동반하는 이동에서는 일반 구조부재의 경우는 콘크리트 표면으로부터 30~40mm 깊은 곳의 염분이 표면을 향해 이동한다. 그래서 표면으로부터 10~20mm 부근에서 염분농도가 높아진다. 약간 큰 부재의 경우는 표면으로부터

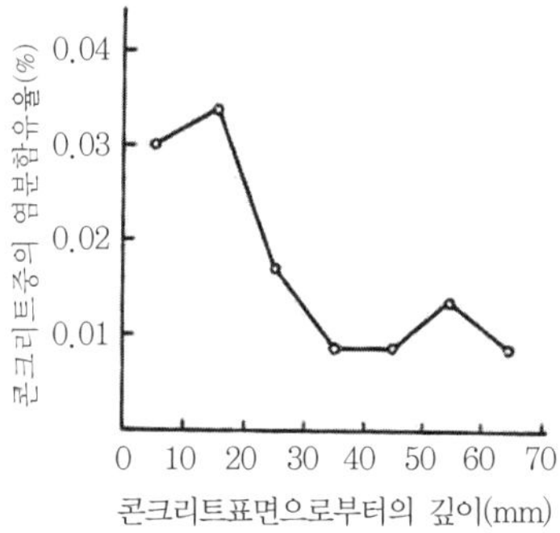

그림 10-7 현장규모 철근콘크리트 보에서의 염분농도 구배 실측 예(건조와 동반해 이동)

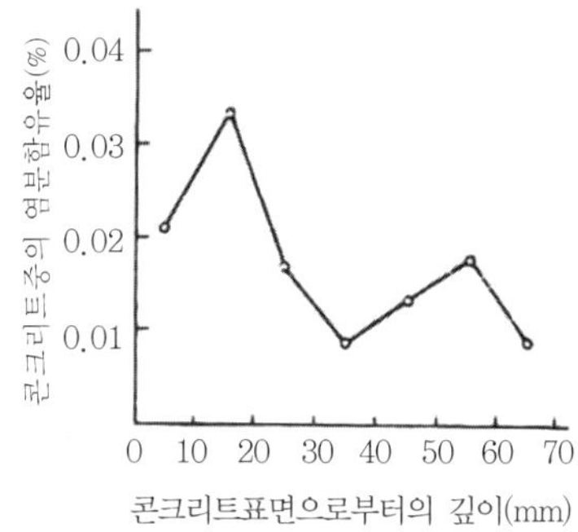

그림 10-8 현장규모 철근콘크리트 기둥에서의 염분농도 구배 실측 예(건조와 동반해 이동)

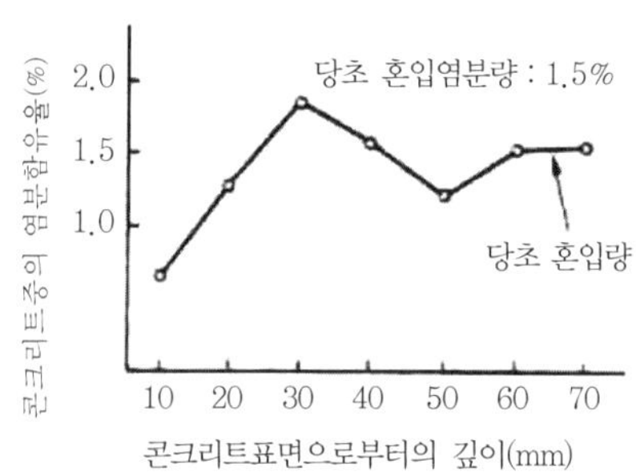

그림 10-9 당초부터 어느 정도 염분을 포함하는 콘크리트 내에서의 건조와 동반하는 염분이동 실측 예(1×1×1m 크기의 시험체에 의함)

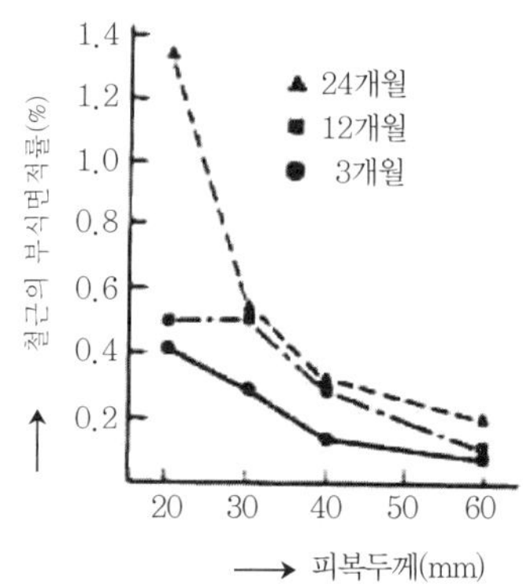

그림 10-10 당초부터 염분을 포함하는 콘크리트 내에서의 염분이동과 철근 부식량과의 관계 실측 예

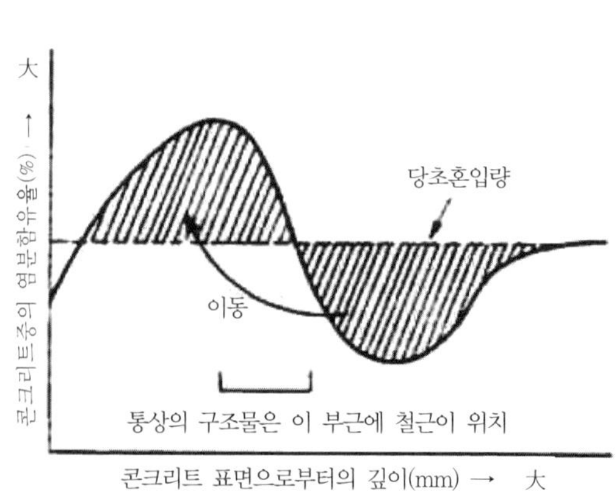

그림 10-11 건조에 따른 콘크리트 내의 염분이동 모델

40~50mm 부근의 염분이 20~30mm 부근으로 이동한다. 그림 10-7, 10-9에서 볼 수 있는 바와 같이 콘크리트 표면에서 염분농도가 낮은 것은 표면에서 건습이 반복되거나 빗물에 의해 염분이 유출되어 희석되었기 때문으로 사료된다.

그림 10-10에 염분의 이동과 철근 부식량과의 관계를 실측한 예를 나타내었다. 건조에 따른 콘크리트 내 염분이동 모델은 그림 10-11과 같이 나타내어지는 것으로 고려할 수 있다.

건조에 따른 염분이동에 관해서 말하면 염분을 포함하는 콘크리트의 경우, 콘크리트 내로의 염분 혼입을 피하는 것은 물론, 철근의 피복두께를 통상의 경우보다 10~20mm 늘리는 것이 현저한 철근부식을 일으키지 않기 위한 하나의 해결책이라 할 수 있다.

2. 외부로부터의 염분침입 모델과의 차이

해안 주변의 보통 콘크리트를 이용한 구조물에서는 바다소금 입자가 날아와 그림 10-12에 나타낸 염분침입 모델에서 나타난 바와 같은 염분농도 구배가 콘크리트 내에서 형성된다.

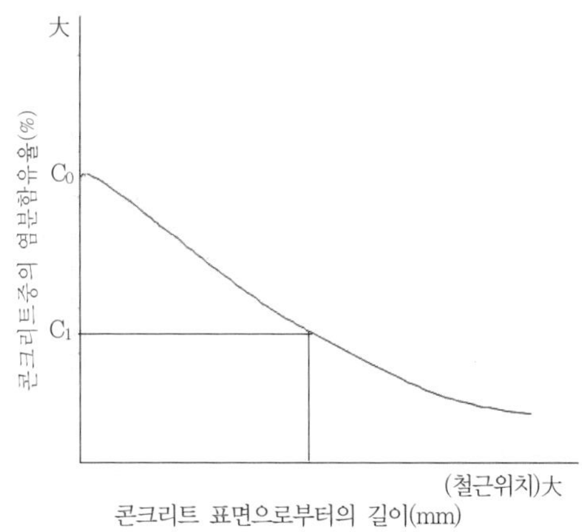

그림 10-12 해안지대에서 콘크리트 내로의 염분침입모델(Cs가 어느 양을 초과하면 철근부식)

해안 주변 구조물에서는 콘크리트 내의 염분은 외부로부터 유입되는 것이고, 콘크리트 표면으로부터의 염분농도 구배는 대략 표면으로부터 내측으로 감에 따라 많음(大)에서 적음(小)의 경향을 나타낸다. 염분을 포함하는 콘크리트를 이용해서 해안 주변에 구조물 등을 건설할 때에는 외부로부터의 비래염분 영향이 가미되는 것도 고려할 필요가 있다.

3. 중성화에 의한 새로운 염분이동의 생성

콘크리트 내에 포함된 염화물의 일부(시멘트 질량의 0.4% 정도)는 시멘트에 의해 프리델씨염(鹽) 등 불용성 염화물로 고정화된다(단위시멘트량 300kg/m^3 사용 콘크리트에서는 1.2kg/m^3 정도의 염화물이 고정화되어 있는 것으로 볼 수 있다). 이 불용성 염화물은 철근부식을 촉진할 염려는 없다. 그러나 불용성 염화물을 포함한 콘크리트가 중성화되면 불용성 염화물은 재차 가용성 염화물로 변화되어 부식을 촉진하게 된다. 이러한 가용성 염화물은 철근부식을 촉진시키며 또, 콘크리트 내를 수분과 함께 이동하여 콘크리트 단면 내에서 부분적으로 농축되는 경향이 있다.

이와 같은 이유로 인해 통상의 콘크리트에서 염분을 포함하는 경우, 중성화가 진행되면 중성화 프런트(페놀프탈레인 1~2% 알코올 용액 시험에서 착색되지 않는 부분으로 하는 부분과의 경계라는 뜻. 착색되는 부분은 아직 알칼리성이 남아 있는 비중성화의 영역. 중성화 프런트와 철근과의 사이거리를 중성화 (진행거리라 함)를 경계로 하여 비중성화 영역으로 염분이 이동하여(황산분도 이동함), 중성화된 부분에는 나트륨과 칼륨이 이동한다(물론 수분이 존재해야 생긴다).

비중성화 영역으로 이동해 농축되는 염분량은 평균 함유량에 대해 2.5배에 도달한다. 이 모델을 그림 10-13에 나타내었다. 요컨대, 통상의 콘크리트에서 염분을 포함하는 경우, 수십 년 경과하여 중성화가 어느 정도 진행되면 중성화 프런트로부터 내측(비중성화 부분)으로 염분의 농축이 일어나 중성화되어 있지 않더라도 철근부식의 위험이 있는 상황이 된다.

염분을 포함하는 콘크리트의 경우, 건조에 따라서 표면 근처로 이동한 염분은 중성화에 의해 또 다시 원래의 위치로 서서히 돌아가게 된다. 여하튼, 콘크리트의 표면으로부터 10~30mm 부근이 염분농축상에서 문제가 된다. 40mm 이상 내

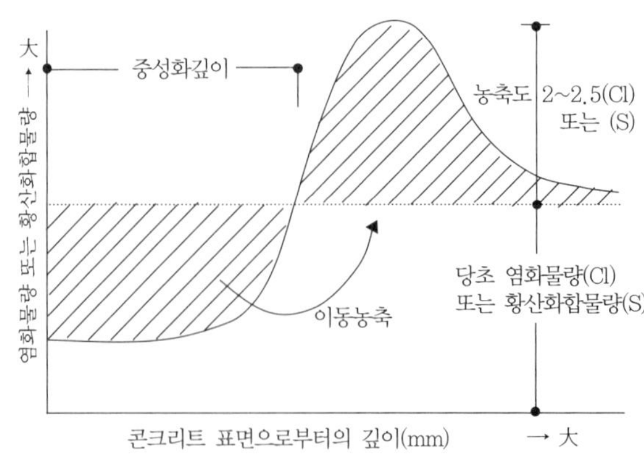

그림 10-13 콘크리트 중성화에 따른 염화물 또는 황산화합물의 이동모델

측까지는 영향을 미치기 어려운 것으로 사료된다.

— 대전대학교 토목공학과 故박석균 교수

질의

9. 최근 들어 해상교량 등의 건설이 증가하면서 철근콘크리트구조물의 철근 부식이 문제가 되고 있습니다. 철근의 부식을 방지하기 위하여 사용되고 있는 전기적인 방법이 있다는데, 그 원리와 공법의 종류가 알고 싶습니다. 또한, 실제 시공사례 및 효과에 대하여도 알려주셨으면 합니다.

응답

1. 철근콘크리트의 철근방식법

철근콘크리트의 철근은 콘크리트 자체에 의해서 방식이 가능하다. 즉, 콘크리트 내의 pH가 약 13 정도로 유지되는 동안에는 철근의 표면이 부동태화 되어 부식이 되지 않는다. 그러나 여러 가지 이유로 인하여 탄산화 되든지 또는 염화물이 포함되어 부동태 피막이 파괴될 때는 철근은 반드시 부식되며, 이때 체적팽창으로 콘크리트에 미세균열을 일으키게 된다.

교량이나 도로 등과 같이 진동을 계속적으로 받는 구조물은 점차 미세균열이 전파되어, 일단 균열이 표면까지 진전하게 되면 철근의 부식속도는 가속화되어 심각한 콘크리트 균열 내지 철근의 파단으로까지 이르게 되어 구조물의 안전을 위협하게 된다. 따라서 가혹한 환경에 접하는 철근콘크리트는 철근의 방식으로 구조물의 안전은 물론이고 수명을 연장시켜야 할 것이다. 지금까지 개발된 철근 방식법에는 다음과 같은 방법이 있다.

1.1 철근 자체 처리법

가. 아연 도금법

나. 도장법

① 수지계 도료 : 에폭시, 분체도료 도장법

② 무기질 도료 : 징크 실리게이트, 세라믹

1.2 콘크리트 표면층에서 부식환경을 차단하는 방법

가. 왁시 콘크리트 사용법

나. 콘크리트에 폴리머 함침법

1.3 콘크리트 표면에서 부식환경을 차단하는 방법

가. 방수성 도료 도장법

나. 모르타르 피복법

다. 시트 피복법

1.4 철근의 전기방식법

가. 희생양극법-일명 유전양극법으로 하기도 함.

나. 외부전원법

1.5 부식억제제 사용법 등

콘크리트구조물의 철근방식법에는 상기와 같이 여러 가지가 있으나 전기방식법에 대하여 나열한다.

2. 전기방식법

일반적으로 금속의 부식은 건식(dry corrosion)과 습식(wet corrosion)으로 대별할 수 있다. 건식은 금속이 고온에서 산소, 유황, 할로겐 등의 가스에 접하여 그 금속의 산화물, 유화물, 할로겐물 등의 반응물을 생성시키는 것이고, 습식은 수분이 존재하는 상태에서 금속이 부식되는 경우에 일어나는 것으로 상온에서 발생하는 통상의 부식은 거의 습식이다. 콘크리트 내부의 철근에 발생하는 부식도 습식으로서 전기화학적 이론으로 설명될 수 있다. 철근부식의 양극반응과 음극반응의 원리로 다음과 같이 나타낼 수 있다.

아노드반응 $Fe \rightarrow Fe^{++} + 2e$

캐소드반응 $H_2O + 1/2O_2 + 2e \rightarrow 2(OH)^-$

전체반응 $Fe + 1/2O_2 + H_2O \rightarrow Fe(OH)_2$

전기방식은 콘크리트의 두께 혹은 콘크리트의 치밀성의 정도에 관계없이 콘크리트에 결함부가 생기는 강재를 유효하게 방식할 수 있기 때문에 해양콘크리트 구조물의 방식방법 중 가장 바람직한 방법이라 할 수 있다. 전기방식의 방법으로는 외부전류에 의한 방식전류를 공급한 외부전원법과 이종금속간의 전위차를 이용하여 방직전류를 공급하는 희생양극법(유전양극법)이 있다.

2.1 외부전원법

외부전원방식은 정전압 또는 정전류의 외부 직류전원장치를 사용해 새로 설치한 양극으로부터 콘크리트에 삽입된 강재에 방식전류를 공급하는 방식이다. 이 방식은 방식전압 또는 방식전류의 자유로운 조절이 가능하기 때문에 콘크리트 자체의 전기저항이 높은 대기중의 구조물에도 적용이 충분히 가능하며, 이제까지 검토된 전기방식 시스템의 대부분을 차지한다. 또 본 방식에 사용되는 양극재료에 대해서 요구되는 성능은 다음과 같다.

① 양극 자체가 내구성이 우수해 방식효과를 장기간 유지 가능할 것.
② 가능하면 적은 전류 및 밀도로서 광범위하게 균일한 방식이 가능할 것.
③ 유해한 가스 등이 발생하면 적당한 통기성을 가질 것.
④ 시공이 용이할 것

2.2 시공방법의 예

① 도전성 도료방식

도전성 도료방식은 우선 콘크리트 표면에 작은 홈을 파고 그 홈에 1차 양극으로서 백금도금 티타늄선을 고정, 도전성 전지를 충전한다. 다음으로 1차 양극으로서 방식대상인 콘크리트 전면에 도전성을 갖는 카본 또는 니켈을 아크릴계 수지도료를 상도 도료로 도포해 여기에 배선, 배관을 행한 후 통전해 전기방식을 달성하는 방법이다. 이 방식은 홈방식에 있어서 전류 분포의 불균일성과 양극과 전압의 증가를 개선한 방법으로, 도막의 부풀음의 문제와 손상되기 쉬운 결점을 갖고 있는 것과 재보수가 비교적 용이한 점 등의 장점과 결점을 동시에 갖고 있는 방법이다. 국내에서는 적용된 사례가 없으며 보수공사 시에는 적당한 방법이라 할 수 있다.

② 메시 전극방식

메시 전극방식에 의한 전기방식은 내구성이 대단히 우수한 고순도 티타늄을 가공해 여기에 루테니윰(Ru) 등의 백금계 금속의 산화물을 경화 코팅한 메시를 양극으로 한 전기방식이다. 초기시설 비용은 비싸지만 시공성이 좋고 양극의 수명이 길뿐 아니라 양극재료로서 갖추어야 할 특성을 고루 갖추고 있어서 널리 사용되고 있다.

2.3 전기방식 시공사례

① 국내

현재 보수공사로 목포항 안벽공사에 적용되어 있으며, 신설 구조물로는 부산 신항만 교량에 저음으로 시공되고 있다.

② 일본

북해도원별교, 십삼호대교, 대흑대교

③ 미국

플로리다 및 버지니아 주에서는 많은 교량에 적용되었다. 참고로 1981년 미연방도로국의 공식의견으로 오직 전기방식을 통해서만 염분에 오염된 콘크리트구조물의 부식을 방지할 수 있다고 명시되어 있으며, 1994년에 염분에 오염된 콘크리트구조물의 수명을 보장하기 위해서는 전기방식을 보다 적극적으로 도입해야 한다고 백서에 명시되어 있다.

2.4 희생양극법(유전양극법)

희생양극방식은 강재에 대해서 비전위를 갖은 금속(예 : 아연도는 알루미늄)을 양극재로 해서 이것을 강재와 전기적으로 접속해 양자의 전위차에 의한 전지작용을 이용해서 강재의 방식전류를 공급하는 전기방식방법이다. 이 방식은 현재 바다 속에 있는 철구조물의 전기방식방법으로서 일반적으로 사용되는 방식이며, 바다 속에 존재하는 콘크리트구조물에의 적용은 충분히 가능하며 또한 외부전원을 필요로 하지 않는 점이 있지만 대기 중에 존재하는 콘크리트구조물에의 적용은 다음과 같은 이유로 인해 해수에 접한 강관파일 방식에 주로 사용된다.

① 방식전류 밀도를 조절할 수 없다

② 건조상태에서는 콘크리트구조물 방식의 필요 전류량이 불충분하다.

③ 아연판의 부식에 의해 전류밀도가 저하된다.

④ 양극 자체가 회생작용에 의해 감소된다.

3. 참고자료

① 철근부식의 반응과정

② 염화물에 의한 철근부식의 특징

③ 철근부식 과정

④ 외부전원법에 의한 항만부두벽의 방식과 비방식과의 비교

⑤ 기초강관 파일의 경제성 비교

— 서경대학교 토목공학과 김지상 교수

질의

10. 최근 배합설계 시 내구성을 고려해야 한다는 지적이 있습니다. 일반적으로 콘크리트의 압축강도가 높으면 내구성도 향상되는 것이 아닌가요?

응답

콘크리트구조물은 구조물이 처한 환경과 하중작용 등으로 인한 외적 요인과 콘크리트 자체의 물성변화가 원인이 되는 내적 요인에 의하여 내구성 저하가 발생한다. 일반적으로 콘크리트는 독립된 요인에 의하여 그 기능이 저하되는 것이 아니며, 여러 가지 요인에 의한 복합작용으로 열화가 진행된다.

콘크리트의 압축강도 향상을 위해서는 양질의 시멘트와 좋은 형상과 조직, 균등한 입도와 구조적 안정성이 높은 골재를 사용하고, 물시멘트비를 적게 하고 단위수량을 적게 하되 워커빌리티가 높은 콘크리트를 만들고, 적절한 다짐을 실시하여 공기량이 적은 밀실한 콘크리트를 만들어 적당한 양생을 해야 한다. 따라서 강도가 높은 콘크리트는 콘크리트의 경화조직이 치밀하게 되어 수밀성이 향상되며, 이로 인하며 기상변화(온도, 습도, 동결융해 등) 및 공기중의 유해가스에 의한 중성화가 저하되어 전반적인 내구성 향상이 기대된다.

그러나 구조물의 내구성 향상을 위해서는 양호한 시공 이외에도 콘크리트에 작용하는 여러 가지 열화작용을 고려한 배합설계와 내구적인 재료의 선정이 요구된다. 즉, 재료를 선정할 때에는 각 재료(시멘트, 물, 골재, 혼화재료)의 물리적·화학적 성질을 충분히 이해하여 둘 필요가 있다. 최근 시멘트에는 저열유형이나 다성분계의 혼합시멘트, 혼화제에는 고성능 AE감수제 등의 유기화합물, 골재에는 바다모래나 반응성 골재, 저품질 골재 등이 사용되는 경우가 증가하고 있는데 이러한 재료를 사용할 경우 내구성이 저하될 수 있다.

또한 콘크리트가 상기한 유해환경(기상변화, 유해가스) 이외의 다른 조건에 노출될 경우에는 그 환경에 적합한 콘크리트 배합설계를 고려해야 한다. 즉, 화학작용에 저항할 필요가 있는 경우나 바닷물 또는 염류수 등에 노출될 경우, 유수,

유사, 자동차 또는 기계적 작용에 의한 마모작용이 심한 경우나 폭열 또는 내화하중이 있는 경우에는 이를 고려하여 배합설계를 실시해야 한다.

예를 들어, 시멘트의 분말도를 증가시킬 경우 시멘트의 수화반응이 왕성해져 콘크리트의 강도는 증가하나, 수화열에 의한 균열발생으로 인하여 내구성은 감소할 수 있다. 동일한 재료를 사용했다면 강도가 높은 콘크리트의 내구성이 우수하겠지만, 적극적인 의미에서 내구성을 고려한 배합설계라고 말할 수는 없을 것이다.

좋은 균질의 콘크리트(good uniform concrete)를 만들기 위해서는 강도는 물론 내구성과 경제성을 동시에 고려해야 한다. 이를 위해서는 구조물의 종류, 환경과 시공방법을 고려한 배합계획과 소요물질 및 성능을 얻을 수 있는 재료의 선정과 배합의 결정이 필요하다.

— 상지대학교 토목공학과 노병철 교수

질의

11. 해수가 콘크리트구조물에 미치는 영향과 설계 시 유의할 사항에 대해 알고 싶습니다.

응답

콘크리트가 바다에 설치되는 구조물의 재료로 처음 사용될 당시에는 해수 안 환경에서 발생하는 장기적 현상에 대해서 알려진 바가 그리 많지 않았다. 그러나 1970년대 들어서 활발해진 북해유전 개발과 함께 콘크리트의 해수노출 영향에 대한 연구도 활기를 띠었다. 특히, 수 미터 이상 깊이에서의 장기 반응에 대해 그 동안 발표된 연구내용을 정리한다.

1. 콘크리트의 역학적 성질

콘크리트 시편을 바닷물 속에 16년 동안 넣어두면서 실험한 결과 콘크리트가 바닷물 속에 오래 있다 하더라도 콘크리트의 강도는 크게 변하지 않는 것으로 나타났다. 또한 탄성계수 역시 16년 동안 거의 변화가 없었다.

그러나 바닷물 속에 넣기 전에 콘크리트를 양생한 기간은 콘크리트 강도에 매우 중요한 영향을 미치는 것으로 조사되었다. 즉, 그림 10-14에서 알 수 있듯이, 콘크리트를 1주 양생시키고 바닷물 속에 넣은 경우와 콘크리트를 14주 양생시키고 바닷물 속에 넣은 경우를 비교한 결과 압축강도가 각각 40MPa과 80MPa로 큰 차이를 보였다.

또한 그림 10-14에서 0.4와 0.54는 물시멘트비를 나타내는데, 이는 일반적인 지싱에서의 조건과 마찬가지로 물시멘트비가 낮을수록 높은 강도를 나타내었다.

2. 콘크리트의 미세구조와 균열

바닷물 속에 잠겨있던 콘크리트 시편을 얇게 잘라 그 미세구조와 화학적 변화를 관찰한 결과, 시편의 바깥쪽으로부터 0.5~2mm의 얇은 층이 탄산염화(carbonated)되어 있음을 알 수 있었다. 놀랍게도 이러한 탄산염화가 일어난 영역에서는 온도나 수축에 의한 균열발생이 전혀 나타나지 않았다. 그 이유는 바닷물에 노출된 결과로 발생한 탄산염화가 미세균열을 방지했고, 또한 미세균열이 생겨났다 하더라도 탄산염화 과정에서 생겨난 부산물이 미세균열을 모두 채운 것으로 추정되었다.

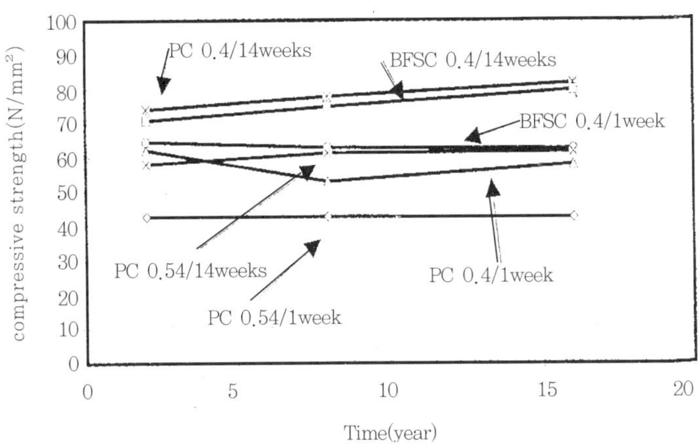

그림 10-14 100mm 콘크리트 정육면체 시편의 압축강도와 바다에 노출시간

3. 염화물의 침투와 철근부식

16년이 지난 시편에서 나타난 염화물의 침투는 시편의 아주 깊은 곳에서까지 발견되었다. 그리고 염화물의 침투 정도는 시멘트의 종류에 크게 좌우되었다. 철근이 부식되기 시작하는 시점은 콘크리트 피복두께가 30mm일 경우 시멘트 종류에 따라 5~36년, 피복두께가 50mm일 경우 15~100년, 그리고 피복두께가 70mm일 경우 30~200년으로 계산되었다. 그리고 역시 물시멘트비가 낮을수록 염화물의 침투를 효과적으로 막는 것으로 나타났다.

4. 콘크리트의 수명 예측

다른 콘크리트구조물과 마찬가지로 바닷물 속에 설치된 콘크리트구조물이 얼마나 오랫동안 지탱할 수 있는지의 여부가 설계의 가장 큰 고려대상 중의 하나라고 볼 수 있겠다. 교량의 경우 평균수명을 120년으로 예측하기도 하고 다른 구조물의 경우 25~50년으로 예측하기도 한다. 그러나 해수 안에서는 염화물의 침투로 인한, 또는 해수를 포함한 주변상태에 민감하게 반응할 수밖에 없는 이유로 인하여 그 수명을 예측하기가 무척 어렵다. 따라서 보다 정량적이고 해석적인 모델을 개발하기 위한 연구 노력이 뒤따를 것으로 예견된다.

— 연세대학교 건축공학과 임홍철 교수

질의

12. 콘크리트중의 염화물의 측정방법에는 무엇이 있습니까?

응답

콘크리트중의 염화물량을 측정하는 방법은 경화콘크리트의 경우에는 일반적으로 시료를 분말로 만들어 산에 용해해서 염분을 추출한다(전 염분)든가, 혹은 온수중에 침지해서 염분을 추출(가용성 염분), 그들 용액 속의 염소이온 농도를 측정하여 콘크리트의 단위용적 혹은 단위질량당의 염화물량으로 환산해서 구한다. 프레시콘크리트의 경우는 블리딩수 혹은 흡인여과에서 얻어진 여액 중에서 염소이온 농도를 측정하고 단위수량을 더해 콘크리트의 단위용적 혹은 단위질량당의 염화물량으로 환산해서 구한다. 어느 경우도 직접 단위질량당의 염화물량이 측정되지 않고 액으로 추출해서 그 용액 속의 염소이온 농도를 측정하고 그것을 콘크리트 속의 염화물량으로 환산하는 것이다.

현재 일반적으로 알려져 있는 대표적인 염소이온 분석방법을 원리적으로 분류하면 다음과 같다.

① 중량법(염화은의 침전중량을 계산하는 방법)
② 용량법(침전적정법) : 여기에는 a. 몰법 b. 호르하르트법 c. 화얀스법 d. 초산은적정법 e. 초산제이수은법 등이 있다
③ 흡광광도법(특정반응 생성이온에 대한 특정 파장빛의 흡광도를 측정하는 방법) : 여기에는 a. 체오시안산 제2수은법 b. 크롬산은 방법이 있다.

④ 전기적 방법(전기화학적 측정법을 이용하여 용액 속의 이온농도에 해당했던 전위차를 측정하는 방법) : 여기에는 a. 전위차 적정법 b. 전도도 적정법 c. 이온전극법이 있다.

⑤ 이온크로마토그래프(각종 이온을 이온교환수지를 이용해서 분리 정량한다.)

위 방법 중에서 잔골재중 또는 콘크리트중의 염화물함유량 측정으로 많이 이용되고 있는 것으로 다음과 같은 방법이 있다.

몰법(용량법)

침전적정법의 하나로 염소이온을 은이온으로 적정하며, 크롬산이온을 지시약으로 이용한다. 초산은 적정법의 일종이다. 일본건축학회, JASS 5, 도로협회 콘크리트 포장요강의 잔골재 속의 염분시험 방법에 채택되어 사용되고 있다.

흡광광도법(체오시산 제2수은법)

미량의 염소이온을 측정하는 방법으로 JIS K 0101(공업용수시험방법)이 채용되고 있다. 프레시콘크리트중의 물의 염소이온 농도의 분석, 경화콘크리트의 염분분석에 이용되는 것 이외에 시멘트, 비빔 등의 염분분석에도 이용된다.

초산은적정법

후루오레샤인나트륨을 지시약으로 한 초산은적정법에서 JIS K 0101(공업용수시험방법)로 규정되어 있다. 프레시콘크리트 속의 물의 염소이온 농도의 분석시험에 있다.

전위차적정법

염소이온 선택성 전극을 이용했던 전위차 적정장치에서 초산은 용액에 의한 적정을 행한다. 순서는 위의 초산은적정법과 같지만, 〈적정량 - 전위 변화〉의 적정곡선에서 종점을 구한다. 종점은 적정량에 대해 전위변화의 최대점으로 한다. 굳지 않은 콘크리트 속의 염소이온 농도의 분석, 혼화제의 염분분석 등에 이용된다.

이온전극법

염소이온 선택 전극을 이용한 전위차를 측정하고 〈염소이온 농도 전위차〉의 검량선에서 염소이온량을 구한다. 간이염분계에 이용된다.

질의

13. 콘크리트 중의 염분측정방법에는 어떤 것이 있는지 궁금합니다.

응답

경화한 콘크리트와 굳지 않은 콘크리트로 나누어 측정방법을 설명한다.

1. 경화한 콘크리트 중의 염분분석 방법

염분 중에서 ① 전염분을 측정하는 경우, ② 가용성 염분을 측정하는 경우로 분류할 수 있다.

전염분 : 경화콘크리트 중에 포함된 염분의 전량

가용성 염분 : 경화콘크리트 중에 포함하는 50℃의 온수에 가용한 염분

전염분의 분석과 가용성 염분의 분석에는 콘크리트 분말에서 염분을 축출하는 방법이 다르다. 측정방법의 개요를 간략히 설명한다.

1.1 전염분의 분석방법

① 염소이온 선택성 전극을 사용한 전위차적정법

시료에 초산용액(2N)을 가하여 용액의 PH를 3 이하로 하고 전염분을 용해한 후 불용분을 여과세정한다. 염소이온 선택성 전극을 사용한 전위차 적정장치에 설치하여 N/200 초산은 표준액에서 전위차 적정한다.

② 크롬산은 - 흡광광도법

시료에 초산용액(2N)을 가하여 용액의 PH를 3 이하로 하고 가열해서 전염분을 용해한다. 탄산칼슘을 소량씩 가하고 냉각한 후 세정한다. 냉각 후 흡인여과 세정한다. 액의 일부분을 100*ml* 매스플라스크에 분취하고 크롬산은을 가하여 혼합한다.

상등액을 가압여과하여 흡광도를 측정한다.

③ 초산은적정법

시료에 초산용액(2N)을 가하여 용액의 PH를 3 이하로 하고 가열해서 전염분을 용해한다. 탄산칼슘을 소량씩 가하여 끓여 냉각시킨 후 여과한다. 액의 일부분을 분취하여 크롬산칼륨을 지시약으로 하여 N/10초산은 표준용액에서 측정한다.

1.2 가용성 염분의 측정방법

① 염소이온 선택성 전극을 사용한 전위차 적정법

시료를 50℃의 온수를 기히여 보온하고 30분간 흔들어 가용성 염분을 축출한다.

② 크롬산은- 흡광광도법

시료를 50℃로 높이고 50℃의 온수를 가하여 보온해둔 후에 용액을 흡인 여과한다. 액의 일부분을 분취하여 초산용액(2N)을 가하여 산성으로 만든 뒤 탄산칼슘을 가해 끓인 후 냉각시켜 여과한다. 크롬산은을 가하여 혼합하여 400mm 부근에서 흡광도를 측정한다.

2. 굳지 않은 콘크리트 중의 염분분석방법

굳지 않은 콘크리트 중의 염분분석은 품질관리상 행하기 때문에 간단해야 하고 정확한 방법이어야 한다. 지금까지 콘크리트 중에 포함되는 염화물량은 굳지 않은 콘크리트에서 채취한 액의 염소이온 농도에 콘크리트 단위수량을 곱해서 구한다.

염소이온 농도의 분석방법에는 몰법, 호루바두법, 전위차적정법, 흡광광도법, 이온크로마토그래피법 등이 사용되고 있다. 최근에는 굳지 않은 콘크리트를 대상으로 한 염분측정기의 개발이 상당히 진행되어 굳지 않은 콘크리트에 센서를 직접 넣든가, 시료를 채취하여 염소이온 농도를 측정할 수 있는 굳지 않은 콘크리트의 염분측정기가 시판되고 있다.

측정원리로 보면

① 시험지를 사용하는 법

② 이온전극을 사용하는 법

③ 은전극을 사용하는 법 등 여러 방법이 있다.

— 단국대학교 건축공학과 정상진 교수

질의

14. 건축구조 부분의 방화성능시험 방법에 대해서 설명해 주십시오.

응답

건축물의 벽, 기둥, 대들보, 바닥 및 지붕 등의 구조부위에 대한 방화성능의 평가는 규정한 시험체로 규정한 가열로에서 규정한 가열온도를 가하여 가열시험을 함으로써 확인할 수 있다. 또한, 필요에 따라서는 규정한 충격시험과 차연시험을 병용하여 평가하게 된다. 방화시험의 구체적인 사항을 정리해보면 다음과 같다.

1. 시험체

시험체는 그 구조를 실물과 같이 제작하고 방화성능상 약점으로 예상되는 부분도 포함하여 제작한다. 시험체의 크기는 벽, 바닥은 양변 모두 1,800mm 이상으로, 기둥 및 보는 길이 1,800mm 이상으로 하고 단면은 실제와 동일하게 한다. 시험체는 규정된 기간동안 통풍이 잘되는 실내에서 건조시킨다.

2. 가열로

가열로는 규정한 가열온도의 시간에 따른 변화를 시험면의 전부에 거의 동일하게 가해질 수 있어야 한다. 가열로의 열원은 불꽃이 직접 시험편에 충분히 닿을 수 있도록 해야 한다. 시험체의 설치용 틀은 내열성의 것으로 하고 시험면을 소정의 위치로 유지할 수 있는 구조로 제작되어야 한다. 시험체 중 벽은 연직위치로, 기둥은 동시에 4방향에서, 보·바닥 및 지붕은 수평위치에서 아래로부터 가열하게 된다. 재하가열(載荷加熱) 시험용 가열로에는 가열중에 하중을 시험체에 재하할 수 있도록 가력장치가 설치되어 있어야 한다.

3. 가열등급의 분류

1급 가열, 2급 가열, 3급 가열

4. 가열시험

시험면 이외의 부분은 화재를 차단할 수 있는 재료로 피복하고, 틈새는 석면 등으로 충전처리하여 가열한다. 시험체의 가열측 시험로 내부의 기압이 대기압보다 크게 되는 가열방법을 택하며, 가열온도는 열전대에 규정된 0.7mm급 이상의 성능을 가진 지름 1mm의 CA 열전대로 측정한다. 이때 가열은 규정한 열전대가 표시하는 온도가 규정한 표준곡선에 따르도록 해야 하며. 가열온도의 측정은 30분까지는 2분 이내마다, 30분 이후는 5분 이내마다 측정하게 된다. 가열시험으로 방화성능의 적부를 판단하는 기준으로는

① 가열중 방화상 해롭다고 인정되는 변형파괴, 탈락 등의 변형이 생기지 않을 것.
② 가열면의 뒷면에서 불꽃이 없을 것.
③ 시험종료 후 30초 이상 잔염이 없고 1분 이상 화기가 남아있지 않을 것.
④ 뒷면의 재료와 구조재료에 있어서는 다음의 조건에 적합할 것.
  - 뒷면온도(이면온도)와 목재부분의 온도 260°를 넘지 않을 것.
  - 목모시멘트판, 석고보드 등은 뒷면의 탄화에 의한 착색면적이 약 20% 이내이고, 어느 부분의 뒷면에도 착화되지 않을 것.
  - 강재부분의 온도는 주 구조재는 450℃, 보조재료는 600℃ 이하일 것.
  - 알루미늄과 그 합금부분의 온도는 주 구조재는 300℃, 보조재료는 450℃ 이하일 것.
⑤ 장착재료에 있어서는 해로운 착화, 탈락 등이 없을 것.

5. 재하가열시험

열에 의한 강도의 변화와 그 외의 다른 변화가 많은 재료로 구성된 기둥, 보 등의 구조상 주요한 부분에 대해서는 재하시험에 따라 합격, 불합격을 판정할 수 있다. 이때 재하하중은 설계하중의 1/2에 상당하는 하중을 시험체에 가열한 상태에서 가열시험을 하게 되며, 가열시험의 결과는 다음의 조건을 만족해야 한다. 즉, 시험중의 최대변위가 L/600을 넘지 않아야 하며, 시험중 시험체에 해로운 파괴 또는 균열 등이 나타나지 않아야 한다.

6. 충격시험

가열하지 않는 평평한 부분에 겉을 위로하여 수평으로 놓고 1kg의 가지형의 추를 높이 1.5m에서 시험체의 약한 부분에 떨어뜨려 뒷면에 구멍이 나지 않는 것을 합격품으로 한다.

7. 주수시험

가열시험에 따라 10분 동안 가열한 시험체에 가열 직후 표면에 대하여 45도 각도로 5m 거리에서 통끝 지름 12.7mm 통끝의 압력 1.4MPa로 주수를 시험면의 가운데에 1분간 시행했을 때 심한 파손·결락이 없어야 한다.

Q U E S T I O N & A N S W E R

11 비파괴시험

질의

1. 현장에서 슈미트해머법을 이용하여 콘크리트의 강도를 추정하고자 할 경우, 측정오차를 줄이기 위한 방법을 알고 싶습니다.

응답

기존 콘크리트구조물의 강도를 평가하기 위한 비파괴시험은 구조물에 손상을 입히지 않는다는 점에서 매우 매력적인 방법이지만, 측정치의 정밀도가 낮기 때문에 강도평가를 위한 보조적인 수단으로 밖에는 사용할 수가 없으므로 측정 시에는 정밀도를 높이기 위한 노력이 필요하다.

최근 국내에서는 건설안전 및 부실공사 방지 등에 관한 의식이 고조되어 현장에서 비파괴시험을 행하는 경우가 많이 있다. 이 중에서 콘크리트의 강도 추정을 위하여 가장 많이 이용되는 방법은 슈미트해머법이지만 측정방법에 따라서는 엉뚱한 결과를 초래할 수도 있으므로, 여기에서는 슈미트해머법을 적용할 경우의 주의사항에 대하여 측정 단계별로 말하겠다.

1. 측정 전 주의사항

1.1 슈미트해머의 기종 선정

일반적으로 압축강도 20~30MPa의 보통콘크리트가 많이 사용되고 있으므로 슈미트해머는 N형 또는 NR형이 가장 많이 사용되고 있지만, 표 11-1과 같이 대상 콘크리트의 종류 및 품질에 따라 여러 가지 사용기종이 있으므로 적절한 기종을

표 11-1 슈미트해머의 종류

기종	적용 콘크리트	충격에너지(kgf/cm)	강도측정 범위
N형	보통콘크리트	0.225	150~600
L형	경량콘크리트	0.075	100~600
P형	저강도콘크리트	0.09	50~150
M형	매스콘크리트	3.00	600~1,000

* NR형, LR형은 반발도가 자동 기록되는 N형, L형 type임

선택해야 한다.

1.2 슈미트해머의 검정(calibration)

슈미트해머를 많이 사용하게 되면 슈미트해머 자체의 충격에너지가 감소되어 측정치에 오차를 발생시키므로, 슈미트해머를 사용하기 전에 반드시 앤빌(Test Anvil)로 검정을 해야 한다. 앤빌에 수직 하향방향으로 타격했을 때의 측정반발도(R_a)가 80±2를 넘을 경우(표준반발도 $R_o = 80$)에는 다음의 식으로 콘크리트에 대한 평균반발도(R_c)의 보정치(R)를 구하며, $R_a < 72$일 경우에는 슈미트해머를 조정해야 한다.

$$R = R_c \times 80 / R_a$$

1.3 측정부위 선정방법

슈미트해머법은 콘크리트의 반발경도를 측정하여 강도로 환산하는 방법으로서 부재의 두께가 얇거나 구속의 영향이 있으면 반발도가 달라지게 된다. 따라서 측정부재의 두께는 100m 이상이어야 하며 측정장소는 모서리부에서 30~60mm 이상 떨어져야 한다. 또한, 측정장소는 많을수록 좋으며 부재의 종류에 따라 다음과 같은 곳을 타격위치로 선정해야 한다.

기둥 : 양단부와 중앙부
보 : 양단부와 중앙부의 측면
벽체 : 단부에 가까운 부분 및 중앙부

2. 측정중 주의사항

2.1 타격면 준비

타격부위가 마감이 되어 있는 경우에는 타격 전에 마감을 제거해야 한다. 마감을 제거한 후에는 타격할 면을 그라인더로 연마하고 숫돌로 평활하게 한다. 그 후 분필 등으로 타격면에 30mm 이상의 간격으로 격자를 그려 넣어 타격할 점을 20점 이상 표정하여(최소 9점 이상) 타격준비를 완료한다. 20점 이상의 표정점에 대하여 측정하였을 경우에는 98% 정도의 신뢰도를 얻을 수 있다.

2.2 타격방법

슈미트해머는 공극이나 굵은골재, 철근이 얕게 배근되어 있는 곳 등을 피해서 타격해야 하며, 아주 미세한 균열이라도 균열부위는 반드시 피해서 타격면에 타격해야 한다.

3. 측정후의 주의사항

3.1 타격방향에 대한 보정

슈미트해머의 반발도는 타격각도에 따라서 달라지게 되므로 표 11-2에 의거하여 타격각도에 따른 측정 반발도를 보정해야 한다.

표 11-2 타격각도에 따른 반발도의 보정치(ΔR)

R \ α	+90°	+45°	-45°	-90°	비 고
10	−	−	+2.4	+3.2	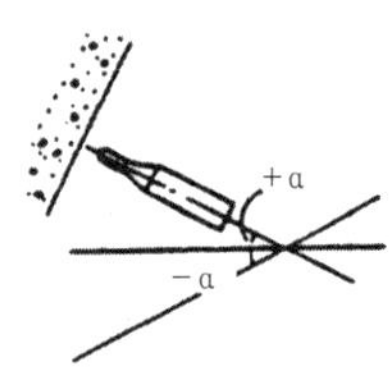
20	−5.4	−3.5	+2.5	+3.4	
30	−4.7	−3.1	+2.3	+3.1	
40	−3.8	−2.6	+2.0	+2.7	
50	−3.1	−2.1	+1.5	+2.2	
60	−2.3	−1.6	+1.3	+1.7	

* 보정반발도=측정반발도+보정치(ΔR)

3.2 건조상태에 대한 보정

슈미트해머는 기건상태의 콘크리트에 대해 타격하는 것이 원칙이다. 만일, 콘크리트의 표면이 습윤상태일 경우에는 측정반발도가 감소하므로 측정치에 ΔR = + 5를 보정해야 한다.

3.3 압축응력에 대한 보정

타격방향에 직각방향으로 압축응력을 받고 있는 경우에는 반발도가 증가하게 되므로 그림 11-1에 따라 보정하여 준다.

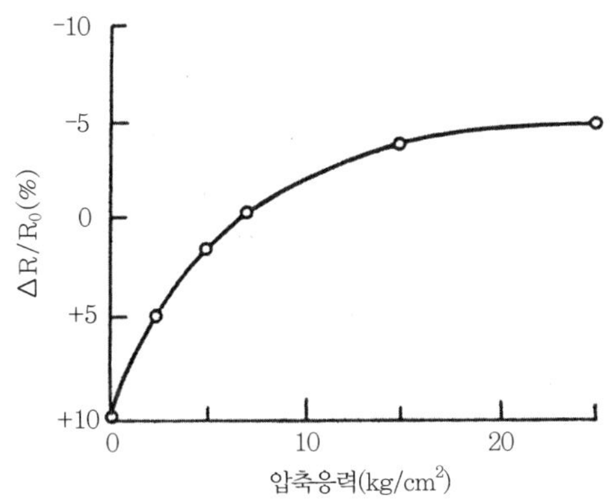

그림 11-1 압축응력에 따른 측정반발도의 보정

3.4 재령에 따른 보정

슈미트해머의 반발도는 재령의 증가에 따라 크게 증가되므로, 표 11-3에 의거하여 재령에 따른 측정반발도를 보정해야 한다.

표 11-3 재령에 따른 보정계수(a)

재령(일)	10	20	28	50	100	150
α	1.55	1.12	1.00	0.87	0.78	0.74
	200	300	500	1,000	3,000	100,000
	0.72	0.70	0.67	0.65	0.63	0.60

3.5 반발도의 평균치 계산

측정반발도의 값은 20점을 타격했을 경우에 평균치보다 편차가 큰 것이 생기게 된다. 따라서 평균치보다 20% 이상 오차가 있는 측정값은 제외하고 계산해야 하며, 평균값은 이처럼 오차가 큰 것을 제외하고 구해야 한다.

3.6 추정식 선정

슈미트해머법에 의한 강도 추정식은 공사중에 공시체를 제작하여 그것에 대한 반발도와 압축강도와의 관계를 구하여 산출하고, 이 식을 이용하여 구조체 콘크리트의 강도추정을 하는 것이 원칙이다. 그러나 공시체를 제작하지 못하였거나 오래된 구조물의 경우에는 표 11-4와 같은 기존의 강도추정 제안식(규격화된 것은 없음)을 이용하여 추정하게 되지만, 각 추정식에 따라서 특징이 있으므로 이를 고려하여 적절한 추정식을 선정해야 한다.

표 11-4 슈미트해머에 의한 기존의 강도 추정식

제안자	강도 추정식	비고
일본재료학회	보통콘크리트 F_c=13R−184 저강도콘크리트 (수평면)F_c=6.44R−112.5 (수직면)F_c=7.39R−166.7	재령 3일-1년 저강도콘크리트에는 P형을 적용
일본건축학회	보통콘크리트 F_c=7.3R + 100 경량콘크리트 F_c==10.1R + 2	재령 : 7일~1년 W/C 50~70%(보통, N형) W/C 50~65%(경량, L형)
동경도 건축재료검사소	F_c=10R −110	강도범위 210~320(kg/cm^2)

· 국내에서는 신도시 아파트 조사(대한건축학회)에 의한 강도 추정식(F_c=19R−311)이 있으나, 반발도가 30 이상인 경우에는 다른 강도 추정식보다 과대평가되므로 검토의 여지가 있음.

질의

2. 콘크리트의 비파괴시험방법 중 초음파시험법에 의한 압축강도 추정식과 조합법(슈미트해머법 + 초음파시험법)에 의한 압축강도 추정식을 현재 제안된 식 중에서 어떤 식을 적용하는 것이 가장 신뢰할 수 있는지요?
(제안된 식을 활용하고자 하였지만 제안자 및 연구기관마다 상당한 차이가 있어 문의 드립니다.)

응답

시험법의 직접 비교에 앞서 각 시험법의 원리를 먼저 이해할 필요가 있을 것 같다.

초음파의 원리는 콘크리트 조직의 밀실 정도와 탄성계수에 따라 펄스(pulse)의 속도가 달리 나타나는데, 이의 원리를 응용하여 콘크리트의 강도를 추정하는 시험방법이다. 반면에 슈미트해머시험법은 콘크리트 표면의 경도를 강도로 변환시켜 강도를 구하는 시험법이다.

그렇기 때문에 초음파시험법은 구조체의 내부조직의 성질을, 슈미트해머시험법은 구조체 표면의 국부적인 성질을 나타내는 강도시험법이라 하겠다. 한편, 복

합시험법이란 이러한 비파괴시험법의 특성(결과)을 조합, 평균하여(이중법 혹은 다중법으로) 강도를 구하는 인위적 시험법으로 그 신뢰성은 더욱 높아지는 게 일반적 현상이다. 그렇기 때문에 복합시험법, 초음파시험법, 슈미트해머시험법의 순으로 그 신뢰 정도가 결정된다 하겠다. 그리고 실험환경과 수준에 따라 강도식이 다르게 나타나므로 사용할 추정 식을 선택할 때는 전문적 지식이 요구되므로 전문가의 도움을 받는 것이 좋을 듯하다. 그리고 「건축」지(실존 콘크리트구조물의 강도 추정에 대하여, 대한건축학회지 36권 1호 1992/1, pp.112~118)를 소개하니 필요하시면 참고하시기 바란다.

12 QUESTION & ANSWER 보수 · 보강

질의

1. 콘크리트 균열의 보수방법과 절차에 대하여 알고 싶습니다.

응답

콘크리트 균열보수방법과 절차는 다음과 같이 나눠 생각할 수 있다.

1. 균열보수를 위한 조사

콘크리트구조물의 보수여부 판정이나 적절한 보수방법을 선정하기 위해서는 균열조사가 선행되어야 하는데, 이에는 표준조사와 상세조사 및 전문가의 판정능력이 재고되어야 한다.

보수 여부의 판정에 있어서는 균열에 따라 어떠한 기능저하가 일어나느냐 하는 것이 문제가 된다. 일상적으로 콘크리트구조물의 기능으로는 구조내력, 수밀성, 내구성, 미관성이 주가 되지만 이들 외에도 재료의 피로, 기밀성, 처짐, 진동 등에 있어서도 재고되어야 한다. 또한 균열이 구조물의 기능에 미치는 영향은 구조물의 종류, 사용환경, 사용목적, 균열상태 등에 따라 다르게 된다. 그렇기 때문에 보수여부의 판정과 보수방법과 선정은 이들 기능 중 어느 것에 목표를 두느냐에 따라 그 판정기준과 선정범위가 다르게 된다. 그러므로 구조물의 기능과 균열관계를 염두에 두고 조사해야 할 중점사항을 선정해야 한다.

다음으로 균열조사 시의 주요변수들을 간략히 소개하기로 한다.

- 균열의 형상조사(균열폭, 균열길이, 관통의 유무, 균열주변조사 등)

- 균열의 장애조사(누수, 철근의 녹, 처짐 백화현상 등)
- 균열의 경과조사(발생시기, 성장 등)
- 설계도서조사(평면도, 배근도, 구조계산서, 공사시방서, 공사사양서 등)
- 시공기록조사(사용재료, 배합, 타설, 양생방법, 공정, 지반조사, 거푸집 종류, 환경조건 등)

2. 균열보수방법

균열의 보수로 인해 구조물의 기능을 복원시키기 위해서는 우선 균열조사의 결과에 근거하여 균열상황을 충분해 파악하는 것이 중요하다. 또한 보수목적에 가장 적합한 보수방법을 선정하는 것은 더욱 더 중요하다. 일반적으로 보수설계의 순서를 다음에 따르면 편리하다.

- 균열조사를 중심으로 보수범위와 규모의 설정
- 적절한 보수공법과 보수재료의 결정
- 보수작업에 필요한 기계, 기구의 선정
- 보수작업을 위한 비계(발판) 설치
- 작업의 안전과 그 밖의 설비 검토
- 작업시기 및 공기에 따른 작업인원수 결정

3. 균열의 보수공법

균열의 보수는 균열의 크기(폭, 길이)와 보수목적에 따라 적합한 방법을 선정하면 된다. 이를 위한 보수공법은 대표적으로 다음과 같은 것들이 있다.

3.1 표면처리공법

균열부위의 콘크리트 표면을 피복시키는 방법으로 보통 폭이 0.2mm 이하인 균열에서 구조적인 강도회복을 목적으로 하지 않는 방법이다.

시공의 방법으로 피막의 설치를 위해 콘크리트 표면에 와이어 브러시 등으로 표면을 거칠게 함과 동시에 표면의 이물질을 제거하여 물 세척 등을 한 후 충분히 건조시킨다. 피막 형성 시공에 앞서서 콘크리트 표면에 발생한 기포 등의 구멍은 수지로 충전하는 것이 좋다. 표면의 피막용 재료로는 에폭시계 수지나 글라스클로스(glass clothe)계 수지가 많이 사용되고, 이외에도 모르타르 붙이기나 아스팔트 도포에 의한 방법이 있다.

3.2 충전, 주입방법

균열폭이 비교적 큰 경우의 보수공법으로서, 수지 또는 무기재료계를 균열에 충전, 주입하는 공법이다. 이들 중에서 동시 수지주입공법은 구조부재의 강도회복의 목적에도 이용되는 경우가 있다.

충전방법은 균열이 많이 발생하고 있는 부분을 절취해내고(U 혹은 V형) 다시 콘크리트를 충전하는 방법으로 표면처리공법에서 불충분한 내마모성, 내식성을 크게 한다.

3.3 강제 앵커나 프리스트레스를 이용하는 방법

앵커를 균열 양쪽에 구멍을 뚫어서 끼운 후 균열을 봉합시키는 강제 앵커를 이용하는 방법과, 균열에 직각방향으로 세게 조이는 방향의 강제를 설치하고 이것에 인장력을 가함으로써 프리스트레스를 주는 방법을 말한다.

— 인천대학교 건축공학과 故 권영웅 교수

질의

2. 손상된 콘크리트의 보수는 차후에 철근의 부식 및 주위 콘크리트의 성능저하현상을 더욱 촉진시키는 것으로 알려지고 있는 바이들 현상은 어떻게 발생되는지요?

응답

손상된 콘크리트의 보수는 주위 콘크리트의 성능저하 및 철근의 부식을 사실상 촉진시킬 수 있다. 부식은 일종의 전기화학적 작용으로, 형성되어 있는 전기화학적 전지(cell)는 음극(cathode)과 양극(auode)이 전기적으로 전도체 혹은 전해질 안에서 연결되어 있는 것이다. 즉, 철근콘크리트에서 철근의 전기적 연결체로서 그리고 콘크리트는 전해질로서 작용한다. 보통의 경우에 철근은 성능저하를 방지하는 알칼리계 콘크리트에서 수동태 피막을 형성하고 있다. 그러나 염화물의 농도가 일정치 않은 콘크리트의 경우에는 활동적인 영역과 그리고 수동적인 두 영역이 발생되어, 활동적인 영역에서 철근은 양극으로서 작용하여 부식하며 발생된 부식전류는 철근을 통하여 수동적 영역으로 흐르고, 이곳에서는 음극식 반작용이 일어난다.

철근이 음극으로 작용하면 부식은 발생하지 않는다. 부식을 촉진하는 보수형태의 가장 보편적인 예는 피복이 박리된 부분에 새로이 보수된(patch) 콘크리트이다. 보수 재료는 일반적으로 염화율을 함유하고 있지 않지만 기존의 주위 콘크리트는 염화율에 오염되어 있는 것이다. 강한 부식 전지(cell)가 신구(新舊)콘크리트의 경계면 가까이에 형성된 것이다. 양극과 음극 사이의 짧은 거리 및 산성농도의 큰 차는 부식작용을 가속화시키는 강한 힘을 제공하는 것이다. 이러한 결과로 인하여 보수된 콘크리트 주위의 성능저하 속도가 patching 전보다 훨씬 빠르게 발생하는 것이다. 이러한 현상은 흔히 발견할 수 있다. 박리된 피복콘크리트나 보수된 후 1년 혹은 2년 후에 보수 부분은 여전히 본래대로 있으나 새로운 박리현상이 보수된 콘크리트 주위의 기존 콘크리트에 발생하는 것이다. 즉, 보수는 부식을 한층 더 촉진시키는 것이다.

ACI 222R-85에 의하면 전기이온방식(cathodic protection)만이 기존 구조물의 부식을 억제할 수 있는 방안으로 추천되고 있다. 이 기술은 경제성이 있는 것으로 인정되고 있으며 전기이온방식은 철근의 부식 가능성을 낮춤으로써 콘크리트의 성능저하현상을 억제하는 것이다. 외부로부터의 직류발전기에 의해 제공된 전류는 철근을 음극으로 작용하게 하는 것이다. 이러한 방법으로 철근의 부식면적은 억제되며 기존의 상태를 유지하게 하는 것이다. 녹(rusting)은 전기이온방식이 유지되는 한 발생되지 않으며 전기이온방식은 콘크리트의 산성농도에 관계없이 철근부식을 억제한다. 많은 구조물이 전기이온방식을 선택하고 있으며, 또한 증가 추세에 있다. 몇몇 구조물은 거의 20년 이상 안전하게 사용 중에 있는 것도 있으며 교량상판, 교량 하부구조, 주차장 등은 전기이온방식을 필요로 하는 전형적인 구조물인 것으로 판단된다.

질의

3. 철근콘크리트 휨재의 보강 시 강판부착공법을 사용할 경우, 강판의 사용량(적정 두께 및 폭)에 대하여 알고 싶습니다.

응답

일반적으로 강판부착공법의 종류는 강판을 접착하는 방법에 따라 강판압착공법과 강판주입공법, 이 2가지 방법으로 구분된다. 강판압착공법은 보강부재에 면처리를 한 후에 앵커볼트 등을 이용하여 강판을 압착하는 공법이고, 강판주입공법은 콘크리트와 강판 면 사이에 일정 간격을 유지한 후 에폭시를 주입하는 공법이다. 이 두 가지 공법의 경우, 강판의 사용에 대한 제한사항으로 (1) 최대 철근비에 따른 강판의 양과 (2) 시공성을 확보하기 위한 강판의 두께와 폭을 고려해야 한다.

1. 최대 철근비에 의한 제한

강판을 콘크리트에 부착하는 공법에서 강판은 철근이 하는 역할과 동일하다. 그러므로 보강설계시 기존 부재의 철근비를 고려하여 추가 강판의 폭과 두께를 결정해야 한다. 이는 압축콘크리트의 취성파괴를 방지하기 위한 필수적인 사항으로서 일반적인 콘크리트 슬래브 또는 콘크리트 보에서는 기존 부재의 최대 철근비에 따라 추가로 제공할 수 있는 내력의 상한값이 결정된다.[1)]

단근 보의 경우 설계기준에 의한 최대 철근비 ρ_{max}는 다음과 같다.

$$\rho_{max} = 0.75\rho_b \tag{1}$$

$$\rho_{max} = \frac{0.85f'_c}{f_y}\beta_1\frac{x_b}{d}$$
$$= \frac{0.85f'_c}{f_y}\beta_1\frac{6300}{f_y+6300} \tag{2}$$

ρ_b는 평형철근비로서, 압축측의 콘크리트 변형도가 0.003, 인장측의 철근에 항복이 동시에 발생하는 철근비이다. 이 평형철근비 이상으로 철근이 배근되면, 철근에 항복이 발생하기 전에 콘크리트에 먼저 파괴가 일어나므로 급작스런 취성파괴를 일으키게 된다. 설계기준에서는 안전율을 고려한 계수 0.75를 사용함으로써 콘크리트 부재의 연성 거동을 유도하고 있다.

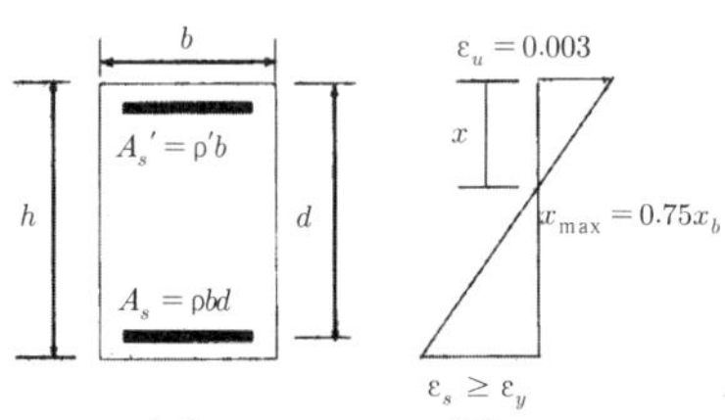

그림 12-1 복근보의 최대 인장철근비

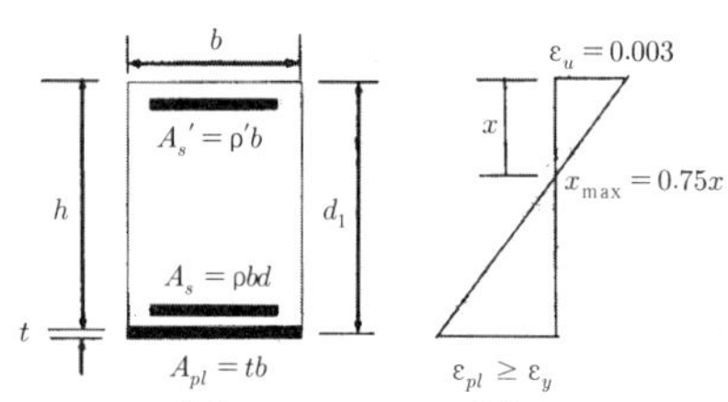

그림 12-2 강관보강 시의 최대 인장철근비

기준에서 복근보의 최대철근비 $\rho_{\max}$는 다음과 같이 규정하고 있다.

$$\rho_{\max} = 0.75\rho_b + \rho \quad (3)$$

즉, 압축철근비가 증가함에 따라 배근할 수 있는 인장철근비가 증가하게 된다. 단근보와 복근보의 구분 없이 철근비의 제한 $0.75\rho_b$는 중립축 길이 $x = 0.75x_b$를 단면의 평형상태 조건에 대입하여 얻은 결과와 동일하다. 왜냐하면 x_b는 압축철근의 유무와 상관이 없기 때문이다.(식 (2), 그림 12-1) 위의 기준을 일반적인 제한사항으로 강판의 양을 결정하는데 사용하면 될 것이다.

그러나 일반적인 경우, 강판의 사용량과 재료에 따라 인장재의 중립축이 애매하게 된다. 또한 강판의 강재 종류는 기존의 철근과 상이하므로 f_y의 값을 어느 것으로 사용해야 하는지 애매하게 된다. 이러한 경우에는 앞에서 설명한 중립축에 근거하여 최대철근비를 산정할 수 있다. 즉, 그림 12-2와 같이 강판을 배근한 상태에서 평형상태의 중립축 x_b는

$$\frac{x_b}{d_1} \cong \frac{x_b}{h} = \frac{6300}{f_{y,pl} + 6300} \quad (4)$$

단 $f_{y,pl}$ = 강판의 항복응력이다. 일반적인 횡재의 설계와 같이 $x = 0.75x_b$를 단면의 힘의 평형조건에 대입하면 강판의 최대 단면적을 구할 수 있다. 압축철근과 인장철근, 강판이 항복한다고 가정하면 다음의 수식으로부터 강판의 단면적을 구할 수 있다.

$$C_c + C_s = T_s + T_{pl} \quad (5)$$

단 $C_c = 0.85f'_c\,\beta_1 x_b$

$C_s = \rho' f_y bd$

$T_s = \rho' f_y bd$

$T_{pl} = A_{pl} f_{y,pl}$

A_{pl} = 강판의 단면적

경우에 따라 압축 또는 인장철근에 항복이 발생하지 않을 수도 있으나 큰 차이가 없으며, 필요시에는 응력과 변형도의 관계를 추가적으로 이용하여 정확하게 계산할 수 있다.

2. 강판의 폭과 두께

일반적으로 강판의 두께가 3~6mm 사이의 것을 사용하는 것이 바람직하다. 강판이 너무 두꺼우면 평탄치 않은 보강 콘크리트 면을 따라 잘 휘어지지 않는다. 만약 강판이 너무 얇으면 강판의 가공과정에서 뒤틀림이 발생하는 문제를 야기하기도 한다.

강판압착 또는 강판주입공법의 경우, 강판과 콘크리트의 부착면이 넓을수록 판의 전단 및 수직응력이 저감된다. 폭 두께비는 50~60이 이상적이다. 40 이하인 경우 접합면에서 응력이 초과하여 강판 단부가 콘크리트 면에서 치솟거나 강판 전체가 탈락되기도 한다. 만약 콘크리트 면의 비평탄성이 심하여 강판이 잘 휘지 않아 콘크리트 면과 일치되지 않는 경우가 있다. 이러한 경우는 3mm 이하의 얇은 2개의 강판을 사용함으로 문제를 해결할 수도 있다. 추가로 부착되는 강판은 콘크리트 면에 부착하는 강판과 동일한 방법으로 부착한다. 덧붙이는 강판의 폭은 콘크리트 면에 붙인 강판의 폭과 동일해야 한다.

가능한 위에서 설정한 강판의 폭 두께비를 지켜주므로 강판과 콘크리트의 면이 일치가 되도록 하는 것이 바람직하다. 그러나 이보다 철판이 두꺼운 경우는 강판이 잘 휘지 않으므로 강판과 콘크리트가 일체화되기 어려우며, 강판과 콘크리트가 분리될 가능성이 높게 된다. 이러한 경우는 강판을 앵커에 부착하는 앵커공법을 사용해야 한다. 이 앵커는 부착되는 강판의 자중과 휨에 의하여 발생하는 전단력에 대하여 설계되어야 한다.

앵커의 간격 또는 개수는 강구조설계기준을 참조할 수 있다.

질의

4. 누수가 지속적으로 발생하는 균열부위에 대한 보수방안에 대하여 알고 싶습니다.

응답

지하층에 균열이 발생하면 누수가 지속적으로 발생하지만, 수지 주입공법에 의하여 이러한 문제를 해결할 수 있다. 지하층의 내부에서 에폭시나 폴리우레탄을 주입함으로써 손쉽고 경제적으로 누수를 해결할 수 있다.

1. 균열평가

균열의 진행여부와 균열의 폭은 일반적인 경우와 마찬가지로 보수재료를 전정하는데 중요한 데이터를 제공한다. 이외에 누수되는 균열이 습윤 또는 건조상태인가를 반드시 검토해야 한다. 외관상으로는 건조되어 있으나 내부는 습윤한 경우가 있다. 이는 표면에서 수분이 증발하기 때문이다. 만약 에폭시로 균열을 보수하고자 한다면 균열부위는 건조된 상태이어야 한다. 일반적인 에폭시는 수분에 민감하다. 일시적으로 드레인을 설치하여 물을 제거하면 성공적으로 보수공사를 수행할 수 있다. 드레인 설치가 불가능한 경우 또는 누수량이 많은 경우는 폴리우레탄을 사용하는 것이 효과적이다.

2. 수지 선정

균열이 진행중이든 정지된 상태이든 누수가 심한 경우는 2컴포넌트 폴리우레탄을 사용하는 것이 바람직하다. 폴리우레탄은 건조 또는 습윤상태에 관계없이 부착력이 우수하다. 그러나 폴리우레탄은 에폭시와 같이 구조체의 강도를 회복시키지 못한다. 균열부위가 적당히 건조된 경우는 내습력이 있는 습식 에폭시를 이용하여 보수를 하면 누수를 방지하고 강도를 회복시킬 수 있다.

수분이 있는 균열부위에 사용할 접착제의 다음의 시험방법[2)]에 따라 검토할 수 있다. ASTM C 881 Type IV과 ASTM C 1059가 있으며, 이 시험법은 수중에서 접착제로 사용하는 경우는 제외된다. 지하층과 마찬가지로 외부에 노출된 균열은 습기를 포함하고 있다고 간주해야 하며 상기 시험에 부합하는 재료를 선정해야 한다.

3. 폴리우레탄 이용시 주의사항

폴리우레탄 주입방법은 사용하는 재료에 따라 2가지 방법이 있다. 일반적으로 폴리우레탄은 물과 반응하는 폴리우레탄과 2컴포넌트 폴리우레탄으로 구분된다.

물과 반응하는 폴리우레탄은 친수성(hydrophilic)과 소수성(hydrophobic)의 2가지로 구분된다. 친수성 폴리우레탄은 다량의 물과 반응한다. 폴리우레탄은 물과 반응하여 15에서 20배 팽창하여 최종적으로 부드러운 거품 또는 딱딱한 거품, 겔(gel)의 조직으로 나타날 수 있다. 이러한 반응은 가속제를 이용하여 수초 내에 급속히 팽창을 완료할 수도 있다. 일반적으로 거품을 형성하는데 드는 시간은 3분 이내이다.

이러한 급격한 반응 때문에 폴리우레탄은 고압의 펌프를 이용하여 빨리 균열에 주입되어야 한다. 드릴을 이용하여 주입을 위한 구멍을 뚫는데, 가급적 콘크리트 면과의 각도가 45도 이상이 되게 하며 균열의 중앙부를 통과하도록 한다.

2컴포넌트의 경우는 물과 반응하지 않으며 촉매가 경화를 유도한다. 촉매와 수지에 대한 비에 따라 보양시간이 다르다. 이 방법은 균열의 처리에서부터 주입까지 에폭시 주입공법과 거의 유사하다. 다만 장비를 사용한 후 하루라도 방치하면 우레탄이 공기중의 수분과 반응하므로 장비 사용 후 깨끗이 청소해야 한다.

질의

5. 넓은 부위에 걸쳐 손상된 철근콘크리트구조물의 단면복구를 위한 공법은 어떤 것이 있습니까?

응답

철근콘크리트구조물의 손상 정도가 클 때에는 단순히 표면만을 대상으로 보수할 경우 잠재된 문제점이 해결되지 않기 때문에 일반적으로 손상된 부위를 제거하고 새로운 재료로 단면을 회복시켜 주어야 하며, 또한 여러 가지 원인으로 단면이 손실된 경우에도 구조물의 본질적 성능을 확보하기 위해서 단면을 회복시키는 것이 필요하다. 이와 같이 구조물이 최초에 가졌던 단면을 확보하기 위해 행해지는 것을 단면복구라고 한다.

철근콘크리트 단면을 회복시키기 위한 단면복구공법의 일반적인 시공과정은 그림 12-3에 나타낸 바와 같이, 먼저 발청되어 있는 철근의 양측까지 콘크리트를 떼어내고 철근의 녹을 제거한 다음 철근을 방청처리하고 콘크리트에 프라이머를 도포한 후에 폴리머시멘트 모르타르 또는 경량 에폭시수지 모르타르 등의 단면복구재료를 충전하는 방법을 사용하고 있다.

철근이 부식되어 있는 경우에는 부식된 철근의 녹을 완전히 제거하고, 녹 제거 후 철근의 단면결손이 현저한 경우에는 새로운 철근을 추가해야 한다. 또한 겉으로는 부식이 발생되지 않은 것처럼 보이는 경우에도 부식이 진행되어 있는 경우가 많기 때문에 면밀한 주의가 필요하다. 균열이 진행성인 경우에는 균열폭이 확대되는 경우가 많기 때문에 변형 추종성이 큰 보수재료를 사용하는 단면복구공법을 적용해야 한다.

단면복구공법에는 그림 12-4에서 보는 바와 같이 시공조건과 보수규모에 따라 미장공법, 모르타르 주입공법, 뿜칠공법(건식, 습식)으로 분류할 수 있다.

미장공법은 보수면적이 비교적 작은 경우에 적용되며, 폴리머 시멘트모르타르와 경량 에폭시수지모르타르를 손미장에 의하여 충전하는 공법이다.

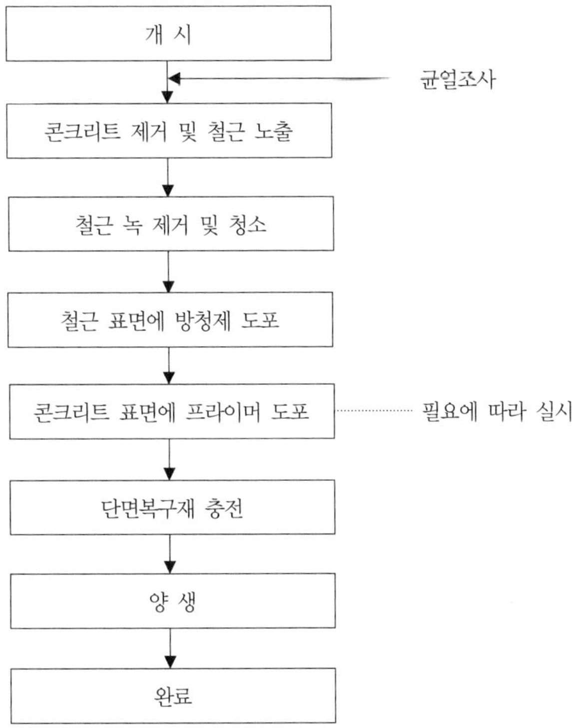

그림 12-3 단면복구공법의 시공과정

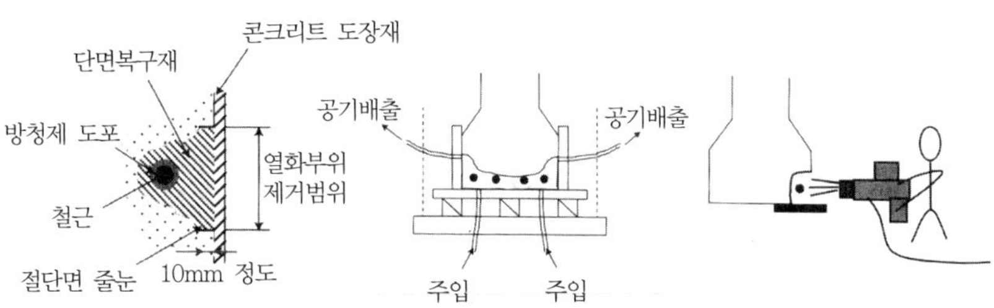

(a) 미장공법 (b) 주입공법 (c) 뿜칠공법

그림 12-4 단면복구공법의 종류

모르타르 주입공법은 보수면적이 비교적 대면적인 경우에 적용되며, 보수하고자 하는 부위에 거푸집을 설치하고 유동성이 우수한 폴리머 시멘트모르타르와 시멘트모르타르를 점프 압송하여 충전하는 공법이며, 구조체의 측면 또는 하면 등의 개소에 적용한다.

뿜칠공법은 보수면적이 비교적 대면적인 경우에 적용되고, 미리 혼합된 단면복구재를 뿜칠하는 습식공법과 분체와 물 또는 혼화액을 별도로 압송하여 뿜칠하는 건식공법이 있으며, 각각의 전용장비를 사용한다.

이상의 3개의 공법은 미장공법 → 모르타르 주입공법 → 뿜칠공법 순으로 적용할 수 있는 보수대상 부위의 크기가 증가한다. 그러므로 질의한 바와 같이 손상정도가 넓을 경우에는 뿜칠공법이 적당한 것으로 생각된다.

뿜칠공법은 기존 미장공법 및 주입공법과 비교하여 단면적이 큰 철근콘크리트 구조물의 상방향 및 횡방향으로 단면을 복구해야 하는 경우에도 우수한 시공성을 발휘할 수 있으며, 공법은 건식뿜칠공법과 습식뿜칠공법으로 크게 분류할 수 있다.

1. 보수 · 보강용 건식뿜칠공법

건식뿜칠공법은 그림 12-5에 나타낸 바와 같이 물 이외의 재료를 믹서에 혼합하고 공기압송식의 뿜칠기계에 투입 · 압송하여 노즐부에서 물을 첨가하고 뿜칠하는 공법이며, 그 적용사례를 그림 12-6에 나타내었다.

표 12-1 뿜칠공법의 주요특징

재료	습식뿜칠공법	건식뿜칠공법
	폴리머 시멘트모르타르	초속경 시멘트모르타르
시공량	0.5m³/h 이하	1.0m³/h 전후
1층 시공두께	20~50mm	20~100mm
적층간격	3시간~1일	수분~1일
시공범위	50m	500m
수량관리	비빔시	노즐
분진발생	적음	많음
미장작업	가능	불가능

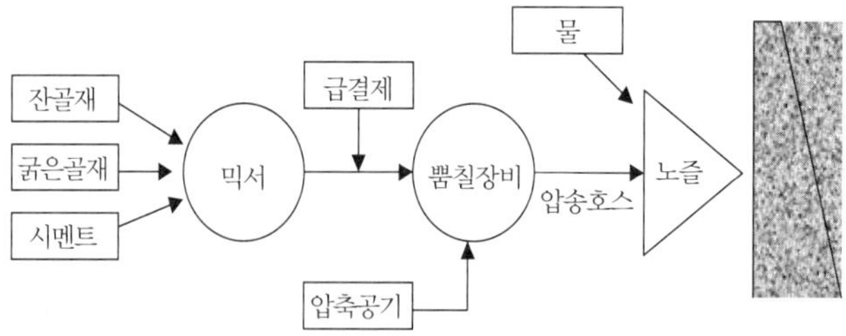

그림 12-5 건식 뿜칠공법의 개요

그림 12-6 건식 뿜칠공법의 적용사례

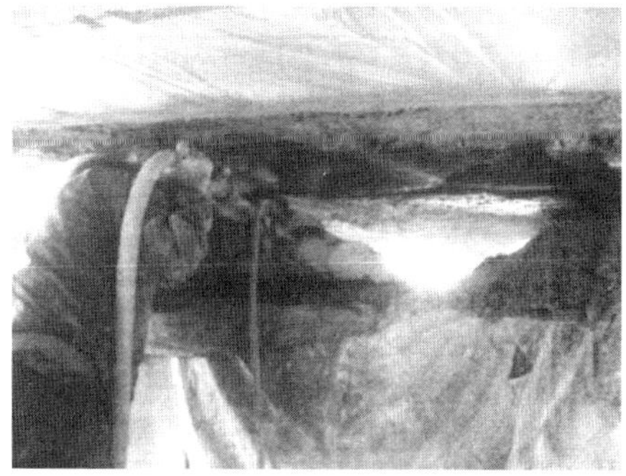

그림 12-7 습식 뿜칠공법의 적용사례

보수·보강용으로서 초기의 건식뿜칠공법은 시공환경이 협소한 부위에 적합하도록 건축물의 내화재 뿜칠기술을 응용하여 개발된 강섬유로 보강한 초속경 시멘트모르타르를 사용하였다. 이것은 현재에도 보수·보강용 건식뿜칠공법의 대표적인 공법으로서 이용되고 있으며, 철도 고가교의 보수공사에 적용을 목적으로 개발되어졌기 때문에 진동조건 하에서 조기강도 발현성이 우수하다. 초속경 모르타르 뿜칠공법은 철근을 보강하여 시공하는 슬래브 보강공사에 이용하는 기술로도 개발되어 일본의 경우 1987년에 신간선 보강공사에 이용되어지기도 하였다.

또한 강섬유 대체로서 유리섬유를 사용하여 시공공간이 제한되는 구조물의 박층 모르타르를 뿜칠하는 보강공법으로서 유리섬유 보강 초속경 시멘트모르타르 공법도 개발되었다. 이 기술에서는 유리섬유를 모르타르 재료와 함께 믹서에서 혼합하면 섬유가 파쇄되어 보강효과가 대폭 저감하는 점을 개선하기 위하여 로터리 커터로 절단한 유리섬유를 압송하고, 노즐 부근에서 모르타르에 섬유를 공급하는 뿜칠시공방법을 채택하였다.

초속경 시멘트 이외의 시멘트를 이용한 건식뿜칠 기술로서는 보통시멘트를 이용한 공법과 폴리머 첨가형의 프리믹스 제품을 이용하는 공법 등이 있다.

2. 보수·보강용 습식뿜칠공법

습식뿜칠공법은 그림 12-8에 나타낸 바와 같이 모르타르 또는 콘크리트 재료를 믹서에서 혼합하여 모르타르 점프 등으로 압송하고 노즐부에서 공기압을 가하여 재료를 뿜칠하는 것이며, 그 적용사례를 그림 12-7에 나타내었다.

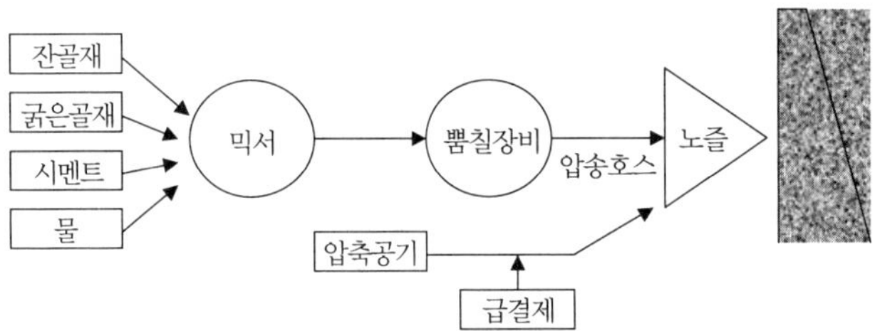

그림 12-8 습식뿜칠공법의 개요

습식뿜칠공법의 경우 보수·보강용으로서는 일반적으로 묽은 비빔모르타르 등이 사용되고 있으며, 이 공법은 건축분야에서 비교적 예전부터 사용되고 있었지만, 교량과 같은 토목콘크리트구조물의 보수·보강공사에서는 최근에 적용되기 시작하였다. 또한 습식뿜칠용으로 프리믹스된 공장제품의 단면복구재료가 사용됨에 따라 국내에서도 현재 수십 종의 프리믹스형 단면복구재료가 시판되고 있다.

습식뿜칠용 프리믹스 단면복구재료 구성에 있어서의 특징은 섬유 및 폴리머의 혼입이다. 이 중 섬유는 비닐론섬유 등의 유기계 단섬유가 많이 사용되고 있으며, 그 목적은 보강효과와 더불어 단면복구재료의 탈락 방지에 있으며, 섬유의 사용에 의하여 1회 시공 뿜칠두께를 증가시킬 수 있다. 또한 폴리머는 주로 모르타르의 부착강도 확보를 목적으로 사용되고 있다.

기타 프리믹스 단면복구재의 구성재료 중에는 팽창제와 증점재가 첨가되거나 급결제 및 경화 촉진제와 병용되어져 있는 것이 있으며, 지금까지의 습식뿜칠공법에서는 뿜칠속도가 느린 것이 문제시 되었지만 최근에는 노즐 등의 뿜칠용 기기의 개량에 의하여 모르타르 품질을 저하시키지 않고 뿜칠 시공속도를 빠르게 할 수 있어 국내 보수·보강 시공현장에서도 그 활용이 증대될 것으로 사료된다.

이상과 같이 질의한 내용을 중심으로 단변복구공법의 종류와 대단면 복구에 적합한 뿜칠공법에 대하여 지면관계상 간단히 기술하였다.

— 우석대학교 건축인테리어디자인학과 강석표 교수

참고문헌

1) 국토해양부, 극한강도설계법에 의한 철근콘크리트 구조설계기준, 제 4.1.1절.

2) ACI Committee 503, "Guide for the selection of polymer adhesives with concrete" ACI Materials Journal, 1992, pp.90~105.

13

Q U E S T I O N & A N S W E R

안전진단 및 유지관리

질의

1. 구조물의 안전진단방법 중 정적재하실험은 어떠한 경우에 시행을 하는지요?

응답

건물의 안전여부를 해석적 방법에 의해서 안전하지 않은 것으로 판단이 되 재하실험을 시행하는데 다음과 같은 경우에 적합하겠다.

① 구조부재료와 재료의 상세를 모를 때
② 상세, 재료, 시공상의 결함으로 인한 영향을 하중시험으로 가장 잘 파악할 수 있는 경우
③ 구조형태에 대한 설계개념이 복잡하고 경험부족으로 구조해석이 적합하지 않은 경우

질의

2. 외국 저널에서 콘크리트구조물에 광섬유 센서를 적용하여 안전진단을 수행하였다는 기사를 보았습니다. 광섬유 센서를 이용한 시스템은 기존의 진단시스템과 비교하여 어떤 장 · 단점이 있는지요?

응답

최근에 미국 · 일본 등과 같은 건설 선진국에서도 아직 초기단계이긴 하지만 구조물의 안전도 측정에 광섬유를 사용하자는 움직임이 활발히 전개되고 있다.

과거에도 항공기나 복합재료의 건전성을 측정하기 위하여 광섬유 센서를 사용하였다는 보고가 있긴 하지만, 콘크리트구조물에 적용사례는 최근의 일이다. 가장 많이 쓰이는 광심유 센서에는 FBG(fiber bragg grating) 광섬유 센서, pabry-perot 광섬유 센서, fiber optic michelson 센서, mach-zender 광섬유 센서, OTDR(optical time domain reflectometry) 센서 등이 있다. 이 중 최근에 여러 가지 장점으로 인하여 각광받고 있는 FBG 센서의 원리, 시스템 구성방법 장 · 단점, 향후 진단시스템의 개념에 관하여 알아보겠다.

1. FBG 광섬유 센서의 원리

FBG 광섬유 센서는 그 자체는 단순하기 때문에 일찍부터 센서로서도 주목받아 왔지만, 그림 13-1의 센서부분을 그림 13-2의 코어부분에 제작하는 것이 곤란하여 센서로서 실용화되기에는 무리가 있다고 여겨져 왔다. 그렇지만 최근에 레이저광을 이용한 혁신적인 제조방법이 확립됨으로써 효율적으로 대량생산이 가능해지고 가격도 큰 폭으로 낮아지고 있다. 센서로서 이 구조를 이용하는 것이 실용 영역에 들어서게 된 가장 큰 이유이다. FBG 광섬유 센서는 기본적으로 광대역의 빛을 입사 또는 반사시킬 수 있는 원리를 이용한 것이다. 그림 13-1의 띠 모양으로 그려진 부분이 센서부분으로, 광섬유 코어에 새겨진 격자의 주기적 특성에 의하여 특정 파장성분은 광섬유 격자로부터 반사되고 나머지 파장성분은 그대로 통과하게 된다. 이때 반사되는 파장은 광섬유 코어의 유효 굴절률(neff)과 격자와 격자 사이의 간격(Λ)에 의해서 정해지며, 다음과 같은 식으로 산정할 수 있다.

반사된 파장(λr) = $2n\Lambda$

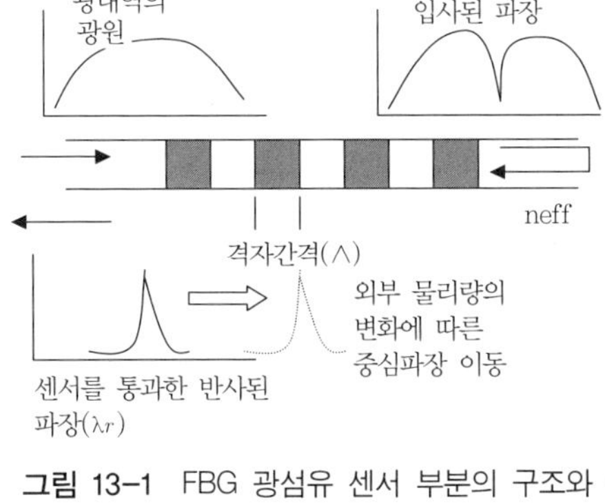

그림 13-1 FBG 광섬유 센서 부분의 구조와 측정원리

만일 외부적인 물리변화가 생기면 광섬유 격자의 특성이 변화하여 중심파장(λr)이 변화(Shift)하게 되고, 이 변화된 양에 따라 FBG센서에 가해진 힘의 크기를 변형률로 환산할 수 있다. 또한 유리성분이 재질인 FBG광섬유는 주위의 온도의 변화에 따라 재질의 온도팽창계수와 파장의 굴절률이 변하게 되고, 이는 중심파장의 변화를 일으키는 또 하나의 중요한 요소이다. 즉, 변형률과 온도의 변화는 FEG 광섬유 센서로 측정할 수 있는 주요한 요소이다. 그림 13-2는 FBG 광섬유 단면의 구조를 보여주고 있다.

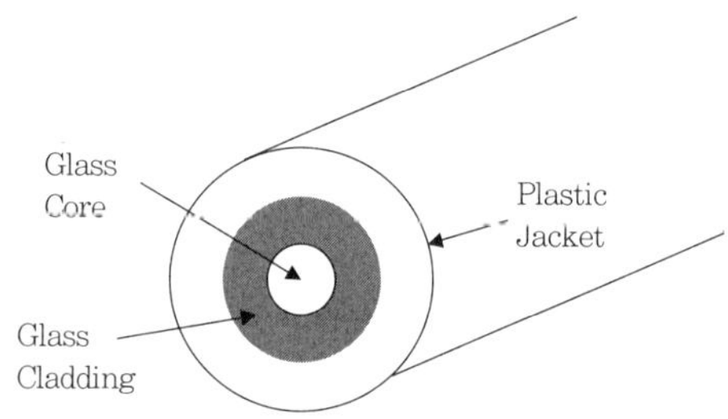

그림 13-2 FBG 광섬유의 단면

일반적으로 구조물의 안전 모니터링을 위하여 쓰이는 FBG 광섬유 센서는 반사율 90% 이상이 요구되어지며, 광 손실률을 낮추기 위하여 광원 특성상 1,550mm 부근의 파장대역을 사용하는 것이 가장 유리하다고 알려져 있다.

2. FBG 광섬유 시스템 구성

FBG 광섬유 시스템의 주요한 기능은 외력에 의해 변화되는 중심파장의 변화를 측정하는 것이다. FBG 광섬유 센서의 특성상 광원의 세기나 광원의 입사시 손실량에 관계없이 안정된 자체의 고유 중심파장 값을 가지고 있다. 이 특성을 이용하여 시간의 이력에 관계없이 원하는 임의의 지점에 변형률과 온도 등을 고유 중심파장 값과 변화된 중심파장을 비교함으로써 외력의 크기를 용이하게 산정할 수 있다. 이 점은 센서의 다중화와 함께 FBG 센서의 가장 중요한 장점 중에 하나로써 장기간의 측정에도 데이터의 값을 신뢰할 수 있다. 또한 그림 13-3과 같이 만일 고유 중심파장이 다른 FBG센서($\lambda 1$, $\lambda 2$)들을 사용하고, 고유 중심파장들의 간격이 각각 센서의 최대 허용변화폭을 상회한다면 하나의 광섬유 선에 여러 FBG 센서를 적용시켜 구조물의 여러 지점의 변형률과 온도의 변화량을 동시에 측정할 수 있다.

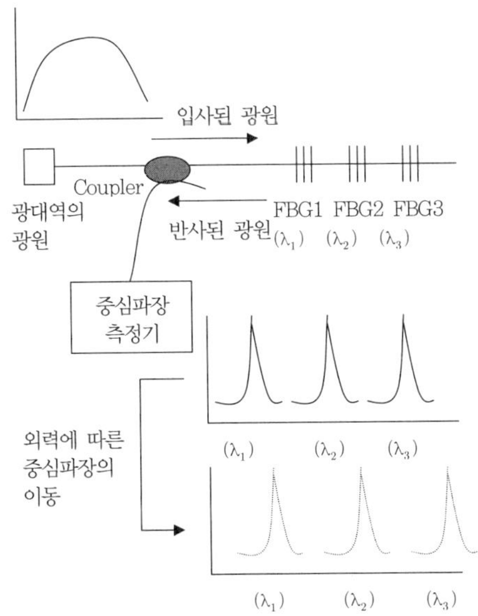

그림 13-3 FBG 광섬유 시스템 구성

3. FBG 광섬유 센서의 장 · 단점

FBG 광섬유 시스템은 전술한 장점 외에 다음과 같은 장점이 있다.

- 내구성 : 재질이 석영이므로 부식이 되지 않아 장기 계측에 적합하다.
- 전자기적 중성 : 광섬유 센서는 센서로서의 기능을 수행하기 위해 빛 또는 광파기 등이 필요한데, 빛의 가장 중요한 특성 중의 하나는 전자기파에 의해 영향을 받지 않는다는 점이다. 따라서 측정값이 무선 송신기 등과 같은 전자기적 잡음에 의하여 방해, 간섭을 받지 않으므로 계측의 안정성이 높다. 특히 고속철도와 같은 전자기적 잡음이 측정 신호에 영향을 주는 환경에는 광섬유 센서가 적용되어야 한다.
- 측정정보 전달능력 : 정보가 빛의 속도로 전달되므로 엄청난 양의 정보처리가 가능하다.
- 작은 크기 광섬유의 직경이 1mm보다 작으므로 측정범위와 정도에 따라 광범위하게 센서가 사용될 수 있고 구조물 거동에 영향을 거의 미치지 않는다.

이상은 FBG 광섬유 센서의 장점에 대하여 서술하였다. 단점으로는 FBG 광섬유 센서는 변형률 및 온도가 센서변화에 주요요인으로 작용한다고 전술하였는데, 기존의 구조물의 건전성을 측정하는 센서보다 변형률 센서로서 실용화를 모색하는 경우에는 온도보정이 반드시 필요하게 되는 단점도 있다. 보정은 온도 측정용으로 별도 센서를 구성하는 것이 가장 합리적이지만, 최근에는 동일 센서를 이용해서 수치 처리로 양자를 분리하는 연구도 행하여지고 있다.

4. 향후 진단 시스템의 개념

구조물의 운용 중에 실시간으로 감지할 수 있도록 하여 구조물 상태의 이상 유무에 따라 적절하게 대처할 수 있는 기능이 구조물 자체에 부가되도록 하는 구조물을 일컬어 스마트 구조물(smart structure)이라고 한다. 이러한 기능은 무엇보다 막대한 재산과 인명피해가 발생하는 구조물의 파괴를 미연에 경고할 수 있고 구조물의 유지 및 보수에 따른 비용절감 효과를 얻을 수 있는 장점이 있다.

콘크리트구조물인 삼풍백화점과 성수대교 붕괴 이후 국내 교량 및 주요 구조물에 대하여 다수의 정밀안전진단을 계속 수행하여 왔으며, 상시 안전진단 기술의 필요성이 대두되고 있다. 이에 따라 최근에 현재의 안전진단체계에서 안고 있는 문제점을 극복하기 위해서 구조물을 상시적으로 on-line하여 구조물의 상황을 상시 점검하고, 잔존 수명을 예측하며 아울러 보수시기를 알려줄 수 있는 상시 안전진단기술 개발의 필요성이 대두되고 있는 상황이다. 현재에 쓰이고 있는 기존의 시스템으로는 전술하였던 여러 요인들은 충족시켜 주기엔 미흡한 점이 너무 많다. 더욱 높은 정확성과 신뢰성을 바탕으로 구조물의 상태를 파악 또는 예측할 수 있는 기술적인 체제가 대두되고 있는 시점에서, 점차 세계적으로 광섬유 센서 시스템이 구조물의 안정성과 잔존 수명을 판단하는 기준으로 중요한 역할을 할 것으로 기대되고 있다.

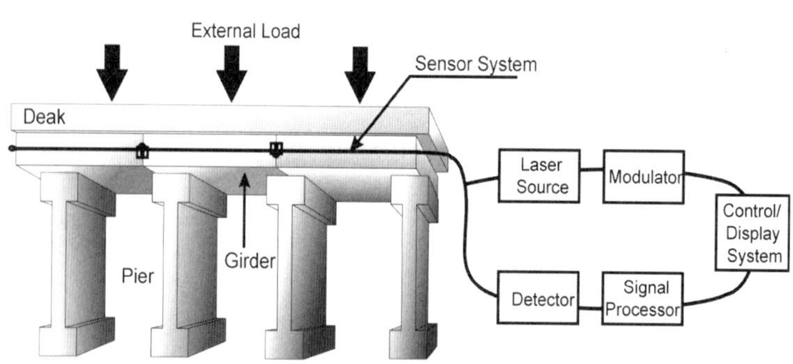

그림 13-4 광섬유를 이용한 교량 유지관리 시스템

— 홍익대학교 재료공학부 김기수 교수

질의

3. 콘크리트구조물의 유지관리를 위한 방법의 하나로서 콘크리트 표면을 조사하는 화상처리기법이 있다고 알고 있습니다. 이러한 기법은 어떠한 원리이며, 현장에서는 어떻게 활용하고 있는지 궁금합니다.

응답

1. 화상처리기법의 원리

화상처리기법은 콘크리트 균열계측 및 분석을 자동화 및 정량화하기 위해서 사용하는 기법이다. 화상처리기법은 처리하고자 하는 방법에 따라 광학, 아날로그, 디지털 화상처리로 구분할 수 있다. 광학 화상처리는 렌즈를 이용하며 화상을 처리하는 것이고, 아날로그 화상처리는 전기신호를 아날로그 상태로 처리하는 것이다. 마지막으로 디지털 화상처리는 아날로그 신호를 디지털로 바꾸어 이를 처리하는 것을 의미한다.

2. 콘크리트의 표면균열 화상처리기법

화상처리기법을 이용하여 콘크리트의 표면균열을 분석하는 과정은 디지털 화상(회색 화상 즉, 각 화소는 0부터 255의 밝기 값을 갖게 됨)으로부터 배경, 균열, 균열 이외의 손상 등을 포함하는 균열 화상으로부터 균열을 검출해 내는 알고리즘과 균열만을 검출한 화상에서 균열의 폭, 길이, 방향과 같은 균열의 특징에 대한 정보를 얻는 균열분석 알고리즘으로 구성된다(그림 13-5).

디지털카메라, 비디오카메라 등으로 취득한 화상 데이터는 전술한 바와 같이 추가적인 화상처리를 용이하게 하기 위한 각종 영상 향상 기법이 적용되며, 분할(segmentation)과정을 통하여 각 화소 단위의 숫자로 저장된 화상 데이터가 의미를 갖게 된다. 쉽게 설명하면, 분할과정을 거치고 나서야 배경으로부터 각종 물체가 분리된다는 뜻이다.

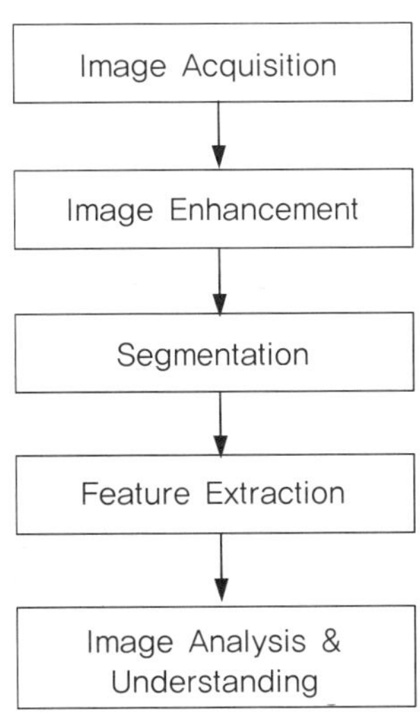

그림 13-5 균열화상처리의 일반적인 과정

다음 과정은 배경과 분리된 다양한 물체로부터 의미 있는 물체인 균열을 분리하게 되는데 이를 위하여 각 물체의 특징을 추출한다. 이 과정이 특징 추출(feature extraction)에 해당되며 여기까지의 과정이 균열검출에 해당된다. 최종적으로 검출된 균열정보로부터 균열의 폭, 길이, 방향, 분포 특성 등의 정보를 얻는 과정이 화상분석 및 이해의 과정이다. 여기서 기술한 과정은 매우 일반적인 균열 화상처리 과정이며, 기술을 개발하는 과정에서 검출성능을 향상시키거나 추가적인 분석방법을 도입하는 등의 특색 있는 기술이 접목되어 보다 우수한 화상처리기법이 개발되고 있다.

3. 균열 화상처리기법의 현장 활용사례

일반적으로 균열조사에 사용되는 기기는 균열폭별로 표기된 균열자와 렌즈에 표시된 눈금자를 이용하여 측정하는 균열경으로 간편하게 휴대하여 균열폭을 측정하고 있다(그림 13-6). 최근에는 균열위치에 영상 카메라를 위치시켜 촬영하면서 바로 수초 내에 LED로 그 폭을 표시하는 휴대용 기기들이 보급되어 기존 방법보다 더 신속하고 정밀하게 수행하고 있다.

앞서 설명한 기기들은 휴대용으로 균열발생 부분 중 최대폭으로 발생된 1개 지점을 정적 상태에서 측정하는 장치라면, 최근에 국내 · 외에서는 터널라이닝과 같은 대단면 전체를 최소 0.1mm×0.1mm에서 최대 0.3mm×0.3mm 작은 셀로 전부 촬영하여 조사하는 장치들이 사용되고 있다. 이러한 장치를 통칭하여 터널스캐너라 명명하고 있고, 국내에서도 이를 개발하고 제품화하여 현장에 적용하고 있다. 특히 CCD 디지털카메라를 최대 16대 장착하여 10km/hr 내외 속도로 주행하면서 라이닝 표면의 균열을 최소 0.1mm 폭의 균열까지 측정할 수 있는 장치들이 실제 사용되고 있다(그림 13-7).

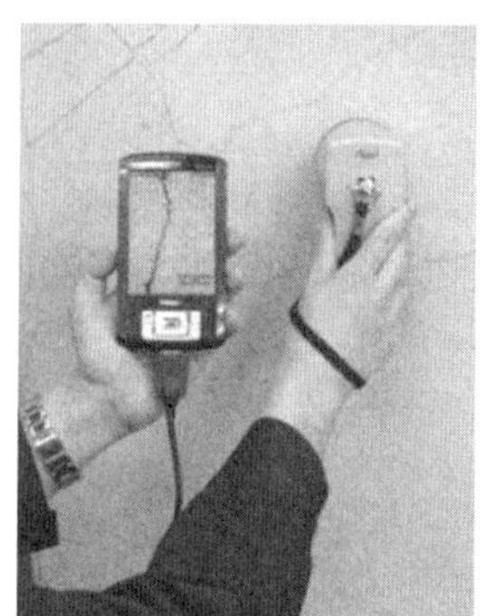

그림 13-6 휴대용 균열폭 자동측정 디지털 측정기

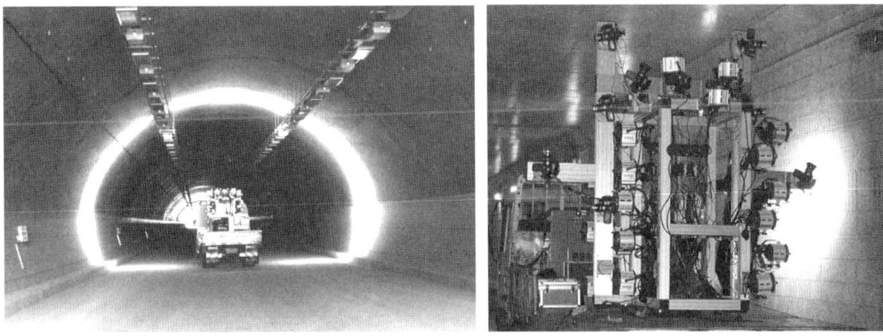

그림 13-7 현장에 사용되고 있는 CCD 디지털 카메라방식 터널 스캐너

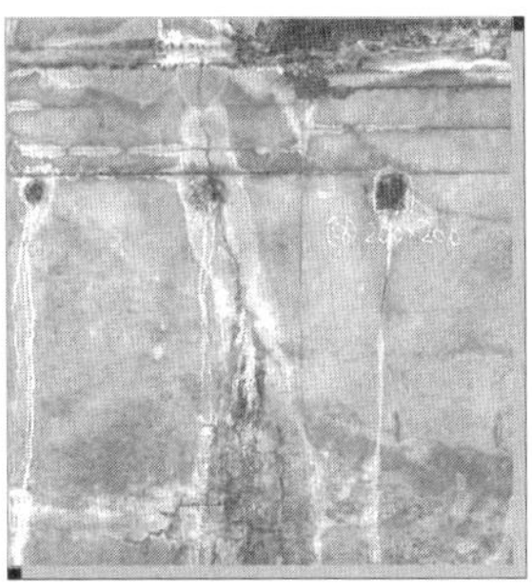

(a) 원화상 전개도

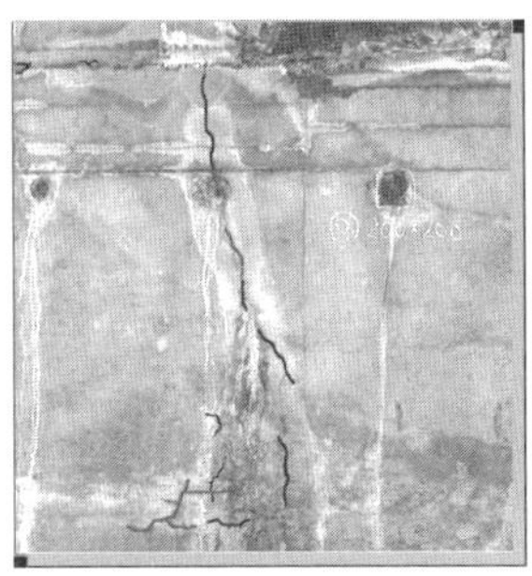

(b) 균열폭 처리도

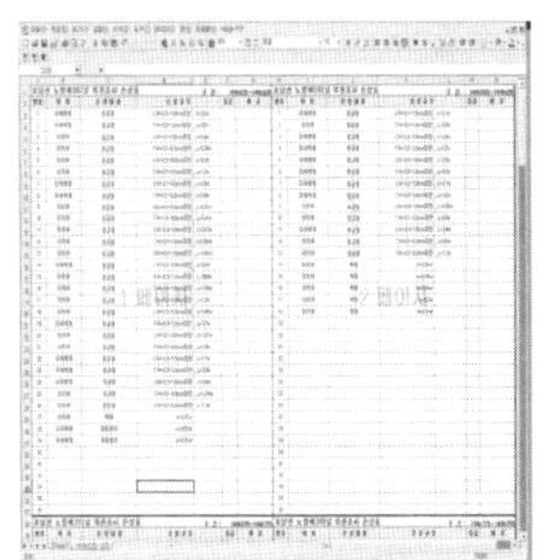

(c) 손상물량표

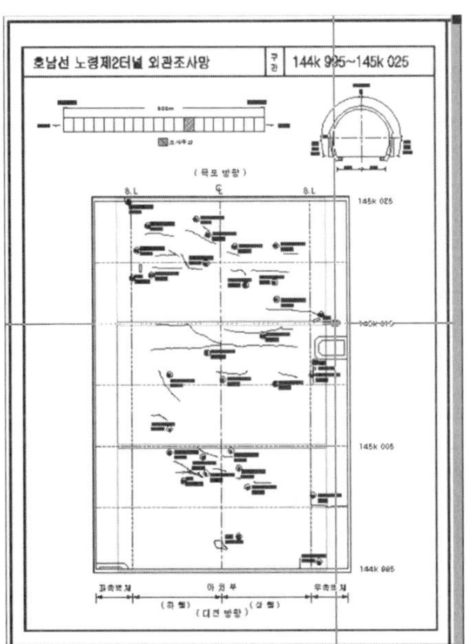

(d) 외관조사 CAD망도

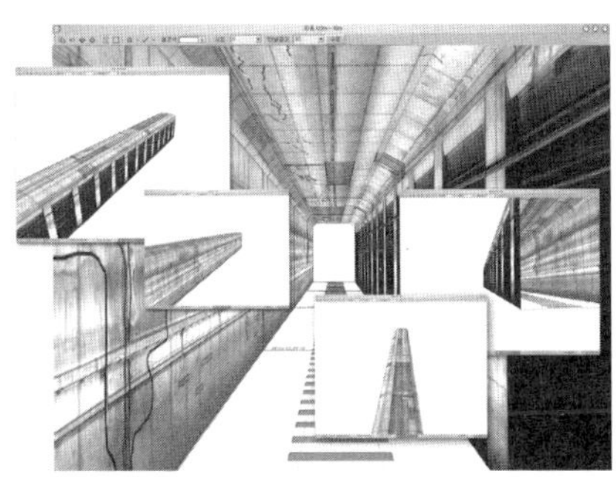

(e) 터널스캐닝 결과 3차원 관리

그림 13-8 균열처리 및 활용 프로세스

촬영된 영상은 화상처리를 통하여 균열이 추출되고 추출된 균열을 분석하여 균열폭, 길이, 방향 등을 정밀하게 산출하고 필요한 AUTOCAD 도면으로 작성되어 현장조사 시간을 크게 단축시킬 뿐만 아니라, 기존에 현장 스케치하던 수준에서 정밀한 계측 수준의 결과를 제공할 수 있기 때문에 구조물 점검/진단할 때에 균열평가를 보다 과학적이고 객관적으로 할 수 있다. 또한 관련 자료를 D/B화하여 시설물의 유지관리를 효율적으로 지속할 수 있다는 장점도 갖고 된다(그림 13-8). 현재까지 각종 터널, 지하차도 등을 중심으로 적용사례가 증가하고 있다. 현재 관련 분야에서 활동하는 연구진들이 화상처리를 이용한 다양한 연구를 추진하고 있기 때문에 이 분야의 기술 발전이 보다 가속화될 것으로 기대하고 있다.

— 충남대학교 토목공학과 김윤용 교수
— (주)케이엠티얼 기술연구소 지기환 소장
— 한국과학기술원 건설 및 환경공학과 이방연 박사

14 QUESTION & ANSWER
철근

1. 이형철근의 크기를 말할 때 공칭직경(nominal diameter)이라는 용어를 사용하는데, 일반적인 직경(지름)과 공칭직경과는 어떠한 차이가 있으며, 또 어떻게 산출되는 값입니까?

질의

응답

철근 표를 보면 원형철근(round rebar)의 크기는 직경이라 하여 표시되어 있는 반면에 이형철근(deformed rebar)은 공칭직경이라 하여 표시되어 있다. 원형철근은 전 길이에 대하여 동일한 원형단면으로 되어 있어서, 우리가 일반적으로 사용하는 물리적 직경으로 표시할 수 있는 반면에 이형철근은 마디와 리브가 있어서 길이방향의 위치에 따라 단면의 형태와 물리적 직경이 다르다. 따라서 이와 같은 이형철근의 크기를 지칭하기 위해서 공칭직경이라는 용어가 사용된다. 우리나라의 KS D 3051(열연압연 봉강 및 코일봉강의 모양, 치수 및 무게와 그 허용차)에서 정의된 공칭직경은 이형철근의 단위길이당 무게와 동일한 원형철근의 직경을 말한다. 즉, 단위길이당의 무게가 동일한 원형철근으로 환산하는 방법은 다음과 같다.

공칭단면적 = 중량/(단위중량 × 길이)

이렇게 산출된 직경, 단면적 및 둘레를 각각 공칭직경, 공칭단면적 및 공칭둘레라고 한다.

질의

2. 철근콘크리트 공사에 사용되는 이형철근이 대기중에 노출되어 표면에 녹이 발생했을 경우, 이러한 철근을 사용할 수 있습니까?

응답

현장에서 사용되는 철근은 현장반입 후 장기간 대기중에 방치하는 경우나 철근 배근 후 적기에 콘크리트를 타설하지 못하는 경우에 철근에 녹이 발생하여 시공자와 감리자 간의 이견이 발생하는 경우가 많다.

이처럼 철근의 녹 문제를 놓고 이견이 많은 것은 국내에 철근의 녹에 대한 명문화된 기준이 없고, 철근의 녹에 대한 규정은 콘크리트 시방서에서 철근에 녹이 슬지 않도록 보관하는 방법만 제시되어 있을 뿐이다.

그러므로 감리 또는 현장의 품질관리자의 육안검사나 자의적 기준에 의해 합격, 불합격이 결정된 분쟁의 소지를 내포하고 있으며, 여기에다 감리자가 기준을 엄격하게 적용하여 녹슨 철근을 사용하면 부실시공이 된다는 뿌리 깊은 고정관념이 녹슨 철근의 사용을 가로막는 원인이 되고 있다.

대부분의 금속은 자연상태에서는 산화물이나 유화물의 광석으로 존재하는데, 이에 에너지를 가하여 환원작용에 의해 정련하여 금속으로 취하는 것이 보통이다. 따라서 금속은 대기 중에서는 원래의 상태인 산화물이나 유화물로 되돌아가려는 경향이 있다.

이렇게 금속이 주위환경과 화학적 또는 전기화학적 반응에 의해 표면이 산화되어 소모되는 현상을 부식이라 하며, 이러한 부식에 의하여 녹이 발생하는 것이다.

강재의 대기 부식은 대기중의 수분이 금속 표면에 흡착 또는 응축되어 얇은 수막을 형성하고, 여기에 대기중의 요염물질(SO_2 등)이 용해되어 얇은 전해질 층을 형성함으로써 발생된다. 다음의 표는 대기중에서의 시간경과에 따른 녹에 의한 두께감소를 각각 나타내었다.

표 14-1 녹에 의한 두께감소

지역별	감소 두께(mm/년)
공기 맑은 전원, 산악	0.01~0.03
도시 중심, 경공업지	0.0.~0.06
해안공업지	0.06~0.12
화학공업지	0.12~0.30

철근 부식의 유해 정도를 판단하는 기준은 두 가지가 있다. 첫째는 철근과 콘크리트의 부착문제이고, 둘째는 철근의 단면적 문제이다.

첫째, 철근과 콘크리트의 부착에 관련되는 사항은 철근 표면 녹의 느슨한 정도와 이형철근의 마디(돌기) 높이이다. 이 중에서 철근 표면 녹의 경우는 부착에 유해한 느슨한 녹은 철근을 운반, 가공, 조립 등 취급 중에 자연적으로 떨어져서 특별한 처리를 하지 않아도 되며, 철근의 마디높이는 이형철근 부착에 직접적인 영향을 주는 요인으로 녹이 과다하게 발생하는 경우에는 마디의 높이가 낮아져 부착력이 떨어진다. 마디의 허용한도에 대한 기준은 KD D 3504의 표 4에 규정되어 있으며, 시험방법은 KS D 3504의 8.3에 규정되어 있다.

둘째, 철근의 단면적 문제는 과다한 녹이 발생하면 단면적이 감소하여 결국에는 해당 단면의 내력이 저하되는 경우가 있다. 철근 단면적의 허용한도는 KS D 3504 표 7에 규정되어 있으며, 시험방법은 KS D 3504의 8.3에 규정되어 있다.

현장에서 이러한 문제가 발생할 때마다 KS 규정에 따라 시험을 시행하기에는 번거롭고 어려움이 따르므로 녹 발생이 심한 철근을 채취하여 시험하고 이에 근거하여 육안판별을 하는 것이 바람직하다. 일반적으로 녹의 정도가 떨어져 나갈 정도가 아닌 경우에는 KS규정에 적합하다. 철근의 녹은 단면감소, 부착력과 연관이 있으며, 원형철근의 경우 보통 정도의 녹은 콘크리트와의 부착력을 높이는데 도움을 주며 이형철근은 마디에 의해 콘크리트와 결합되므로 녹에 의한 부착력 저하는 거의 없다.

철근콘크리트용 이형철근의 표면에 발생한 녹은 철근콘크리트 제품에 아무런 영향이 없으며 보통 정도의 녹은 오히려 부착에 도움이 되는 것으로 알려져 있다. 또한, 유해한 정도의 녹은 철근을 운반, 가공, 조립 등 취급중에 대부분 자연적으로 떨어져서 특별한 처리를 하지 않아도 되는 것으로 관련기준에 규정되어 있다. 따라서 대기중에 방치되어 발생한 표면 녹의 경우에는 녹의 정도가 떨어져 나갈 정도가 아니라면 그대로 사용하여도 무방하다. 만일 떨어져 나갈 정도의 녹이 발생되었다면 손 브러시 정도의 처리를 한 후에 콘크리트를 타설하면 된다.

이미 콘크리트에 매입되어 일부가 노출된 상태로 장기간 방치된 철근의 경우에는 유해한 녹이 부착되어 있을 가능성이 있으므로 별도의 처리가 필요한 경우도 있지만, 대부분의 경우는 브러시 작업 등 정밀한 작업 대신 철근에 타격을 가하여 유해한 느슨한 녹을 제거하는 것으로 충분하다.

다만, 이 경우 발생한 녹으로 인한 중량(단면)손실은 원중량(단면)의 6%를 초과하지 않아야 한다. 중량 손실량은 철근의 시편을 채취하여 무게를 계량하여 측정할 수 있으나 6%의 중량(단면) 손실은 표면의 녹이 몇 겹으로 발생한 경우가 아니면 대부분의 경우 이 허용범위 내에 든다.

국내 시방기준이 없을 때에는 외국의 기준을 준용하는 것을 감안하면 국내에서도 이 기준치를 넘지 않으면 사용이 가능하며, 녹슨 철근의 사용은 권장할 만한 것은 아니지만 녹이 떨어질 정도가 아니면 콘크리트구조물의 내력에는 큰 영향을 미치지 않는다.

— 홍익대학교 건축학과 홍기섭 교수

질의

3. 최근 국내의 대규모 건설공사현장에서 많이 쓰이는 이형철근의 기계적 연결은 어떤 용도로 사용되며 또한 그 종류는 무엇입니까?

응답

1. 기계적 연결의 용도

(1) 국토해양부「콘크리트 구조설계기준」[1] 8.6.1(2) ①항에 따르면 D35를 초과하는 철근의 이음은 겹침이음으로 할 수 없으므로 D38, D41, D51 등 큰 직경의 이형철근을 이음해야 하는 현장(예 : 원자력발전소, 터널, 교량공사 등)에서 용접이음 및 기계적 연결을 해야 할 필요가 발생한다.

(2) 설계된 철근콘크리트 부재 단면이 협소하여 겹침이음에 필요한 공간이 충분히 확보되지 않는 경우, 특히, 최근 들어서 고강도콘크리트의 사용이 일반화됨에 따라 기둥부재 등의 단면에서 겹침이음을 할 경우 철근 순간격이 확보될 수 없게 설계되는 사례가 비교적 빈번하게 발생하고 있다.

(3) 인장부재 철근이음의 경우,「콘크리트 구조설계기준」 8.6.2(5)항은 인장부재의 철근이음에 완전용접 또는 기계적 연결을 요구하고 있다.

(4) D35 이하 철근에서도「콘크리트 구조설계기준」에 따른 겹침이음 길이가 과다하게 요구되는 경우, 예를 들어서 D29, D32, D35 등의 SD40 등급 철근의 인장이음 및 에폭시 도막 철근의 이음

(5) 장래 증축을 고려해야 하는 경우

2. 기계적 연결의 종류

미국콘크리트학회의 439 위원회 보고서는 기계적 연결을 압축이음, 인장 및 압축이음, 다월(장부철근)의 이음 등으로 구별한 후 각 용도에 따른 여러 가지 기계적 연결을 소개하고 있다.[2] 그러나 기계적 연결은 장치의 제공회사에 따라 다른 종류가 있을 수 있고, 국내에서도 다수의 기업체에서 여러 종류의 제품을 시판하고 있다. 국내에서 상용화되어 있는 기계적 연결을 분류해보면 다음과 같습니다.

2.1 공장에서 가공하는 기계적 연결

첫 번째 부류의 기계적 연결은 철근을 공장에서 가공한 후 건설현장에 투입해야 하므로 필요한 철근의 직경 및 수량을 미리 결정해야 하는 불편이 있는 반면에 비교적 신뢰도가 높고 품질이 균일한 기계적 연결이 가능하다고 보인다. 이형철근의 단부에 나사선을 가공한 두 개의 철근을 이음장치(coupler)를 사용하여 맞댐이음할 수 있으며, 공장에서 철근의 단면적을 증가시켜 쐐기 모양의 upset-end를 만든 후 나사선을 가공하므로 철근의 단면적이 감소되는 단점이 없다(그림 14-1 참조).

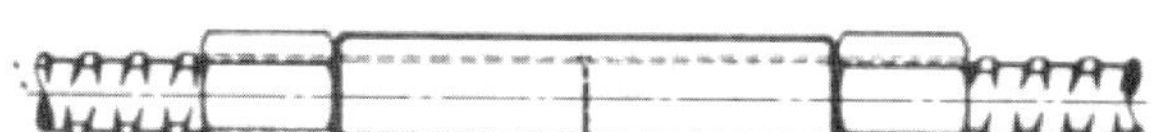

그림 14-1 Upset-end type coupler

2.2 현장에서 가공 가능한 기계적 연결

두 번째 부류의 기계적 연결은 공장생산도 가능하지만 현장에서 특수장치를 사용하여 생산할 수 있는 제품으로서 다음과 같은 종류가 있다.

① Tapered-end type coupler : 맞댐이음되는 두 개의 이형철근 단부에 원추형으로 나사선을 가공한 후 이음장치를 사용하여 연결하는 형식(그림 14-2 참조)

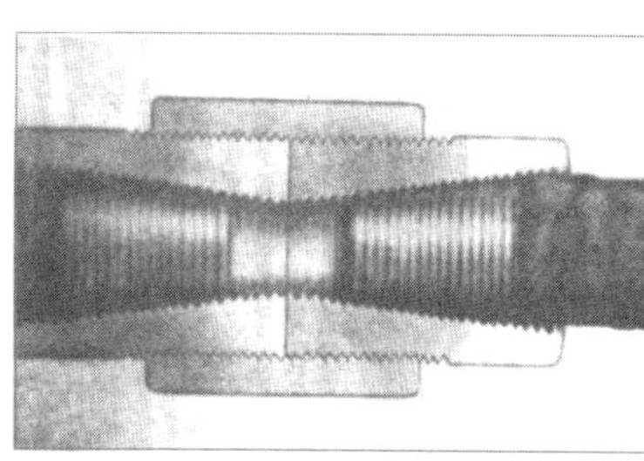

그림 14-2 Tapered-end type coupler

② Bolt type coupler : 특수 제작된 고정편을 사용, 맞댐이음되는 두 개의 이형철근 마디에 연결시킨 후 슬리브를

씌우고 슬리브에 미리 가공된 다수의 볼트구멍을 이용하여 볼트로 고정편을 철근과 밀착시키는 형식

③ Bar grip : 맞댐이음되는 두 개의 이형철근에 슬리브를 체결한 후 슬리브 표면에 압축력을 가하여 슬리브와 철근이 밀착되도록 하는 형식

④ Screw type coupler : 특수 제작된 고정편을 사용, 맞댐이음되는 두 개의 이형철근 마디에 연결시킨 후 나사선이 가공된 이음장치와 역시 외부에 나사선이 미리 가공된 고정편을 연결시키는 형식

3. 강도 요구사항 및 제품의 신뢰도

「콘크리트 구조설계기준」 8.6.1(3)항은 용접이음 및 기계적 연결이 철근 설계기준 항복강도(f_y)의 125% 이상을 발휘할 수 있는 완전한 연결일 것을 요구하고 있다. 위에서 간략히 소개한 여러 가지 기계적 연결은 제품에 따라서 인장 및 압축강도의 편차가 비교적 심한 것으로 사료된다. 따라서 현장에서 기계적 연결을 사용해야 하는 경우 공인된 시험기관에서 기계적 거동을 검증한 후 사용할 필요가 있다. 또한, 이론적으로 기계적 연결은 이형철근과 동등 이상의 인장 및 압축거동을 발휘하는 것이 바람직하다. 내진설계된 구조물의 경우 「콘크리트 구조설계기준」에서 요구하는 강도에 관한 성능 이외에도 변형률, 탄성계수 및 피로하중 하의 거동 등을 면밀하게 확인한 후 기계적 연결을 사용하는 것이 바람직하다.

— 한경대학교 건축공학과 최동욱 교수

질의

4. 국내의 이형철근에는 철근 직경 및 등급이 표시되어 있지 않아서 사용에 불편한 경우가 있습니다. 이에 대한 외국의 예는 어떠한지요?

응답

1. 철근 표시에 관한 국내기준

철근콘크리트용 봉강에 관한 국내 기준인 KS D 3504의 제10항은 표시에 관하여 (1) 종류의 기호, (2) 지름 또는 호칭명, (3) 제조자명 또는 그 약호를 적당한 방법으로 표시해야 한다고 규정하고 있다. 현재 국내에서 생산되는 대부분의 철근은 공장출하 전 철근의 단부에 색깔로서 철근 등급만을 구별(예 : SD30과 SD40 등급 철근을 각각 초록색 및 노란색으로 구별)할 수 있도록 유도하고 있으나, 이

는 KS D 3504의 제10항의 요구사항이 엄격히 지켜지고 있지 않는 것이라고 사료된다.

2. 철근 표시에 관한 미국기준

이에 관한 미국의 기준은 ASTM A 615, A 706 등에서 명확히 정의되어 있고, 철근은 공장출하 전 제조자명, 철근 직경, 철근 종류, 강도 등급을 철근 표면에 각인하도록 요구하고 있다.[3, 4]

예를 들어서 그림 14-3에 나타낸 이형철근의 표시에서 H는 제조자 약호, 25 및 43은 철근직경(D25, D43), S는 철근 종류(billet-steel bar), 4와 5는 420 및 520 등급(국내 SD40, SD50 등급과 각각 유사)의 철근을 각각 표시하고 있다. 우리나라 철근이 아직 KS D 3504 제10항의 요구사항을 엄격히 지키지 않은 상태에서 출하되고 있는 것은 다소 유감스러운 일이며 이에 관한 국내기준도 정비되어야 할 것이다.

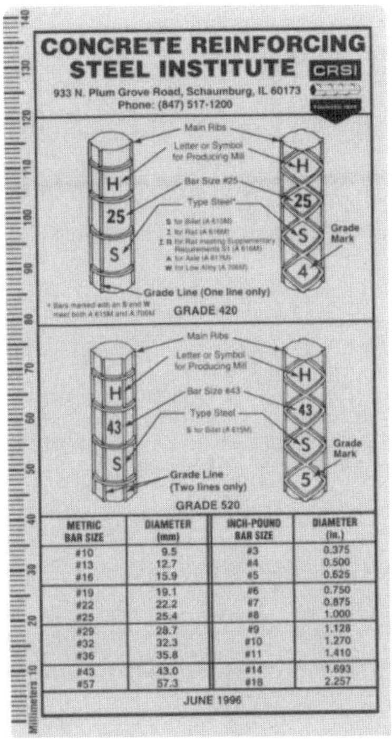

그림 14-3 미국의 이형 철근의 표시 예

— 한경대학교 건축공학과 최동욱 교수

질의

5. 요즘은 교량의 내진설계가 매우 체계화되어 가고, 용어 또한 생소한 것들이 많아 현장에서 직원들에게 설명할 때 다소 부담이 가는 부분이 있습니다. 현재 소성설계를 내진설계에서 허용하고 있는 관계로 사용 철근의 명칭과 기능이 다소 다른 것으로 알고 있습니다만 명확하게 정의를 내리지 못하고 있습니다. 이에 관한 용어정의를 설명해 주십시오.

응답

교량 내진설계 및 시공시의 철근에 대한 용어는 다음과 같이 정의할 수 있다.

1. 횡방향 철근

기둥의 주 철근을 감싸는 철근을 총칭하는 용어로서, 내진설계 유무와 관계없이 기둥의 전단철근, 띠철근, 심부구속 철근, 나선철근, 후프 띠철근, 보강 띠철근 등을 모두 총칭하는 용어이다.

2. 나선철근

기둥의 주 철근을 감싸는 횡방향 철근 중에서 하나의 철근을 연속으로 사용함으로써 기둥의 심부 콘크리트(횡방향 철근으로 둘러싸인 내부 콘크리트 부분)를 구속하는 역할을 하는 철근이다. 보통 원형 단면에 사용하지만, 외국에서는 사각형 기둥도 주철근을 원형으로 배근하여 나선철근을 사용하기도 한다. 이때 나선철근은 전단철근의 역할도 같이 한다.

3. 띠철근

기둥의 주 철근을 감싸는 횡방향 철근이 하나의 철근으로 연속되지 않고 각각 따로따로 횡방향으로 배근된 철근이다. 띠철근이라는 용어는 원형 띠철근, 사각형 띠철근, 후프 띠철근, 보강 띠철근을 모두 총칭하는 용어이며, 띠철근도 역시 전단철근의 역할도 같이 한다.

4. 심부구속 철근

기둥의 주 철근을 감싸는 횡방향 철근 중심부 콘크리트를 구속하는 용도로 사용하는 횡방향 철근으로서, 소성힌지 구간에 배근되는 나선철근이나 띠철근을 의미한다. 즉, 소성설계 시에 기둥이 충분한 연성을 갖도록 하기 위해 배근하는 횡방향 철근이다. 따라서 응답수정계수(반응수정계수) R을 적용하는 소성설계 시에는 반드시 심부구속 철근이 배근되어야 하며, 그 양과 간격은 도로교 설계기준 내진설계 부분에 규정되어 있다. 탄성설계 시에는 심부구속 철근이 필요하지 않으므로 도로교설계기준 콘크리트교 부분의 띠철근 배근규정에 따라 설계하면 될 것이다.

5. 나선철근의 최소 체적비

나선철근을 심부구속 철근으로 사용하는 경우의 최소철근 체적비는 식 (1)과 같다.

$$\rho_s = 0.45\left[\frac{A_g}{A_c} - 1\right]\frac{f_{ck}}{f_y}$$

$$\text{또는 } \rho_s = 0.12\frac{f_{ck}}{f_y} \quad (1)$$

6. 심부구속 띠철근의 구성

띠철근을 심부구속 철근으로 사용하는 경우, 띠철근은 후프 띠철근(hoop tie)과 보강 띠철근(cross tie)으로 구성된다.

- 후프 띠철근 : 심부 콘크리트를 구속하도록 기둥의 주 철근을 감싼 형태(hoop 형태)로 배근되는 심부구속 띠철근을 의미한다.
- 보강 띠철근 : 후프 띠철근의 심부구속 역할을 보강하기 위하여 양단의 갈고리로 후프 띠철근을 감싸는 띠철근을 의미한다. 원형 후프 띠철근에 대하여는 후프 띠철근의 슬립을 방지하는 역할을 한다. 사각형 후프 띠철근에 대해서 심부구속 역할을 상실(피복탈락 후 직선형태의 후프 띠철근이 곡선형태로 변형하여)하지 않도록 최대간격 350mm 이하로 배근해야 한다.

7. 사각형 띠철근을 심부구속 철근으로 사용할 때의 최소 철근량

사각형 심부구속 띠철근을 설계할 때는 후프 띠철근과 보강 띠철근을 모두 포함한 띠철근 단면적이 식 (2)로 결정되는 최소철근 양 이상이 되도록 띠철근의 지름, 수직간격, 보강 띠철근의 수평간격을 결정해야 한다. 이때, 후프 띠철근과 보강 띠철근은 같은 크기의 지름을 사용하는 것이 바람직하다.

$$A_{sh} = 0.30sh_c\frac{f_{ck}}{f_y}\left[\frac{A_g}{A_c} - 1\right]$$

$$\text{또는 } A_{sh} = 0.12sh_c\frac{f_{ck}}{f_y} \quad (2)$$

8. 원형 띠철근을 심부구속 철근으로 사용하는 경우의 철근량

원형 심부구속 띠철근에 대해서는 아직 명확한 설계기준이 마련되지 않은 상태이다. 필자 생각으로는, 2000년도 도로교설계기준 내진설계 부분에, "원형 후프 띠철근을 용접 또는 기계적 연결장치 등으로 연결하거나 보강 띠철근을 추가하여 정착단에서 슬립이 발생하지 않음으로써 나선철근과 동등한 심부구속 효과를 발휘할 수 있다면, 원형 후프 띠철근량의 계산은 나선철근식을 사용할 수 있다"고 규정되어 있으므로, 원형 심부구속 띠철근 소요량의 계산 시 철근 상세에 따라서는 나선철근식을 사용할 수 있다고 생각된다. 이때, 원형 후프 띠철근을 용접 또는 기계적 연결장치 등으로 연결하는 경우에는 연결의 성능만 입증된다면 나선철근식을 사용하여 원형 후프 띠철근량을 결정하는 것이 가능하며, 이때 보강 띠철근은 필요 없다. 그러나 원형 후프 띠철근에 보강 띠철근을 추가하는 상세를 사용하는 경우에는 어떤 상세를 가지고 있을 때 정착단에서 슬립이 발생하지 않음으로써 나선철근과 동등한 심부구속 효과를 발휘할 수 있는지, 설계자로서는 판단하기 어려울 것이다. 따라서 설계자는 띠철근 상세에 따른 내진 성능에 대한 실험자료를 참조해야 할 것이다.

참고로 말하면, 원형 후프 띠철근에 보강 띠철근을 추가하는 상세를 사용하는 경우에 대하여 나선철근식을 사용할 때에는 후프 띠철근만을 심부구속 철근으로 보아야 하며, 보강 띠철근을 추가하여 원형 후프 띠철근 정착단에서 슬립이 발생하지 않도록 해야 한다. 한편, 원형 후프 띠철근에 보강 띠철근을 추가하는 상세를 사용하는 경우에 대하여 띠철근 식을 사용할 때에는 후프 띠철근과 보강 띠철근을 모두 포함한 띠철근 단면적이 식 (2)로 결정되는 최소철근 양 이상이 되도록 띠철근의 지름 수직간격, 보강 띠철근의 수평간격을 결정해야 하지만, 후프 띠철근의 단면적이 보강 띠철근의 단면적보다 작지 않도록 해야 한다. 이때에도 역시 후프 띠철근과 보강 띠철근은 같은 크기의 지름을 사용하는 것이 바람직하다.

9. 조립 철근

구조계산에는 포함되지 않는 철근으로 철근조립 시 철근의 위치를 고정하도록 사용되는 모든 철근을 의미한다.

— (주)에이치비티 김경환 대표이사
— 영남대학교 토목공학과 이재훈 교수

질의

6. 저는 건설업체 초급 기술자입니다. 건설공사의 철근가공 조립공정을 보면, 기존의 현장가공에서 공장기계가공으로 많이 시공하고 있는데 구체적으로 공장기계가공이란 어떤 것인가요?

1. 국내 철근가공 조립현황

건설공사에서 구조물 공사의 핵심이라고 할 수 있는 철근가공 조립공정은 어느 공정보다도 합리화 및 기계화 시공이 가장 필요한 공정임에도 불구하고, 국내에서는 아직까지 인력에 의존하여 가공 조립하는 수작업 방식에서 완전히 탈피하지 못하고 있는 실정이다. 철근가공 조립공정은 설계도면에 따라 가공하고 조립하는 공정으로 이루어지고 있으며, 현재 국내 실정은 공장가공의 표준화가 정립되지 않아 인력가공 조립수준을 크게 벗어나지 못하고 있다. 이러한 철근배근의 비표준화는 시공의 질을 저하시키고 있다.

철근공사에서 마지막 공정인 조립의 완벽성을 꾀하기 위해서는 구조역학적인 합리성, 재료의 가공성 및 시공의 용이성을 고려하여 배근도면을 정립해야 하고, 정확하고 규격화된 형상과 치수로 가공되어야 한다. 이렇게 되었을 때 궁극적으로 구조적인 안정성은 물론 배근설계 및 시공의 정밀도 향상을 기할 수 있을 것이고, 이러한 관점에서 철근가공의 공장기계화 가공은 향후 전반적인 가공기술의 방법으로 정착될 것이다.

그러면 구체적으로 철근공장 기계가공에 대해 알아보도록 하겠다.

2. 철근 기계화 가공의 정의

철근의 기계화 가공기술은 구조역학적인 합리성, 재료의 가공성 및 시공의 용이성을 고려하여 다음 3가지 항목을 기준으로 철근을 기계로 가공되는 것이다.

2.1 바-스케줄(bar-schedule)

부재별 기호, 철근의 가공형상 및 치수 표시

2.2 바-리스트(bar-list)

철근의 지름, 개수, 간격, 소요길이, 이음할증 및 소요 철근량 항목으로 구성

2.3 배근시공도

이음위치, 조립순서 및 부재 접합부 상세구성

기계화 가공은 날로 심각해져 가는 기능인력 부족현상을 해소하고 철근공사의 현장여건을 개선함으로써 가공방법을 쉽게 하고 품질 및 생산성을 향상시킴과

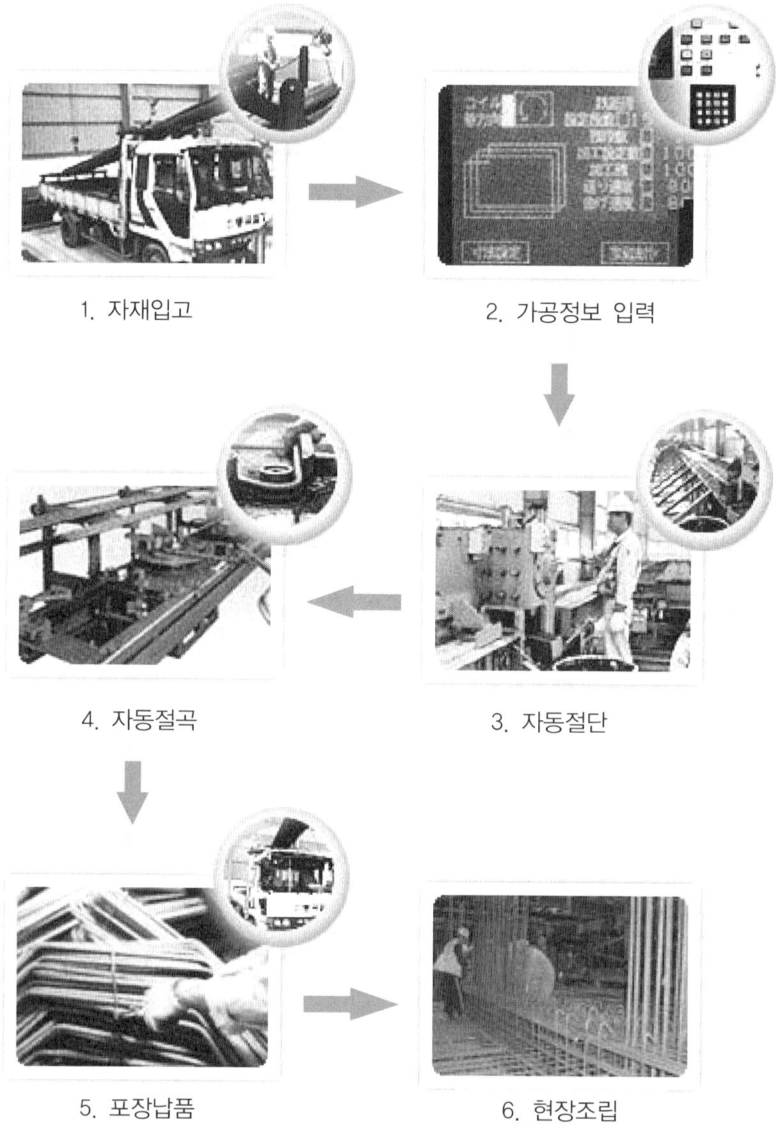

그림 14-4 철근공장기계 가공의 흐름

동시에 자재절감은 물론 제품의 규격화로 시공의 완벽성을 꾀하는 것이다.

3. 철근공장 기계화 가공시스템

공장기계 가공의 흐름은

1) 원자재 철근 반입

2) 철근의 강도별, 규격별, 길이별 보관
3) 자동 절단기에 의한 철근절단가공
4) 자동 절곡기에 의한 철근절곡가공
5) 사용량에 맞는 가공품 포장
6) 출하
7) 현장도착 과정으로 이루어진다(그림 14-4 참조).

철근가공방식은 현장수가공방식과 현장기계가공방식, 전문공장가공방식으로 나눌 수 있으며, 각 방식의 특성을 비교하여 정리하면 표 14-2와 같다. 표 14-2에 의하면 전문공장 가공조립방식은 철근손실을 최소화하고 가공품의 정확성에서도 우수하며, 원자재 철근의 보관 면에서도 녹을 방지할 수 있어 품질관리 측면에서 우수함을 보여주고 있다.

표 14-2 철근가공 조립방법 비교

구 분	현장방법		
	수가공방식	기계가공방식	전문공장가공방식
철근가공 바 리스트	약식 작성	약식 작성	정확히 작성
철근절단 잔재 발생	손실 많음	손실 적음	손실 극히 적음
철근절단 품질 정도	보통	우수	우수
가공형상 및 치수 정확성	보통	보통	우수
철근가공에 따른 할증	할증 부족	할증 적당	할증 충분
손실률	보통	보통	작음

4. 활용 및 기대효과

국내에서는 지금까지 몇 개의 건설업체가 반자동식 단품 가공기계를 구입하여 정밀가공이 요구되는 현장 등에서 기계화 가공을 적용하여 왔으나 실질적인 사용은 미미하였다. 그러나 인력난의 심화로 인한 현장인력 부족과 고임금화에 따른 인건비의 상승으로 최근에 건설업체 및 관련업체들이 이 분야에 대한 관심이 점점 높아져 전국에 약 20여 개의 전문공장이 설립되었고 지속적으로 늘어날 전망이며, 건설현장 및 지하철공사장 등에서도 철근기계 가공방법이 급속도로 보급되고 있다.

미국, 유럽, 일본 등 선진국에서는 철근 작업공정이 가공과 조립으로 이원화되어 각 단계별 기계화, 시스템화가 이루어져 실행되고 있다. 미국에서는 대부분의 철근공사는 자동 기계화 시스템이 설치된 공장에서 가공해 각 소요현장으로 운반구분 조립하고 있으며, 일본의 경우 70년대부터 인건비 및 공사량의 증대와 인력난에 대응키 위해 꾸준히 연구개발하고 시행한 결과, 초기의 현장 기계화 가공단계에서 지금은 공장 기계화 단계로 시행하고 있어서 가공 및 조립의 기계화를 통한 자동화가 정착되었다.

끝으로 철근가공의 전문공장기계 가공방식의 장점을 요약하면

1) 현장가공방식에 비해 탁월할 원가절감

2) 현장인력 최소화로 안전성

3) 자원 재활용에 의한 친환경적 시공

4) 적기 납품과 정밀가공으로 공기단축

5) 구조물의 시공정확성 유지로 부실공사 방지의 효과를 거둘 수 있다.

이러한 기대효과를 얻기 위해서는 바-리스트 및 가공 형상도를 이용한 설계의 표준화가 선행되어야 더 효율적이고 정밀한 기계화 체계가 정립될 수 있으며, 원자재 철근의 제품생산 치수가 선진외국처럼 0.5m~1.0m 단위로 다양화된다면 가공품 절감과 잔재손실률 절감효과가 더 크게 나타날 것이다.

또한 입찰방식 및 계약제도를 개선하여 경제적인 기계화 체제로 유도하고, 정밀한 제작이 필수적인 구조물에 대해서는 기계화 공법 사용 의무화를 활성화한다면 공장기계 가공이 정착될 수 있다고 사료된다.

— (주)영우토건 토목팀 이명곤 차장
— (주)용마엔지니어링 호남자문단 정제평 부사
— 광주대학교 건축공학과 염환석 교수

질의

7. 요즘 현장에서 커플러와 같은 기계적 연결이음을 활용한 시공이 많이 이루어지고 있습니다. 특히, 내진기준이 적용되는 구조물의 경우 기계적 연결이음으로 시공할 경우 이음위치에 대하여 알고 싶습니다.

1. 기계적 연결이음의 현황

2005년도 개정된 건축법에 따라 3층 이상, 연면적 1,000m^2 이상의 건축물의 경우 개정된 건축구조설계기준에 따라 내진성능이 확보되도록 설계되어져야 한다. 최근 들어 구조물의 초고층화 및 지진에 대한 안전성이 강조되면서 기존의 겹침이음보다 이음성능이 명확한 기계적 연결장치를 활용한 기계적 연결이음의 활용이 증가되고 있는 추세이다. 철근콘크리트 공사에서 생산성 증대를 위한 방안으로는 크게 1) 철근배근 표준화 및 선조립화, 2) 거푸집공사의 단순화, 3) 부분 PC 또는 완전 PC의 활용을 들 수 있으며, 이를 위한 요소기술로서는 철근의 기계적 연결이음에 관련된 기술을 들 수 있다.

또한, 일본의 경우 2002년에 제정된 콘크리트 표준시방서에서 성능규정으로의 전환을 도모하였으며, 콘크리트공사에 관련된 시방서 등이 성능규정으로 전환될 경우 향후 레미콘의 발주에 있어서도 굵은골재 최대치수 설계기준강도 및 슬럼프만을 표시한 사양발주가 아닌 성능발주라는 새로운 개념의 발주시스템으로 변화할 것으로 예측되고 있다.

콘크리트 구조설계기준(2003) 및 건축구조 설계기준(2005) 기준에 따라 D35를 초과하는 철근은 겹침이음을 적용할 수 없기 때문에 지금까지는 주로 대구경 철

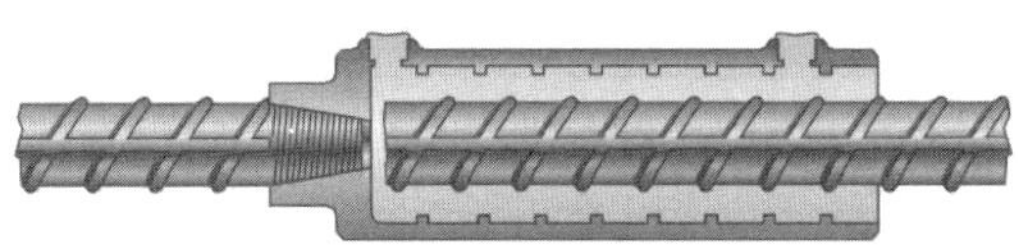

(a) 충전식 연결이음

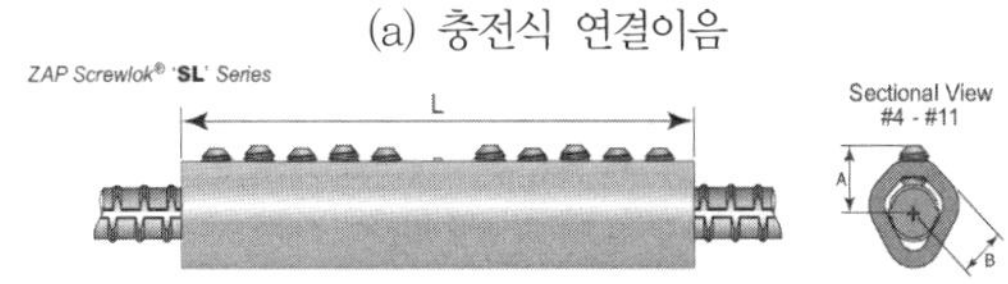

(b) 스크루 고정형 연결이음

(c) 단부나사가공 연결이음

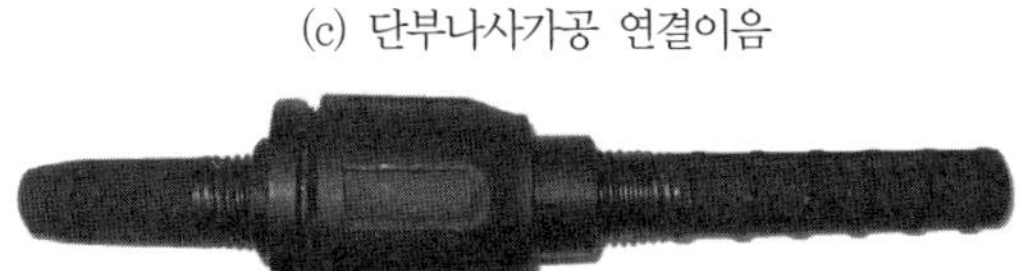

(d) 유니버설 커플러 연결이음

그림 14-5 기계적 연결이음 종류

근을 사용하고 있는 토목현장이나 특수 구조물에만 적용되어 왔으나 관련분야에 대한 많은 연구가 수행되었으며, 부재가 세장한 건축구조물에도 현장적용이 이루어지고 있고, 향후 건절기술의 발전 방향인 철근 선조립화와 더불어 그 적용분야가 확대될 것으로 예측된다.

2. 기계적 연결이음의 요구성능

철근콘크리트구조물에서 인장철근에 이음이 필요한 경우, 인장철근은 설계기준 항복강도를 발휘하기 위해서 충분한 이음길이를 확보해야 하는데 기계적 연결장치를 사용하고자 하는 경우 현행기준은 다음과 같은 요구성능을 제시하고 있다(표 14-3).

표 14-3 기계적 연결장치의 성능기준

구분	성능기준	
	정적	동적
KBC-S 2005	1.25(f_y) 이상	-
ACI 349	1.25(f_y) 이상	1.25(f_y) 이상
ASME Sec. Ⅲ div. 2-CC 4333	최소 : 1.25(f_y) 평균 : 인장강도 이상 실제인장강도 95%	최종강도 규정 없음 (최소 f_y 5%부터 90%까지 인장응력 변동을 100회 가력 후 정적시험으로 파단)
ASSHTO LRFD	최소 : 1.25(f_y) 잔류변형량 제한	-
일본토목학회	1.35(f_y) 또는 규정인장강도 이상 잔류변형량 제한 탄성계수	최종강도 규정 없음
일본건축센터	1.35(f_y) 또는 규정인장강도 이상 잔류변형량 제한 탄성계수	1.35(f_y) 또는 규정인장강도 이상 강성의 변화
ACI 318-05 Type 1	1.25(f_y)	-
ACI 318-05 Type 2	인장강도 이상	-
한국도로공사	규정인장강도 이상	1.25(f_y) 이상

2.1 ACI 318-05 Code

미국콘크리트학회기준(ACI)에서는 기계적 연결이음의 요구성능으로 Type 1인 경우 항복강도의 1.25배 이상을 요구하고 있으며, 내진설계 시 적용되는 Type 2인 경우는 모재의 인장강도와 동등한 수준의 응력을 요구하고 있다.

(Building Code and Commentary ACI 318-05/318R-05)

12. 15-Splices of deformed bars and deformed bars and deformed wire in tension R12.15.3-A mechanical or welded splice should develop at least 125 percent of the specified yield strength when located in regions of high tensile stress in the reinforcement. Such splices need not be staggered, although such staggering is encouraged where the area of reinforcement provided is less than twice that required by the analysis.

2.2 콘크리트 구조설계기준(KCI 2003)

국내의 경우 내진지역에서 요구되는 이음성능을 별도로 규정하고 있으며, 일반적으로 기계적 이음은 설계기준 항복강도의 125% 이상 발휘하도록 하고 있다.

[KCI 2003/8.5.2 인장 이형철근 및 이형철근의 이음]

(3) 철근이 높은 인장응력을 받는 구역에 기계적 이음과 용접이음을 두는 경우는 이음위치에서 적어도 설계기준 항복강도(f_y)의 125% 이상을 발휘해야 한다. 배근된 철근량이 해석에 의해 요구되는 철근량의 2배 이하일 경우에는 엇갈리게 이음하는 것이 바람직하지만, 이러한 용접이음이나 기계적 연결에 의한 이음일 경우에는 반드시 엇갈리게 이음할 필요는 없다.

2.3 건축구조설계기준(KBC 2005)

2005년도 개정된 KBC기준도 콘크리트 구조설계기준과 동일하게 항복강도의 125% 이상 발휘하도록 요구하고 있다.

[KBC 2005/05.08.6. 1.3 인장 이형철근 및 이형철근의 이음]

(1) 용접이음은 철근의 설계기준항복강도 f_y의 125% 이상을 발휘할 수 있는 완전용접이어야 한다.

(2) 기계적 연결은 철근의 설계기준항복강도 f_y의 125% 이상을 발휘할 수 있

는 완전 기계적 연결이어야 한다.

05.08.6.2.4-05.08.6.1.3(1) 또는 (2)를 만족하지 않는 경우 (1)항에서 각 철근의 이음부는 서로 600mm 이상 엇갈려야 하고, 이음부에서 계산된 인장응력의 2배 이상을 발휘할 수 있도록 이어져야 한다.

3. 기계적 연결이음 위치

국내의 경우 내진설계 시 특별히 이음위치를 제한하고 있지는 않지만 일반적으로 ACI 기준에 따라 시공되고 있다. ACI 기준에 따르면 비내진설계에 적용되는 Type 1의 기계적 연결이음은 항복역에서 철근 인장응력이 요구되는 인장응력($1.25f_y$)을 초과할 수 있기 때문에 이음위치를 그림 14-6과 같이 이음위치를 제한하고 있다. 그러나 Type 2인 경우는 지진이 발생하는 동안 철근의 인장응력이 구조물이 비탄성 변형을 받는 것과 같이 철근은 인장응력에 도달하게 되므로 Type 2의 경우는 이음위치를 별도로 제한하고 있지 않다. 따라서 내진설계 시 기계적 연결이음을 사용할 때에는 기계적 연결이음의 성능이 설계기준항복강도 f_y의 125% 이상을 발휘할 경우는 이음위치는 그림 14-7과 같고, 기계적 연결이음 성능이 인장강도 이상 발휘할 경우는 이음위치를 제한할 필요는 없다고 판단된다.

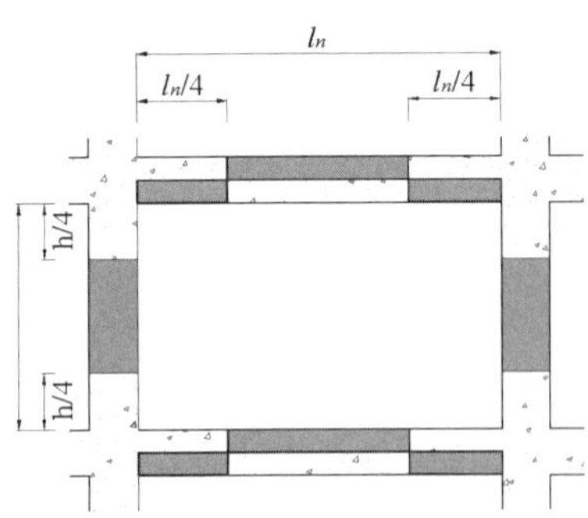

그림 14-6 특별지진하중을 받는 부재의 겹침이음 사용불가 위치

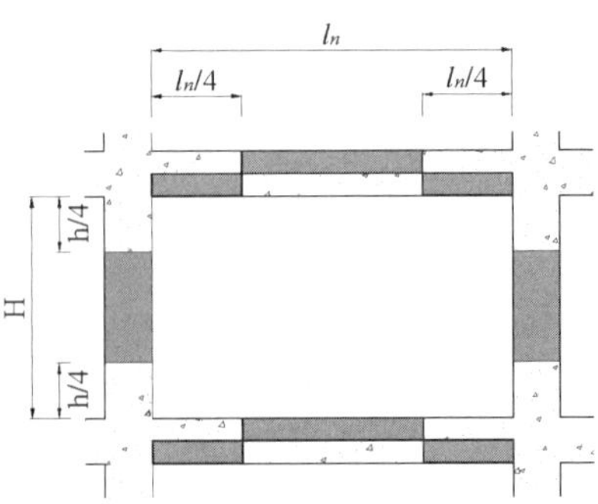

그림 14-7 철근의 기둥과 보 이음 가능위치

표 14-4 ACI-318-05 기준에 의한 겹침이음 가능 위치

특수모멘트 골조 (special moment frames)	중간 및 보통모멘트 골조 (intermediate and ordinary CIP moment frames)
휨철근의 겹침이음은 겹침길이 이상 띠철근이나 나선근으로 보강된 경우만 허용됨(이때 띠철근과 나선철근의 간격은 4in.(101.6mm)나 d/4를 초과해서는 안 됨)	띠철근에 대한 요구사항이 없음
겹침이음이 허용되진 않는 구간 : - 접합부내 - 접합부면으로부터 부재의 깊이의 2배 이내 - 해석결과 골조의 비탄성 횡변위에 의해 휨항복이 예측되는 구간	유사한 요구사항 없음

【ACI 21.2.6.2】 Type 1 mechanical splices shall not be used within a distance equal to twice the member depth from the column of beam face for special moment frames of from sections where yielding of the reinforcement is likely to occur as a result of inelastic lateral displacements Type 2 mechanical splices shall permitted to be used at any location.

— 충주대학교 건축공학과 서수연 교수
— 황두엔지니어링(주) 이우진 대표이사

질의

8. 기둥의 띠철근에 대하여 여기저기 상제집이나 기준집, 예제집을 찾아본 결과 갈고리 각도에 대한 명확한 문구는 찾지 못하였습니다. 자료들을 찾던 중 그림으로 그려진 상세들을 보면,

-135°+135°

-90°+135°

-90°+90°

이와 같이 3가지로 표현이 되어있던데 어떤 것이 적합한가요? 각 각도에 따라 표준 갈고리의 길이가 다르다면 각도에 맞게 길이를 정하여 사용하면 되겠지만, 주로 사용되는 D6 이하의 철근에서는 9°와 135°의 길이마저도 같습니다. 그리고 보조 띠철근의 경우도 90°+135°가 대부분인 것으로 아는데 주 띠철근이 90°+90°가 가능하다면 보조 띠철근도 90°+90°가 가능하지 않은지요.

제 생각으로는 기둥 띠철근의 주요역할이 주철근을 감싸서 위치를 유지시켜주는 것이고, 기둥의 파괴형태를 보면 대부분 피복이 유명무실한 것으로 보이므로 90° +90° 는 적합한 상세가 아닐 거라 판단됩니다.

응답

기둥의 띠철근에 대해서는 「콘크리트구조설계기준 해설(한국콘크리트학회 편, 2003년 개정판)」 5.5.2의 (3)에 정의되어 있으며, ③항의 내용이 문의한 내용에 대한 답변이 될 수 있을 것으로 판단된다.

③항에서는 다음과 같이 배근상세를 언급하면서 도해적으로 상세(그림 14-8)를 보여주고 있다.

「③ 띠철근은 모든 모서리에 있는 종방향 철근과 하나 건너 있는 종방향 철근이 135° 이하로 구부린 띠철근의 모서리에 의해 횡지지 되도록 배치되어야 하며, 어떤 종방향 철근도 띠철근을 따라 횡지지된 종방향 철근의 양쪽으로 순간격이 150mm 이상 떨어지지 않아야 한다. 또한 종방향 철근이 원형으로 배치된 경우에는 원형 띠철근을 사용할 수 있다.」

문구의 해석과 그림 1의 설명을 토대로 볼 때 국내기준에서는 띠철근의 상세로서 90°+90°의 배근을 허용하고 있는 것으로 볼 수 있다.

또한 구조설계기준의 「5.5.2절 압축철근의 횡철근」 부분에서는 언급되어 있지 않지만 「5.5.1절의 휨부재의 횡철근」 부분을 보면, 보의 경우 「압축철근의 좌굴 방지를 위하여 띠철근이나 스터럽을 폐쇄 띠철근이나 폐쇄 스터럽으로 하도록 규정하고 있으며(5.5.1(3))」, 이 경우 폐쇄 띠철근은 「한 가닥의 스터럽이나 띠철근으로 한 바퀴 돌려서 교차되는 위치에 표준 갈고리로 중첩시켜 만들거나, 한 가닥 또는 두 가닥의 철근을 B급 이음으로 겹침이음한 형태로 만들거나...」 라고 되어 있고, 5.2.1절에서는 띠철근의 표준 갈고리로서 90°와 135° 표준 갈고리를 모두 정의하고 있어 90°+90°의 배근도 표준 갈고리 상세를 만족한다면 허용하는 것으로 해석할 수 있으리라 사료된다.

반면, 보조 띠철근으로 사용되는 연결철근(cross tie, 도로교설계기준이서는 보강 띠철근이라는 용어 사용)에 대해서는 콘크리트구조설계기준의 용어 정의에 명확하게 90°+135°의 형태를 사용하도록 되어 있다.

「1.3 용어정의/연결철근(cross tie) 한쪽 끝에서는 적어도 직경의 5배 이상의 연장길이(또한 75mm 이상)를 갖는 135° 갈고리가 있고 다른 끝에서는 적어도 직경의 5배 지상의 연장길이를 갖는 90° 갈고리가 있는 연속철근 : 갈고리는 주위의 종방향 철근을 감싸야 하고, 동일한 종방향 철근에 고정된 2개 연속철근의 90° 갈고리는 그 끝이 반대방향으로 되도록 엇갈려 배치해야 함.」

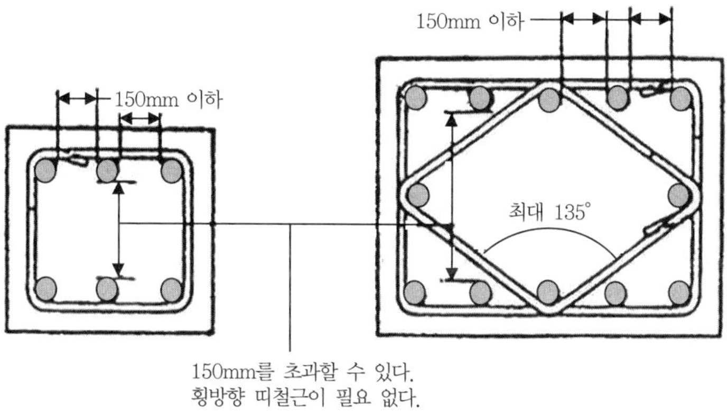

그림 14-8 5.5.2(3) ③ 횡지지된 기둥철근

따라서 보조 띠철근으로 사용되는 연결철근의 경우에는 논란의 여지없이 한쪽이 90° 갈고리로 되어 있고 다른 한쪽이 135° 갈고리로 되어 있는 형태의 보강근을 사용해야 한다.

문의하신 부분의 마지막 부분에서 주 띠철근을 90°+90°로 할 수 있다면 보조 띠철근도 90°+90°로 할 수 있지 않을까 라고 한 부분에 대해서는 다르게 생각해야 할 것으로 보인다. 즉, 주 띠철근 배근형태를 잘 살펴보면, 겹침한 부분에서 한쪽 끝은 90°의 표준 갈고리이고 그 반대편은 90°의 구부림을 한 연속철근으로 되어 있어 90°+90°의 배근형태로 오해할 수 있으나, 사실 90°의 표준 갈고리 반대편은 연속하여 배근된 형태로서 완전구속된 형태로 봐야 한다. 따라서 135° 갈고리보다도 더 잘 정착 구속된 경우로 봐야 하며, 결국 보조 띠철근에서 정의한 90°+135°의 형태를 반영하고 있다고 보는 것이 타당하다고 판단된다.

참고문헌

1) 국토해양부, 「콘크리트구조설계기준」, 1999.

2) ACI 439.3R, "Mechanical Connections of Reinforcing Bars," 1991.

3) ASTM A 615, "Standard Specification for Deformed and Plain Billet-Steel Bars for Reinforcement," 1987.

4) ASTM A 706, "Standard Specification for Low-Alloy Steel Deformed Bars for Concrete Reinforcement," 1986.

15 QUESTION & ANSWER 기 타

질의

1. 지난해에 국립중앙박물관의 이전과 관련하여 시멘트독(毒)이라는 단어가 신문이나 방송매체를 통하여 빈번히 등장한 바 있는데, 구체적으로 시멘트독이란 무엇인지 알고 싶습니다.

응답

이것은 주로 완공한 지 얼마 되지 않은 콘크리트 건물의 벽체로부터 유해한 물질이 방출되어 박물관에 보관되어 있는 유물에 손상을 줄 수 있다는 우려에서 나온 말로 생각된다. 문제는 이것이 콘크리트와 관련된 현상임에도 정작 시멘트나 콘크리트 분야에 종사하는 기술자나 연구자들에게는 생소한 단어이며, 어떤 현상인지조차 정작 알려져 있지 않은 반면 일반대중에게는 시멘트콘크리트에 대한 불신감을 심어줄 수 있다는 것이다.

여기서는 콘크리트 재료공학적인 견지에서 시멘트독에 대한 정의와 현상, 대책 등을 기존의 문헌을 정리하여 간단히 소개하고자 한다.

1. 콘크리트에서 방출되는 물질

시멘트독이라고 하면, 우선 상식적으로 콘크리트에서 시멘트의 주성분인 칼슘성분에 기인한 강알칼리성 물질이 방출되는 현상으로 생각하게 된다. 그러나 콘크리트 시편을 통 안에 넣고 공기를 순환시키면서 방출되는 물질을 포집하여 분석하면 의외로 암모니아가 검출되며 칼슘이나 마그네슘은 거의 검출되지 않는다고 한다. 그림 15-1은 시멘트 블록으로 쌓아서 만든 모의 벽체(단면적 $0.9m^3$)에서 발생되는 물질을 표집하여 분석한 결과를 나타낸 것이다. 실제로 신축 건물의 내부 공기를 분석하면 검출되는 암모니아의 농도는 약 5~100ppb 정도로 나타나는데 이것은 일반 대기중에 존재하는 암모니아 농도의 약 10배에 해당된다고 한다. 반면에 시멘트의 알칼리성을 대표하는 주성분인 칼슘이나 마그네슘 산화물의 미립자는 일반 대기중 농도보다 1/10 이하로 나타난다고 한다.

흔히 콘크리트구조물의 신축현장을 방문하였을 때 외기와의 접촉이 별로 없는 실내에서 풍기는 특유의 냄새가 바로 이 암모니아 때문이라고 한다. 따라서 콘크리트에서 방출되는 물질은 주로 암모니아 기체라고 할 수 있으며, 소위 시멘트독이 암모니아의 방출을 말하는 것이 아닌가 생각된다. 특히 귀중한 서화나 금동제품 등을 보관하는 박물관이나 미술관에서 서화나 금동제품 같은 소장품에 변색이나 부식 같은 좋지 않은 영향을 끼친다고 하여 외국에서는 꽤 오래전부터 연구가 되고 있다고 한다.

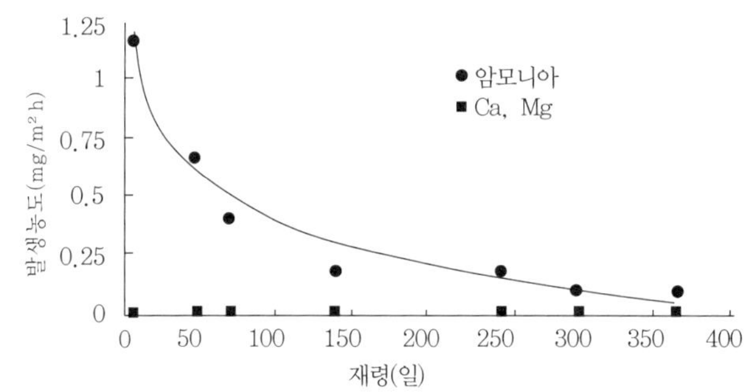

그림 15-1 시멘트 블록에서 방출되는 물질의 변화 추이

2. 콘크리트에서 암모니아의 발생원

콘크리트에서 암모니아가 방출되는 메커니즘은 명확히 알려져 있지 않지만 콘크리트의 구성성분 중에 강알칼리성 환경 하에서 암모니아를 유리시키는 질소함유물(아민, 아민산, 암모니아 등)이 존재하기 때문이라고 생각되고 있다. 따라서 콘크리트를 구성하는 물, 시멘트, 골재, 혼화제 중 어떤 재료에 암모니아 발생 성분이 함유되어 있는지 조사할 필요가 있다. 그리고 어떤 재료에서 어떤 작용으로 암모니아가 발생되는지도 중요한다고 생각된다. 가장 일반적인 암모니아 정량법인 Indophenol 방법을 사용하여 콘크리트를 구성하는 각 재료의 성분, 성상형상

제조과정, 경시변화 등에 따라 포집한 암모니아의 발생량을 검토한 연구 결과를 보면 다음과 같은 사실이 발견된다.

콘그리드를 구성하는 재료늘을 조합한 경우의 수를 살펴보면 물, 시멘트, 골재, (시멘트+골재), (시멘트+물), (물+골재), (물+시멘트+골재)의 조합물이 있을 수 있다. 여기서 물, 시멘트, 골재, (시멘트+골재), (물+골재) 조합에서는 암모니아기 발생하지 않은 반면, (물+시멘트)의 조합인 시멘트페이스트와 (물 + 시멘트+골재)의 조합인 모르타르나 콘크리트에서 암모니아가 발생하는 것을 발견할 수 있었다. 이것으로부터 콘크리트를 구성하는 각 재료들의 복합적인 반응과정으로 암모니아가 발생하는 것으로 생각된다.

시멘트페이스트 경화체의 경우에는 시멘트 종류별로 발생량을 비교하면 클링커(OFC(조강시멘트의 순으로 차이가 관찰되며, 여기에 골재가 개재되면서 방출량이 많아지는데 (물+시멘트+굵은골재)의 경우보다 (물+시멘트+잔골재)의 조합에서 가장 많은 양의 암모니아가 발생되고 있었다(그림 15-2 참조).

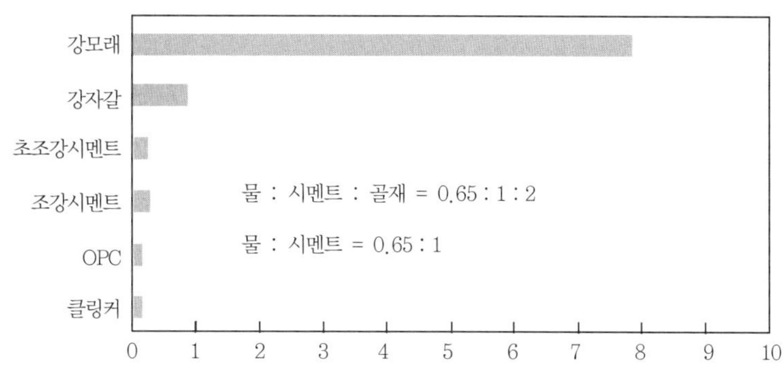

그림 15-2 콘크리트 구성재료별 암모니아의 발생 추이

한편, 콘크리트의 작업성이나 물성 향상을 위하여 시멘트나 콘크리트의 제조과정에서 사용하는 여러 가지 혼화제로서 시멘트 분쇄조제(TEA와 같은 아민류가 포함되어 있음), 석고, 콘크리트용 혼화제로 AE제, 감수제 등 총 17종의 혼화재료의 영향을 검토한 결과 다소의 차이는 있지만 암모니아 발생량에 대하여 큰 영향은 없다고 한다.

3. 암모니아의 발생 메커니즘

유기물(식물의 뿌리나 곤충류의 사체 등으로 질소성분이 포함되어 있음)이 다량 포함되어 있는 부식토에 CaO와 물을 혼합하였더니 암모니아가 발생하였다는 연구 보고가 있다. 따라서 콘크리트에서 암모니아의 주 발생원이 가는 골재라고 한다면 주로 모래중에 함유된 유기불순물의 영향을 고려할 필요가 있다. 또한 암모니아의 발생량과 골재의 입도 사이의 관계를 검토한 결과, 천연골재(하천산)에서 암모니아의 발생량은 골재의 표면적에 비례하여 증가하는 것으로 나타나고 있었다. 이것으로 보아 골재의 표면에 부착되어 있는 질소함유 유기물 콘크리드 중 시멘트의 수화과정에서 발생하는 Ca(OH)에 의한 알칼리성 분위기에서 유리되어 암모니아가 형성하기 때문인 것으로 생각된다. 시멘트의 주성분인 산화칼슘(CaO)보다 알칼리성이 더 강한 수산화나트륨(NaOH)을 골재에 첨가한 결과 역시 암모니아가 발생하였으며 발생량도 산화칼슘보다 많았다고 한다. 따라서 골재로부터의 암모니아 발생 골재 중 질소함유 유기불순물과 알칼리와의 화학반응의 결과로 생각된다.

이상의 결과를 보면 시멘트독이란 콘크리트에 주로 잔골재 표면에 부착되어 있는 질소함유 유기불순물과 시멘트의 알칼리와의 반응에 의해 암모니아가 생성되어 외부로 방출되는 현상이라고 정의할 수 있다. 좋은 콘크리트를 만들기 위해 골재 중 유기불순물의 함량을 규제하고 깨끗한 골재를 쓰도록 하는 것이 결과적으로 보면 시멘트독을 최소화하자는 시도라고도 생각된다.

4. 최근의 동향

콘크리트에서 암모니아의 발생원은 골재중의 유기불순물이 주였으나 최근 시멘트 콘크리트 분야의 기술개발과 환경변화에 따라서 발생원 자체도 변하고 있다고 한다. 우선 시멘트의 경우에는 시멘트 클링커 소성 공정에서 발생하는 NOx의 저감을 위하여 산화질소 화합물을 시멘트 클링커에 고정화시키는 기술이 이용되고 있어서, 시멘트 자체에서 발생하는 암모니아의 양이 증가하는 경향이 있다. 또 하나는 슬래그의 이용 확대이다. 슬래그에는 냉각과정에서 공기중의 질소가 공기중에 갇히게 되어 암모니아 발생원이 된다고 한다. 따라서 슬래그 시멘트나 슬래그 골재를 사용하는 경우, OPC와 강모래를 사용하는 경우보다 더 많은 양의 암모니아가 발생한다고 한다. 대기오염을 줄이려는 시도나 산업폐기물을 활용하는 기술이 오히려 콘크리트에서 암모니아의 발생을 심화시킨다 하니 한편, 으로는 아이러니라 할 수 있겠다.

한편, 최근의 건축에서는 냉난방 효율을 고려한 밀폐형 구조가 대부분이어서 실내 대기오염이 큰 문제가 되고 있다. 실내오염의 원인에는 콘크리트에서 방출되는 암모니아도 있지만 도료나 각종 마감재에서 방출되는 유기 용매의 영향이 더 크다고 한다. 심지어는 방사성 라돈 가스까지도 건자재에서 방출된다는 보고가 있다. 대극으로로는 적절한 공조장치를 설치하여 유해물질을 외부로 방출하는 방법이 있다. 또한 유해물질을 흡착 고정화시키는 다공성의 새로운 기능성 건자재도 개발되고 있다.

질의

2. Internet 상에서 일본콘크리트학회를 방문하였습니다. 그러나 일본어가 깨져 나오고, 일부 나온 글도 해석이 어렵습니다. 좋은 방법이 없을까요?

응답

웹상에서 일본어를 번역하는 방법은 크게 두 가지 정도가 있다. 첫째는 일본어 번역프로그램을 설치하여 번역하는 방법이 있고, 두 번째는 일본어 번역을 지원해 주는 홈페이지를 이용하는 방법이다.

첫 번째 방법과 같이 일본어 프로그램을 이용하는 경우 정품을 구입한 후 설치하는 것과 웹상에서 무료로 다운로드 해주는 쉐어웨어를 이용하는 방법, 그리고 천리안에서 가입자들을 위해 제공해주는 바벨 번역프로그램을 이용하는 방법이 있다. 정품을 이용하는 경우에는 비용이 많이 드는 단점이 있고, 쉐어웨어의 경우에는 비용은 거의 안 드는 반면에 기능성에 있어서 약간의 불편함이 있다. 물론 바벨을 이용하고자 할 때는 천리안에 가입을 해야만 한다.

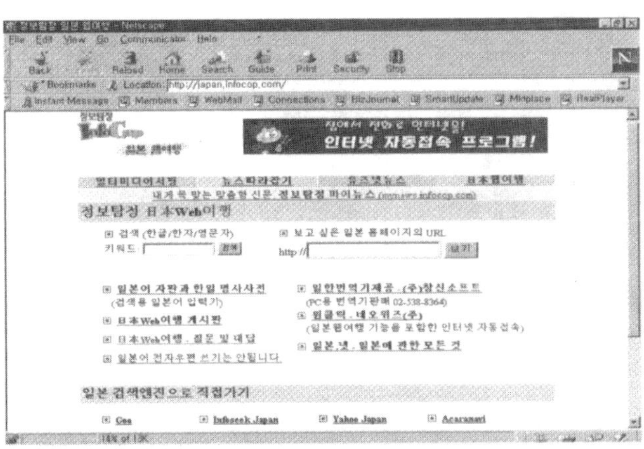

그림 15-3 정보탐정 일본 웹서핑 사이트

두 번째 방법인 특정 홈페이지를 이용하는 경우는 현재 2개의 사이트가 있다. 정보탐정 일본 웹서핑 사이트와 하이텔 일본 웹서핑 사이트가 있다. 정보탐정을 이용하는 경우에는 사용에 제한이 없지만 하이텔은 hitel 회원이 아닌 경우 무료 회원가입(웹회원)을 해야만 한다. 그림 15-3에 나타낸 정보탐정 일본 웹서핑 사이트의 주소는 http://japan.infocopcom/이고, 이 사이트를 이용하기 위해서는 자신이 원하는 홈페이지의 정확한 주소를 알고 있어야 한다.

예를 들면 일본의 콘크리트학회중 시험에 관한 정보 이용 사이트(http://ux01.so-net.ne.jp/jci/exam/index.html)의 주소를 URL 창에 입력하면 그림 15-4와 같이 일본어 홈페이지가 나오고, 상단의 번역하기를 클릭하면 그림 15-5와 같이 한글로 번역된 홈페이지를 이용할 수 있다.

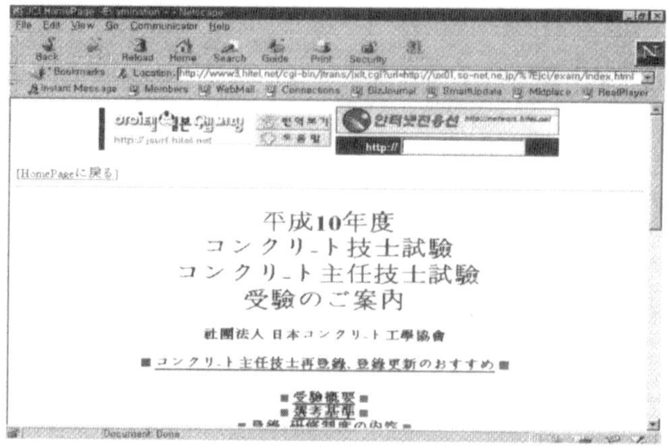

그림 15-4 번역 전의 일본어 홈페이지

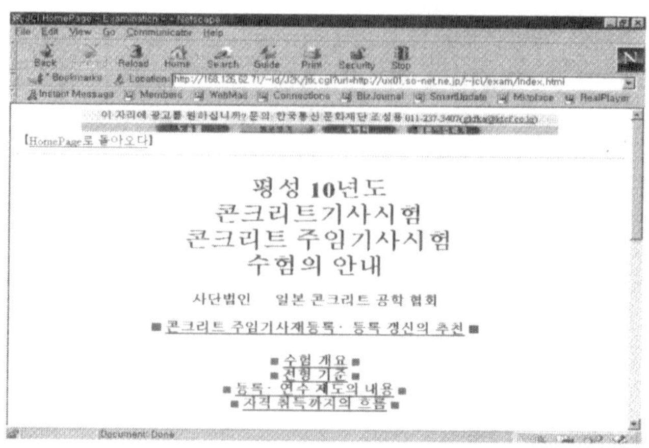

그림 15-5 번역 후의 일본어 홈페이지

또 다른 하나는 하이텔에서 제공하는 것으로 URL 주소가 http://www3.hitel.net/jrtrans/이다. 이 경우에도 그림 15-6~8에 나타난 바와 같이 정보탐정에서와 같은 방법으로 사용이 가능하며, 추가 기능으로는 일본어로 된 다른 홈페이지에서 일본어 문장을 복사하고, 그림 15-9에 나타낸 번역기에서 복사한 문장을 그림 15-10과 같이 붙여넣기를 한 후 번역을 클릭하면 그림 15-11과 같이 번역이 된다.

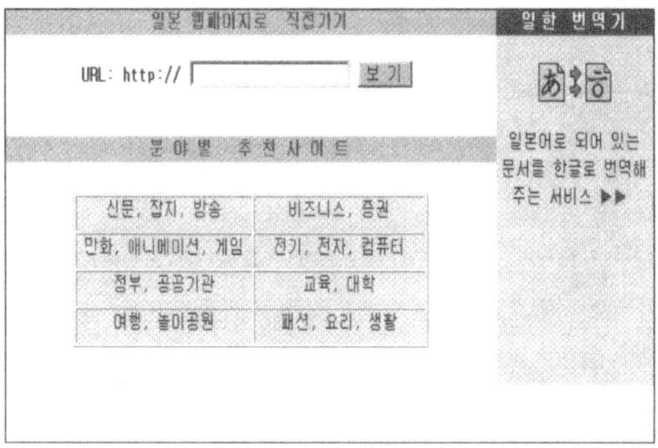

그림 15-6 하이텔 일본 웹서핑 사이트

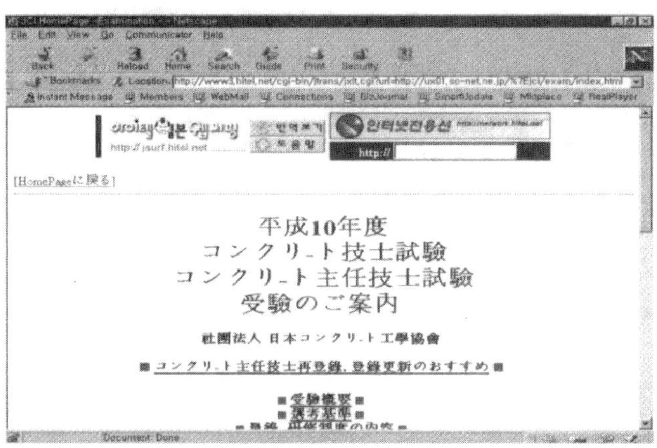

그림 15-7 번역 전의 일본어 홈페이지(하이텔)

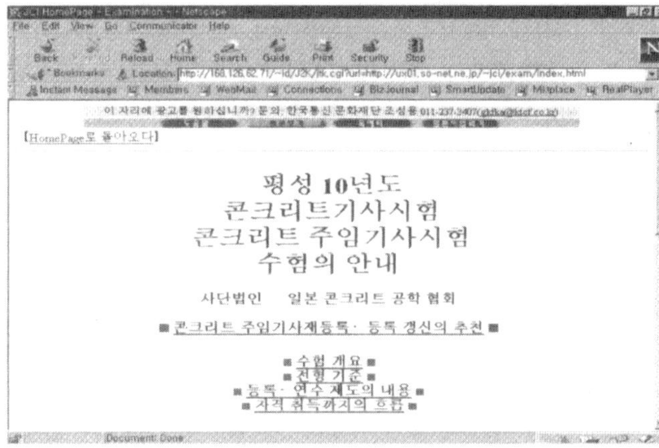

그림 15-8 번역 후의 일본어 홈페이지

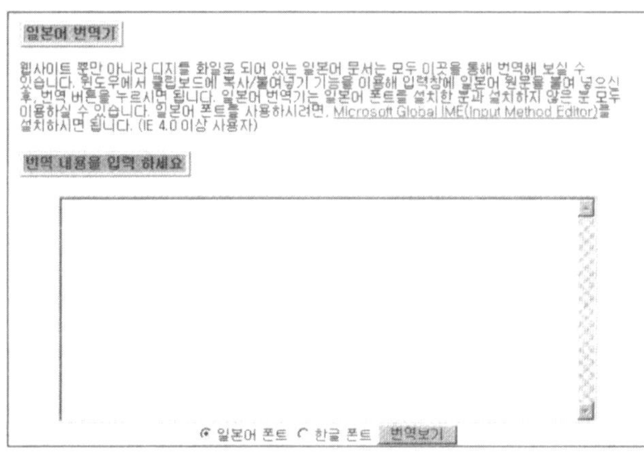

그림 15-9 하이텔 번역기

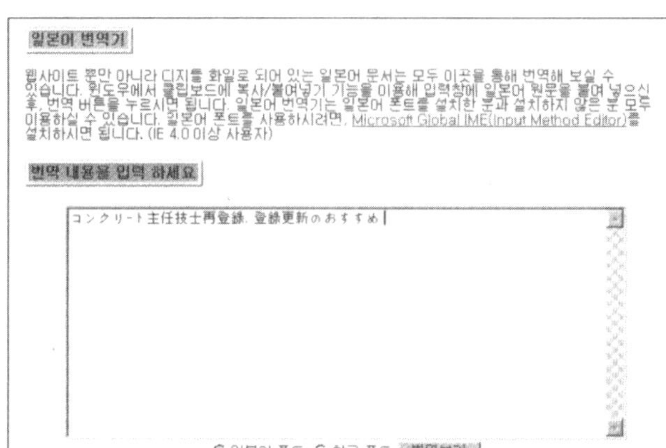

그림 15-10 번역 전의 일본어 문장

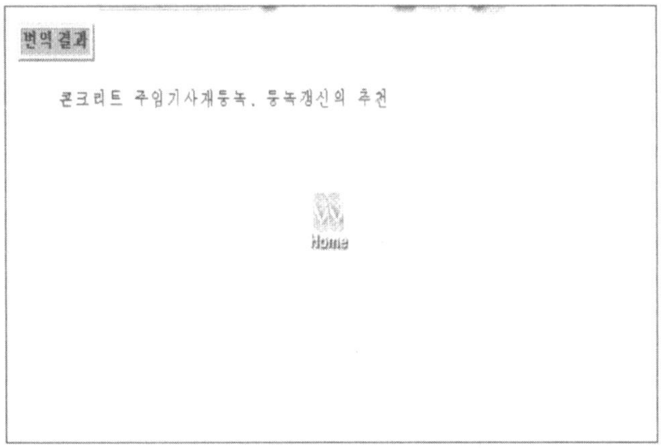

그림 15-11 번역 후의 일본어 문장

만약 붙여넣기에서 글자가 깨지는 경우에는 폰트지정을 한글폰트로 정해주면 된다. 위의 두 가지 방법의 사용에 있어서 만약 주소를 알지 못하는 경우에는 Yahoo Japan이나 다른 검색사이트를 이용할 수 있다. 이 경우에는 큰 카테고리에서 하나하나 찾아가는 방법과 입력창을 이용하는 방법이 있는데, 입력창을 이용할 경우에는 영어와 일어만 인식하므로 입력을 영어와 일어로만 입력을 해야 한다. 따라서 일어의 입력은 일본어 입력기를 통해 일본어를 입력해야 한다.

일본어 입력은 http://bridge.lab.cc/에 접속한 후 상단의 메뉴 중에서(일본 및 홈페이지 정보)를 클릭하여 그 중에서(웹에서 일본어 다루기) 란을 클릭하면 일본어 입력에 대한 상세한 설명을 제공한다.

참고로 위의 두 방법을 사용하면 특별한 일본어 폰트 없이 곧바로 일본어를 볼 수 있으며, 만약 번역을 하지 않고 일본어만을 깨지지 않고 보기 위해서는 자신의 웹 브라우저에 맞는 일본어 폰트를 설치하면 된다. 이것에 대한 설명도 위에서와 마찬가지로 http://bridge.lab.cc/에서 무료로 다운로드 해주는 사이트와 함께 사용방법에 대해 제공해주고 있다.

— 상지대학교 토목공학과 노병철 교수

질의

3. 최근 철근콘크리트 건설구조물에 FRP 복합재료의 적용이 국내 · 외적으로 활발히 연구개발 진행되어 가고 있는데, 이러한 FRP 복합재료의 적용의 특징 및 장단점과 국내 · 외 관련된 규정 등에 관하여 알고 싶습니다.

응답

1. 재료적 특징

새로운 건설재료의 평가기준은 내구성, 내부식성, 경제성, 경량성, 강도 특성, 시공의 용이성을 들 수 있다. 복합소재는 이러한 평가기준을 만족할 수 있는 대안이 될 수 있으며, 건설재료로서 FRP 복합소재의 특성을 기술하면 다음과 같다.

1.1 인장강도

FRP 복합소재는 기존의 건설재료와 비교할 때 매우 훌륭한 기계적 특성을 보유하고 있다. 특히 강재보다 훨씬 큰 인장강도를 보유하고 있어 높은 인장강도를 요구하는 구조물에 매우 효과적으로 사용될 수 있다. 일반적으로 파괴 시까지 선형적인 응력-변형률 거동을 보이게 되며, 필요한 성능에 따라 섬유의 방향을 적절히 배치하여 방향별로 기계적 특성을 배분할 수 있다.

1.2 경량성

기존 재료의 구조물은 종종 과도한 하중에 의한 문제를 일으키게 되나 FRP 복합소재는 큰 하중지지력뿐만 아니라 경량특성을 가지므로 매우 효과적인 건설재료가 될 수 있다. 구조용 강재의 경우 단위중량이 7,850kg/m^{3}나 복합소재의 경우 약 1,200kg/m^{3}에서 2,600kg/mp으로 매우 적다.

1.3 비강도

항복강도를 밀도로 나눈 값으로 정의되는 비강도는 강도와 중량에 의한 재료들의 특성 비교에 흔히 사용된다. 복합소재의 경우 고강도 및 저밀도 특성으로 고강도 강재의 약 15배에 달하는 비강도를 가진다. 따라서 많은 복합소재가 상대적으로 고가임에도 불구하고, 재료의 비강도 측면을 고려할 때 매우 높은 경쟁력을 가지게 된다. 표 15-1에서는 강재와 복합소재의 기계적 특성을 비교한 것을 보여주고 있다.

표 15-1 강재와 복합소재의 기계적 특성 비교

구분	탄성계수(GPa)	강도(MPa)	밀도(g/m^3)	비강성(GPa)	비강도(MPa)
강재	207	248	7.85	26.3	31.5
glass/polyester	27.1	287	2.13	12.7	135
graphite/epoxy	70.3	683	1.61	43.7	424

1.4 내부식성

건설분야에 복합소재를 이용하는 가장 중요한 이유로 내부식성을 들 수 있다. 일반적으로 사용되는 수치 재료는 화학물질 산, 해수, 담수에 대한 저항성이 있는 특성을 가지므로 강재를 사용하는 구조물에 비하여 이러한 복합소재의 내부식 특성은 유지관리와 수명비용(life cycle cost) 부분에 있어서 매우 유리하게 작용하게 된다. 따라서 해수, 화학물질 등 부식환경에 있는 강재 구조물의 대체재로 매우 효율적으로 이용될 수 있다.

2. 구조요소로서의 FRP의 활용

2.1 FRP 바닥판

일반적으로 거더교량 형식의 바닥판은 구조형식에 관계없이 현장타설 콘크리트를 사용한 철근콘크리트 바닥판을 주로 사용하고 있다. 현장타설 콘크리트 바닥판은 성형성, 시공성, 경제성 및 유지 관리상의 효율성 등의 이유로 꾸준히 사용되고 있다. 그러나 바닥판은 차량 윤하중이 직접 작용하는 구조부재로서 포장층에서 유입되는 제설제의 영향, 차량 하중으로 인한 피로 등의 영향으로 쉽게 열화가 발생하는 부재이다.

따라서 이러한 철근콘크리트 바닥판을 내구성이 우수하고 경량이면서 공장제작에 의해 현장에서 간단하게 시공할 수 있는 FRP 교량 바닥판으로 대체하고자 하는 노력이 있어 왔으며, 일부 국가에서는 FRP바닥판을 이용하여 교량을 신설하거나 기존의 철근콘크리트 바닥판의 보강용으로 사용하고 있다(그림 15-12~14). 미국 5사에서 제작한 AASHTO HS-25 차량 하중에 저항할 수 있도록 설계된 FRP 교량 바닥판으로서 13,000대/일의 덤프트럭 하중에 견딜 수 있도록 설계되었으며, 크레인을 이용하여 현장에서 신속하게 시공이 가능하다 그림 15-15는 웨스트버지니아대학교에서 연구한 FRP교량 상판을 나타내었다.

그림 15-12 Fiber sheet

그림 15-13 FRP plate

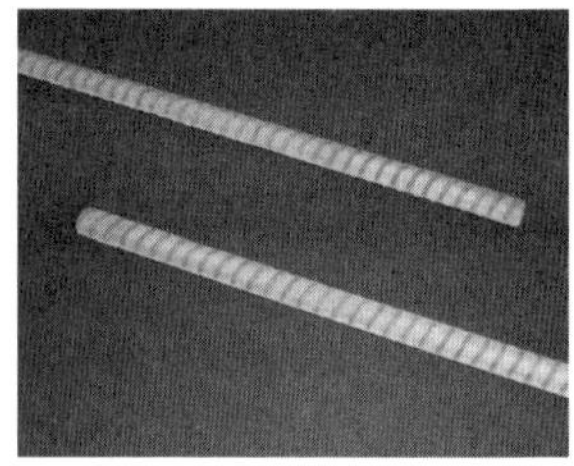

그림 15-14 FRP rod

2.2 FRP 거더

FRP로 이루어진 인도교가 1975년 이스라엘에 처음 가설된 이후로 유럽과 미국, 아시아 일부 국가에 가설되어 왔다. 복합재료학회(The Composite Institute)의 자료에 따르면, 현재 전 세계적으로 FRP를 적응한 교량 시공이 80개소 이상 이루어지고 있으며, 미국 내에서 30개소 정도가 진행중에 있으며 최근 4년간 26개의 FRP교량이 시공되었다고 한다. 이들 교량의 대부분은 인도교 수준으로서 사장교 형식, 거더교 형식 등 다양한 교량형식을 가지고 있다.

미국 Las Rusias에 위치한 폐수처리장으로 이동하기 위해 가설한 FRP교량은 멕시코 만으로부터 불어오는 염분이 다량 함유되어 있는 바닷바람으로 인하여 일반 강재교량은 부식이 급속도로 이루어지기 때문에 프리캐스트 FRP I형 거더를 이용하여 시공하였고 나머지 부대시설물들도 모두 FRP로 시공되었다.

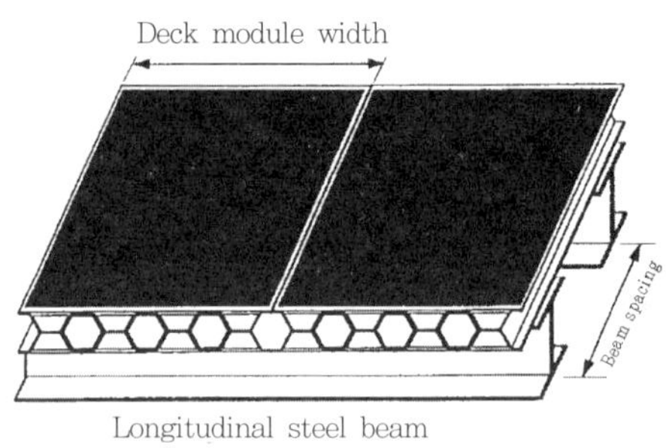

그림 15-15 FRP 바닥판 개요

3. FRP의 활용의 향후 전망

FRP는 21세기형 건절재료로서 멀지 않은 미래에 건설분야에서 가장 많이 사용될 재료로서 각광 받게 될 것은 자명한 사실이다. 지금은 구조물의 부분적인 대체재료로서 주로 사용되고 있지만 현재 과학의 발전속도로 미루어 볼 때 가까운 미래에는 주요부재로서 FRP가 그 역할을 담당할 수 있는 날이 올 것이다. 현재 세계 각국에서 건설분야에 FRP를 실용화하기 위한 많은 연구가 진행 중에 있지만 아직 국내에서는 상대적으로 관심이 부족한 게 현실이다. 차세대 건설재료로서 FRP에 대한 제작기술 및 연구에 대한 투자는 아무리 강조해도 지나치지 않으며, 산 · 학 · 연을 중심으로 정부의 적극적인 지원 하에 보다 체계적이고 단계적인 연구 개발에 관심을 기울여야 할 때이다. 그 성과물도 현장 중심의 활용을 목표로 하여 다각적인 노하우를 축적함으로써 이 분야에 기술 발전을 한층 앞당겨 나아갈 수 있을 것이다. 앞으로 건설분야에서 FRP 사용을 활성하기 위해서 우선적으로 해결해야 할 문제는 다음과 같은 사항을 들 수 있다.

1) 치수효과(size effect)를 고려한 FRP의 적절한 파괴의 확립
2) 주요부재의 예비설계를 위한 간편한 해석법의 개발
3) FRP재료에 적합한 최적 설계법
4) 표준시방서 개발

4. 건설분야에서 FRP 복합재료 사용을 위한 연구개발 방향

구조 기술자들은 복합재료로 사회간접시설 설계 시 기존의 재료에 비해 경량이고 내부식성을 가지는 것 이외에도 다음과 같은 장점이 있는 것을 발견하게 된다.

1) 뛰어난 인성
2) 뛰어난 전자기적 특성
3) 우수한 감쇠효과
4) 임의 방향으로의 보강기능
5) 필요조건에 따른 최적화된 부재/구조물의 생산 가능성
6) 지진발생 시 경량으로 인해 관성력 감소
7) 구조물의 경량과 가설의 용이성으로 인해 건설공기 단축

위와 같은 장점들로 인해 복합재료가 기존의 재료들을 대신해 21세기의 주된 건설재료가 되리라는 것을 기대할 수 있다.

그러나 이러한 여러 가지 장점에도 불구하고 토목, 건축 등 일반 건설재료로서의 이용은 아직 초보단계에 있다. 그 주된 원인은 다음 세 가지로 요약될 수 있다.

1) 이론이 일반 설계기술자에게는 너무나 어렵다. 설계사무소나 현장의 건설

기술자들은 대개 학부 수준의 이론적 배경을 갖고 있다.

2) 건설기술자를 위한 포괄적인 교과서나 참고서가 없다. 주된 이유는 항공우주분야 등 신소재 구조기술자와 건설기술자는 서로 다른 용어를 사용하고 있는 데 있다.

3) 복합재료의 가격이 높다는 편견이 있다.

5. FRP 복합재료의 현장 적용을 위한 표준시방서

건설업계에서 복합재료를 더 받아들이기 위해서는 FRP 재료를 구조물시방서나 여러 표준시방서에 포함시켜야 된다. 이러한 표준시방서들의 개발은 pultrude된 구조물 형태에 사용되는 재료에 대해서는 플라스틱산업학회(Society for the Plastics Industry) 복합재료에 대한 표준시방서는 미국표준국(American National Standards Institute), 미국재료시험학회(American Society for the Testing Materials), 미국도로교통협회(American Association of State Highway and Tran Sportation Officials), 미국콘크리트학회(American Concrete Institute), 캘리포니아주 교통부(California Department of Transportation), 또 가장 중요한 미국토목학회(American Society of Civil Engineers) 등이 개발에 참여하고 있다. ACI의 440 위원회(FRP 보강재위원회)와 ASTM D-20 위원회 (콘크리트 보강을 위한 FRP 복합재료위원회) 등은 시험방법과 재료표준을 개발하고 있다. ACI 440위원회는 1995년 그동안의 FRP 관련기술을 정리, 요약한 「State-of-the-Art Report on Fiber Reinforced Plastic Reinforcement for Concrete Structures」를 간행하였고, 현재 「Guide for-Design and Construction of Externally Bonded FRP Systems of Strengthening Concrete Structures」를 준비 중에 있다. FHWA, AASHTO, ACI, PCI 및 ASTM은 설계 및 건설시방서와 필요한 설계자료의 개발을 하고 있다. 한편, 일본은 1993년 세계에서 처음으로 FRP 콘크리트구조물을 위한 설계 가이드라인을 내놓았다.

6. FRP 복합재료를 활용한 지능구조물(Intelligent Structure)

건설공학 응용을 위한 지능구조물의 연구에 대한 두 개의 주요한 프로젝트가 미국에서 진행 중이다. 먼저 것은 Cooperative Research and Development Agreement란 것으로 참가자들은 미 육군공병단, 버지니아 공대, 일리노이대학교 및 플라스틱산업학회 등이다. 연구 참가자들은 복합재료구조물의 질적 및 양적평가를 위한 방법을 개발하고 있다. 이 방법은 많은 작은 크기의 입자들을 복합재료 안에 배치하여 이 입자들이 들어 있는 복합재료의 일부가 된다는 데서 다른 기능기술들과 차이가 있다. 복합재료 부품의 모든 부분이 신경을 갖고 있어서 부품 전부분의 건강진단이 가능한데, 과거의 변형률 게이지는 어느 국부적 파괴만 측정할 수 있었다. 이 연구의 목적은 어느 대상 구조물의 기능을 변화시키지 않는 정도의 파괴를 감지해서 기술자들이 보수를 계획할 수 있는 시간을 갖게 하자는데 있다.

다른 프로젝트는 ISIS(intelligent sensing for innovative structures)로서 1995년에 시작되었다. 이 프로젝트의 전체적인 과제는 복합재료와 광섬유 진단기술(fiber optic sensing technology)을 개발하고 이것들을 건설산업에 응용하는데 있다. 이 프로젝트는 bragg grating이라 불리는 광섬유 안에 배치된 거울을 복합재료 구조부품에 집어넣는 일을 한다. 광섬유는 대상물체의 압력, 진동, 온도, 변형률 등의 분포상태를 mm의 극소부분의 정확도로 계측할 수 있다 광섬유들을 보강재 섬유와 같은 특성과 형태를 갖고 있어서 복합재료와 쉽게 적합될 수 있다.

— 강원대학교 토목공학과 박철우 교수
— 한국시설안전공단 주민관 연구원

질의

4. 건설분야에서의 신소재 및 신재료의 연구개발 방향은 어떠하며, 현재 개발된 재료는 어떠한 것이 있는지요?

응답

일반적으로 신소재 및 신재료에 대한 용어의 정의는 특별한 용도를 위해 현재까지 없었던 재료를 개발하여 사용하게 만든 재료를 의미하나, 건설분야의 신재료는 건설분야에만 적용하기 위해 새로 개발된 재료는 거의 없고 다른 분야에서 기존으로 사용되고 있는 재료를 건설분야에 적합하도록 성질을 개량하여 적용하는 재료를 의미한다고 할 수 있다.

건설분야에서 신재료의 사용에 대해서는 비교적 보수적인 인식을 가지고 있는데, 이는 건설재료의 선택이 인간의 생명, 환경, 건설비용과 직접 연관이 있고 재료 자체의 인체에의 유해성, 내구성능, 경제성 등을 평가하는데 장기간의 조사와 연구가 필요하여 기존 연구를 통하여 성능이 규명된 재료를 보다 선호하는데서 비롯된 것이다. 그러나 과학기술이 발전함에 따라 건설분야에서도 안전성, 시공성 및 내구성의 확보와 고급화를 이루기 위해서는 다양한 신재료의 개발과 이의 적용이 필요하다.

구조재료의 개발방향은 기존에 널리 사용하고 있는 철근콘크리트 및 강구조의 경우 각 재료적인 단점을 해결하는 방향으로 연구하고 있다. 즉, 철근콘크리트구조의 단점인 중량, 강도, 시공의 균일성, 내구성 등의 문제점을 재료적 · 시공적 측면에서 해결할 수 있도록 개발하고 있다. 특히, 철근의 경우 주위환경에 직접적으로 영향을 받으므로 다양한 대체 소재에 대해 연구가 이루어지고 있다. 또한, 강구조의 경우 기존의 단점인 내화성능, 내부식 성능 등을 보완하여 제작시부터 별도의 처리 없이도 구조체의 내구연한을 충분히 견딜 수 있도록 하는 방향으로 연구 개발되고 있다.

건축물의 경우 기계설비 및 전기설비의 내구성을 증가시켜 구조체와 거의 동일한 내구연한을 가지는 재료의 개발 및 사용, 이에 대한 시공법의 개발이 연구의 초점이 되고 있다. 이외에도 시간이 경과함에 따라 자연적으로 발생하는 현상인 구조체의 내하능력 향상에 대한 필요성과 성능저하에 따른 내력의 보완에 대처하기 위해서는 구조체의 보수 및 보강을 위한 신재료의 개발과 이에 따른 공법의 개발이 시급하다고 할 수 있다. 개발하는 회사나 국가에 따라 다를 수 있으나 일반적인 신소재 및 신재료에 관한 연구현황은 표 15-2와 같다.

우리나라의 경우 건설분야의 신소재에 대한 연구가 빈약한 편이나 일본의 경우 1985년 건설성에서 건축재료기술 가이드라인에 관하여 조사 · 연구하였고 1986년에는 건축 첨단기술 가이드라인에 대해 조사 · 연구하였다. 이러한 기초조사를 바탕으로 1988년부터는 건설성통합기술개발 프로젝트인 건설산업에의 신소재, 신재료 이용기술의 개발이 시작되어 상당한 성과가 있는 것으로 나타나고 있다.

특히, 소재분야에서 상당히 낙후된 우리나라 실정에서 정부의 주도하에 신재료, 신기술 등을 연구하여 현재 발생하고 있는 구조물의 여러 문제점에 대비하고 보다 안전하고 내구성이 있으며 우리나라 실정에 맞는 신재료 및 시공법을 개발하는 것이 급선무라고 할 수 있다.

표 15-2 신소재 신재료와 관련된 연구개발의 동향

목적	대상재료 및 사용재료	연구개발의 과제 또는 목표	연구 개발된 혹은 개발 중인 재료
기존의 구조재료의 성능개선	철근콘크리트 구조 관련재료	- 섬유보강 콘크리트의 구조재료로서의 응용 - 폴리머 시멘트모르타르, 세라믹 등 고내식성 재료에 의한 콘크리트의 내구성피복 - 혼화재료(고성능감수제, 실리카퓸, 폴리머) 등에 의한 콘크리트의 고품질화 - 철근 및 긴장재의 대체재 개발 - 목재 거푸집 대체용 개발	- 초고강도 콘크리트 - 콘크리트 보강용 강섬유 - 콘크리트 보강용 강화플라스틱 - 초유동화 콘크리트 - 고성능콘크리트 - 철근 및 긴장재 대체용 아라미드, 탄소섬유 - 일회용 거푸집 - 다목적 FRP 거푸집
	금속구조 관련 재료	- 고성능 강재, 신스테인리스 강, 신알루미늄 합금의 건축에의 이용 - 고내식성 금속피복, 세라믹, 알루미늄의 용착, 고내구성 도료를 이용한 강재의 고내식성 표면처리	- TMPC 강 - 내열강 - 신스테인리스 - 신알루미늄 재료
	목구조 관련재료	- 내구성, 가공성, 접합성의 개량	- 목재 플라스틱 복합재 - 무기질 복합목재
벽체 및 바닥구조의 성능(차음성 및 내구성)	콘크리트, 강재, 세라믹 등의 복합재료	- 신섬유 보강콘크리트 외벽, 바닥슬래브, 보 등에 이용 - 섬유보강 시멘트 복합재, 세라믹 또는 금속에 표면처리한 ALC - 유리를 이용한 실내환경 조절	- 구조용 ALC - 고단열 유리 - 방화 및 내화유리 - 전자기 차폐유리 - 빛조절 유리
배관의 내구성 향상	플라스틱 복합재료	보강플라스틱 등을 이용한 구조체와 동등한 내구성을 가진 배관시스템 개발	
막구조 기술	금속, FRP 등의 복합재료	새로운 금속재료와 복합재료를 이용한 경량 고강도 복합재료의 개발	
면진구조 기술	합성고무와 강관과의 적층재료	수직하중에 대한 내하력을 크게 하고 수평하중에 대해 변형하는 지점 개발	
신소재의 활용	형상기억합금	건축설비의 자동제어를 위한 형상기억합금의 이용	
	New Ceramics	- 질화규소, 탄화규소 등의 암반굴삭기에 응용 - 광섬유 등의 실내채광에 이용	
	고기능 고분자 재료	- 고흡수성 플라스틱의 식물재배에 이용 - 흡수성 및 발수성을 이용한 실내환경 조절	- 세라믹 인조목재 - 인공불연목재 - 고성능접착제

알고싶은 **콘크리트**

2009년 12월 21일 1판 1쇄 인쇄
2009년 12월 26일 1판 1쇄 발행

저 자 | 한국콘크리트학회
기획 / 배수호
편집 / 김종호 이차돈
서울특별시 강남구 역삼동 635-4
한국과학기술회관 신관 1009호
TEL. (02)568-5985~7
FAX. (02)568-1918
http://www.kci.or.kr

발행인 | 김진근
발행처 | 한국콘크리트학회

보급처 | 기문당
서울 성동구 공명길 39(왕십리동 966-22)
TEL. 2295-6171(代)~5
http://www.kimoondang.com

ISBN | 978-89-6225-188-3 93540

정가 | 25,000원